西门子
S7-200 SMART PLC 典型应用

主　编　于宝水

副主编　张洪军　宋明利

参　编　孙令臣　冯得辉　卫　东　刘永军　李春辉

　　　　姜　平　纪永峰　常　亮　任传柱　刘国昌

　　　　郑双庆　聂鑫磊　李斐宸　陈　曦　徐　玥

　　　　付玉佳　梁国斌　国利锋　杨奇青

中国电力出版社
CHINA ELECTRIC POWER PRESS

内 容 提 要

作者根据生产实际需要总结并提炼了 100 个西门子 S7-200 SMART PLC 编程设计及安装的实用电路，电路既可以直接应用，也可根据现场实际需求对电路做适当的改动，以实现相应的控制功能。所有实例的梯形图及参数均经过实际接线、实际试验、实际验证，所有实例独立成章，方便检索，既可全面学习，也可按需应用。

本书共十一章，分别为电动机点动与连续控制电路，电动机顺序启停、交替运行与多地控制电路，电动机正、反转位置控制电路，电动机降压启动与电动机制动控制电路，常用生产机械控制电路及多速电动机控制电路，供排水及温度控制电路，PLC 模拟量控制输入、输出模块应用电路，无触点接触器与旋转编码器控制电路，变频器调速综合应用控制电路，PLC 实现 ModBus RTU 通信，PLC 与触摸屏综合应用的编程。每章配一个 PLC 程序讲解视频，读者只需扫描书中二维码即可观看。

本书集实用性、技术性和可操作性于一体，是电力拖动控制及自动化领域的工程技术人员、电气技术人员全面了解和掌握 PLC 编程应用的实用参考书，也可作为高职高专院校电力拖动、机电一体化等专业师生 PLC 编程实训教材，还可作为电工技师及高级技师考核培训教程。

图书在版编目（CIP）数据

西门子 S7-200 SMART PLC 典型应用 100 例/于宝水主编 . —北京：中国电力出版社，2023.6
（2025.2重印）
ISBN 978-7-5198-7550-3

Ⅰ.①西…　Ⅱ.①于…　Ⅲ.①PLC 技术—程序设计　Ⅳ.①TM571.61

中国国家版本馆 CIP 数据核字（2023）第 011039 号

出版发行：中国电力出版社
地　　　址：北京市东城区北京站西街 19 号（邮政编码 100005）
网　　　址：http：//www.cepp.sgcc.com.cn
责任编辑：王杏芸（010-63412394）
责任校对：黄　蓓　常燕昆　于　维
装帧设计：赵姗姗
责任印制：杨晓东
印　　　刷：固安县铭成印刷有限公司
版　　　次：2023 年 6 月第一版
印　　　次：2025 年 2 月北京第二次印刷
开　　　本：787 毫米×1092 毫米　16 开本
印　　　张：28
字　　　数：627 千字
定　　　价：98.00 元

前言

近年来，随着电力电子技术、检测传感技术、机械制造技术的发展，PLC 在通信能力以及控制领域等方面都不断有新的突破，正朝着电气控制、仪表控制、计算机控制一体化和网络化的方向发展。

PLC 特点是硬件少，控制电路接线少，逻辑控制关系用面向"控制过程，面向控制对象"的自然语言进行编程，由编程软件设计完成，可以灵活改变控制关系，在重新设计和更换继电器控制系统的硬件及接线时可减少时间，降低成本。

本书编写的主要目的是为电力拖动控制领域从事设计安装的专业技术人员、技能操作人员提供一本学习和使用 PLC 从入门到精通的应用实例读本。读者通过 100 个实例的学习，理解和掌握 PLC 在生产过程自动控制系统中功能应用编程方法和操作步骤。所有的操作技能都来自生产实践，并尽可能将各种技能以操作步序讲述和视频讲解表现出来，以达到"技能速成"的目的。

本书特点如下：

1. 针对每个章节的内容都编写了电路用途简介，使读者能够理论联系实际，做到学有所用、学有所成。

2. 实例中由继电器—接触器控制原理图、程序及电路设计、梯形图动作详解三大部分组成。

3. PLC 梯形图程序中，在每个梯形图指令图形的下方均标有指令的中文含义说明，以便于读者理解梯形图的编程规律、梯形图指令图形含义及编程方法。

4. 本书为每个实例编写了 PLC 程序设计要求，读者可根据设计要求列出输入、输出分配表、写出梯形图程序、语句表，绘制 PLC 控制电路接线图，可为实习指导教师作为模拟试题使用，方便教学，也有利于读者灵活学习、快速掌握 PLC 程序逻辑控制关系。

5. 本书 PLC 接线详图在绘制方法上采用实物图形和电气符号相结合的方法，更加易学、易懂、易用。

6. 每章配一个 PLC 程序讲解视频，做到图、表、文、视四位一体。为方便读者学习，读者只需用手机扫描书中的二维码即可观看视频讲座。

7. 实例中引入了一些新型元器件，如正、反转无触点接触器，无触点接触器等新型元件，并将其融入电路中。电路中也设计了西门子 PLC 与欧姆龙旋转编码器，变频器实现定位、运动控制，以及西门子 EMAI04 模拟量输入模块、EMAQ02 模拟量输出模块等相结合的模拟量控制程序。

本书由中国石油电能公司电力人才培训中心于宝水老师会同中油集团电气专业技能专家、大庆油田电气专业技能专家、维修电工高级技师联合编写。本书参考了很多专家和学者的著作及厂家的技术资料，在此表示衷心感谢。

由于时间和编者的水平有限，书中难免存在错误和不足之处，敬请广大读者对本书提出宝贵的意见。

作者

2023 年 5 月

目 录

PLC控制的电动机点动与连续控制电路

PLC 控制的电动机点动与连续控制电路用途：

（1）点动运行控制。工业生产过程中，用按钮点动来控制电动机的启停，适用于快速行程以及地面操作行车等场合。机床加工过程中，在一些有特殊工艺要求、精细加工或调整工作时，要求机床点动运行。

点动运行控制是指按住按钮，电动机启动运行；松开按钮，电动机停止运行。点动控制电路是用按钮、交流接触器来控制电动机运行的最简单的控制电路。

（2）连续运行控制。大部分工程设备要求连续运行。在机床加工过程中，往往要求电动机既能点动工作，又能连续运行。这时就要用到电动机的点动与连续运行控制电路。

连续运行控制是指当按下启动按钮时，电动机启动运行，当松开按钮时，由于交流接触器的自锁使电动机连续运行。只有按下停止按钮时，电动机才能停止运行，即电器设备的启动、保持、停止电路，主要适用于机床冷却液电动机、风机、泵类电动机等设备的控制。

第 1 例

使用基本指令实现电动机的连续运行控制电路

一、继电器接触器控制原理

（一）电动机的连续运行控制电路

电动机的连续运行控制电路见图 1-1。

（二）PLC 程序设计要求

（1）按下启动按钮 SB1，电动机 M 启动运行。

（2）按下停止按钮 SB2，电动机 M 停止运行。

（3）当电动机发生过载等故障时，电动机保护器 FM 动作，电动机 M 停止运行。

（4）PLC 控制电路接线图中停止按钮 SB2、电动机保护器 FM 辅助触点均使用动合触点。

（5）电动机保护器 FM 工作电源由外部控制电路电源直接供电。

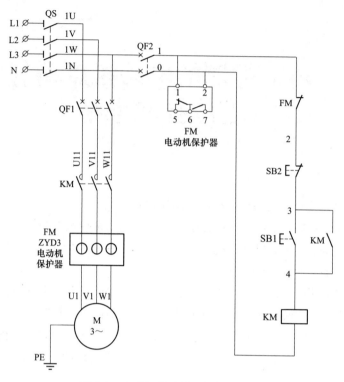

图 1-1　电动机的连续运行控制电路

（6）根据控制要求用PLC基本指令设计梯形图程序。

（7）根据控制要求列出输入/输出分配表。

（8）根据控制要求绘制PLC控制电路接线图。

（三）输入/输出设备及I/O元件配置分配表

输入/输出设备及I/O元件配置分配见表1-1。

表 1-1　　　　　　　　　　输入/输出设备及I/O元件配置表

输入设备			输出设备		
符号	地址	功能	符号	地址	功能
SB1	I0.0	启动按钮	KM	Q0.0	电动机接触器
SB2	I0.1	停止按钮			
FM	I0.2	电动机保护器			

二、程序及电路设计

（一）PLC梯形图

使用基本指令实现电动机的连续运行控制电路PLC梯形图见图1-2。

（二）PLC接线详图

使用基本指令实现电动机的连续运行控制电路PLC接线图见图1-3。

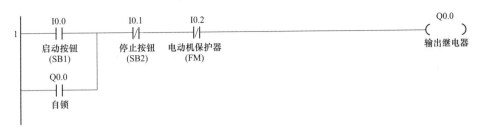

图 1-2　使用基本指令实现电动机的连续运行控制电路 PLC 梯形图

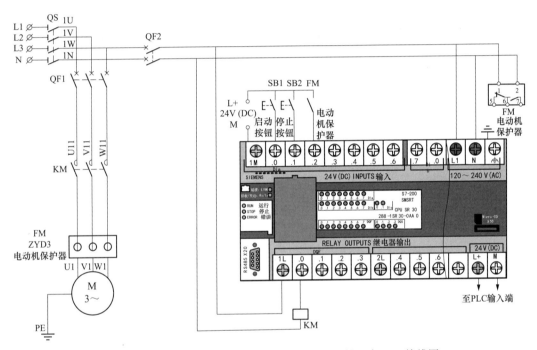

图 1-3　使用基本指令实现电动机的连续运行控制电路 PLC 接线图

三、梯形图动作详解

闭合总电源开关 QS、主电路电源断路器 QF1、控制电源断路器 QF2。

（一）启动过程

按下启动按钮 SB1，程序段 1 中 I0.0 触点闭合，能流经触点 I0.0→I0.1→I0.2 至 Q0.0。输出继电器 Q0.0 线圈得电，外部接触器 KM 线圈得电，KM 主触点闭合，电动机 M 运行。同时和按钮 SB1（I0.0）并联的 Q0.0 触点闭合实现自锁，电动机 M 连续运行。

（二）停止过程

按下停止按钮 SB2，程序段 1 中 I0.1 触点断开，输出继电器 Q0.0 线圈失电，外部接触器 KM 线圈失电，KM 主触点断开，电动机 M 停止运行。

（三）保护原理

当电动机 M 在运行中发生断相、过载、堵转、三相不平衡等故障时，输入继电器 I0.2（M 过载保护）闭合，程序段 1 中 I0.2 触点断开，输出继电器 Q0.0 线圈失电，外部接触器 KM 线圈失电，KM 主触点断开，电动机 M 停止运行。

第 2 例
使用置位、 复位指令实现电动机的连续运行控制电路

一、继电器接触器控制原理

（一）电动机的连续运行控制电路

电动机的连续运行控制电路见图 2-1。

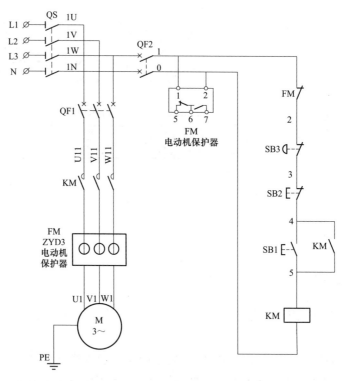

图 2-1　电动机的连续运行控制电路

（二）PLC 程序设计要求

（1）按下启动按钮 SB1，电动机 M 启动运行。

（2）按下停止按钮 SB2，电动机 M 停止运行。

（3）按下急停按钮 SB3，电动机 M 停止运行。

（4）当电动机发生过载等故障时，电动机保护器 FM 动作，电动机停止运行。

（5）PLC控制电路接线图中停止按钮SB2、电动机保护器FM辅助触点、急停按钮SB3均使用动断触点。

（6）电动机保护器FM工作电源由外部控制电路电源直接供电。

（7）根据控制要求用PLC置位、复位指令设计梯形图程序。

（8）急停按钮SB3使用立即指令设计梯形图程序。

（9）根据控制要求列出输入/输出分配表。

（10）根据控制要求绘制PLC控制电路接线图。

（三）输入/输出设备及I/O元件配置分配

输入/输出设备及I/O元件配置分配见表2-1。

表2-1　　　　　　　　输入/输出设备及I/O元件配置表

输入设备			输出设备		
符号	地址	功能	符号	地址	功能
SB1	I0.0	启动按钮	KM	Q0.0	电动机接触器
SB2	I0.1	停止按钮			
SB3	I0.2	急停按钮			
FM	I0.3	电动机保护器			

二、程序及电路设计

（一）PLC梯形图

使用位置、复位指令实现电动机的连续运行控制电路PLC梯形图见图2-2。

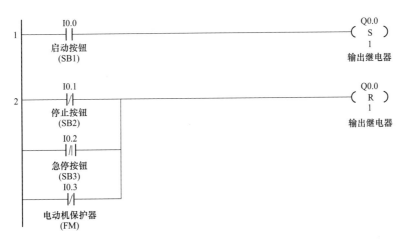

图2-2　使用置位、复位指令实现电动机的连续运行控制电路PLC梯形图

（二）PLC接线详图

使用位置、复位指令实现电动机的连续运行控制电路PLC接线图见图2-3。

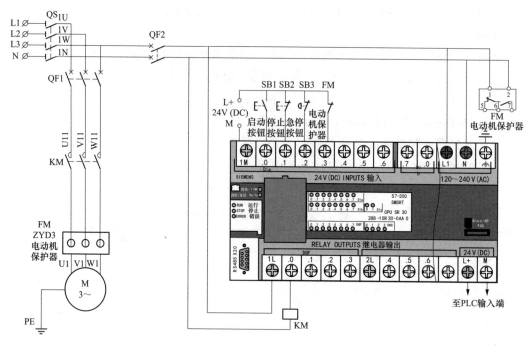

图 2-3　使用置位、复位指令实现电动机的连续运行控制电路 PLC 接线图

三、梯形图动作详解

闭合总电源开关 QS、主电路电源断路器 QF1、控制电源断路器 QF2，由于外部 SB2、SB3、FM 触点均处于闭合状态，程序段 2 中 I0.1、I0.2、I0.3 触点断开，输入指示灯 I0.1、I0.2、I0.3 点亮。

（一）启动过程

按下启动按钮 SB1，程序段 1 中 I0.0 触点闭合，能流经触点 I0.0 至 Q0.0。置位输出继电器 Q0.0，输出继电器 Q0.0 线圈得电，外部接触器 KM 线圈得电，KM 主触头闭合，电动机 M 连续运行。

（二）停止过程

按下停止按钮 SB2（外部触点断开，梯形图动断触点闭合），程序段 2 中 I0.1 触点闭合，能流经 I0.1 至 Q0.0。复位输出继电器 Q0.0，输出继电器 Q0.0 线圈失电，外部接触器 KM 线圈失电，KM 主触头断开，电动机 M 停止运行。

（三）急停过程

当发生按下停止按钮无法停止的紧急状态时，按下 SB3 急停按钮（外部触点断开，梯形图动断触点闭合），程序段 2 中 I0.2 触点闭合，能流经 I0.2 至 Q0.0。复位输出继电器 Q0.0，输出继电器 Q0.0 线圈失电，外部接触器 KM 线圈失电，KM 主触点断开，电动机 M 停止运行。

急停按钮采用的是立即指令（即时指令），在该指令执行时，该指令获取物理输入值，但不更新过程映像寄存器。

立即触点不会等待 PLC 扫描周期进行更新，而是会立即更新。物理输入点（位）状态为 1 时，梯形图中动合立即触点闭合（接通）。物理输入点（位）状态为 0 时，梯形图中动断立即触点闭合（接通）。

（四）保护原理

当电动机 M 在运行中发生断相、过载、堵转、三相不平衡等故障时，FM 动断触点断开，程序段 2 中 I0.3 触点闭合，能流经 I0.3 至 Q0.0。复位输出继电器 Q0.0，输出继电器 Q0.0 线圈失电，外部接触器 KM 线圈失电，KM 主触点断开，电动机 M 停止运行。

第 3 例
使用基本指令实现电动机点动与连续运行控制电路

一、继电器接触器控制原理

（一）电动机点动与连续运行控制电路

电动机点动与连续运行控制电路见图 3-1。

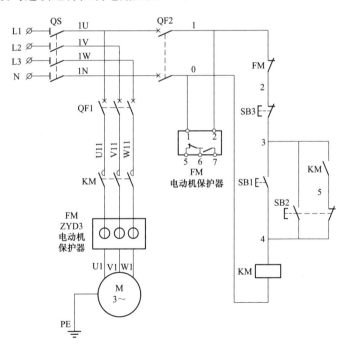

图 3-1　电动机点动与连续运行控制电路

（二）PLC 程序设计要求

（1）按住外部点动按钮 SB2，电动机 M 点动运行。

（2）松开外部点动按钮 SB2，电动机 M 停止运行。

（3）按下启动按钮 SB1，电动机 M 连续运行。

（4）电动机连续运行时，按下点动按钮 SB2，电动机 M 点动运行。

（5）按下停止按钮 SB3，电动机 M 停止运行。

（6）当电动机发生过载等故障时，电动机保护器 FM 动作，电动机停止运行。

（7）PLC 控制电路接线图 3-1 中停止按钮 SB3、电动机保护器 FM 辅助触点均使用动合触点。

（8）电动机保护器 FM 工作电源由外部控制电路电源直接供电。

（9）根据控制要求，用 PLC 基本指令设计梯形图程序。

（10）根据控制要求列出输入/输出分配表。

（11）根据控制要求绘制 PLC 控制电路接线图。

（三）输入/输出设备及 I/O 元件配置分配表

输入/输出设备及 I/O 元件配置见表 3-1。

表 3-1　　　　　　　　　　　输入/输出设备及 I/O 元件配置表

输入设备			输出设备		
符号	地址	功能	符号	地址	功能
SB1	I0.0	启动按钮	KM	Q0.0	电动机接触器
SB2	I0.1	点动按钮			
SB3	I0.2	停止按钮			
FM	I0.3	电动机保护器			

二、程序及电路设计

（一）PLC 梯形图

使用基本指令实现电动机点动与连续运行控制电路 PLC 梯形图见图 3-2。

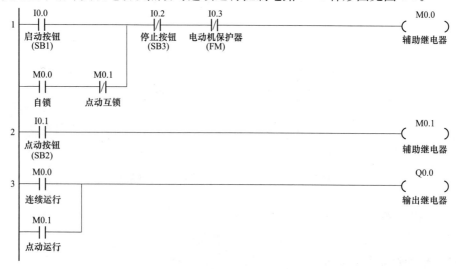

图 3-2　使用基本指令实现电动机点动与连续运行控制电路 PLC 梯形图

（二）PLC 接线详图

使用基本指令实现电动机点动与连续运行控制电路 PLC 接线图见图 3-3。

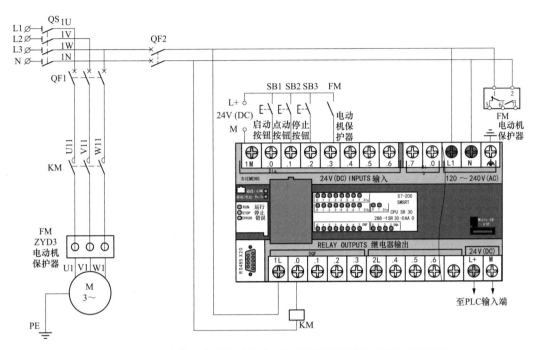

图 3-3 使用基本指令实现电动机点动与连续运行控制电路 PLC 接线图

三、梯形图动作详解

闭合总电源开关 QS、主电路电源断路器 QF1、控制电源断路器 QF2。

（一）连续运行启动及停止过程

1. 启动过程

按下启动按钮 SB1，程序段 1 中 I0.0 触点闭合，能流经触点 I0.0→I0.2→I0.3 至 M0.0。辅助继电器 M0.0 线圈得电，程序段 3 中 M0.0 触点闭合，"能流"经 M0.0 至 Q0.0，输出继电器 Q0.0 线圈得电，外部接触器 KM 线圈得电，KM 主触点闭合，电动机 M 运行。同时程序段 1 中 M0.0 触点闭合实现自锁，电动机 M 连续运行。

2. 停止过程

按下停止按钮 SB3，程序段 1 中 I0.2 触点断开，辅助继电器 M0.0 线圈失电，程序段 3 中 M0.0 触点复位断开，输出继电器 Q0.0 线圈失电，外部接触器 KM 线圈失电，KM 主触点断开，电动机 M 停止运行。同时程序段 1 中 M0.0 触点复位断开，解除自锁。

3. 连续运行时转点动运行过程

电动机连续运行时，按下点动按钮 SB2，程序段 2 中 I0.1 触点闭合，能流经触点 I0.1 至 M0.1。辅助继电器 M0.1 线圈得电，程序段 1 中 M0.1 触点断开，M0.0 回路断

9

开，M0.0 线圈失电，M0.0 解除自锁，同时程序段 3 中 M0.1 触点闭合，输出继电器 Q0.0 线圈得电，外部接触器 KM 线圈得电，KM 主触点闭合，电动机 M 继续保持连续运行。

松开点动按钮 SB2，程序段 2 中辅助继电器 M0.1 线圈失电，程序段 3 中 M0.1 触点复位断开，输出继电器 Q0.0 线圈失电，外部接触器 KM 线圈失电，KM 主触点断开，电动机 M 停止运行。

再次按下点动按钮 SB2，程序段 2 中 I0.1 触点闭合，能流经触点 I0.1 至 M0.1。辅助继电器 M0.1 线圈得电，程序段 3 中 M0.1 触点闭合，输出继电器 Q0.0 线圈得电，外部接触器 KM 线圈得电，KM 主触点闭合，电动机 M 运行。

松开点动按钮 SB2，程序段 2 中 I0.1 触点断开，辅助继电器 M0.1 线圈失电，程序段 3 中 M0.1 触点复位断开，输出继电器 Q0.0 线圈失电，外部接触器 KM 线圈失电，KM 主触点断开，电动机 M 停止运行。重复以上的动作过程，即可实现由连续运行转点动运行的过程。

（二）点动运行过程

1. 启动过程

按下点动按钮 SB2，程序段 2 中 I0.1 触点闭合，能流经触点 I0.1 至 M0.1。辅助继电器 M0.1 线圈得电，程序段 3 中 M0.1 触点闭合，输出继电器 Q0.0 闭合，外部接触器 KM 线圈得电，KM 主触点闭合，电动机 M 运行。同时程序段 1 中 M0.1 触点断开，M0.0 回路断开。

2. 停止过程

松开点动按钮 SB2，程序段 2 中 I0.1 触点断开，辅助继电器 M0.1 线圈失电，程序段 3 中 M0.1 触点复位断开，输出继电器 Q0.0 线圈失电，外部接触器 KM 线圈失电，KM 主触点断开，电动机 M 停止运行，电动机即可实现点动运行。

（三）保护原理

当电动机 M 在运行中发生断相、过载、堵转、三相不平衡等故障时，输入继电器 I0.3（M 过载保护）闭合，程序段 1 中 I0.3 触点断开，辅助继电器 M0.0 线圈失电，程序段 3 中 M0.0 触点复位断开，输出继电器 Q0.0 线圈失电，外部接触器 KM 线圈失电，KM 主触点断开，电动机 M 停止运行。

第 4 例

使用定时器实现电动机的延时启动控制电路

一、继电器接触器控制原理

（一）电动机的延时启动控制电路

电动机的延时启动控制电路见图 4-1。

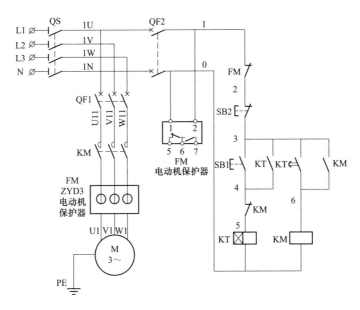

图 4-1 电动机的延时启动控制电路原理图

（二）PLC 程序设计要求

（1）按下启动按钮 SB1，辅助继电器触点启动定时器，延时 6s 后电动机 M 启动运行。

（2）按下停止按钮 SB2，电动机 M 停止运行。

（3）当电动机发生过载等故障时，电动机保护器 FM 动作，电动机停止运行。

（4）PLC 控制电路接线图中停止按钮 SB2、电动机保护器 FM 辅助触点均使用动合触点。

（5）电动机保护器 FM 工作电源由外部控制电路电源直接供电。

（6）根据控制要求列出输入/输出分配表。

（7）根据控制要求用 PLC 基本指令设计梯形图程序。

（8）根据控制要求绘制 PLC 控制电路接线图。

（三）输入/输出设备及 I/O 元件配置分配表

输入/输出设备及 I/O 元件配置表见表 4-1。

表 4-1 输入/输出设备及 I/O 元件配置表

输入设备			输出设备		
符号	地址	功能	符号	地址	功能
SB1	I0.0	启动按钮	KM	Q0.0	电动机接触器
SB2	I0.1	停止按钮			
FM	I0.2	电动机保护器			

二、程序及电路设计

（一）PLC 梯形图

使用定时器实现电动机的延时启动控制电路 PLC 梯形图见图 4-2。

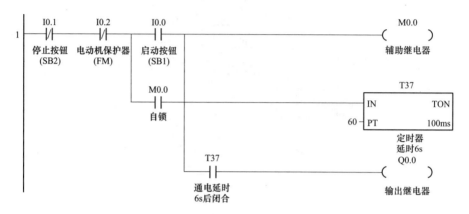

图 4-2　使用定时器实现电动机的延时启动控制电路 PLC 梯形图

（二）PLC 接线详图

使用定时器实现电动机的延时启动控制电路 PLC 接线图见图 4-3。

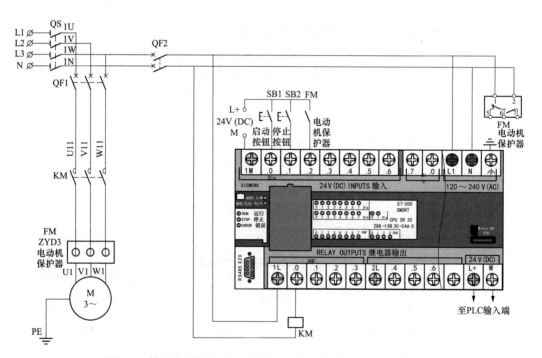

图 4-3　使用定时器实现电动机的延时启动控制电路 PLC 接线图

三、梯形图动作详解

闭合总电源开关 QS、主电路电源断路器 QF1、控制电源断路器 QF2。

（一）延时启动过程

按下启动按钮 SB1，程序段 1 中 I0.0 触点闭合，能流经触点 I0.1→I0.2→I0.0 至 M0.0。辅助继电器 M0.0 线圈得电，M0.0 触点闭合，实现自锁，同时定时器 T37 线圈"得电"，延时 6s 后 T37 触点闭合，能流经触点 I0.1→I0.2→M0.0→T37 至 Q0.0。输出继电器 Q0.0 线圈得电，外部接触器 KM 线圈得电，KM 主触点闭合，电动机 M 运行。

（二）停止过程

按下停止按钮 SB2，程序段 1 中 I0.1 触点断开，辅助继电器 M0.0、定时器 T37、输出继电器 Q0.0 线圈失电，外部接触器 KM 线圈失电，KM 主触点断开，电动机 M 停止运行。

（三）保护原理

当电动机 M 在运行中发生断相、过载、堵转、三相不平衡等故障时，输入继电器 I0.2（M 过载保护）闭合，程序段 1 中 I0.2 触点断开，辅助继电器 M0.0、定时器 T37、输出继电器 Q0.0 线圈失电，外部接触器 KM 线圈失电，KM 主触点断开，电动机 M 停止运行。

第 5 例
使用定时器实现电动机的延时停止控制电路

一、继电器接触器控制原理

（一）电动机的延时停止电路

电动机的延时停止电路原理图见图 5-1。

（二）PLC 程序设计要求

（1）按下启动按钮 SB1，电动机 M 启动运行。

（2）按下停止按钮 SB2，辅助继电器触点启动定时器，5s 后电动机 M 停止运行。

（3）当电动机发生过载等故障时，电动机保护器 FM 动作，电动机 M 停止运行。

（4）PLC 控制电路接线图中停止按钮 SB2、电动机保护器 FM 辅助触点均使用动合触点。

（5）电动机保护器 FM 工作电源由外部控制电路电源直接供电。

（6）根据控制要求列出输入/输出分配表。

（7）根据控制要求用 PLC 基本指令设计梯形图程序。

（8）根据控制要求绘制 PLC 控制电路接线图。

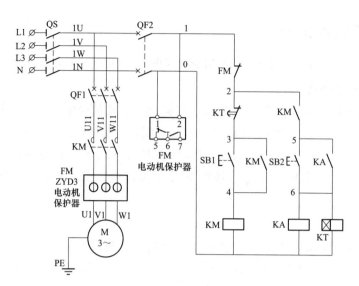

图 5-1 电动机的延时停止电路原理图

（三）输入/输出设备及 I/O 元件配置分配表

输入/输出设备及 I/O 分配表见表 5-1。

表 5-1 输入/输出设备及 I/O 元件配置表

输入设备			输出设备		
符号	地址	功能	符号	地址	功能
SB1	I0.0	启动按钮	KM	Q0.0	电动机接触器
SB2	I0.1	停止按钮			
FM	I0.2	电动机保护器			

二、程序及电路设计

（一）PLC 梯形图

使用定时器实现电动机的延时停止控制电路 PLC 梯形图见图 5-2。

（二）PLC 接线详图

使用定时器实现电动机的延时停止控制电路 PLC 接线图见图 5-3。

三、梯形图动作详解

闭合总电源开关 QS、主电路电源断路器 QF1、控制电源断路器 QF2。

（一）启动过程

按下启动按钮 SB1，程序段 1 中 I0.0 触点闭合，能流经触点 I0.0→I0.2→T37 至 Q0.0。输出继电器 Q0.0 线圈得电，外部接触器 KM 线圈得电，KM 主触点闭合，电动机 M 运行。同时程序段 1 中 Q0.0 触点闭合自锁，电动机 M 连续运行。同时程序段 2 中的 Q0.0 触点闭合。

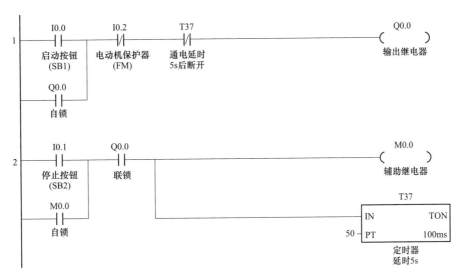

图 5-2　使用定时器实现电动机的延时停止控制电路 PLC 梯形图

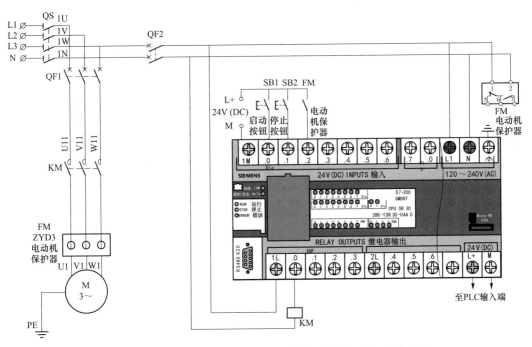

图 5-3　使用定时器实现电动机的延时停止控制电路 PLC 接线图

（二）延时停止过程

按下停止按钮 SB2，程序段 2 中 I0.1 触点闭合，能流经触点 I0.1→Q0.0 至 M0.0 和定时器 T37。辅助继电器 M0.0 线圈得电，M0.0 触点闭合自锁。5s 后程序段 1 中 T37 触点断开，输出继电器 Q0.0 线圈失电，外部接触器 KM 线圈失电，KM 主触点断开，电动机 M 停止运行。程序段 2 中 Q0.0 触点复位断开，断开辅助继电器 M0.0 和定时器 T37。

（三）保护原理

当电动机 M 在运行中发生断相、过载、堵转、三相不平衡等故障时，输入继电器 I0.2（M 过载保护）闭合，程序段 1 中 I0.2 触点断开，输出继电器 Q0.0 线圈失电，外部接触器 KM 线圈失电，KM 主触点断开，电动机 M 停止运行。

第 6 例
使用基本指令实现带有运行指示的电动机点动与连续运行控制电路

一、继电器接触器控制原理

（一）带有运行指示的电动机点动与连续运行控制电路

带有运行指示的电动机点动与连续运动控制电路原理见图 6-1。

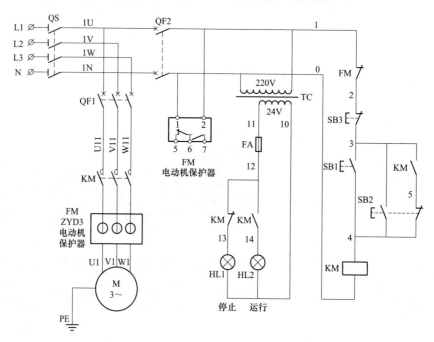

图 6-1　带有运行指示的电动机点动与连续运行控制电路原理图

（二）PLC 程序设计要求

（1）按下启动按钮 SB1，电动机 M 连续运行。

（2）按下停止按钮 SB3，电动机 M 停止运行。

（3）按下点动运行按钮 SB2，电动机点动运行。

（4）电动机停止时，HL1 指示灯亮，电动机运行时，HL2 指示灯亮。

（5）当电动机发生过载等故障时，电动机保护器 FM 动作，电动机停止运行。

（6）PLC 控制电路接线图中停止按钮 SB3、电动机保护器 FM 辅助触点均使用动合触点。

（7）电动机保护器 FM 工作电源由外部控制电路电源直接供电。

（8）根据控制要求列出输入/输出分配表。

（9）根据控制要求用 PLC 基本指令设计梯形图程序。

（10）根据控制要求绘制 PLC 控制电路接线图。

（三）输入/输出设备及 I/O 元件配置分配表

输入/输出设备及 I/O 元件配量表见表 6-1。

表 6-1　　　　　　　　　　输入/输出设备及 I/O 元件配置表

输入设备			输出设备		
符号	地址	功能	符号	地址	功能
SB1	I0.0	启动按钮	KM	Q0.0	电动机接触器
SB2	I0.1	点动按钮	HL1	Q0.4	停止指示灯
SB3	I0.2	停止按钮	HL2	Q0.5	运行指示灯
FM	I0.3	电动机保护器			

二、程序及电路设计

（一）PLC 梯形图

使用基本指令实现带有运行指示的电动机点动与连续运行控制电路梯形图见图 6-2。

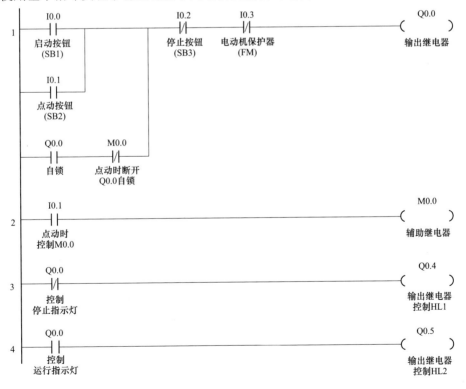

图 6-2　使用基本指令实现带有运行指示的电动机点动与连续运行控制电路梯形图

（二）PLC接线详图

使用基本指令实现带有运行指示的电动机点动与连续运行控制电路PLC接线图见图6-3。

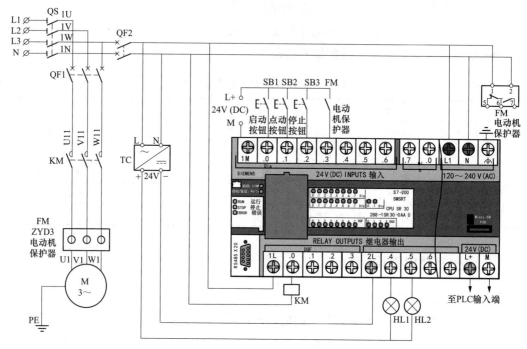

图6-3　使用基本指令实现带有运行指示的电动机点动与连续运行控制电路PLC接线图

三、梯形图动作详解

闭合总电源开关QS、主电路电源断路器QF1、控制电源断路器QF2。电动机停止运行，停止HL1指示灯点亮。

（一）连续运行启动及停止过程

1. 启动过程

按下启动按钮SB1，程序段1中I0.0触点闭合，能流经触点 I0.0→I0.2→I0.3 至Q0.0。输出继电器Q0.0线圈得电，外部接触器KM线圈得电，KM主触点闭合，电动机M运行。同时程序段1中Q0.0触点闭合，经辅助继电器M0.0动断触点实现自锁，电动机M连续运行。同时程序段3中Q0.0触点断开，输出继电器Q0.4失电，停止指示灯HL1熄灭。同时程序段4中Q0.0触点闭合，输出继电器Q0.5线圈得电，运行指示灯HL2点亮。

2. 停止过程

按下停止按钮SB3，程序段1中I0.2触点断开，输出继电器Q0.0线圈失电，外部接触器KM线圈失电，KM主触点断开，电动机M停止运行。同时程序段1中Q0.0触点复位断开，解除自锁。同时程序段3中Q0.0触点复位闭合，输出继电器Q0.4得电

18

停止指示灯 HL1 点亮。同时程序段 4 中 Q0.0 触点复位断开，输出继电器 Q0.5 线圈失电，运行指示灯 HL2 熄灭。

（二）点动运行过程

1. 点动过程

按下点动按钮 SB2，程序段 1 中 I0.1 触点闭合，能流经触点 I0.1→I0.2→I0.3 至 Q0.0。输出继电器 Q0.0 线圈得电，外部接触器 KM 线圈得电，KM 主触点闭合，电动机 M 运行。程序段 3 中 Q0.0 触点断开，输出继电器 Q0.4 失电停止指示灯 HL1 熄灭。同时程序段 4 中 Q0.0 触点闭合，输出继电器 Q0.5 线圈得电，运行指示灯 HL2 亮。同时程序段 2 中辅助继电器 M0.0 线圈得电，程序段 1 中 M0.0 动断触点断开，Q0.0 自锁回路断开。

2. 停止过程

松开点动按钮 SB2，程序段 1 中 I0.1 触点断开，输出继电器 Q0.0 线圈失电，外部接触器 KM 线圈失电，KM 主触点断开，电动机 M 停止运行，电动机实现点动运行。同时程序段 3 中 Q0.0 触点复位闭合，输出继电器 Q0.4 得电停止指示灯 HL1 亮。同时程序段 4 中 Q0.0 触点复位断开，输出继电器 Q0.5 线圈失电，运行指示灯 HL2 熄灭。

（三）保护原理

当电动机 M 在运行中发生断相、过载、堵转、三相不平衡等故障时，输入继电器 I0.3（M 过载保护）闭合，程序段 1 中 I0.3 触点断开，输出继电器 Q0.0 线圈失电，外部接触器 KM 线圈失电，KM 主触点断开，电动机 M 停止运行。程序段 3 中 Q0.0 触点复位闭合，输出继电器 Q0.4 得电停止指示灯 HL1 亮，同时程序段 4 中 Q0.0 触点断开，输出继电器 Q0.5 线圈失电，运行指示灯 HL2 熄灭。

第 7 例

使用定时器实现电动机的间歇运行控制电路

一、继电器接触器控制原理

（一）电动机的间歇运行电路

电动机的间歇运行电路原理见图 7-1。

（二）PLC 程序设计要求

（1）按下启动按钮 SB1，电动机 M1 运行，6s 后 M1 停止，电动机 M2 运行，6s 后 M2 停止，电动机 M1 再次运行，两台电动机循环间歇运行。

（2）在任意时间按下停止按钮 SB2，两台电动机间歇运行过程停止。

（3）当电动机发生过载等故障时，电动机保护器 FM1、FM2 动作，电动机停止运行。

（4）PLC 控制电路接线图中停止按钮 SB2、电动机保护器 FM1、FM2 辅助触点均使用动合触点。

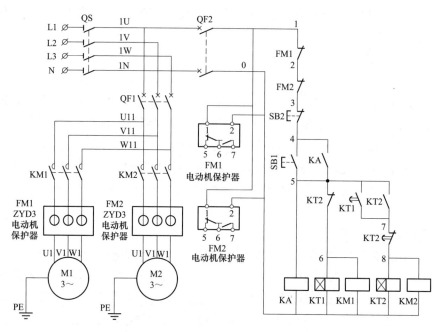

图 7-1　电动机的间歇运行电路原理图

（5）电动机保护器 FM1、FM2 工作电源由外部控制电路电源直接供电。

（6）根据控制要求列出输入/输出分配表。

（7）根据控制要求设计梯形图程序。

（8）根据控制要求绘制 PLC 控制电路接线图。

（三）输入/输出设备及 I/O 元件配置分配表

输入/输出设备及 I/O 元件配置表见表 7-1。

表 7-1　　　　　　　　　　输入/输出设备及 I/O 元件配置表

输入设备			输出设备		
符号	地址	功能	符号	地址	功能
SB1	I0.0	启动按钮	KM1	Q0.0	电动机 M1 接触器
SB2	I0.1	停止按钮	KM2	Q0.1	电动机 M2 接触器
FM1	I0.2	M1 电动机保护器			
FM2	I0.3	M2 电动机保护器			

二、程序及电路设计

（一）PLC 梯形图

使用定时器实现电动机的间歇运行控制电路 PLC 梯形图见图 7-2。

（二）PLC 接线详图

使用定时器实现电动机的间歇运行控制电路 PLC 接线图见图 7-3。

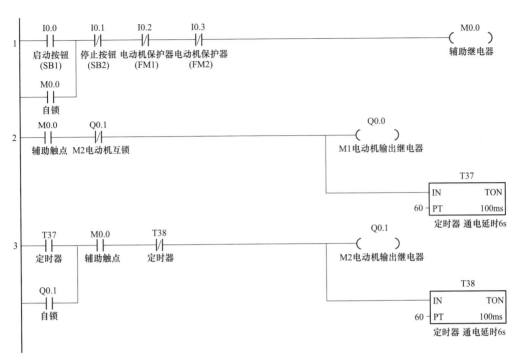

图 7-2　使用定时器实现电动机的间歇运行控制电路 PLC 梯形图

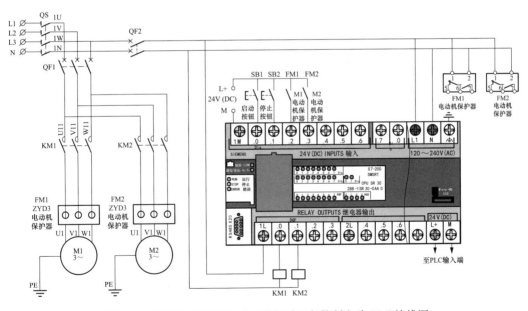

图 7-3　使用定时器实现电动机的间歇运行控制电路 PLC 接线图

三、梯形图动作详解

闭合总电源开关 QS、主电路电源断路器 QF1、控制电源断路器 QF2。

（一）间歇运行过程

按下启动按钮 SB1，程序段 1 中 I0.0 触点闭合，能流经触点 I0.0→I0.1→I0.2→I0.3 至 M0.0。辅助继电器 M0.0 线圈得电，同时辅助继电器 M0.0 闭合自锁。程序段 2 中 M0.0 触点闭合，能流经触点 M0.0→Q0.1 至 Q0.0 和定时器 T37。输出继电器 Q0.0 线圈得电，外部接触器 KM1 线圈得电，KM1 主触点闭合，电动机 M1 运行。同时，程序段 3 中 M0.0 触点闭合，为电动机 M2 运行做好准备。

6s 后程序段 3 中 T37 触点闭合，能流经触点 T37→M0.0→T38 至 Q0.1 和定时器 T38。输出继电器 Q0.1 线圈得电，外部接触器 KM2 线圈得电，KM2 主触点闭合，电动机 M2 运行，同时程序段 3 中 Q0.1 触点闭合自锁。程序段 2 中 Q0.1 触点断开，输出继电器 Q0.0 线圈失电，外部接触器 KM1 线圈失电，KM1 主触点断开，电动机 M1 停止运行，同时定时器 T37 复位。

6s 后程序段 3 中 T38 触点断开，输出继电器 Q0.1 线圈失电，外部接触器 KM2 线圈失电，KM2 主触点断开，电动机 M2 停止运行。程序段 3 中 Q0.1 触点断开，定时器 T38 复位。程序段 2 中 Q0.1 触点闭合，能流经触点 M0.0→Q0.1 至 Q0.0 和定时器 T37。输出继电器 Q0.0 线圈得电，外部接触器 KM1 线圈得电，KM1 主触点闭合，电动机 M1 运行。

6s 后程序段 3 中 T37 触点闭合。重复上述的运行过程，即实现了两台电动机的间歇运行。

（二）停止过程

两台电动机在任意运行状态下，按下停止按钮 SB2，程序段 1 中 I0.1 触点断开，辅助继电器 M0.0 线圈失电，程序段 2 和程序段 3 中 M0.0 触点断开，外部接触器 KM1 和 KM2 线圈失电，KM1 和 KM2 主触点断开，电动机 M1 或 M2 停止运行。

（三）保护原理

当电动机 M1 或 M2 在运行中发生断相、过载、堵转、三相不平衡等故障时，输入继电器 I0.2 或 I0.3（M1 或 M2 过载保护）闭合，程序段 1 中 I0.2 或 I0.3 触点断开，辅助继电器 M0.0 线圈失电，程序段 2 和程序段 3 中 M0.0 触点断开，外部接触器 KM1 和 KM2 线圈失电，KM1 和 KM2 主触点断开，电动机 M1 或 M2 停止运行。

第 8 例

使用置位、复位指令实现电动机点动与连续运行控制电路

一、继电器接触器控制原理

（一）电动机点动与连续运行控制电路

电动机点动与连续运行控制电路原理见图 8-1。

（二）PLC 程序设计要求

（1）按下连续运行启动按钮 SB1，电动机 M 启动并连续运行。

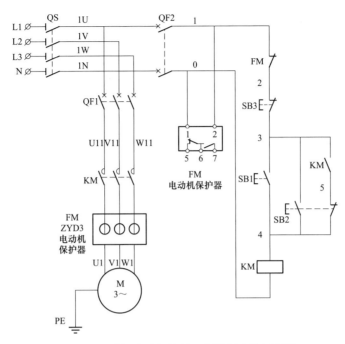

图 8-1　电动机点动与连续运行控制电路原理图

（2）按下停止按钮 SB3，电动机 M 停止运行。

（3）按住点动按钮 SB2，电动机 M 启动运行，松开点动按钮后电动机停止运行。

（4）当电动机发生过载等故障时，电动机保护器 FM 动作，电动机停止运行。

（5）PLC 控制电路接线图中停止按钮 SB3、电动机保护器 FM 辅助触点均使用动合触点。

（6）电动机保护器 FM 工作电源由外部控制电路电源直接供电。

（7）根据控制要求列出输入/输出分配表。

（8）根据控制要求用 PLC 置位、复位指令设计梯形图程序。

（9）根据控制要求绘制 PLC 控制电路接线图。

（三）输入/输出设备及 I/O 元件配置分配表

输入/输出设备及 I/O 元件配置表见表 8-1。

表 8-1　　　　　　　　　　　　输入/输出设备及 I/O 元件配置表

输入设备			输出设备		
符号	地址	功能	符号	地址	功能
SB1	I0.0	启动按钮	KM	Q0.0	电动机接触器
SB2	I0.1	点动按钮			
SB3	I0.2	停止按钮			
FM	I0.3	电动机保护器			

二、程序及电路设计

（一）PLC梯形图

使用置位、复位指令实现电动机点动与连续运行控制电路PLC梯形图见图8-2。

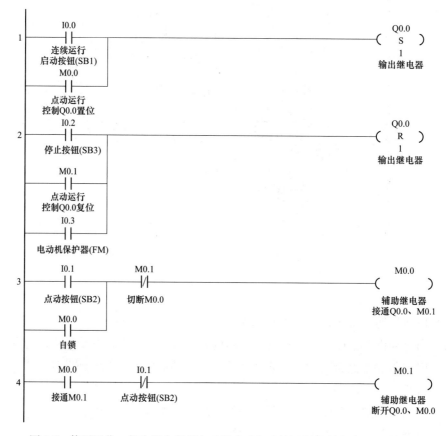

图8-2　使用置位、复位指令实现电动机点动与连续运行控制电路PLC梯形图

（二）PLC接线详图

使用置位、复位指令实现电动机点动与连续运行控制电路PLC接线图见图8-3。

三、梯形图动作详解

闭合总电源开关QS、主电路电源断路器QF1、控制电源断路器QF2。

（一）连续运行启动及停止过程

1. 启动过程

按下连续运行启动按钮SB1，程序段1中I0.0触点闭合，能流经触点I0.0至Q0.0。置位输出继电器Q0.0，输出继电器Q0.0线圈得电，外部接触器KM线圈得电，KM主触点闭合，电动机M连续运行。

2. 停止过程

按下停止按钮SB3，程序段2中I0.2触点闭合，能流经触点I0.2至Q0.0。复位输

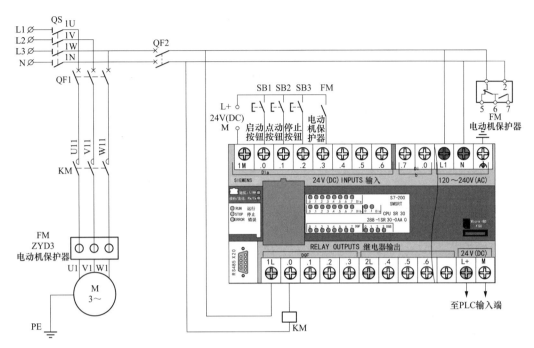

图 8-3 使用置位、复位指令实现电动机点动与连续运行控制电路 PLC 接线图

出继电器 Q0.0，输出继电器 Q0.0 线圈失电，外部接触器 KM 线圈失电，KM 主触点断开，电动机 M 停止运行。

（二）点动启动及停止过程

1. 点动过程

按住点动按钮 SB2，程序段 3 中 I0.1 触点闭合，能流经触点 I0.1→M0.1 至 M0.0，辅助继电器 M0.0 线圈得电，同时 M0.0 触点闭合自锁。程序段 1 中 M0.0 触点闭合，能流经触点 M0.0 至 Q0.0。置位输出继电器 Q0.0，输出继电器 Q0.0 线圈得电，外部接触器 KM 线圈得电，KM 主触点闭合，电动机 M 连续运行。同时程序段 4 中 M0.0 触点闭合，为实现停止运行做好准备（此时点动按钮 SB2 未松开）。

2. 停止过程

松开点动按钮 SB2，程序段 4 中 I0.1 触点复位闭合，能流经触点 M0.0→I0.1 至 M0.1，辅助继电器 M0.1 线圈得电，程序段 2 中 M0.1 触点闭合，复位输出继电器 Q0.0，输出继电器 Q0.0 线圈失电，外部接触器 KM 线圈失电，KM 主触点断开，电动机 M 停止运行。程序段 3 中 M0.1 触点断开，辅助继电器 M0.0 线圈失电。程序段 1 和程序段 4 中 M0.0 触点复位断开，为下一步运行做好准备。

（三）保护原理

当电动机 M 在运行中发生断相、过载、堵转、三相不平衡等故障时，输入继电器 I0.3（M 过载保护）闭合，程序段 2 中 I0.3 触点闭合，能流经 I0.3 至 Q0.0。复位输出继电器 Q0.0，输出继电器 Q0.0 线圈失电，外部接触器 KM 线圈失电，KM 主触点断开，电动机 M 停止运行。

第 9 例
使用上升沿指令实现单按钮控制电路

一、继电器接触器控制原理

（一）单按钮控制电路

单按钮控制电路原理见图 9-1。

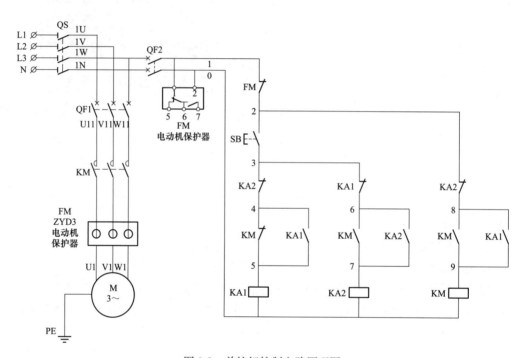

图 9-1　单按钮控制电路原理图

（二）PLC 程序设计要求

（1）按下按钮 SB 电动机 M 启动，再次按下按钮 SB 电动机 M 停止运行。

（2）当电动机发生过载等故障时，电动机保护器 FM 动作，电动机 M 停止运行。

（3）PLC 控制电路接线图中按钮 SB、电动机保护器 FM 辅助触点均使用动合触点。

（4）电动机保护器 FM 工作电源由外部控制电路电源直接供电。

（5）根据控制要求列出输入/输出分配表。

（6）根据控制要求，用 PLC 基本指令和上升沿指令设计梯形图程序。

（7）根据控制要求绘制 PLC 控制电路接线图。

（三）输入/输出设备及 I/O 元件配置分配表

输入/输出设备及 I/O 元件配置见表 9-1。

表 9-1 输入/输出设备及 I/O 元件配置表

输入设备			输出设备		
符号	地址	功能	符号	地址	功能
SB	I0.0	按钮	KM	Q0.0	电动机接触器
FM	I0.1	电动机保护器			

二、程序及电路设计

（一）PLC 梯形图

使用上升沿指令实现单按钮控制电路 PLC 梯形图见图 9-2。

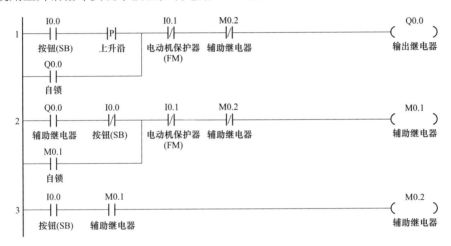

图 9-2 使用上升沿指令实现单按钮控制电路 PLC 梯形图

（二）PLC 接线详图

使用上升沿指令实现单按钮控制电路 PLC 接线图见图 9-3。

三、梯形图动作详解

闭合总电源开关 QS、主电路电源断路器 QF1、控制电源断路器 QF2。

（一）启动过程

第一次按下按钮 SB，程序段 1 中 I0.0 触点在上升沿接通一个扫描周期时瞬间闭合，能流经触点 I0.0→I0.1→M0.2 至 Q0.0。同时 Q0.0 辅助触点闭合自锁，输出继电器 Q0.0 线圈得电，外部接触器 KM 线圈得电，KM 主触点闭合，电动机 M 运行。松开按钮 SB，程序段 2 中 I0.0 触点闭合，能流经触点 Q0.0→I0.0→I0.1→M0.2 至 M0.1。同时 M0.1 辅助触点闭合自锁，辅助继电器 M0.1 线圈得电。程序段 3 中触点 M0.1 闭合，为电动机停止运行做准备。

（二）停止过程

第二次按下按钮 SB，程序段 3 中 I0.0 触点闭合，能流经触点 I0.0→M0.1 至 M0.2，辅助继电器 M0.2 线圈得电，程序段 1 和程序段 2 中 M0.2 触点断开，输出继电

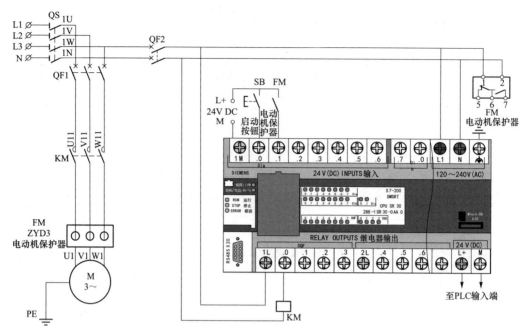

图 9-3　使用上升沿指令实现单按钮控制电路 PLC 接线图

器 Q0.0 线圈失电，外部接触器 KM 线圈失电，KM 主触点断开，电动机 M 停止运行。辅助继电器 M0.1、M0.2 触点复位，为电动机启动运行做好准备。

（三）保护原理

当电动机 M 在运行中发生断相、过载、堵转、三相不平衡等故障，输入继电器 I0.1（M 过载保护）闭合，程序段 1 和程序段 2 中触点 I0.1 断开，输出继电器 Q0.0 线圈失电，外部接触器 KM 线圈失电，KM 主触点断开，电动机 M 停止运行。辅助继电器 M0.1 触点复位，为电动机启动运行做好准备。

第 10 例

使用计数器指令实现单按钮控制电路

一、继电器接触器控制原理

（一）单按钮控制电路

单按钮控制电路原理见图 10-1。

（二）PLC 程序设计要求

（1）按下按钮 SB 电动机 M 启动运行，再按下按钮 SB 电动机 M 停止运行。

（2）当电动机发生过载等故障时，电动机保护器 FM 动作，电动机 M 停止运行。

（3）PLC 控制电路接线图中按钮 SB、电动机保护器 FM 辅助触点均使用动合触点。

（4）电动机保护器 FM 工作电源由外部控制电路电源直接供电。

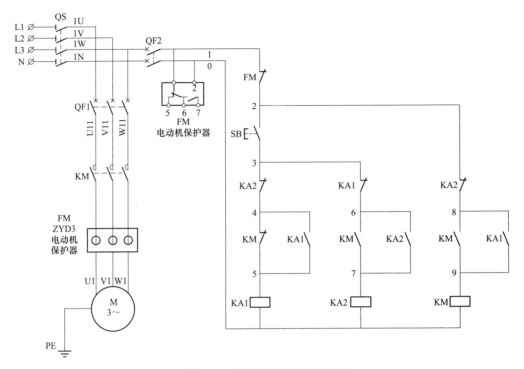

图 10-1　单按钮控制电路原理图

（5）根据控制要求列出输入/输出分配表。

（6）根据控制要求用 PLC 计数器指令设计梯形图程序。

（7）根据控制要求绘制 PLC 控制电路接线图。

（三）输入/输出设备及 I/O 元件配置分配表

输入/输出设备及 I/O 元件配置见表 10-1。

表 10-1　　　　　　　　　　输入/输出设备及 I/O 元件配置表

输入设备			输出设备		
符号	地址	功能	符号	地址	功能
SB	I0.0	按钮	KM	Q0.0	电动机接触器
FM	I0.1	电动机保护器			

二、程序及电路设计

（一）PLC 梯形图

使用计数器命令实现单按钮控制电路 PLC 梯形图见图 10-2。

（二）PLC 接线详图

使用计数器命令实现单按钮控制电路 PLC 接线图见图 10-3。

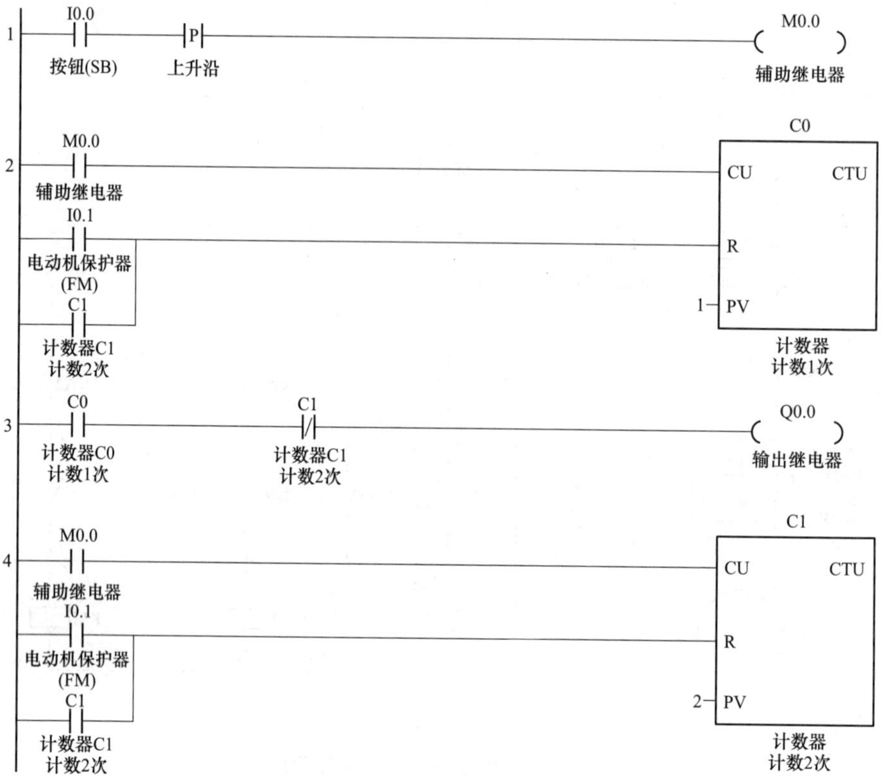

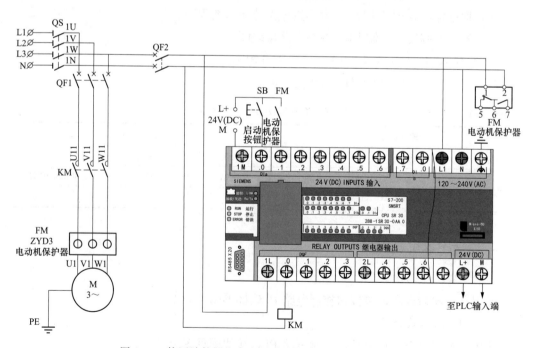

图 10-2　使用计数器指令实现单按钮控制电路 PLC 梯形图

图 10-3　使用计数器指令实现单按钮控制电路 PLC 接线图

三、梯形图动作详解（启动/停止）

闭合总电源开关 QS、主电路电源断路器 QF1、控制电源断路器 QF2。

（一）启动过程

第一次按下（启动/停止）按钮 SB，程序段 1 中 I0.0 触点在上升沿接通一个扫描周期时瞬间闭合，能流至 M0.0。辅助继电器 M0.0 线圈瞬间得电。程序段 2 中 M0.0 触点瞬间闭合，加计数器 C0 的 CU 端从当前的数值 0 加 1，程序段 4 中 M0.0 触点瞬间闭合，加计数器 C1 的 CU 端从当前的数值 0 加 1，程序段 2 中加计数器 C0 预设值 PV 为 1，当 C0 值等于预设 PV 值时，程序段 3 中 C0 计数器触点闭合，能流经触点 C0→C1 至 Q0.0。输出继电器 Q0.0 线圈得电，外部接触器 KM 线圈得电，KM 主触点闭合，电动机 M 运行。

（二）停止过程

第二次按下（启动/停止）按钮 SB，程序段 1 中 I0.0 触点在上升沿接通一个扫描周期时瞬间闭合，能流至 M0.0。辅助继电器 M0.0 线圈瞬间得电。程序段 4 中 M0.0 触点瞬间闭合，加计数器 C1 的 CU 端从当前的数值 1 加 1，加计数器 C1 预设的值 PV 为 2，当 C1 值等于预设 PV 值时，接通程序段 2 中加计数器 C0 和程序段 4 中加计数器 C1 的复位端 R，计数器 C0 和 C1 复位到当前值 0。程序段 3 中 C1 计数器触点断开，输出继电器 Q0.0 线圈失电，外部接触器 KM 线圈失电，KM 主触点闭合，电动机 M 停止运行。

（三）保护原理

当电动机 M 在运行中发生断相、过载、堵转、三相不平衡等故障时，输入继电器 I0.1（M 过载保护）闭合。程序段 2 和程序段 4 中 I0.1 触点闭合计数器 C0、C1 复位，程序段 3 中计数器 C0、C1 触点复位，输出继电器 Q0.0 线圈失电，外部接触器 KM 线圈失电，KM 主触点闭合，电动机 M 停止运行。

PLC控制的电动机顺序启停、交替运行与多地控制电路

PLC控制的电动机顺序启停、交替运行与多地控制电路用途：

（1）顺序控制。在装有多台电动机的生产机械上，各电动机的作用是不相同的，有时需按一定的顺序启动，才能保证操作过程的合理性和工作的安全可靠。例如，多条皮带运输机以及万能铣床上要求主轴电动机启动后，进给电动机才能启动；又如平面磨床的冷却液泵电动机，要求当砂轮电动机启动后冷却液泵电动机才能启动。根据控制要求一台电动机启动后另一台电动机才能启动的控制方式，叫作电动机的顺序控制，读者可根据生产需要设计电路。常见的有同启同停、顺启逆停、顺启顺停、顺启同停、顺启分停等电路，这些电路都是用联锁的方式设计实现的。另外，根据用途不同，负载也可以是其他对启动顺序有要求的设备。主要适用于传送带、机床等机械设备控制电路。

（2）多地控制。能在两地或多地控制同一台电动机的控制方式叫作电动机的多地控制。两地控制一般控制室安装一对启停按钮（包括指示电路），称为远方控制。装置附近安装一对启停按钮，称为就地控制或本地控制。这样就可以分别在甲、乙两地启、停同一台电动机，达到操作方便目的。对于三地或多地控制，只要把各地的启动按钮并接，停止按钮串接即可以实现。多地控制主要适用于油田泵站油泵电动机、机床等机械设备控制电路。

读者也可根据现场实际需求对电路做适当的改动，即可实现控制要求。

第 11 例

两台电动机顺序启动、 同时停止控制电路

一、继电器接触器控制原理

（一）两台电动机顺序启动、同时停止控制电路

两台电动机顺序启动、同时停止控制电路原理见图11-1。

（二）PLC程序设计要求

（1）按下启动按钮SB1，电动机M1启动连续运行。

（2）同时控制电动机M1输出的继电器触点闭合，为电动机M2顺序启动做好准备。

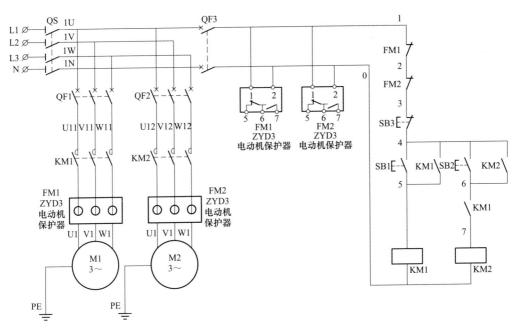

图 11-1　两台电动机顺序启动、同时停止控制电路原理图

（3）按下启动按钮 SB2，电动机 M2 启动连续运行。

（4）按下停止按钮 SB3，电动机 M1、M2 同时停止。

（5）当电动机发生过载等故障时，电动机保护器 FM1 或 FM2 动作，两台电动机停止运行。

（6）PLC 实际接线图中停止按钮 SB3、电动机综合保护器 FM1、FM2 辅助触点均使用动断触点。

（7）电动机保护器 FM1 及 FM2 工作电源由外部电路直接供电。

（8）根据控制要求列出输入/输出分配表。

（9）根据控制要求，用 PLC 基本指令合理设计两台电动机顺序启动、同时停止的梯形图程序。

（10）根据控制要求绘制 PLC 控制电路接线图。

（三）输入/输出设备及 I/O 元件配置分配表

输入/输出设备及 I/O 元件配置见表 11-1。

表 11-1　　　　　　　　　　　　输入/输出设备及 I/O 元件配置表

输入设备			输出设备		
符号	地址	功能	符号	地址	功能
SB1	I0.0	M1 启动按钮	KM1	Q0.0	电动机 M1 接触器
SB2	I0.1	M2 启动按钮	KM2	Q0.1	电动机 M2 接触器
SB3	I0.2	停止按钮			
FM1	I0.3	M1 电动机保护器			
FM2	I0.4	M2 电动机保护器			

二、程序及电路设计

（一）PLC 梯形图

两台电动机顺序启动、同时停止控制电路 PLC 梯形图见图 11-2。

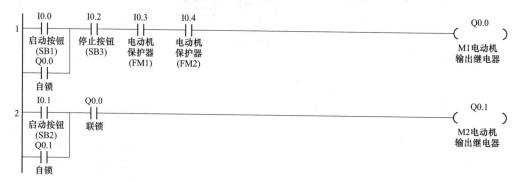

图 11-2　两台电动机顺序启动、同时停止控制电路 PLC 梯形图

（二）PLC 接线详图

两台电动机顺序启动、同时停止控制电路 PLC 接线图见图 11-3。

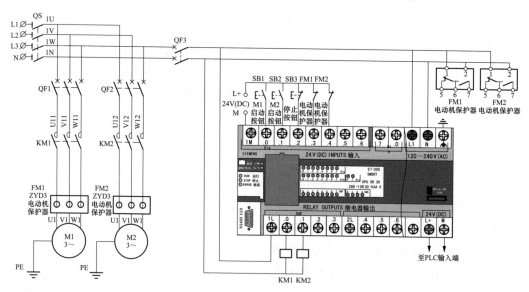

图 11-3　两台电动机顺序启动、同时停止控制电路 PLC 接线图

三、梯形图动作详解

闭合总电源开关 QS，闭合电动机主电路电源断路器 QF1、QF2，控制电源断路器 QF3，由于 SB3、FM1、FM2 触点处于闭合状态，PLC 输入继电器 I0.2～I0.4 信号指示灯亮，梯形图中 I0.2～I0.4 触点闭合。

（一）启动过程

按下启动按钮 SB1，程序段 1 中 I0.0 触点闭合，能流经触点 I0.0→I0.2→I0.3→I0.4 至 Q0.0。输出继电器 Q0.0 线圈得电，外部接触器 KM1 线圈得电，KM1 主触点闭合，电动机 M1 运行。同时程序段 1 中 Q0.0 触点闭合自锁，电动机 M1 连续运行。程序段 2 中 Q0.0 触点闭合，为电动机 M2 运行做好准备。

按下启动按钮 SB2，程序段 2 中 I0.1 触点闭合，能流经触点 I0.1→Q0.0 至 Q0.1。输出继电器 Q0.1 线圈得电，外部接触器 KM2 线圈得电，KM2 主触点闭合，电动机 M2 运行。同时程序段 2 中 Q0.1 触点闭合自锁，电动机 M2 连续运行。

（二）停止过程

按下停止按钮 SB3，程序段 1 中 I0.2 触点断开，输出继电器 Q0.0 线圈失电，外部接触器 KM1 线圈失电，KM1 主触点断开，电动机 M1 停止运行。同时，程序段 2 中 Q0.0 触点复位断开，输出继电器 Q0.1 线圈失电，外部接触器 KM2 线圈失电，KM2 主触点断开，电动机 M2 停止运行。

（三）保护原理

当第一台电动机或第二台电动机在运行中发生断相、过载、堵转时、三相不平衡等故障，输入继电器 I0.3（M1 过载保护）或输入继电器 I0.4（M2 过载保护）断开，程序段 1 中 I0.3 或 I0.4 触点断开输出继电器 Q0.0 和 Q0.1 线圈失电，外部接触器 KM1 和 KM2 线圈失电，两台电动机同时停止运行。

第 12 例

两台电动机顺序启动、逆序停止控制电路

一、继电器接触器控制原理

（一）两台电动机顺序启动、逆序停止控制电路

两台电动机顺序启动、逆序停止控制电路原理见图 12-1。

（二）PLC 程序设计要求

（1）按下启动按钮 SB1 电动机 M1 运行。

（2）同时控制电动机 M1 输出的继电器触点闭合，为 M2 启动做好准备。

（3）按下启动按钮 SB2 电动机 M2 运行，实现顺序启动。

（4）同时控制电动机 M2 输出的继电器触点闭合，闭锁停止按钮 SB3 使其暂时失去停止功能。

（5）按下停止按钮 SB4 使电动机 M2 停止运行。

（6）同时闭锁停止按钮 SB3 的触点断开，使停止按钮 SB3 恢复正常的停止功能。

（7）按下停止按钮使 SB3 电动机 M1 停止，实现逆序停止。

（8）当电动机发生过载等故障时，电动机保护器 FM1 或 FM2 动作，两台电动机停止运行。

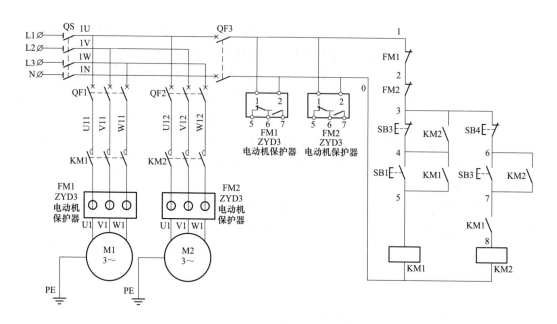

图 12-1 两台电动机顺序启动、逆序停止控制电路原理图

（9）PLC 实际接线图中停止按钮 SB3、SB4，电动机综合保护器 FM1、FM2 辅助触点均使用动断触点。

（10）电动机保护器 FM1 及 FM2 工作电源由外部电路直接供电。

（11）根据上面的控制要求列出输入/输出分配表。

（12）根据控制要求，用 PLC 基本指令设计两台电动机顺序启动、逆序停止的梯形图程序。

（13）根据控制要求绘制 PLC 控制电路接线图。

（三）输入/输出设备及 I/O 元件配置分配表

输入/输出设备及 I/O 元件配置分配见表 12-1。

表 12-1　　　　　　　　　　　　　　　　输入/输出设备及 I/O 元件配置表

输入设备			输出设备		
符号	地址	功能	符号	地址	功能
SB1	I0.0	M1 启动按钮	KM1	Q0.0	电动机 M1 接触器
SB2	I0.1	M2 启动按钮	KM2	Q0.1	电动机 M2 接触器
FM1	I0.2	M1 电动机保护器			
FM2	I0.3	M2 电动机保护器			
SB3	I0.4	M1 停止按钮			
SB4	I0.5	M2 停止按钮			

二、程序及电路设计

(一) PLC 梯形图

两台电动机顺序启动、逆序停止控制电路 PLC 梯形图见图 12-2。

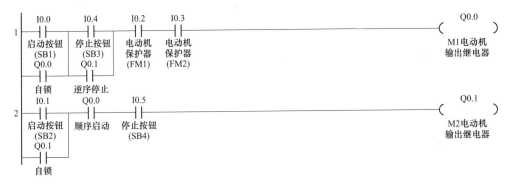

图 12-2 两台电动机顺序启动、逆序停止控制电路 PLC 梯形图

(二) PLC 接线详图

两台电动机顺序启动、逆序停止控制电路 PLC 接线图见图 12-3。

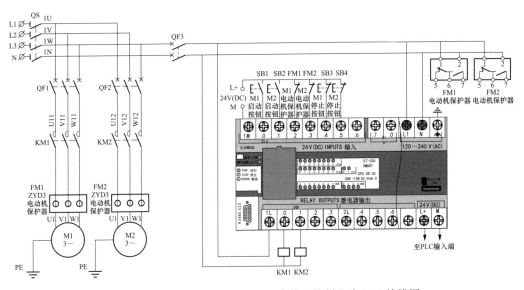

图 12-3 两台电动机顺序启动、逆序停止控制电路 PLC 接线图

三、梯形图动作详解

闭合总电源开关 QS，闭合电动机主电路电源断路器 QF1、QF2，控制电源断路器 QF3，由于 FM1、FM2、SB3、SB4 触点处于闭合状态，PLC 输入继电器 I0.2~I0.5 信号指示灯亮，梯形图中 I0.2~I0.5 触点闭合。

（一）启动过程

按下启动按钮 SB1，程序段 1 中 I0.0 触点闭合，能流经触点 I0.0→I0.4→I0.2→I0.3 至 Q0.0。输出继电器 Q0.0 线圈得电，外部接触器 KM1 线圈得电，KM1 主触点闭合，电动机 M1 运行。程序段 1 中 Q0.0 触点闭合实现自锁，电动机 M1 连续运行。程序段 2 中 Q0.0 触点闭合，为电动机 M2 运行做好准备。

按下启动按钮 SB2，程序段 2 中 I0.1 触点闭合，能流经触点 I0.1→Q0.0→I0.5 至 Q0.1。输出继电器 Q0.1 线圈得电，外部接触器 KM2 线圈得电，KM2 主触点闭合，电动机 M2 运行。程序段 2 中 Q0.1 触点闭合自锁，电动机 M2 连续运行。程序段 1 中 Q0.1 触点闭合，闭锁 SB3 停止按钮使其暂时失去停止功能，从而实现逆序停止功能。

（二）停止过程

按下停止按钮 SB4，程序段 2 中 I0.5 触点断开，输出继电器 Q0.1 线圈失电，外部接触器 KM2 线圈失电，KM2 主触点断开，电动机 M2 停止运行。同时，程序段 1 中 Q0.1 触点复位断开，解除自锁，为电动机 M1 停止运行做好准备。

按下停止按钮 SB3，程序段 1 中 I0.4 触点断开，输出继电器 Q0.0 线圈失电，外部接触器 KM1 线圈失电，KM1 主触点断开，电动机 M1 停止运行。同时，程序段 2 中 Q0.0 触点复位断开，为下次的顺序启动运行做好准备。

（三）保护原理

当第一台电动机或第二台电动机在运行中发生断相、过载、堵转、三相不平衡等故障时，输入继电器 I0.2（M1 过载保护）或输入继电器 I0.3（M2 过载保护）断开，程序段 1 中 I0.2 或 I0.3 触点断开输出继电器 Q0.0 和 Q0.1 线圈失电，外部接触器 KM1 和 KM2 线圈失电，两台电动机同时停止运行。

第 13 例

两台电动机顺序启动、顺序停止控制电路

一、继电器接触器控制原理

（一）两台电动机顺序启动、顺序停止控制电路

两台电动机顺序启动、顺序停止控制电路原理见图 13-1。

（二）PLC 程序设计要求

（1）按下启动按钮 SB1 电动机 M1 运行。

（2）同时控制电动机 M1 输出的继电器触点闭合，为电动机 M2 启动做好准备。

（3）按下启动按钮 SB2 使电动机 M2 运行，实现顺序启动。

（4）控制电动机 M1 输出的继电器触点闭合，闭锁停止按钮 SB4 使其暂时失去停止功能。

（5）按下停止按钮 SB2 使电动机 M1 停止运行。

（6）同时闭锁停止按钮 SB4 的触点断开，使停止按钮 SB4 恢复正常停止的功能。

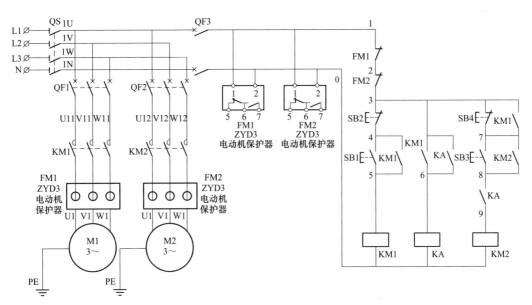

图 13-1　两台电动机顺序启动、顺序停止控制电路原理图

（7）按下停止按钮 SB4 电动机 M2 停止运行，实现顺序停止。

（8）当电动机发生过载等故障时，电动机保护器 FM1 或 FM2 动作，两台电动机停止运行。

（9）PLC 实际接线图中停止按钮 SB2、SB4、电动机综合保护器 FM1、FM2 辅助触点均使用动断触点。

（10）电动机保护器 FM1 及 FM2 工作电源由外部电路直接供电。

（11）根据上面的控制要求列出输入/输出分配表。

（12）根据控制要求，用 PLC 基本指令设计两台电动机顺序启动、顺序停止的梯形图程序。

（13）根据控制要求绘制 PLC 控制电路接线图。

（三）输入/输出设备及 I/O 元件配置分配表

输入/输出设备及 I/O 元件配置表见表 13-1。

表 13-1　　　　　　　　　　　　输入/输出设备及 I/O 元件配置表

输入设备			输出设备		
符号	地址	功能	符号	地址	功能
SB1	I0.0	M1 启动按钮	KM1	Q0.0	电动机 M1 接触器
SB2	I0.1	M1 停止按钮	KM2	Q0.1	电动机 M2 接触器
FM1	I0.2	M1 电动机保护器			
FM2	I0.3	M2 电动机保护器			
SB3	I0.4	M2 启动按钮			
SB4	I0.5	M2 停止按钮			

二、程序及电路设计

(一) PLC 梯形图

两台电动机顺序启动、顺序停止控制电路 PLC 梯形图见图 13-2。

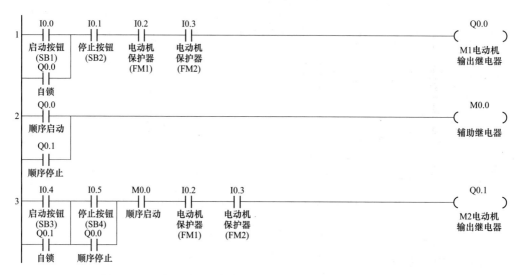

图 13-2　两台电动机顺序启动、顺序停止控制电路 PLC 梯形图

(二) PLC 接线详图

两台电动机顺序启动、顺序停止控制电路 PLC 接线图见图 13-3。

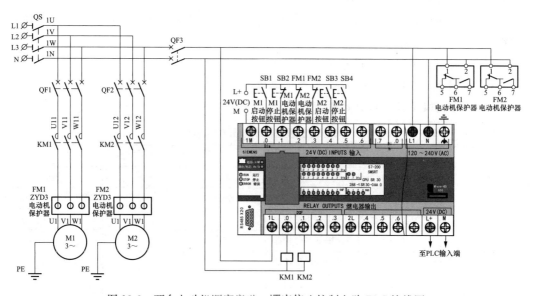

图 13-3　两台电动机顺序启动、顺序停止控制电路 PLC 接线图

三、梯形图动作详解

闭合总电源开关 QS，闭合电动机主电路电源断路器 QF1、QF2，控制电源断路器 QF3，由于 SB2、FM1、FM2、SB4 触点处于闭合状态，PLC 输入继电器 I0.1、I0.2、I0.3、I0.5 信号指示灯亮，PLC 梯形图中 I0.1、I0.2、I0.3、I0.5 触点闭合。

（一）启动过程

按下启动按钮 SB1，程序段 1 中 I0.0 触点闭合，能流经触点 I0.0→I0.1→I0.2→I0.3 至 Q0.0。输出继电器 Q0.0 线圈得电，外部接触器 KM1 线圈得电，KM1 主触点闭合，电动机 M1 运行。同时，程序段 1 中 Q0.0 触点闭合自锁，电动机 M1 连续运行。

同时，程序段 2 中 Q0.0 触点闭合，"能流"经触点 Q0.0 至 M0.0 辅助继电器 M0.0 线圈得电，程序段 3 中 M0.0 触点闭合，为第二台电动机 M2 启动做好准备。同时，程序段 3 中 Q0.0 触点闭合，闭锁第二台电动机 M2 的停止按钮 SB4，起到顺序停止的功能。

按下启动按钮 SB3，程序段 3 中 I0.4 触点闭合，能流经触点 I0.4→I0.5→M0.0→I0.2→I0.3 至 Q0.1，输出继电器 Q0.1 线圈得电，外部接触器 KM2 线圈得电，KM2 主触点闭合，电动机 M2 运行。程序段 3 中 Q0.1 触点闭合自锁，电动机 M2 连续运行。程序段 2 中 Q0.1 触点闭合，实现双重闭锁，保证当第一台电动机 M1 停运后，第二台电动机 M2 能继续运行。

（二）停止过程

按下停止按钮 SB2，程序段 1 中 I0.1 触点断开，输出继电器 Q0.0 线圈失电，外部接触器 KM1 线圈失电，KM1 主触点断开，电动机 M1 停止运行。同时程序段 3 中 Q0.0 触点断开，闭锁解除恢复停止功能，为电动机 M2 停止运行做好准备。

按下停止按钮 SB4，程序段 3 中 I0.5 触点断开，输出继电器 Q0.1 线圈失电，外部接触器 KM2 线圈失电，KM2 主触点断开，电动机 M2 停止运行。

（三）保护原理

当第一台电动机或第二台电动机在运行中发生断相、过载、堵转、三相不平衡等故障时，输入继电器 I0.2（M1 过载保护）或输入继电器 I0.3（M2 过载保护）断开，程序段 1 和程序段 3 中触点 I0.2 或 I0.3 断开，输出继电器 Q0.0 和 Q0.1 线圈失电，外部接触器 KM1 和 KM2 线圈失电，两台电动机同时停止运行。

第 14 例

使用定时器指令实现两台电动机顺启、逆停控制电路

一、继电器接触器控制原理

（一）两台电动机顺启、逆停控制电路

两台电动机顺启、逆停控制电路见图 14-1。

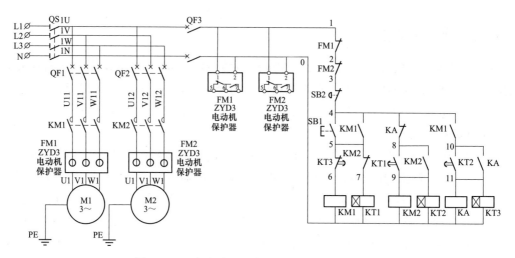

图 14-1 两台电动机顺启、逆停控制电路原理图

（二）PLC 程序设计要求

（1）按下启动按钮 SB1 使电动机 M1 启动运行。

（2）电动机 M1 启动后，延时 5s 启动电动机 M2。

（3）电动机 M2 启动后，延时 5s 停止电动机 M2。

（4）电动机 M2 停止后，延时 5s 停止电动机 M1。

（5）按下急停按钮 SB2，电动机 M1、M2 同时停止。

（6）当电动机发生过载等故障时，电动机保护器 FM1 或 FM2 动作，两台电动机停止运行。

（7）PLC 实际接线图中急停按钮 SB2、电动机综合保护器 FM1、FM2 辅助触点均使用动断触点。

（8）电动机保护器 FM1 及 FM2 工作电源由外部电路直接供电。

（9）急停按钮用立即指令设计梯形图程序。

（10）根据控制要求列出输入/输出分配表。

（11）根据控制要求，用 PLC 定时器指令设计两台电动机顺启、逆停的梯形图程序。

（12）根据控制要求绘制 PLC 控制电路接线图。

（三）输入/输出设备及 I/O 元件配置分配表

输入/输出设备及 I/O 元件配置见表 14-1。

表 14-1 输入/输出设备及 I/O 元件配置表

输入设备			输出设备		
符号	地址	功能	符号	地址	功能
SB1	I0.0	启动按钮	KM1	Q0.0	电动机 M1 接触器
SB2	I0.1	急停按钮	KM2	Q0.1	电动机 M2 接触器
FM1	I0.2	M1 电动机保护器			
FM2	I0.3	M2 电动机保护器			

二、程序及电路设计

（一）PLC 梯形图

使用定时器指令实现两台电动机顺启、逆停控制电路 PLC 梯形图见图 14-2。

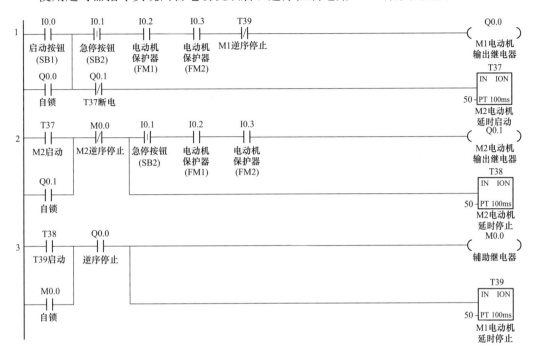

图 14-2　使用定时器指令实现两台电动机顺启、逆停控制电路 PLC 梯形图

（二）PLC 接线详图

使用定时器指令实现两台电动机顺启、逆停电路 PLC 接线图见图 14-3。

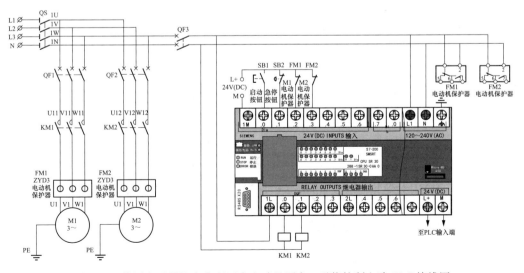

图 14-3　使用定时器指令实现两台电动机顺启、逆停控制电路 PLC 接线图

三、梯形图动作详解

闭合总电源开关 QS，闭合电动机主电路电源断路器 QF1、QF2，控制电源断路器 QF3，由于 SB2、FM1、FM2 触点处于闭合状态，PLC 输入继电器 I0.1、I0.2、I0.3 信号指示灯亮，PLC 梯形图中 I0.1、I0.2、I0.3 触点闭合。

（一）顺启逆停过程

按下启动按钮 SB1，程序段 1 中 I0.0 触点闭合，能流经触点 I0.0→I0.1→I0.2→I0.3→T39 至 Q0.0。同时 Q0.0 辅助触点闭合自锁，输出继电器 Q0.0 线圈得电，外部接触器 KM1 线圈得电，KM1 主触点闭合，电动机 M1 运行，同时能流经触点 I0.0→Q0.1 至定时器 T37，同时程序段 3 中 Q0.0 触点闭合，为 M0.0 和 T39 启动做好准备。

5s 后程序段 2 中 T37 触点闭合，能流经触点 T37→M0.0→I0.1→I0.2→I0.3 至 Q0.1。同时 Q0.1 辅助触点闭合自锁，输出继电器 Q0.1 线圈得电，外部接触器 KM2 线圈得电，KM2 主触点闭合，电动机 M2 运行，同时能流经触点 T37→M0.0 至定时器 T38，程序段 1 中触点 Q0.1 断开定时器 T37 复位。

5s 后程序段 3 中 T38 触点闭合，能流经触点 T38→Q0.0 至 M0.0 和定时器 T39。同时 M0.0 辅助触点闭合自锁，辅助继电器 M0.0 线圈得电。程序段 2 中 M0.0 触点断开，输出继电器 Q0.1 线圈失电，外部接触器 KM2 线圈失电，KM2 主触点断开，电动机 M2 停止运行，同时定时器 T38 复位。

5s 后程序段 1 中 T39 触点断开，输出继电器 Q0.0 线圈失电，外部接触器 KM1 线圈失电，KM1 主触点断开，电动机 M1 停止运行，程序段 1 和程序段 3 中 Q0.0 触点断开，为下次启动运行做好准备。

（二）紧急停止

按下急停按钮 SB2，程序段 1 和程序段 2 中触点 I0.1 立即断开，输出继电器 Q0.0、Q0.1 线圈失电，外部接触器 KM1、KM2 线圈失电，KM1、KM2 主触点断开，电动机 M1、M2 停止运行。

（三）保护原理

当第一台电动机或第二台电动机在运行中发生断相、过载、堵转、三相不平衡等故障时，输入继电器 I0.2（M1 过载保护）或输入继电器 I0.3（M2 过载保护）断开，程序段 1 和程序段 2 中触点 I0.2 或 I0.3 断开，输出继电器 Q0.0、Q0.1 线圈失电，外部接触器 KM1、KM2 线圈失电，KM1、KM2 主触点断开，电动机 M1、M2 停止运行。

第 15 例

使用定时器指令实现两台电动机顺启、顺停控制电路

一、继电器接触器控制原理

（一）两台电动机顺启、顺停控制电路

两台电动机启、顺停控制电路见图 15-1。

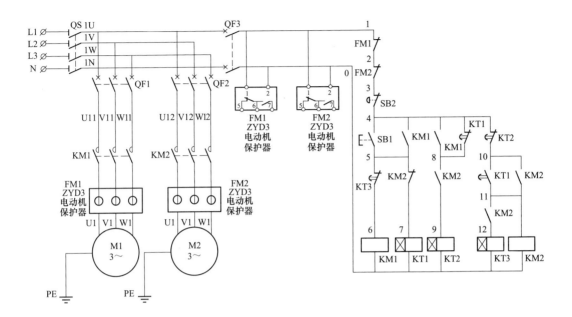

图 15-1 两台电动机顺启、顺停控制电路原理图

（二）PLC 程序设计要求

（1）按下启动按钮 SB1，电动机 M1 启动运行。

（2）电动机 M1 启动后，延时 3s 启动电动机 M2。

（3）电动机 M2 启动后，延时 3s 电动机 M1 停止。

（4）电动机 M1 停止后，延时 3s 电动机 M2 停止。

（5）按下急停按钮 SB2，电动机 M1、M2 同时停止。

（6）当电动机发生过载等故障时，电动机保护器 FM1 或 FM2 动作，两台电动机同时停止运行。

（7）PLC 实际接线图中急停按钮 SB2、电动机综合保护器 FM1、FM2 辅助触点均使用动断触点。

（8）电动机保护器 FM1 及 FM2 工作电源由外部电路直接供电。

（9）急停按钮用立即指令设计梯形图程序。

（10）根据控制要求列出输入/输出分配表。

（11）根据控制要求，用 PLC 定时器指令合理设计两台电动机顺启、顺停的梯形图程序。

（12）根据控制要求绘制 PLC 控制电路接线图。

（三）输入/输出设备及 I/O 元件配置分配表

输入/输出设备及 I/O 元件分配见表 15-1。

表 15-1 　　　　　　　　　　　　输入/输出设备及 I/O 元件配置表

输入设备			输出设备		
符号	地址	功能	符号	地址	功能
SB1	I0.0	启动按钮	KM1	Q0.0	电动机 M1 接触器
SB2	I0.1	急停按钮	KM2	Q0.1	电动机 M2 接触器
FM1	I0.2	M1 电动机保护器			
FM2	I0.3	M2 电动机保护器			

二、程序及电路设计

（一）PLC 梯形图

使用定时器指令实现两台电动机顺启、顺停控制电路 PLC 梯形图见图 15-2。

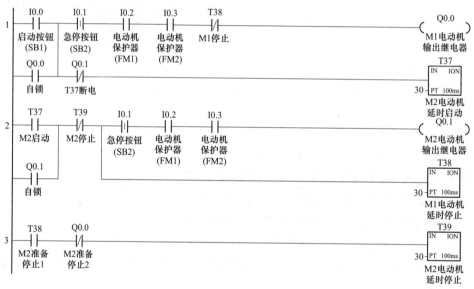

图 15-2　使用定时器指令实现两台电动机顺启、顺停控制电路 PLC 梯形图

（二）PLC 接线详图

使用定时器指令实现两台电动机顺启、顺停控制电路 PLC 接线图见图 15-3。

三、梯形图动作详解

闭合总电源开关 QS，闭合电动机主电路电源断路器 QF1、QF2，控制电源断路器 QF3，由于 SB2、FM1、FM2 触点处于闭合状态，PLC 输入继电器 I0.1、I0.2、I0.3 信号指示灯亮，PLC 梯形图中 I0.1、I0.2、I0.3 触点闭合。

（一）顺启顺停过程

按下启动按钮 SB1，程序段 1 中 I0.0 触点闭合，能流经触点 I0.0→I0.1→I0.2→I0.3→T38 至 Q0.0。同时 Q0.0 辅助触点闭合自锁，输出继电器 Q0.0 线圈得电，外部

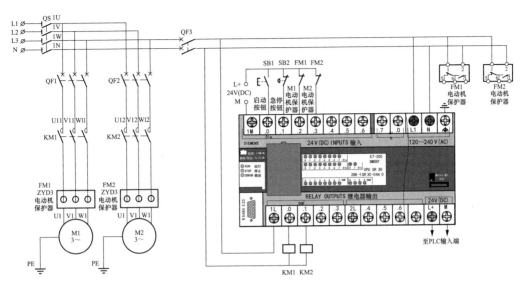

图 15-3　使用定时器指令实现两台电动机顺启、顺停控制电路 PLC 接线图

接触器 KM1 线圈得电，KM1 主触点闭合，电动机 M1 运行，同时能流经触点 I0.0→Q0.1 至定时器 T37，同时程序段 3 中 Q0.0 触点断开，为 M2 停止运行做好准备。

3s 后程序段 2 中 T37 触点闭合，能流经触点 T37→T39→I0.1→I0.2→I0.3 至Q0.1。同时 Q0.1 辅助触点闭合自锁，输出继电器 Q0.1 线圈得电，外部接触器 KM2线圈得电，KM2 主触点闭合，电动机 M2 运行，同时 "能流" 经触点 T37→T39 至定时器 T38。

3s 后程序段 1 中 T38 触点断开，输出继电器 Q0.0 线圈失电，外部接触器 KM1 线圈失电，KM1 主触点断开，电动机 M1 停止运行。同时程序段 1 中 Q0.0 触点断开解除自锁，程序段 3 中 T38 触点闭合，能流经触点 T38→Q0.0 至定时器 T39。

3s 后程序段 2 中 T39 触点断开，输出继电器 Q0.1 线圈失电，外部接触器 KM2 线圈失电，KM2 主触点断开，电动机 M2 停止运行。

（二）紧急停止

按下急停按钮 SB2，程序段 1 和程序段 2 中触点 I0.1 立即断开，输出继电器 Q0.0、Q0.1 线圈失电，外部接触器 KM1、KM2 线圈失电，KM1、KM2 主触点断开，电动机M1、M2 停止运行。

（三）保护原理

当第一台电动机或第二台电动机在运行中发生断相、过载、堵转、三相不平衡等故障，输入继电器 I0.2（M1 过载保护）或输入继电器 I0.3（M2 过载保护）断开，程序段 1 和程序段 2 中触点 I0.2 或 I0.3 断开，输出继电器 Q0.0、Q0.1 线圈失电，外部接触器 KM1、KM2 线圈失电，KM1、KM2 主触点断开，电动机 M1、M2 停止运行。

第 16 例

使用计数器指令实现两台电动机顺序控制电路（循环两次）

一、继电器接触器控制原理

（一）两台电动机顺序控制电路

两台电动机顺序控制电路见图 16-1。

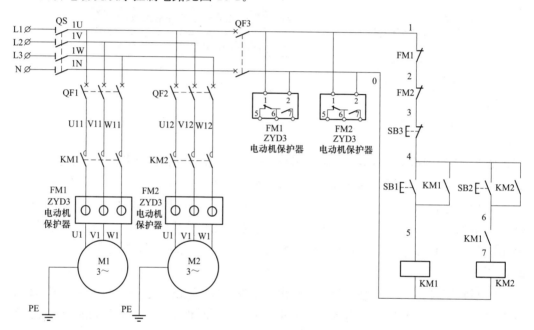

图 16-1　两台电动机顺序控制电路原理图

（二）PLC 程序设计要求

（1）按下启动按钮 SB1，电动机 M1 启动运行。

（2）同时控制电动机 M1 输出的继电器触点闭合，为电动机 M2 启动做好准备。

（3）按下启动按钮 SB2，电动机 M2 启动运行。

（4）按下停止按钮 SB3，两台电动机同时停止运行。

（5）当电动机 M1、M2 循环启动运行两次后，电动机 M1、M2 无法启动运行。

（6）此时需按下复位按钮 SB4，用复位指令 RST 复位计数器后，电动机方可重新启动进行下一个循环。

（7）当电动机发生过载等故障时，电动机保护器 FM1 或 FM2 动作，两台电动机停止运行。

（8）PLC 实际接线图中停止按钮 SB3、电动机综合保护器 FM1、FM2 辅助触点均使用动断触点，复位按钮 SB4 使用动合触点。

（9）电动机保护器 FM1 及 FM2 工作电源由外部电路直接供电。

（10）根据控制要求列出输入/输出分配表。

（11）根据控制要求，用 PLC 计数器指令设计两台电动机顺序控制电路（循环 2 次启动、停止）的梯形图程序。

（12）根据控制要求绘制 PLC 控制电路接线图。

（三）输入/输出设备及 I/O 元件配置分配表

输入/输出设备及 I/O 元件配置见表 16-1。

表 16-1　　　　　　　　　　输入/输出设备及 I/O 元件配置表

输入设备			输出设备		
符号	地址	功能	符号	地址	功能
SB1	I0.0	M1 启动按钮	KM1	Q0.0	M1 电动机接触器
SB2	I0.1	M2 启动按钮	KM2	Q0.1	M2 电动机接触器
SB3	I0.2	停止按钮			
SB4	I0.3	复位按钮			
FM1	I0.4	M1 电动机保护器			
FM2	I0.5	M2 电动机保护器			

二、程序及电路设计

（一）PLC 梯形图

使用计数器指令实现两台电动机顺序控制电路 PLC 梯形图见图 16-2。

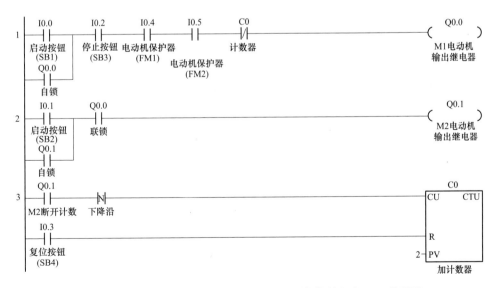

图 16-2　使用计数器指令实现两台电动机顺序控制电路 PLC 梯形图

49

（二）PLC 接线详图

使用计数器指令实现两台电动机顺序控制电路 PLC 接线图见图 16-3。

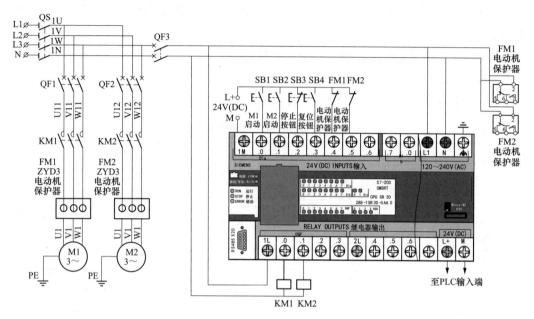

图 16-3　使用计数器指令实现两台电动机顺序控制电路 PLC 接线图

三、梯形图动作详解

闭合总电源开关 QS，主电路电源断路器 QF1、QF2，控制电源断路器 QF3，由于 SB3、FM1、FM2 触点处于闭合状态，PLC 输入继电器 I0.2、I0.4、I0.5 信号指示灯亮，PLC 梯形图（见图 16-2）中 I0.2、I0.4、I0.5 触点闭合。

（一）启动过程

先按下 SB4 复位按钮，程序段 3 中 I0.3 触点闭合，能流经触点 I0.3 至计数器 C0 复位端 R 复位计数器。

按下启动按钮 SB1，程序段 1 中 I0.0 触点闭合，能流经触点 I0.0→I0.2→I0.4→I0.5→C0 至 Q0.0。同时 Q0.0 辅助触点闭合自锁，输出继电器 Q0.0 线圈得电，外部接触器 KM1 线圈得电，KM1 主触点闭合，电动机 M1 运行。程序段 2 中 Q0.0 触点闭合，为启动第二台电动机 M2 做准备。按下启动按钮 SB2，程序段 2 中 I0.1 触点闭合，能流经触点 I0.1→Q0.0 至 Q0.1。同时 Q0.1 辅助触点闭合自锁，输出继电器 Q0.1 线圈得电，外部接触器 KM2 线圈得电，KM2 主触点闭合，电动机 M2 运行，程序段 3 中 Q0.1 触点闭合。

（二）停止过程

按下停止按钮 SB3，程序段 1 中 I0.2 触点断开，输出继电器 Q0.0 线圈失电，外部接触器 KM1 线圈失电，KM1 主触点断开，电动机 M1 停止运行。同时程序段 2 中 Q0.0 触点断开，输出继电器 Q0.1 线圈失电，外部接触器 KM2 线圈失电，KM2 主触点断开,电动机 M2 停止运行。程序段 3 中 Q0.1 触点断开,Q0.1 触点下降沿导通后计数器 C0 计数 1 次。

（三）计数器置位和复位过程

电动机 M2 停止 1 次,接通计数器 C0 计数 1 次。当电动机 M2 停止第 2 次的时候,C0 值等于预设值 PV 时,程序段 1 中 C0 触点断开,实现了两台电动机循环启、停 2 次。

按下 SB4 复位按钮,程序段 3 中 I0.3 触点闭合,能流经触点 I0.3 至 C0 的复位端 R,计数器 C0 复位到当前值 0。程序段 1 中 C0 触点复位闭合,为重新启动电动机做好准备。

（四）保护原理

当电动机在运行中发生断相、过载、堵转、三相不平衡等故障时,PLC 输入继电器 I0.4（M1 过载保护）或输入继电器 I0.5（M2 过载保护）断开,程序段 1 中 I0.4 或 I0.5 触点断开,输出继电器 Q0.0 和 Q0.1 线圈失电,外部接触器 KM1 和 KM2 线圈失电,KM1 和 KM2 主触点断开,电动机 M1 和 M2 停止运行。

第 17 例
使用顺控指令实现四台电动机顺启、逆停止控制电路

一、继电器接触器控制原理

（一）四台电动机顺启逆停止控制电路

四台电动机顺启、逆停止控制电路见图 17-1。

（二）PLC 程序设计要求

(1) 按下启动按钮 SB2,电动机 M1 启动运行。

(2) 按下启动按钮 SB3,电动机 M2 启动运行。

(3) 按下启动按钮 SB4,电动机 M3 启动运行。

(4) 按下启动按钮 SB5,电动机 M4 启动运行。

(5) 按下停止按钮 SB6,电动机 M4 停止运行。

(6) 按下停止按钮 SB7,电动机 M3 停止运行。

(7) 按下停止按钮 SB8,电动机 M2 停止运行。

(8) 按下停止按钮 SB9,电动机 M1 停止运行。

(9) 按下紧急停止按钮 SB1,电动机 M1~M4 同时停止。

(10) 当电动机发生过载等故障时,电动机保护器 FM1~FM4 其中的一个动作,四台电动机同时停止运行。

(11) 电动机保护器 FM1~FM4 工作电源由外部电路直接供电。

(12) 急停按钮用立即指令设计梯形图程序。

(13) 根据上面的控制要求列出输入/输出分配表。

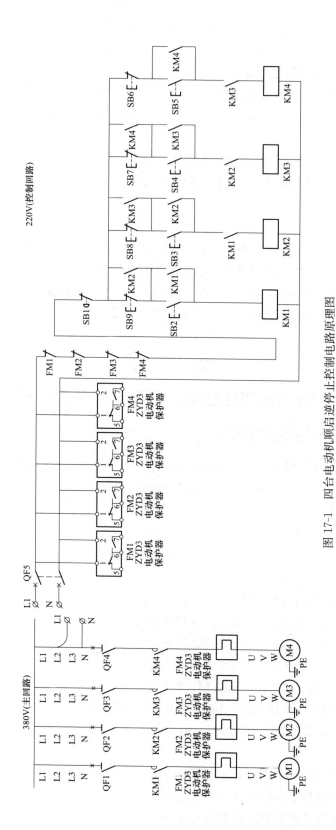

图 17-1　四台电动机顺启逆止控制电路原理图

（14）根据控制要求，用 PLC 顺控指令设计四台电动机顺启、逆停止控制电路的梯形图程序。

（15）根据控制要求绘制 PLC 控制电路接线图。

（三）输入/输出设备及 I/O 元件配置分配表

输入/输出设备及 I/O 元件配置见表 17-1。

表 17-1　　　　　　　　　　**输入/输出设备及 I/O 元件配置表**

输入设备			输出设备		
符号	地址	功能	符号	地址	功能
SB1	I0.0	急停按钮	KM1	Q0.0	M1 电动机接触器
SB2	I0.1	M1 启动按钮	KM2	Q0.1	M2 电动机接触器
SB3	I0.2	M2 启动按钮	KM3	Q0.2	M3 电动机接触器
SB4	I0.3	M3 启动按钮	KM4	Q0.3	M4 电动机接触器
SB5	I0.4	M4 启动按钮			
SB6	I0.5	M4 停止按钮			
SB7	I0.6	M3 停止按钮			
SB8	I0.7	M2 停止按钮			
SB9	I1.0	M1 停止按钮			
FM1	I1.1	电动机保护器			
FM2	I1.2	电动机保护器			
FM3	I1.3	电动机保护器			
FM4	I1.4	电动机保护器			

二、程序及电路设计

（一）PLC 梯形图

使用顺控指令实现四台电动机顺启、逆停止控制电路 PLC 梯形图见图 17-2。

图 17-2　使用顺控指令实现四台电动机顺启、逆停止控制电路 PLC 梯形图（一）

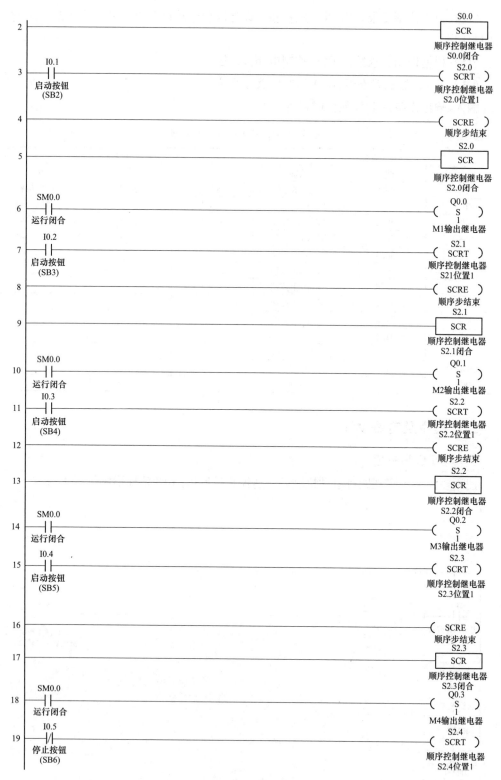

图 17-2 使用顺控指令实现四台电动机顺启、逆停止控制电路 PLC 梯形图（二）

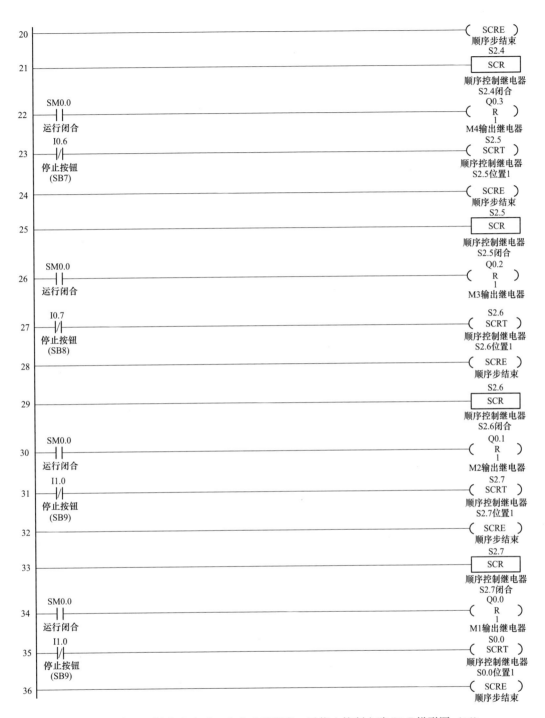

图 17-2　使用顺控指令实现四台电动机顺启、逆停止控制电路 PLC 梯形图（三）

（二）PLC 接线详图

使用顺控指令实现四台电动机顺启、逆停止控制电路 PLC 接线图见图 17-3。

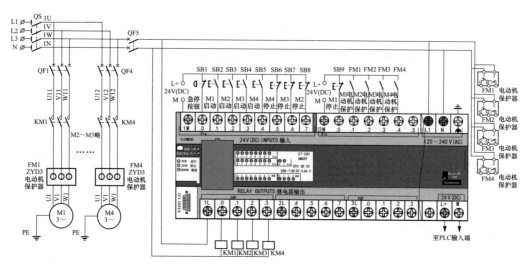

图 17-3　使用顺控指令实现四台电动机顺启、逆停止控制电路 PLC 接线图

三、梯形图动作详解

闭合总电源开关 QS，闭合主回路电源断路器 QF1～QF4，闭合 PLC 工作电源及保护回路电源断路器 QF5，PLC 上电进入"RUN"状态。由于外部急停按钮 SB1 和停止按钮 SB6～SB9 触点处于闭合状态，PLC 输入继电器 I0.0、I0.5、I0.6、I0.7、I1.0 信号指示灯亮，PLC 梯形图中 I0.0、I0.5、I0.6、I0.7、I1.0 触点断开。

程序段 1 中 SM0.1 触点瞬间闭合置位顺序控制继电器 S0.0，复位输出继电器 Q0.0～Q0.3，复位顺序控制继电器 S2.0～S2.7。

（一）顺序启动

程序段 2 中顺序控制继电器 S0.0 闭合。按下启动按钮 SB2，程序段 3 中 I0.1 触点闭合，将顺序控制继电器 S2.0 位置 1，程序段 4 中顺序步结束。程序段 5 中顺序控制继电器 S2.0 闭合，程序段 6 中特殊继电器 SM0.0 触点闭合，输出继电器 Q0.0 置位，外部输出接触器 KM1 线圈得电，KM1 主触点闭合电动机 M1 启动运行。

按下启动按钮 SB3，程序段 7 中 I0.2 触点闭合，将顺序控制继电器 S2.1 位置 1，程序段 8 中顺序步结束。程序段 9 中顺序控制继电器 S2.1 闭合，程序段 10 中特殊继电器 SM0.0 触点闭合，输出继电器 Q0.1 置位，外部输出接触器 KM2 线圈得电，KM2 主触点闭合电动机 M2 启动运行。

按下启动按钮 SB4，程序段 11 中 I0.3 触点闭合，将顺序控制继电器 S2.2 位置 1，程序段 12 中顺序步结束。程序段 13 中顺序控制继电器 S2.2 闭合，程序段 14 中特殊继电器 SM0.0 触点闭合，输出继电器 Q0.2 置位，外部输出接触器 KM3 线圈得电，KM3 主触点闭合电动机 M3 启动运行。

按下启动按钮 SB5，程序段 15 中 I0.4 触点闭合，将顺序控制继电器 S2.3 位置 1，程序段 16 中顺序步结束。程序段 17 中顺序控制继电器 S2.3 闭合，程序段 18 中特殊继电器 SM0.0 触点闭合，输出继电器 Q0.3 置位，外部输出接触器 KM4 线圈得电，KM4 主触点闭合电动机 M4 启动运行。

（二）逆序停止

按下停止按钮 SB6，程序段 19 中 I0.5 触点闭合，将顺序控制继电器 S2.4 位置 1，程序段 20 中顺序步结束。程序段 21 中顺序控制继电器 S2.4 闭合，程序段 22 中特殊继电器 SM0.0 触点闭合，输出继电器 Q0.3 复位，外部输出接触器 KM4 线圈失电，KM4 主触点断开电动机 M4 停止运行。

按下停止按钮 SB7，程序段 23 中 I0.6 触点闭合，将顺序控制继电器 S2.5 位置 1，程序段 24 中顺序步结束。程序段 25 中顺序控制继电器 S2.5 闭合，程序段 26 中特殊继电器 SM0.0 触点闭合，输出继电器 Q0.2 复位，外部输出接触器 KM3 线圈失电，KM3 主触点断开电动机 M3 停止运行。

按下停止按钮 SB8，程序段 27 中 I0.7 触点闭合，将顺序控制继电器 S2.6 位置 1，程序段 28 中顺序步结束。程序段 29 中顺序控制继电器 S2.6 闭合，程序段 30 中特殊继电器 SM0.0 触点闭合，输出继电器 Q0.1 复位，外部输出接触器 KM2 线圈失电，KM2 主触点断开电动机 M2 停止运行。

按下停止按钮 SB9，程序段 31 中 I1.0 触点闭合，将顺序控制继电器 S2.7 位置 1，程序段 32 中顺序步结束。程序段 33 中顺序控制继电器 S2.7 闭合，程序段 34 中特殊继电器 SM0.0 触点闭合，输出继电器 Q0.0 复位，外部输出接触器 KM1 线圈失电，KM1 主触点断开电动机 M1 停止运行。程序段 35 中 I1.0 触点闭合，将顺序控制继电器 S0.0 位置 1，程序段 36 中顺序步结束。

（三）紧急停止

当发生按下停止按钮无法停止的紧急状态时，按下急停按钮 SB1，程序段 1 中 I0.0 触点闭合，输出继电器 Q0.0 至 Q0.3、顺序控制继电器 S2.0～2.7 全部复位，交流接触器线圈 KM1～KM4 失电，电动机 M1～M4 停止运行。

（四）保护原理

当任意一台电动机运行状态下发生断相、过载、堵转、三相不平衡等故障时，程序段 1 中对应的电动机保护器动合触点 I1.1～I1.4 触点闭合，输出继电器 Q0.0 至 Q0.3、顺序控制继电器 S2.0～2.7 全部复位，交流接触器线圈 KM1～KM4 失电，电动机 M1～M4 停止运行。

第 18 例

使用顺控指令实现六台电动机顺序启动手动控制电路

一、继电器接触器控制原理

（一）六台电动机顺序启动手动控制电路

六台电动机顺序启动手动控制电路见图 18-1。

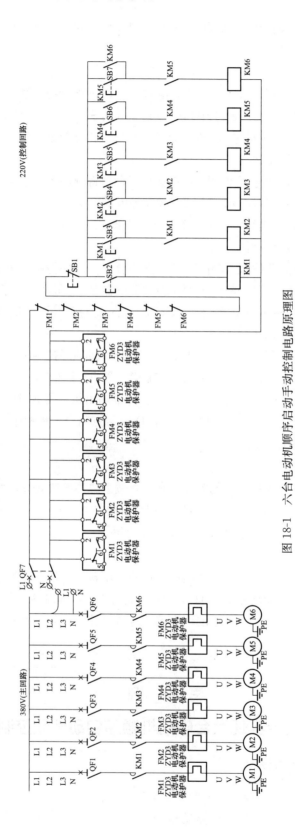

图 18-1 六台电动机顺序启动手动控制电路原理图

（二）PLC 程序设计要求

（1）按下启动按钮 SB2，电动机 M1 启动运行。

（2）按下启动按钮 SB3，电动机 M2 启动运行。

（3）按下启动按钮 SB4，电动机 M3 启动运行。

（4）按下启动按钮 SB5，电动机 M4 启动运行。

（5）按下启动按钮 SB6，电动机 M5 启动运行。

（6）按下启动按钮 SB7，电动机 M6 启动运行。

（7）按下停止按钮 SB1，电动机 M1～M6 同时停止。

（8）当电动机发生过载等故障时，电动机保护器 FM1～FM6 其中一个动作，六台电动机同时停止运行。

（9）电动机保护器 FM1～FM6 工作电源由外部电路直接供电。

（10）根据上面的控制要求列出输入/输出分配表。

（11）根据控制要求，用 PLC 顺控指令设计实现六台电动机顺序启动手动控制电路的梯形图程序。

（12）根据控制要求绘制 PLC 控制电路接线图。

（三）输入/输出设备及 I/O 元件配置分配表

输入/输出设备及 I/O 元件配置见表 18-1。

表 18-1　　　　　　　　　　　　输入/输出设备及 I/O 元件配置表

输入设备			输出设备		
符号	地址	功能	符号	地址	功能
SB1	I0.0	停止按钮	KM1	Q0.0	M1 电动机接触器
SB2	I0.1	M1 电动机启动按钮	KM2	Q0.1	M2 电动机接触器
SB3	I0.2	M2 电动机启动按钮	KM3	Q0.2	M3 电动机接触器
SB4	I0.3	M3 电动机启动按钮	KM4	Q0.3	M4 电动机接触器
SB5	I0.4	M4 电动机启动按钮	KM5	Q0.4	M5 电动机接触器
SB6	I0.5	M5 电动机启动按钮	KM6	Q0.5	M6 电动机接触器
SB7	I0.6	M6 电动机启动按钮			
FM1	I0.7	M1 电动机保护器			
FM2	I1.0	M2 电动机保护器			
FM3	I1.1	M3 电动机保护器			
FM4	I1.2	M4 电动机保护器			
FM5	I1.3	M5 电动机保护器			
FM6	I1.4	M6 电动机保护器			

二、程序及电路设计

（一）PLC 梯形图

使用顺控指令实现六台电动机顺序启动手动控制电路 PLC 梯形图见图 18-2。

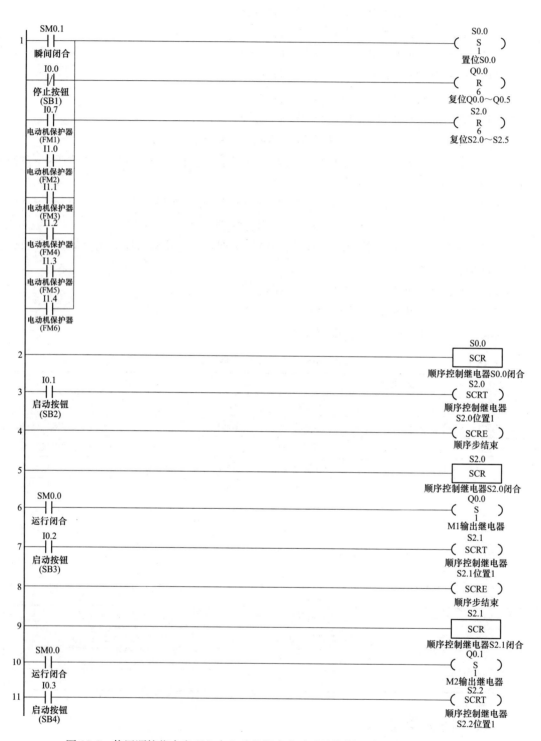

图 18-2　使用顺控指令实现六台电动机顺序启动手动控制电路 PLC 梯形图（一）

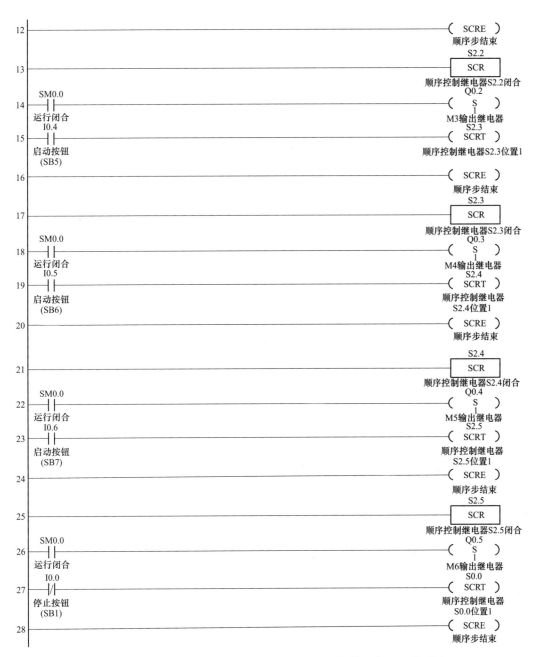

图 18-2　使用顺控指令实现六台电动机顺序启动手动控制电路 PLC 梯形图（二）

（二）PLC 接线详图

使用顺控指令实现六台电动机顺序启动手动控制电路 PLC 接线图见图 18-3。

三、梯形图动作详解

闭合总电源开关 QS，闭合主回路电源断路器 QF1～QF6，闭合 PLC 工作电源及保护回路电源断路器 QF7，PLC 上电进入"RUN"状态。由于外部 SB1 触点处于闭合状

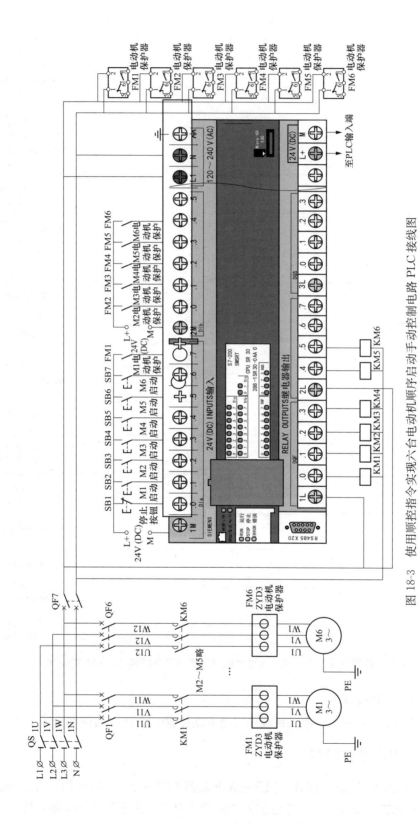

图 18-3　使用顺控指令实现六台电动机顺序启动手动控制电路 PLC 接线图

态，PLC 输入继电器 I0.0 信号指示灯亮，程序段 27 中 I0.0 触点断开。程序段 1 中 SM0.1 触点瞬间闭合置位顺序控制继电器 S0.0、复位输出继电器 Q0.0～Q0.5、复位顺序控制继电器 S2.0～S2.5。

（一）启动过程

程序段 2 中顺序控制继电器 S0.0 闭合。按下启动按钮 SB2，程序段 3 中 I0.1 触点闭合，将顺序控制继电器 S2.0 位置 1，程序段 4 中顺序步结束。程序段 5 中顺序控制继电器 S2.0 闭合，程序段 6 中特殊继电器 SM0.0 触点闭合，输出继电器 Q0.0 置位，外部输出接触器 KM1 线圈得电，KM1 主触点闭合电动机 M1 启动运行。

按下启动按钮 SB3，程序段 7 中 I0.2 触点闭合，将顺序控制继电器 S2.1 位置 1，程序段 8 中顺序步结束。程序段 9 中顺序控制继电器 S2.1 闭合，程序段 10 中特殊继电器 SM0.0 触点闭合，输出继电器 Q0.1 置位，外部输出接触器 KM2 线圈得电，KM2 主触点闭合电动机 M2 启动运行。

按下启动按钮 SB4，程序段 11 中 I0.3 触点闭合，将顺序控制继电器 S2.2 位置 1，程序段 12 中顺序步结束。程序段 13 中顺序控制继电器 S2.2 闭合，程序段 14 中特殊继电器 SM0.0 触点闭合，输出继电器 Q0.2 置位，外部输出接触器 KM3 线圈得电，KM3 主触点闭合电动机 M3 启动运行。

按下启动按钮 SB5，程序段 15 中 I0.4 触点闭合，将顺序控制继电器 S2.3 位置 1，程序段 16 中顺序步结束。程序段 17 中顺序控制继电器 S2.3 闭合，程序段 18 中特殊继电器 SM0.0 触点闭合，输出继电器 Q0.3 置位，外部输出接触器 KM4 线圈得电，KM4 主触点闭合电动机 M4 启动运行。

按下启动按钮 SB6，程序段 19 中 I0.5 触点闭合，将顺序控制继电器 S2.4 位置 1，程序段 20 中顺序步结束。程序段 21 中顺序控制继电器 S2.4 闭合，程序段 22 中特殊继电器 SM0.0 触点闭合，输出继电器 Q0.4 置位，外部输出接触器 KM5 线圈得电，KM5 主触点闭合电动机 M5 启动运行。

按下启动按钮 SB7，程序段 23 中 I0.6 触点闭合，将顺序控制继电器 S2.5 位置 1，程序段 24 中顺序步结束。程序段 25 中顺序控制继电器 S2.5 闭合，程序段 26 中特殊继电器 SM0.0 触点闭合，输出继电器 Q0.5 置位，外部输出接触器 KM6 线圈得电，KM6 主触点闭合电动机 M6 启动运行。

（二）停止过程

任意一台电动机在运行状态下，按下停止按钮 SB1，程序段 27 中 I0.0 闭合，将顺序控制继电器 S0.0 位置 1，程序被复位到初始状态，为下次运行做好准备。同时程序段 1 中输出继电器 Q0.0～Q0.5、顺序控制继电器 S2.0～2.5 被全部复位，交流接触器线圈 KM1～KM6 失电，电动机 M1～M6 停止运行。程序段 28 中顺序步结束。

（三）保护原理

当任意一台电动机运行状态下发生断相、过载、堵转、三相不平衡等故障，程序段 1 中对应的电动机保护器动合触点 I0.7～I1.4 闭合，输出继电器 Q0.0～Q0.5、顺序控制继电器 S2.0～2.5 全部复位，交流接触器线圈 KM1～KM6 失电，电动机 M1～M6 停止运行。

第 19 例

使用顺控指令实现六台电动机逐台延时启动控制电路

一、继电器接触器控制原理

（一）六台电动机逐台延时启动控制电路

六台电动机逐台延时启动控制电路见图 19-1。

（二）PLC 程序设计要求

（1）按下启动按钮 SB2，电动机 M1 启动运行。

（2）电动机 M1 启动后，间隔 3s 电动机 M2 启动运行。

（3）电动机 M2 启动后，间隔 3s 电动机 M3 启动运行。

（4）电动机 M3 启动后，间隔 3s 电动机 M4 启动运行。

（5）电动机 M4 启动后，间隔 3s 电动机 M5 启动运行。

（6）电动机 M5 启动后，间隔 3s 电动机 M6 启动运行。

（7）按下停止按钮 SB1，电动机 M1～M6 同时停止。

（8）当电动机发生过载等故障时，电动机保护器 FM1～FM6 其中一个动作，六台电动机同时停止运行。

（9）电动机保护器 FM1～FM6 工作电源由外部电路直接供电。

（10）根据上面的控制要求列出输入/输出分配表。

（11）根据控制要求，用 PLC 顺控指令设计实现六台电动机逐台延时启动控制电路的梯形图程序。

（12）根据控制要求绘制 PLC 控制电路接线图。

（三）输入/输出设备及 I/O 元件配置分配表

输入/输出 I/O 元件配置见表 19-1。

表 19-1　　　　　　　　　　　输入/输出设备及 I/O 元件配置表

输入设备			输出设备		
符号	地址	功能	符号	地址	功能
SB1	I0.0	停止按钮	KM1	Q0.0	M1 电动机接触器
SB2	I0.1	启动按钮	KM2	Q0.1	M2 电动机接触器
FM1	I0.2	M1 电动机保护器	KM3	Q0.2	M3 电动机接触器
FM2	I0.3	M2 电动机保护器	KM4	Q0.3	M4 电动机接触器
FM3	I0.4	M3 电动机保护器	KM5	Q0.4	M5 电动机接触器
FM4	I0.5	M4 电动机保护器	KM6	Q0.5	M6 电动机接触器
FM5	I0.6	M5 电动机保护器			
FM6	I0.7	M6 电动机保护器			

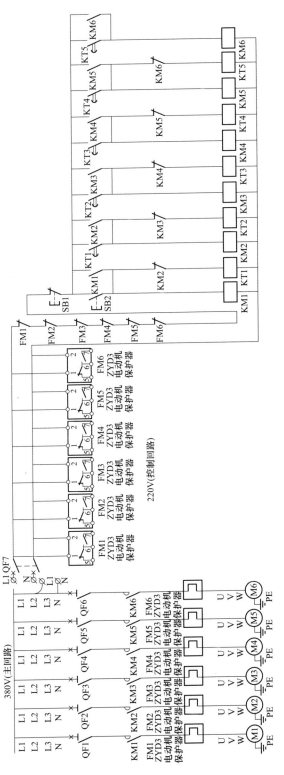

图 19-1　六台电动机逐台延时启动控制电路原理图

二、程序及电路设计

（一）PLC 梯形图

使用顺控指令实现六台电动机逐台延时启动控制电路 PLC 梯形图见图 19-2。

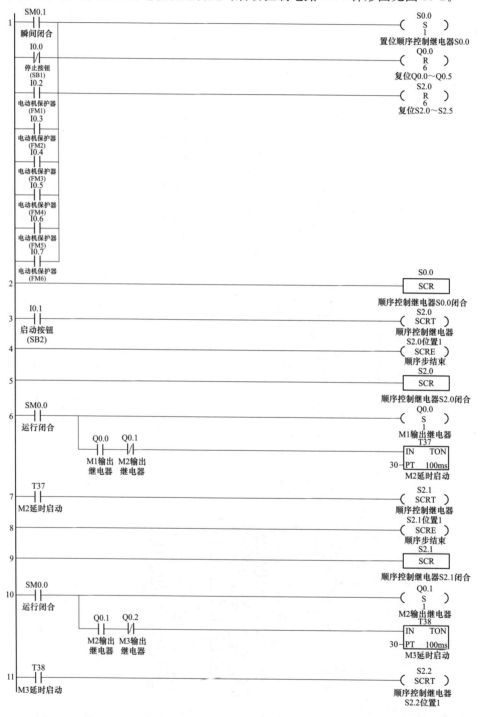

图 19-2　使用顺控指令实现六台电动机逐台延时启动控制电路 PLC 梯形图（一）

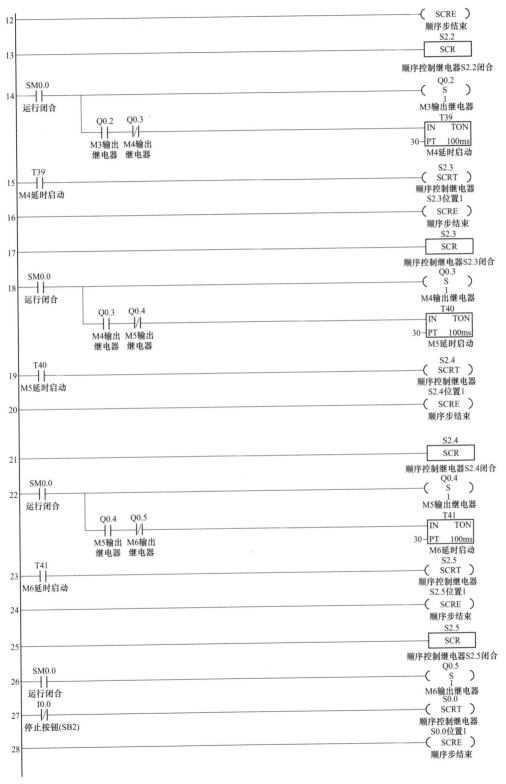

图 19-2 使用顺控指令实现六台电动机逐台延时启动控制电路 PLC 梯形图（二）

（二）PLC 接线详图

使用顺控指令实现六台电动机逐台延时启动控制电路 PLC 接线图见图 19-3。

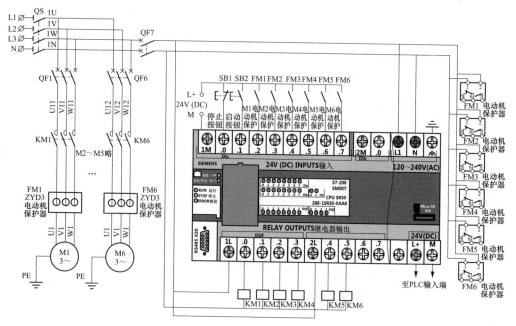

图 19-3　使用顺控指令实现六台电动机逐台延时启动控制电路 PLC 接线图

三、梯形图动作详解

闭合总电源开关 QS，闭合主回路电源断路器 QF1～QF6，闭合 PLC 工作电源及保护回路电源断路器 QF7，PLC 上电进入"RUN"状态。由于外部 SB1 触点处于闭合状态，PLC 输入继电器 I0.0 信号指示灯亮，程序段 1 中 I0.0 触点断开。程序段 1 中 SM0.1 触点瞬间闭合置位顺序控制继电器 S0.0、复位输出继电器 Q0.0～Q0.5、复位顺序控制继电器 S2.0～S2.5。

（一）启动过程

程序段 2 中顺序控制继电器 S0.0 闭合。按下启动按钮 SB2，程序段 3 中 I0.1 触点闭合，将顺序控制继电器 S2.0 位置 1，程序段 4 中顺序步结束。程序段 5 中顺序控制继电器 S2.0 闭合，程序段 6 中特殊继电器 SM0.0 触点闭合，输出继电器 Q0.0 置位，外部输出接触器 KM1 线圈得电，KM1 主触点闭合电动机 M1 启动运行。同时，能流经触点 SM0.0→Q0.0→Q0.1 接通定时器 T37，定时器 T37 线圈得电延时 3s。

3s 后程序段 7 中 T37 动合触点闭合，将顺序控制继电器 S2.1 位置 1，程序段 8 中顺序步结束。程序段 9 中顺序控制继电器 S2.1 闭合，程序段 10 中特殊继电器 SM0.0 触点闭合，输出继电器 Q0.1 置位，外部输出接触器 KM2 线圈得电，KM2 主触点闭合电动机 M2 启动运行。同时，能流经触点 SM0.0→Q0.1→Q0.2 接通定时器 T38，定时器 T38 线圈得电延时 3s。

3s 后程序段 11 中 T38 动合触点闭合，将顺序控制继电器 S2.2 位置 1，程序段 12 中顺序步结束。程序段 13 中顺序控制继电器 S2.2 闭合，程序段 14 中特殊继电器 SM0.0 触点闭合，输出继电器 Q0.2 置位，外部输出接触器 KM3 线圈得电，KM3 主触点闭合电动机 M3 启动运行。同时，能流经触点 SM0.0→Q0.2→Q0.3 接通定时器 T39，定时器 T39 线圈得电延时 3s。

3s 后程序段 15 中 T39 动合触点闭合，将顺序控制继电器 S2.3 位置 1，程序段 16 中顺序步结束。程序段 17 中顺序控制继电器 S2.3 闭合，程序段 18 中特殊继电器 SM0.0 触点闭合，输出继电器 Q0.3 置位，外部输出接触器 KM4 线圈得电，KM4 主触点闭合电动机 M4 启动运行。同时，能流经触点 SM0.0→Q0.3→Q0.4 接通定时器 T40，定时器 T40 线圈得电延时 3s。

3s 后程序段 19 中 T40 动合触点闭合，将顺序控制继电器 S2.4 位置 1，程序段 20 中顺序步结束。程序段 21 中顺序控制继电器 S2.4 闭合，程序段 22 中特殊继电器 SM0.0 触点闭合，输出继电器 Q0.4 置位，外部输出接触器 KM5 线圈得电，KM5 主触点闭合电动机 M5 启动运行。同时，能流经触点 SM0.0→Q0.4→Q0.5 接通定时器 T41，定时器 T41 线圈得电延时 3s。

3s 后程序段 23 中 T41 动合触点闭合，将顺序控制继电器 S2.5 位置 1，程序段 24 中顺序步结束。程序段 25 中顺序控制继电器 S2.5 闭合，程序段 26 中特殊继电器 SM0.0 触点闭合，输出继电器 Q0.5 置位，外部输出接触器 KM6 线圈得电，KM6 主触点闭合电动机 M6 启动运行。

（二）停止过程

任意一台电动机在运行状态下，按下停止按钮 SB1，程序段 27 中 I0.0 闭合，将顺序控制继电器 S0.0 位置 1，程序被复位到初始状态，为下次运行做好准备。同时程序段 1 中输出继电器 Q0.0～Q0.5、顺序控制继电器 S2.0～2.5 全部复位，交流接触器线圈 KM1～KM6 失电，电动机 M1～M6 停止运行。程序段 28 中顺序步结束。

（三）保护原理

当任意一台电动机运行状态下发生断相、过载、堵转、三相不平衡等故障时，程序段 1 中对应的电动机保护器动合触点 I0.2～I0.7 闭合，输出继电器 Q0.0～Q0.5、顺序控制继电器 S2.0～2.5 全部复位，交流接触器线圈 KM1～KM6 失电，电动机 M1～M6 停止运行。

第 20 例

手动、 自动转换控制的两台电动机顺序启动同时停止控制电路

一、继电器接触器控制原理

（一）手动、自动转换控制的两台电动机顺序启动同时停止控制电路

手动、自动转换控制的两台电动机顺序启动同时停止控制电路见图 20-1。

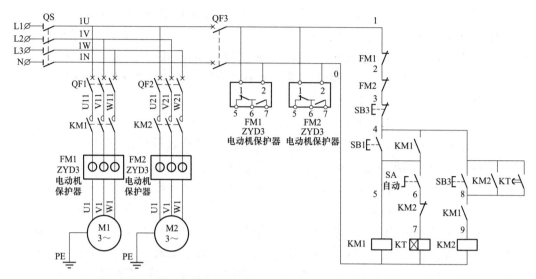

图 20-1　手动、自动转换控制的两台电动机顺序启动同时停止控制电路原理图

（二）PLC 程序设计要求

（1）选择手动运行，断开转换开关 SA，按下启动按钮 SB1 电动机 M1 启动运行，按下启动按钮 SB3 电动机 M2 启动运行，按下停止按钮 SB2 电动机 M1、M2 同时停止运行。

（2）选择自动运行，闭合转换开关 SA，按下启动按钮 SB1 电动机 M1 启动运行，电动机 M1 启动后，延时 5s 电动机 M2 启动运行，按下停止按钮 SB2 电动机 M1、M2 同时停止运行。

（3）当电动机发生过载等故障时，电动机保护器 FM1 或 FM2 动作，两台电动机同时停止运行。

（4）PLC 实际接线图中停止按钮 SB2、电动机综合保护器 FM1、FM2 辅助触点均使用动断触点。

（5）电动机保护器 FM1 及 FM2 工作电源由外部电路直接供电。

（6）根据控制要求列出输入/输出分配表。

（7）根据控制要求，用 PLC 基本指令设计两台电动机顺序启动同时停止的梯形图程序。

（8）根据控制要求绘制 PLC 控制电路接线图。

（三）输入/输出设备及 I/O 元件配置分配表

输入/输出设备及 I/O 元件配置见表 20-1。

二、程序及电路设计

（一）PLC 梯形图

手动、自动转换控制的两台电动机顺序启动同时停止控制电路 PLC 梯形图见图 20-2。

表 20-1　　　　　　　　　　　　　输入/输出设备及 I/O 元件配置表

输入设备			输出设备		
符号	地址	功能	符号	地址	功能
SB1	I0.0	M1 启动按钮	KM1	Q0.0	电动机 M1 接触器
SB2	I0.1	停止按钮	KM2	Q0.1	电动机 M2 接触器
SB3	I0.2	M2 启动按钮			
SA	I0.3	手动、自动转换开关			
FM1	I0.4	M1 电动机保护器			
FM2	I0.5	M2 电动机保护器			

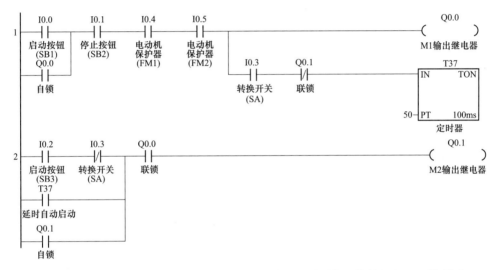

图 20-2　手动、自动转换控制的两台电动机顺序启动同时停止控制电路 PLC 梯形图

（二）PLC 接线详图

手动、自动转换控制的两台电动机顺序启动同时停止控制电路 PLC 接线图见图 20-3。

三、梯形图动作详解

闭合总电源开关 QS，主电路电源断路器 QF1、QF2，控制电源断路器 QF3，由于 SB2、FM1、FM2 触点处于闭合状态，PLC 输入继电器 I0.1、I0.4、I0.5 信号指示灯亮，程序段 1 中 I0.1、I0.4、I0.5 触点闭合。

（一）启动过程

1. 手动启动

将转换开关 SA 转至断开位置，程序段 1 中 I0.3 触点断开。按下启动按钮 SB1，程序段 1 中 I0.0 触点闭合，能流经触点 I0.0→I0.1→I0.4→I0.5 至 Q0.0，同时 Q0.0 辅助触点闭合自锁，输出继电器 Q0.0 线圈得电，外部接触器 KM1 线圈得电，KM1 主触点闭合，电动机 M1 运行。同时程序段 2 中 Q0.0 触点闭合，为启动第二台电动机 M2 做准备。

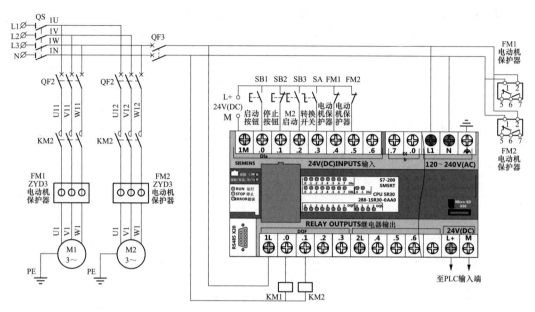

图 20-3 手动、自动转换控制的两台电动机顺序启动同时停止控制电路 PLC 接线图

按下启动按钮 SB3，程序段 2 中 I0.2 触点闭合，能流经触点 I0.2→I0.3→Q0.0 至 Q0.1 同时 Q0.1 辅助触点闭合自锁，输出继电器 Q0.1 线圈得电，外部接触器 KM2 线圈得电，KM2 主触点闭合，电动机 M2 运行。

2. 自动启动

电动机在停止状态，将 SA 转换开关转至闭合位置，程序段 1 中 I0.3 触点闭合，程序段 2 中 I0.3 触点断开。按下启动按钮 SB1，程序段 1 中 I0.0 触点闭合，能流经触点 I0.0→I0.1→I0.4→I0.5 至 Q0.0，同时 Q0.0 辅助触点闭合自锁，输出继电器 Q0.0 线圈得电，外部接触器 KM1 线圈得电，KM1 主触点闭合，电动机 M1 运行。同时能流经触点 I0.0→I0.1→I0.4→I0.5→I0.3→Q0.1 至定时器 T37，定时器 T37 线圈"得电"延时 5s。同时程序段 2 中 Q0.0 触点闭合，为启动第二台电动机 M2 做准备。

5s 后程序段 2 中 T37 触点闭合，能流经触点 T37→Q0.0 至 Q0.1 同时 Q0.1 辅助触点闭合自锁，输出继电器 Q0.1 线圈得电，外部接触器 KM2 线圈得电，KM2 主触点闭合，电动机 M2 运行。同时程序段 1 中 Q0.1 触点断开，切断定时器 T37 回路，程序段 2 中 T37 触点断开。

（二）停止过程

按下停止按钮 SB2，程序段 1 中 I0.1 触点断开，输出继电器 Q0.0 线圈失电，外部接触器 KM1 线圈失电，KM1 主触点断开，电动机 M1 停止运行。同时程序段 2 中 Q0.0 触点断开，输出继电器 Q0.1 线圈失电，外部接触器 KM2 线圈失电，KM2 主触点断开，电动机 M2 停止运行。

（三）保护原理

当电动机在运行中发生断相、过载、堵转、三相不平衡等故障时，PLC 输入继电器 I0.4（M1 过载保护）或输入继电器 I0.5（M2 过载保护）断开，程序段 1 中 I0.4 或 I0.5 触点断开，输出继电器 Q0.0 和 Q0.1 回路断开，外部接触器 KM1 和 KM2 线圈失电，KM1 和 KM2 主触点断开，电动机 M1 和 M2 同时停止运行。

第 21 例
使用单按钮实现两台电动机交替运行控制电路

一、继电器接触器控制原理

（一）两台电动机交替运行控制电路

使用单按钮实现两台电动机交替运行控制电路见图 21-1。

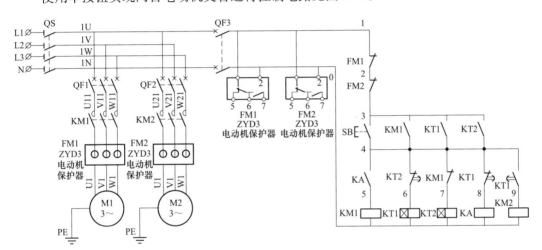

图 21-1 使用单按钮实现两台电动机交替运行控制电路原理图

（二）PLC 程序设计要求

（1）按下启动按钮 SB 第一台电动机 M1 启动运行。

（2）第一台电动机 M1 启动后，延时 6s 第一台电动机 M1 停止运行。

（3）第一台电动机 M1 停止运行的同时，第二台电动机 M2 启动运行。

（4）第二台电动机 M2 启动后，延时 6s 第二台电动机 M2 停止运行。

（5）第二台电动机 M2 停止运行的同时，第一台电动机 M1 启动运行。

（6）两台电动机交替循环运行 6 次后，两台电动机停止运行。

（7）当电动机发生过载等故障时，电动机保护器 FM1 或 FM2 动作，两台电动机停止运行。

（8）PLC 实际接线图中，电动机综合保护器 FM1、FM2 辅助触点均使用动断触点。

（9）电动机保护器 FM1 及 FM2 工作电源由外部电路直接供电。

（10）根据控制要求列出输入/输出分配表。

(11) 根据控制要求，设计两台电动机交替运行的梯形图程序。

(12) 根据控制要求绘制 PLC 控制电路接线图。

（三）输入/输出设备及 I/O 元件配置分配表

输入/输出设备及 I/O 元件配置见表 21-1。

表 21-1　　　　　　　　　　输入/输出设备及 I/O 元件配置表

输入设备			输出设备		
符号	地址	功能	符号	地址	功能
SB	I0.0	启动按钮	KM1	Q0.0	M1 电动机接触器
FM1	I0.1	M1 电动机保护器	KM2	Q0.1	M2 电动机接触器
FM2	I0.2	M2 电动机保护器			

二、程序及电路设计

（一）PLC 梯形图

使用单按钮实现两台电动机交替运行控制电路 PLC 梯形图见图 21-2。

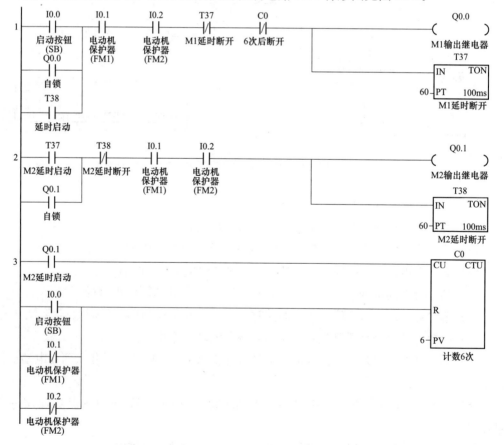

图 21-2　使用单按钮实现两台电动机交替运行控制电路 PLC 梯形图

（二）PLC接线详图

使用单按钮实现两台电动机交替运行控制电路PLC接线图见图21-3。

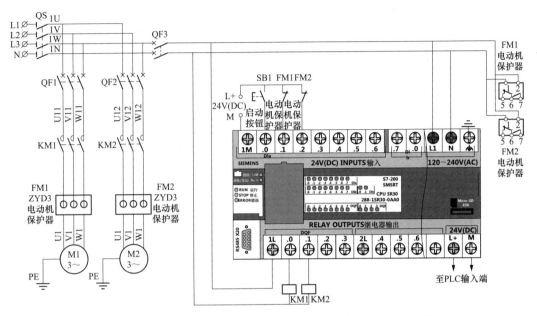

图21-3　使用单按钮实现两台电动机交替运行控制电路PLC接线图

三、梯形图动作详解

闭合总电源开关QS，主电路电源断路器QF1、QF2，控制电源断路器QF3，由于FM1、FM2触点处于闭合状态，PLC输入继电器I0.1、I0.2信号指示灯亮，程序段1中I0.1、I0.2触点闭合，程序段3中I0.1、I0.2触点断开。

（一）启动过程

按下启动按钮SB，程序段1中I0.0触点闭合，能流经触点 I0.0→I0.1→I0.2→T37→C0至Q0.0和定时器T37。同时Q0.0辅助触点闭合自锁，输出继电器Q0.0线圈得电，外部接触器KM1线圈得电，KM1主触点闭合，电动机M1运行。同时程序段3中能流经触点I0.0至增计数器C0的复位端R，将当前数值复位为0。

6s后程序段1中T37触点断开，输出继电器Q0.0线圈失电，外部接触器KM1线圈失电，KM1主触点断开，电动机M1停止运行。同时程序段2中T37触点闭合，能流经触点T37→T38→I0.1→I0.2至Q0.1和定时器T38。同时Q0.1辅助触点闭合自锁，输出继电器Q0.1线圈得电，外部接触器KM2线圈得电，KM2主触点闭合，电动机M2运行。同时程序段3中Q0.1触点闭合，能流经触点Q0.1至加计数器C0的CU端，加计数器C0从当前的数值0加1。

6s后程序段2中T38触点断开，输出继电器Q0.1线圈失电，外部接触器KM2线圈失电，KM2主触点断开，电动机M2停止运行。同时程序段1中T38触点闭合，能流经触点T38→I0.1→I0.2→T37→C0至Q0.0和定时器T37。同时Q0.0辅助触点闭合自锁，输出继电器 Q0.0 线圈得电，外部接触器 KM1 线圈得电，KM1 主触点闭合，电动机 M1 运行。

6s 后程序段 1 中 T37 触点断开，输出继电器 Q0.0 线圈失电，外部接触器 KM1 线圈失电，KM1 主触点断开，电动机 M1 停止运行。同时程序段 2 中 T37 触点闭合，能流经触点 T37→T38→I0.1→I0.2 至 Q0.1 和定时器 T38。同时 Q0.1 辅助触点闭合自锁，输出继电器 Q0.1 线圈得电，外部接触器 KM2 线圈得电，KM2 主触点闭合，电动机 M2 运行。同时程序段 3 中 Q0.1 触点闭合，能流经触点 Q0.1 至加计数器 C0 的 CU 端，加计数器 C0 从当前的数值 1 加 1。程序开始重复以上的动作过程，使电动机 M1、M2 交替运行。

（二）停止过程

程序段 3 中当 C0 的值 6 等于 PV 预设值 6 时，计数器 C0 接通，程序段 1 中 C0 触点断开，输出继电器 Q0.0 线圈失电，外部接触器 KM1 线圈失电，KM1 主触点断开，电动机 M1 停止运行。

（三）保护原理

当电动机在运行中发生断相、过载、堵转、三相不平衡等故障时，PLC 输入继电器 I0.1（M1 过载保护）或输入继电器 I0.2（M2 过载保护）断开，程序段 1 或程序段 2 中 I0.1 或 I0.2 触点断开，输出继电器 Q0.0、Q0.1 线圈失电，外部接触器 KM1、KM2 线圈失电，KM1、KM2 主触点断开，电动机 M1、M2 停止运行，同时复位计数器 C0。

第 22 例
使用两按钮实现两台电动机交替运行控制电路

一、继电器接触器控制原理

（一）两台电动机交替运行控制电路

使用两按钮实现两台电动机交替运行控制电路见图 22-1。

（二）PLC 程序设计要求

（1）按下启动按钮 SB1，第一台电动机 M1 启动运行。

（2）第一台电动机 M1 启动后，延时 10s 第一台电动机 M1 停止运行。

（3）第一台电动机 M1 停止运行的同时，第二台电动机 M2 启动运行。

（4）第二台电动机 M2 启动后，延时 10s 第二台电动机 M2 停止运行。

（5）第二台电动机 M2 停止运行的同时，第一台电动机 M1 启动运行，两台电动机交替运行。

（6）电动机 M1 或 M2 在运行状态下，按下停止按钮 SB2，两台电动机停止运行。

（7）当电动机发生过载等故障时，电动机保护器 FM1 或 FM2 动作，两台电动机停止运行。

（8）PLC 实际接线图中停止按钮 SB2、电动机综合保护器 FM1、FM2 辅助触点均

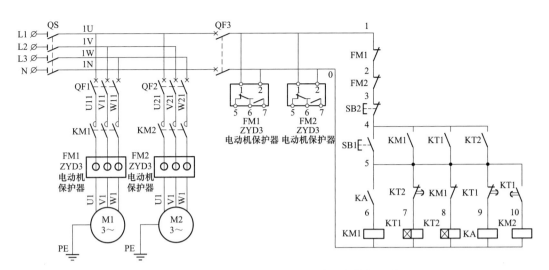

图 22-1　使用两按钮实现两台电动机交替运行控制电路原理图

使用动断触点。

（9）电动机保护器 FM1 及 FM2 工作电源由外部电路直接供电。

（10）根据控制要求列出输入/输出分配表。

（11）根据控制要求，使用 PLC 交替指令设计两台电动机交替运行的梯形图程序。

（12）根据控制要求绘制 PLC 控制电路接线图。

（三）输入/输出设备及 I/O 元件配置分配表

输入/输出设备及 I/O 元件配置见表 22-1。

表 22-1　　　　　　　　　　输入/输出设备及 I/O 元件配置表

输入设备			输出设备		
符号	地址	功能	符号	地址	功能
SB1	I0.0	启动按钮	KM1	Q0.0	M1 电动机接触器
SB2	I0.1	停止按钮	KM2	Q0.1	M2 电动机接触器
FM1	I0.2	M1 电动机保护器			
FM2	I0.3	M2 电动机保护器			

二、程序及电路设计

（一）PLC 梯形图

使用两按钮实现两台电动机交替运行控制电路 PLC 梯形图见图 22-2。

（二）PLC 接线详图

使用两按钮实现两台电动机交替运行控制电路 PLC 接线图见图 22-3。

三、梯形图动作详解

闭合总电源开关 QS，主电路电源断路器 QF1、QF2，控制电源断路器 QF3，由于

SB2、FM1、FM2触点处于闭合状态，PLC输入继电器I0.1～I0.3信号指示灯亮程序段1中I0.1～I0.3触点闭合。

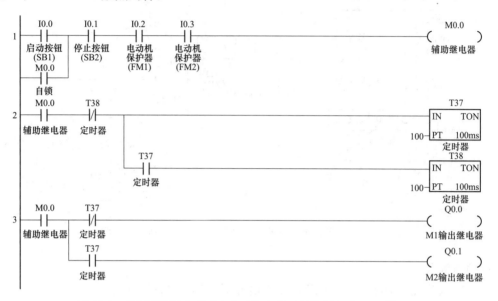

图 22-2　使用两按钮实现两台电动机交替运行控制电路 PLC 梯形图

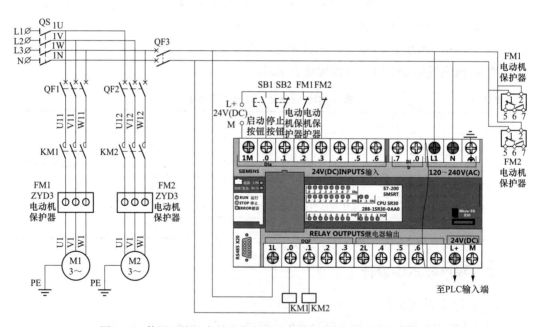

图 22-3　使用两按钮实现两台电动机交替运行控制电路 PLC 接线图

（一）启动过程

按下启动按钮 SB1，程序段 1 中 I0.0 触点闭合，能流经触点 I0.0→I0.1→I0.2→I0.3 至 M0.0，辅助继电器 M0.0 线圈得电，同时 M0.0 触点闭合自锁。

程序段 2 中 M0.0 触点闭合，能流经触点 M0.0→T38 至 T37，接通定时器 T37。

同时程序段 3 中 M0.0 触点闭合，能流经触点 M0.0→T37 至 Q0.0，输出继电器 Q0.0 线圈得电，外部接触器 KM1 线圈得电，KM1 主触点闭合，电动机 M1 运行。

10s 后程序段 2 中 T37 触点闭合，能流经触点 M0.0→T38→T37 至 T38，接通定时器 T38。同时程序段 3 中 T37 动断触点断开，输出继电器 Q0.0 线圈失电，外部接触器 KM1 线圈失电，KM1 主触点断开，电动机 M1 停止运行。T37 动合触点闭合，能流经触点 M0.0→T37 至 Q0.1，输出继电器 Q0.1 线圈得电，外部接触器 KM2 线圈得电，KM2 主触点闭合，电动机 M2 运行。

10s 后程序段 2 中 T38 触点断开，定时器 T37、T38 线圈失电，程序段 3 中 T37 触点复位，输出继电器 Q0.1 线圈失电，外部接触器 KM2 线圈失电，KM2 主触点断开，电动机 M2 停止运行。输出继电器 Q0.0 线圈得电，外部接触器 KM1 线圈得电，KM1 主触点闭合，电动机 M1 运行。程序段 2 中 T38 触点闭合，"能流"经触点 M0.0→T38 至 T37。定时器 T37 线圈得电，开始重复以上的动作过程，使电动机 M1、M2 一直保持交替运行的状态。

（二）停止过程

按下停止按钮 SB2，程序段 1 中 I0.1 触点断开，辅助继电器 M0.0 线圈失电，程序段 2 和程序段 3 中 M0.0 触点复位断开，输出继电器 Q0.0、Q0.1、定时器 T37、T38 线圈失电，外部接触器 KM1 和 KM2 线圈失电，KM1 和 KM2 主触点断开，电动机 M1 和 M2 停止运行。

（三）保护原理

当电动机在运行中发生断相、过载、堵转、三相不平衡等故障时，PLC 输入继电器 I0.2（M1 过载保护）或输入继电器 I0.3（M2 过载保护）断开，程序段 1 中 I0.2 或 I0.3 触点断开，输出继电器 Q0.0、Q0.1 线圈失电，外部接触器 KM1 和 KM2 线圈失电，KM1 和 KM2 主触点断开，电动机 M1 和 M2 停止运行。

第 23 例

220V 双电源手动转换控制电路

一、继电器接触器控制原理

（一）220V 双电源手动转换控制电路

220V 电源手动转换控制电路见图 23-1。

（二）PLC 程序设计要求

（1）按下启动按钮 SB1，甲电源交流接触器 KM1 主触点闭合给负载供电。

（2）按下停止按钮 SB2 甲电源停止供电。

（3）甲电源故障或停电时，按下启动按钮 SB3，乙电源交流接触器 KM2 主触点闭合给负载供电。

（4）按下停止按钮 SB2 乙电源停止供电。

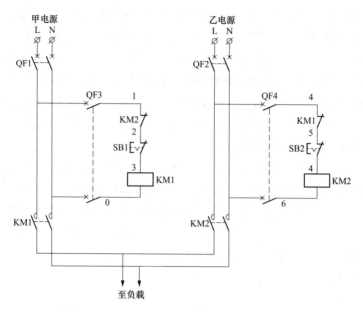

图 23-1　220V 双电源手动转换控制电路原理图

（5）甲电源或乙电源在运行中发生故障时，QF1 或 QF2 保护动作跳闸。

（6）甲乙电源同时断电 UPS 不间断电源对 PLC 控制回路供电。

（7）PLC 实际接线图中停止按钮 SB2 使用动断触点。

（8）根据控制要求列出输入/输出分配表。

（9）根据控制要求，设计 220V 双电源手动转换的梯形图程序。

（10）根据控制要求绘制 PLC 控制电路接线图。

（三）输入/输出设备及 I/O 元件配置分配表

输入/输出设备 I/O 元件配置见表 23-1。

表 23-1　　　　　　　　　　　　　输入/输出设备及 I/O 元件配置表

输入设备			输出设备		
符号	地址	功能	符号	地址	功能
SB1	I0.0	甲电源启动	KM1	Q0.0	甲电源接触器
SB2	I0.1	停止按钮	KM2	Q0.1	乙电源接触器
SB3	I0.2	乙电源启动			

二、程序及电路设计

（一）PLC 梯形图

220V 双电源手动转换控制电路 PLC 梯形图见图 23-2。

（二）PLC 接线详图

220V 双电源手动转换控制电路 PLC 接线图见图 23-3。

图 23-2　220V 双电源手动转换控制电路 PLC 梯形图

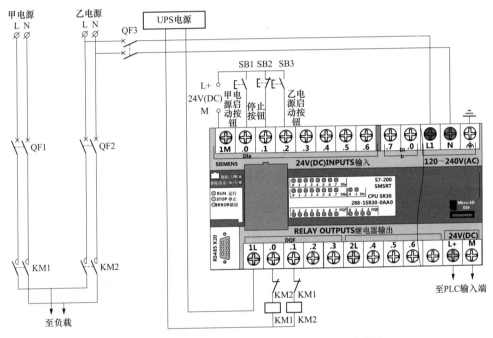

图 23-3　220V 双电源手动转换控制电路 PLC 接线图

三、梯形图动作详解

闭合甲电源断路器 QF1、乙电源断路器 QF2、控制电源断路器 QF3，UPS 电源进入工作状态。PLC 输入继电器 I0.1 信号指示灯亮，梯形图中 I0.1 触点闭合。

（一）启动过程

1. 甲电源投入

按下启动按钮 SB1，程序段 1 中 I0.0 触点闭合，能流经触点 I0.0→I0.1→Q0.1 至 Q0.0。同时 Q0.0 辅助触点闭合自锁，输出继电器 Q0.0 线圈得电，外部接触器 KM1 线圈得电，KM1 主触点闭合，甲电源投入运行。同时程序段 2 中 Q0.0 触点断开，与 Q0.1 实现互锁。

81

2. 乙电源投入

当甲电源故障或停电后，按下停止按钮 SB2，程序段 1 中 I0.1 触点断开，输出继电器 Q0.0 线圈失电，外部接触器 KM1 线圈失电。再按下启动按钮 SB3，程序段 2 中 I0.2 触点闭合，能流经触点 I0.2→I0.1→Q0.0 至 Q0.1。同时 Q0.1 辅助触点闭合自锁，输出继电器 Q0.1 线圈得电，外部接触器 KM2 线圈得电，KM2 主触点闭合，乙电源投入运行。同时程序段 1 中 Q0.1 触点断开，与 Q0.0 实现互锁。

（二）停止过程

按下停止按钮 SB2，程序段 1 和程序段 2 中 I0.1 触点断开，输出继电器 Q0.0 和 Q0.1 线圈失电，外部接触器 KM1 和 KM2 线圈失电，KM1 和 KM2 主触点断开，甲电源和乙电源停止运行。

（三）保护原理

当甲电源或乙电源在运行中发生过流、短路等故障时，电源断路器 QF1 或 QF2 保护动作断开主触点，甲电源或乙电源停止供电。当 PLC 内部故障和交流接触器线圈出现短路故障的时候，QF3 保护动作跳闸。乙电源失电时，不间断电源 UPS 对 PLC 供电。

第 24 例

380V 双电源自动转换控制电路

一、继电器接触器控制原理

（一）380V 双电源自动转换控制电路

380V 双电源自动转换控制电路见图 24-1。

（二）PLC 程序设计要求

（1）闭合常用电源主断路器 QF1、常用电源投运断路器 QF4，交流接触器 KM1 常用电源运行为负荷供电。

（2）同时，常用电源运行指示灯 HL1 常亮。

（3）闭合备用电源主断路器 QF2、备用电源投入备用断路器 QF3，备用电源转为热备用状态。

（4）当常用电源停电时，KA 中间继电器线圈失电，动断触点闭合。

（5）经过 3s 后交流接触器 KM2 备用电源运行为负荷供电。

（6）同时备用电源运行指示灯 HL2 常亮。

（7）当常用电源恢复供电时，转为负荷供电。

（8）当常用电源或备用电源在运行中发生过载或短路故障时，QF1 或 QF2 保护动作跳闸。

（9）当 PLC 或交流接触器发生故障时，QF5 保护动作跳闸。

（10）在 PLC 实际接线图中，与输入继电器相连接的中间继电器 KA 辅助触点使用

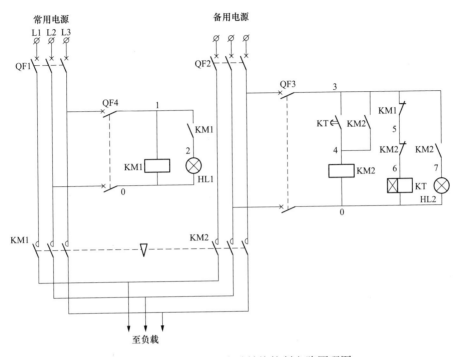

图 24-1 380V 双电源自动转换控制电路原理图

动断触点。

（11）根据控制要求列出输入/输出分配表。

（12）根据控制要求，设计 380V 双电源自动转换的梯形图程序。

（13）根据控制要求绘制 PLC 控制电路接线图。

（三）输入/输出设备及 I/O 元件配置分配表

输入/输出设备及 I/O 元件配置见表 24-1。

表 24-1　　　　　　　　　输入/输出设备及 I/O 元件配置表

输入设备			输出设备		
符号	地址	功能	符号	地址	功能
QF4	I0.0	常用电源投运断路器	KM1	Q0.0	常用电源交流接触器
KA	I0.1	常用电源中间继电器动断触点	HL1	Q0.1	常用电源运行指示灯
QF3	I0.2	备用电源转热备断路器	KM2	Q0.2	备用电源交流接触器
			HL2	Q0.3	备用电源运行指示灯

二、程序及电路设计

（一）PLC 梯形图

380V 双电源自动转换控制电路 PLC 梯形图见图 24-2。

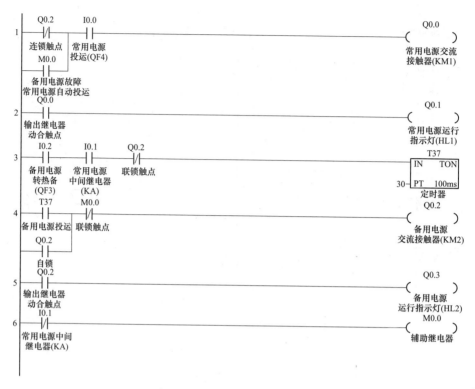

图 24-2 380V 双电源自动转换控制电路 PLC 梯形图

（二）PLC 接线详图

380V 双电源自动转换控制电路 PLC 接线图见图 24-3。

三、梯形图动作详解

闭合常用电源主断路器 QF1，备用电源主断路器 QF2，PLC 输入端中间继电器 KA 动断触点断开。闭合控制电源断路器 QF5，PLC 工作电源是由 UPS 电源提供的（UPS 电源投入前应是充好电的状态），PLC 上电并处于"RUN"状态、程序准备工作。

（一）常用电源投运

闭合常用电源投运断路器 QF4，程序段 1 中 I0.0 触点闭合，"能流"经触点 Q0.2→I0.0 至 Q0.0。输出继电器 Q0.0 线圈得电，外部接触器 KM1 线圈得电，KM1 主触头闭合，常用电源投入运行为负荷供电。同时，程序段 2 中 Q0.0 触点闭合，输出继电器 Q0.1 线圈得电，外部常用电源运行指示灯 HL1 常亮。

（二）备用电源转为热备

闭合备用电源投运断路器 QF3，程序段 3 中 I0.2 触点闭合为热备用状态，为备用电源自动转换做好准备。

（三）常用电源故障时备用电源自动投运

当常用电源停电时，中间继电器 KA 线圈失电，PLC 输入端动断触点闭合，程序段 3 中 I0.1 触点闭合，"能流"经触点 I0.2→I0.1→Q0.2 至定时器 T37。

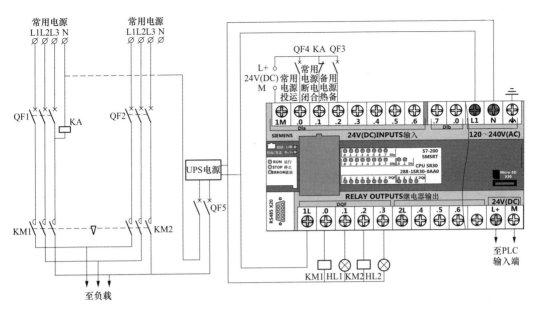

图 24-3 380V 双电源自动转换控制电路 PLC 接线图

3s 后，程序段 4 中定时器 T37 触点闭合，能流经触点 T37→M0.0 至 Q0.2。输出继电器 Q0.2 线圈得电，外部接触器 KM2 线圈得电，KM2 主触头闭合，备用电源投入运行为负荷供电。同时，程序段 4 中 Q0.2 触点闭合，实现自锁。程序段 5 中 Q0.2 触点闭合，输出继电器 Q0.3 线圈得电，外部备用电源运行指示灯 HL2 回路接通，指示灯 HL2 常亮。

同时，程序段 1 中 Q0.2 触点、辅助继电器 M0.0 触点断开，输出继电器 Q0.0 失电，KM1 主触头断开，程序段 2 中 Q0.0 触点断开，输出继电器 Q0.2 线圈失电，常用电源运行指示灯 HL1 熄灭，程序段 3 中 Q0.2 触点断开，定时器 T37 线圈失电。

（四）常用电源来电后由备用电源转换到常用电源运行

当常用电源恢复供电时，中间继电器 KA 线圈得电，PLC 输入端动断触点断开，程序段 6 中 I0.1 触点闭合，辅助继电器 M0.0 线圈得电，程序段 1 中辅助继电器 M0.0 触点闭合，能流经触点 M0.0→I0.0 至 Q0.0。输出继电器 Q0.0 线圈得电，外部接触器 KM1 线圈得电，KM1 主触头闭合，常用电源投入运行为负荷供电。

同时，程序段 2 中 Q0.0 触点闭合，输出继电器 Q0.1 线圈得电，外部常用电源运行指示灯 HL1 回路接通，指示灯 HL1 常亮。

同时，程序段 4 中的 M0.0 触点断开，输出继电器 Q0.2 线圈失电，备用电源停止为负荷供电。程序段 5 中 Q0.2 触点断开，输出继电器 Q0.3 线圈失电，外部备用电源运行指示灯 HL2 回路断开，指示灯 HL2 熄灭。

（五）保护原理

当常用电源或备用电源在运行中发生过流、短路等故障时，主电源断路器 QF1 或备用电源断路器 QF2 保护动作，常用电源或备用电源停止供电。当 PLC 内部故障、交

85

流接触器线圈和电源运行指示灯发生短路故障的时候，PLC控制电源断路器QF5保护动作跳闸。常用或备用电源投切故障时，PLC和交流接触器线圈的工作电源，是由不间断电源UPS供电。

第 25 例

两地控制的电动机连续运行控制电路

一、继电器接触器控制原理

（一）两地控制的电动机连续运行控制电路

两地控制的电动机连续运行控制电路见图25-1。

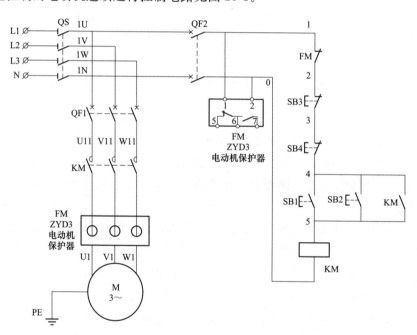

图25-1 两地控制的电动机连续运行控制电路原理图

（二）PLC程序设计要求

（1）在甲地按下启动按钮SB1，电动机M启动运行。

（2）在甲地或乙地按下停止按钮SB3或SB4，电动机M停止运行。

（3）在乙地按下启动按钮SB2，电动机M启动运行。

（4）在甲地或乙地按下停止按钮SB3或SB4，电动机M停止运行。

（5）当电动机发生过载等故障时，电动机保护器FM动作电动机M停止运行。

（6）PLC实际接线图中停止按钮SB3、SB4，电动机综合保护器FM辅助触点均使用动断触点。

（7）电动机保护器FM工作电源由外部电路直接供电。

（8）根据控制要求列出输入/输出分配表。

（9）根据控制要求，用 PLC 基本指令设计两地控制的电动机连续运行的梯形图程序。

（10）根据控制要求绘制 PLC 控制电路接线图。

（三）输入/输出设备及 I/O 元件配置分配表

输入/输出设备及 I/O 元件配置见表 25-1。

表 25-1　　　　　　　　　　　　　输入/输出设备及 I/O 元件配置表

输入设备			输出设备		
符号	地址	功能	符号	地址	功能
SB1	I0.0	甲地启动按钮	KM	Q0.0	电动机接触器
SB2	I0.1	乙地启动按钮			
SB3	I0.2	甲地停止按钮			
SB4	I0.3	乙地停止按钮			
FM	I0.4	电动机保护器			

二、程序及电路设计

（一）PLC 梯形图

两地控制的电动机连续运行控制电路 PLC 梯形图见图 25-2。

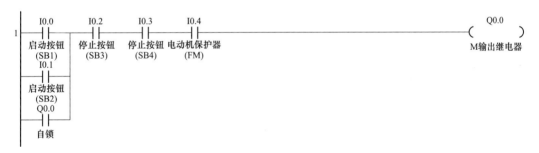

图 25-2　两地控制的电动机连续运行控制电路 PLC 梯形图

（二）PLC 接线详图

两地控制的电动机连续运行控制电路 PLC 接线图见图 25-3。

三、梯形图动作详解

闭合总电源开关 QS，主电路电源断路器 QF1，控制电源断路器 QF2，由于 SB3、SB4、FM 触点处于闭合状态，PLC 输入继电器 I0.2～I0.4 信号指示灯亮，梯形图中 I0.2～I0.4 触点闭合。

（一）启动过程

按下甲地启动按钮 SB1，程序段 1 中 I0.0 触点闭合能流经触点 I0.0→I0.2→I0.3→

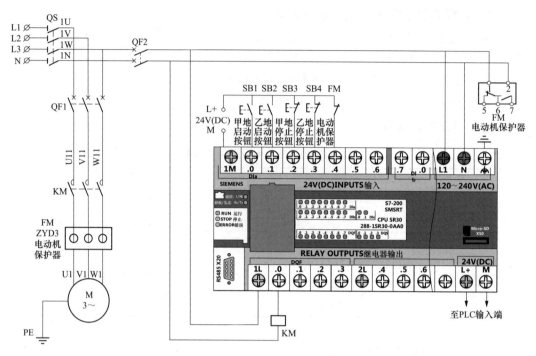

图 25-3　两地控制的电动机连续运行控制电路 PLC 接线图

I0.4 至 Q0.0，或按下乙地启动按钮 SB2，I0.1 触点闭合能流经触点 I0.1→I0.2→I0.3 →I0.4 至 Q0.0，同时 Q0.0 辅助触点闭合自锁，输出继电器 Q0.0 线圈得电，外部接触器 KM 线圈得电，KM 主触点闭合，电动机 M 连续运行。

（二）停止过程

按下甲地停止按钮 SB3 或乙地停止按钮 SB4，程序段 1 中 I0.2 或 I0.3 触点断开，输出继电器 Q0.0 线圈失电，外部接触器 KM 线圈失电，KM 主触点断开，电动机 M 停止运行。

（三）保护原理

当电动机 M 在运行中发生断相、过载、堵转、三相不平衡等故障时，输入继电器 I0.4（M 过载保护）断开，程序段 1 中 I0.4 触点断开，输出继电器 Q0.0 线圈失电，外部接触器 KM 线圈失电，KM 主触点断开，电动机 M 停止运行。

第 26 例
三地控制的电动机连续运行控制电路

一、继电器接触器控制原理

（一）三地控制的电动机连续运行控制电路

三地控制的电动机连续运行控制电路见图 26-1。

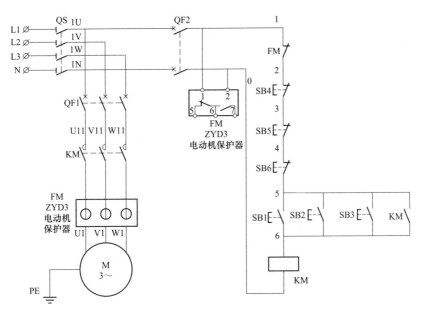

图 26-1　三地控制的电动机连续运行控制电路原理图

（二）PLC 程序设计要求

（1）按下甲地启动按钮 SB1，电动机 M 启动运行。

（2）按下甲地、乙地或丙地停止按钮 SB4、SB5 或 SB6，电动机 M 停止运行。

（3）按下乙地启动按钮 SB2，电动机 M 启动运行。

（4）按下甲地、乙地或丙地停止按钮 SB4、SB5 或 SB6，电动机 M 停止运行。

（5）按下丙地启动按钮 SB3，电动机 M 启动运行。

（6）按下甲地、乙地或丙地停止按钮 SB4、SB5 或 SB6，电动机 M 停止运行。

（7）当电动机发生过载等故障时，电动机保护器 FM 动作，电动机 M 停止运行。

（8）PLC 实际接线图中停止按钮 SB4～SB6，电动机综合保护器 FM 辅助触点均使用动断触点。

（9）电动机保护器 FM 工作电源由外部电路直接供电。

（10）根据控制要求列出输入/输出分配表。

（11）根据控制要求，用 PLC 基本指令设计三地控制的电动机连续运行的梯形图程序。

（12）根据控制要求绘制 PLC 控制电路接线图。

（三）输入/输出设备及 I/O 元件配置分配表

输入/输出设备及 I/O 元件配置见表 26-1。

二、程序及电路设计

（一）PLC 梯形图

三地控制的电动机连续运行控制电路 PLC 梯形图见图 26-2。

89

表 26-1 输入/输出设备及 I/O 元件配置表

输入设备			输出设备		
符号	地址	功能	符号	地址	功能
SB1	I0.0	甲地启动按钮	KM	Q0.0	电动机接触器
SB2	I0.1	乙地启动按钮			
SB3	I0.2	丙地启动按钮			
SB4	I0.3	甲地停止按钮			
SB5	I0.4	乙地停止按钮			
SB6	I0.5	丙地停止按钮			
FM	I0.6	电动机保护器			

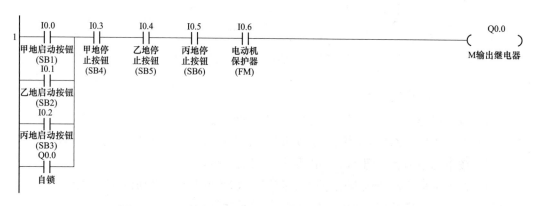

图 26-2 三地控制的电动机连续运行控制电路 PLC 梯形图

（二）PLC 接线详图

三地控制的电动机连续运行控制电路 PLC 接线图见图 26-3。

三、梯形图动作详解

闭合总电源开关 QS，主电路电源断路器 QF1，控制电源断路器 QF2，由于 SB4～SB6、FM 触点处于闭合状态，PLC 输入继电器 I0.3～I0.6 信号指示灯亮，梯形图中 I0.3～I0.6 触点闭合。

（一）启动过程

按下甲地启动按钮 SB1，程序段 1 中 I0.0 触点闭合能流经触点 I0.0→I0.3→I0.4→I0.5→I0.6 至 Q0.0，或按下乙地启动按钮 SB2，I0.1 触点闭合能流经触点 I0.1→I0.3→I0.4→I0.5→I0.6 至 Q0.0，或按下丙地启动按钮 SB3，I0.2 触点闭合能流经触点 I0.2→I0.3→I0.4→I0.5→I0.6 至 Q0.0，同时 Q0.0 辅助触点闭合自锁，输出继电器 Q0.0 线圈得电，外部接触器 KM 线圈得电，KM 主触点闭合，电动机 M 连续运行。

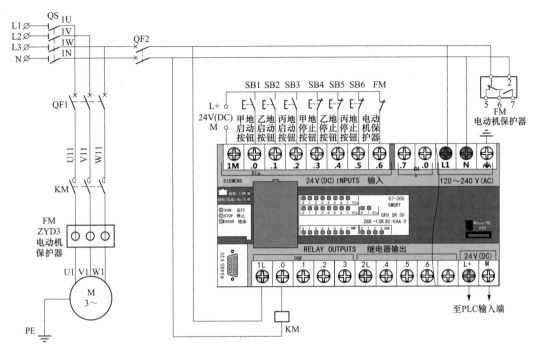

图 26-3 三地控制的电动机连续运行控制电路 PLC 接线图

（二）停止过程

按下甲地停止按钮 SB4 或乙地停止按钮 SB5 或丙地停止按钮 SB6，程序段 1 中 I0.3 或 I0.4 或 I0.5 触点断开，输出继电器 Q0.0 线圈失电，外部接触器 KM 线圈失电，KM 主触点断开，电动机 M 停止运行。

（三）保护原理

当电动机 M 在运行中发生断相、过载、堵转、三相不平衡等故障，输入继电器 I0.6（M 过载保护）断开，程序段 1 中 I0.6 触点断开，输出继电器 Q0.0 线圈失电，外部接触器 KM 线圈失电，KM 主触点断开，电动机 M 停止运行。

PLC控制的电动机正、反转位置控制电路

PLC控制的电动机正、反转位置控制电路用途：

1. 电动机正、反转控制电路

生产机械往往要求运动部件能向正、反两个方向运动。如机床工作台的前进与后退，万能铣床主轴的正转与反转，起重机、电动葫芦（上下、左右、前后、倒顺）、车库卷帘门、小车往返、绕线机、工业机器人的机械手等，这些生产机械要求电动机能实现正反转控制。控制方式大部分是连续运行，也有采用点动控制方式。为保证电路的安全可靠运行，电路必须设计联锁回路，如电气联锁、机械联锁或双重联锁。

工业生产过程中，电动机正、反转分别对应电动机顺时针转动和逆时针转动。确认的方法是站在电动机非负荷端（护罩或风扇）一侧观察，电动机顺时针转动是电动机正转，电动机逆时针转动是电动机反转。

2. 不同类型电动机改变旋转方向的方法

（1）三相电动机。对于三相电动机，只要改变通入电动机定子绕组的三相电源相序，即把接入电动机三相电源进线中的任意两根对调接线时，电动机反转运行。

（2）永磁直流电动机。对于永磁直流电动机，只需改变电源的正负极性即可改变电动机的旋转方向。

（3）并励式和复励式直流电动机。对于并励式和复励式直流电动机，用改变电枢电流的方向来实现反转。

（4）串励式直流电动机。对于串励式直流电动机，只需改变励磁绕组的接线或电枢绕组的接线（即电刷的接线），就可以改变电动机的旋转方向。

（5）单相220V电动机。对于单相220V电动机只需将启动绕组或运行绕组的任一绕组首尾端对调即可改变电动机旋转方向。

3. 位置控制与自动往返控制电路

在生产过程中，常遇到一些生产机械运动部件的行程或位置要受到限制，或者需要其运动部件在一定范围内自动往返循环等。如在摇臂钻床、万能铣床、镗床、桥式起重机及各种自动或半自动控制机床设备中就经常遇到这种控制要求。为实现这种控制要求所依靠的电器主要有限位开关、行程开关、接近开关、微动开关、光电开关等。结合正反转控制电路的设计，可以实现位置控制或自动往返控制电路。

读者也可根据现场实际需求对电路做适当的改动，实现控制要求。

第 27 例

接触器联锁电动机正、反转控制电路

一、继电器接触器控制原理

（一）接触器联锁电动机正、反转控制电路

接触器联锁电动机正、反转控制电路见图 27-1。

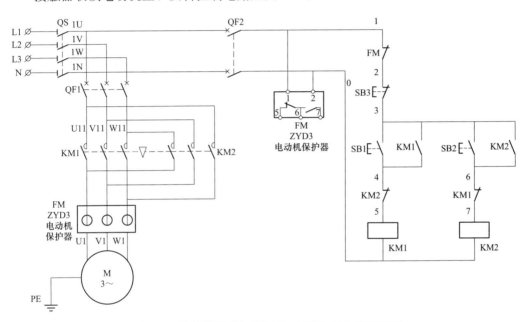

图 27-1　接触器联锁电动机正、反转控制电路原理图

（二）PLC 程序设计要求

（1）控制方式采用接触器联锁电动机正、反转控制。

（2）按下正转启动按钮 SB1，电动机 M 正转运行。

（3）按下停止按钮 SB3，电动机 M 停止运行。

（4）按下反转启动按钮 SB2，电动机 M 反转运行。

（5）当电动机发生过载等故障时，电动机保护器 FM 动作，电动机停止运行。

（6）PLC 控制电路接线图中停止按钮 SB3、电动机保护器 FM 辅助触点均取动断触点。

（7）根据控制要求，用 PLC 基本指令设计梯形图程序。

（8）根据控制要求列出输入/输出分配表。

（9）根据控制要求绘制 PLC 控制电路接线图。

（三）输入/输出设备及 I/O 元件配置分配表

输入/输出设备及 I/O 元件配置见表 27-1。

输入设备			输出设备		
符号	地址	功能	符号	地址	功能
SB1	I0.0	正转启动按钮	KM1	Q0.0	正转接触器
SB2	I0.1	反转启动按钮	KM2	Q0.1	反转接触器
SB3	I0.2	停止按钮			
FM	I0.3	电动机保护器			

二、程序及电路设计

（一）PLC 梯形图

接触器联锁电动机正、反转控制电路 PLC 梯形图见图 27-2。

图 27-2　接触器联锁电动机正、反转控制电路 PLC 梯形图

（二）PLC 接线详图

接触器联锁电动机正、反转控制电路 PLC 接线图见图 27-3。

三、梯形图动作详解

闭合总电源开关 QS、主电路电源断路器 QF1、控制电源断路器 QF2，PLC 输入继电器 I0.2、I0.3 信号指示灯亮，程序段 1 和程序段 2 中 I0.2、I0.3 触点闭合。

（一）正转启动过程

按下正转启动按钮 SB1，程序段 1 中 I0.0 触点闭合，能流经触点 I0.0→I0.2→I0.3→Q0.1 至 Q0.0，同时 Q0.0 辅助触点闭合自锁，输出继电器 Q0.0 线圈得电，外部接触器 KM1 线圈得电，KM1 主触点闭合，电动机 M 正转连续运行。

（二）反转启动过程

电动机在停止状态下，按下反转启动按钮 SB2，程序段 2 中 I0.1 触点闭合，能流经触点 I0.1→I0.2→I0.3→Q0.0 至 Q0.1，同时 Q0.1 辅助触点闭合自锁，输出继电器 Q0.1 线圈得电，外部接触器 KM2 线圈得电，KM2 主触点闭合，电动机 M 反转连续

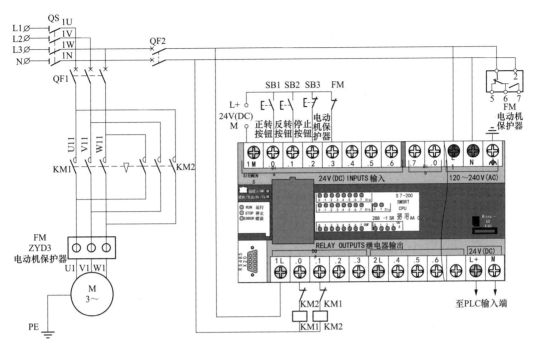

图 27-3　接触器联锁电动机正、反转控制电路 PLC 接线图

运行。

（三）停止过程

按下停止按钮 SB3，程序段 1 和程序段 2 中 I0.2 触点断开，输出继电器 Q0.0 和 Q0.1 线圈失电，外部接触器 KM1 和 KM2 线圈失电，KM1 和 KM2 主触点断开，电动机 M 停止运行。

（四）保护原理

当电动机 M 在运行中发生断相、过载、堵转、三相不平衡等故障时，输入继电器 I0.3（M 过载保护）断开，程序段 1 和程序段 2 中 I0.3 触点断开，输出继电器 Q0.0 和 Q0.1 线圈失电，外部接触器 KM1 和 KM2 线圈失电，KM1 和 KM2 主触点断开，电动机 M 停止运行。

第 28 例

按钮联锁电动机正、 反转控制电路

一、继电器接触器控制原理

（一）按钮联锁电动机正、反转控制电路

按钮联锁电动机正、反转控制电路见图 28-1。

（二）PLC 程序设计要求

（1）控制方式采用按钮联锁电动机正、反转控制。

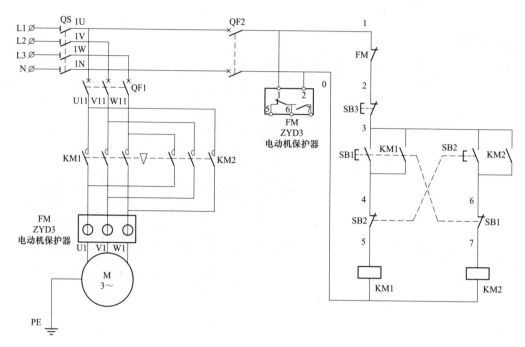

图 28-1　按钮联锁电动机正、反转控制电路原理图

　　（2）按下正转启动按钮 SB1，电动机 M 正转运行。

　　（3）按下停止按钮 SB3，电动机 M 停止运行。

　　（4）按下反转启动按钮 SB2，电动机 M 反转运行。

　　（5）当电动机发生过载等故障时，电动机保护器 FM 动作，电动机停止运行。

　　（6）PLC 控制电路接线图中停止按钮 SB3、电动机保护器 FM 辅助触点均取动断触点。

　　（7）根据控制要求，用 PLC 基本指令设计梯形图程序。

　　（8）根据控制要求列出输入/输出分配表。

　　（9）根据控制要求绘制 PLC 控制电路接线图。

　　（三）输入/输出设备及 I/O 元件配置分配表

　　输入/输出设备及 I/O 元件配置见表 28-1。

表 28-1　　　　　　　　　　　　输入/输出设备及 I/O 元件配置表

输入设备			输出设备		
符号	地址	功能	符号	地址	功能
SB1	I0.0	正转启动按钮	KM1	Q0.0	正转接触器
SB2	I0.1	反转启动按钮	KM2	Q0.1	反转接触器
SB3	I0.2	停止按钮			
FM	I0.3	电动机保护器			

二、程序及电路设计

（一）PLC梯形图

按钮联锁电动机正、反转控制电路PLC梯形图见图28-2。

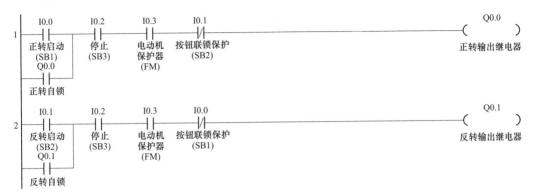

图28-2　按钮联锁电动机正、反转控制电路PLC梯形图

（二）PLC接线详图

按钮联锁电动机正、反转控制电路PLC接线图见图28-3。

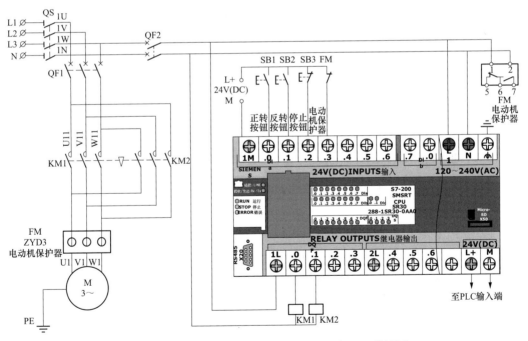

图28-3　按钮联锁电动机正、反转控制电路PLC接线图

三、梯形图动作详解

闭合总电源开关QS、主电路电源断路器QF1、控制电源断路器QF2，PLC输入继

电器 I0.2、I0.3 信号指示灯亮，程序段 1 和程序段 2 中 I0.2、I0.3 触点闭合。

（一）正转启动过程

按下正转启动按钮 SB1，程序段 1 中 I0.0 触点闭合，能流经触点 I0.0→I0.2→I0.3→I0.1 至 Q0.0，同时 Q0.0 辅助触点闭合自锁，输出继电器 Q0.0 线圈得电，外部接触器 KM1 线圈得电，KM1 主触点闭合，电动机 M 正转连续运行。

（二）反转启动过程

电动机在停止状态下，按下反转启动按钮 SB2，程序段 2 中 I0.1 触点闭合，能流经触点 I0.1→I0.2→I0.3→I0.0 至 Q0.1，同时 Q0.1 辅助触点闭合自锁，输出继电器 Q0.1 线圈得电，外部接触器 KM2 线圈得电，KM2 主触点闭合，电动机 M 反转连续运行。

（三）停止过程

按下停止按钮 SB3，程序段 1 和程序段 2 中 I0.2 触点断开，输出继电器 Q0.0 和 Q0.1 线圈失电，外部接触器 KM1 和 KM2 线圈失电，KM1 和 KM2 主触点断开，电动机 M 停止运行。

（四）保护原理

当电动机 M 在运行中发生断相、过载、堵转、三相不平衡等故障，输入继电器 I0.3（M 过载保护）断开，程序段 1 和程序段 2 中 I0.3 触点断开，输出继电器 Q0.0 和 Q0.1 线圈失电，外部接触器 KM1 和 KM2 线圈失电，KM1 和 KM2 主触点断开，电动机 M 停止运行。

第 29 例

双重联锁电动机正、反转控制电路

一、继电器接触器控制原理

（一）双重联锁电动机正、反转控制电路

双重联锁电动机正、反转控制电路见图 29-1。

（二）PLC 程序设计要求

（1）控制方式采用双重联锁电动机正、反转控制。

（2）按下正转启动按钮 SB1，电动机 M 正转运行。

（3）按下停止按钮 SB3，电动机 M 停止。

（4）按下反转启动按钮 SB2，电动机 M 反转运行。

（5）当电动机发生过载等故障时，电动机保护器 FM 动作，电动机停止运行。

（6）PLC 控制电路接线图中停止按钮 SB3、电动机保护器 FM 辅助触点均取动断触点。

（7）根据控制要求，用 PLC 基本指令设计梯形图程序。

（8）根据控制要求列出输入/输出分配表。

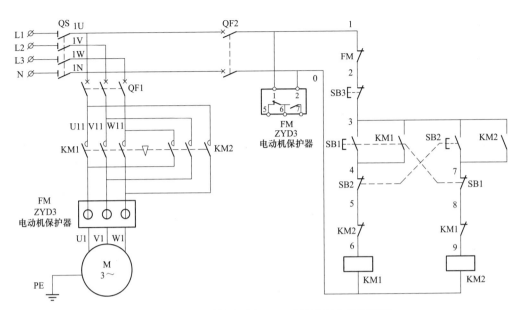

图 29-1　双重联锁电动机正、反转控制电路原理图

（9）根据控制要求绘制 PLC 控制电路接线图。

（三）输入/输出设备及 I/O 元件配置分配表

输入/输出设备及 I/O 元件配置见表 29-1。

表 29-1　　　　　　　　　　　输入/输出设备及 I/O 元件配置表

输入设备			输出设备		
符号	地址	功能	符号	地址	功能
SB1	I0.0	正转启动按钮	KM1	Q0.0	正转接触器
SB2	I0.1	反转启动按钮	KM2	Q0.1	反转接触器
SB3	I0.2	停止按钮			
FM	I0.3	电动机保护器			

二、程序及电路设计

（一）PLC 梯形图

双重联锁电动机正、反转控制电路 PLC 梯形图见图 29-2。

（二）PLC 接线详图

双重联锁电动机正、反转控制电路 PLC 接线图见图 29-3。

三、梯形图动作详解

闭合总电源开关 QS、主电路电源断路器 QF1、控制电源断路器 QF2，PLC 输入继电器 I0.2、I0.3 信号指示灯亮，程序段 1 和程序段 2 中 I0.2、I0.3 触点闭合。

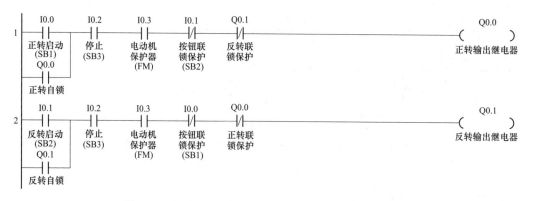

图 29-2 双重联锁电动机正、反转控制电路 PLC 梯形图

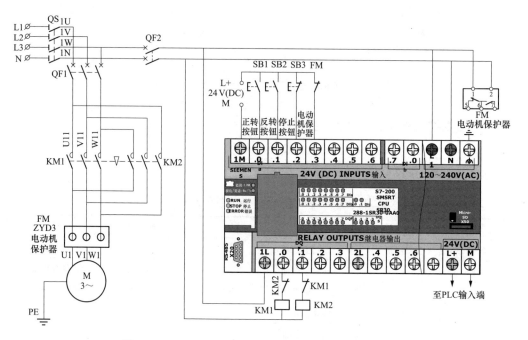

图 29-3 双重联锁电动机正、反转控制电路 PLC 接线图

（一）正转启动过程

按下正转启动按钮 SB1，程序段 1 中 I0.0 触点闭合，能流经触点 I0.0→I0.2→
I0.3→I0.1→Q0.1 至 Q0.0，同时 Q0.0 辅助触点闭合自锁，输出继电器 Q0.0 线圈得
电，外部接触器 KM1 线圈得电，KM1 主触点闭合，电动机 M 正转连续运行。

（二）反转启动过程

电动机在停止状态下，按下反转启动按钮 SB2，程序段 2 中 I0.1 触点闭合，能流经
触点 I0.1→I0.2→I0.3→I0.0→Q0.0 至 Q0.1，同时 Q0.1 辅助触点闭合自锁，输出继
电器 Q0.1 线圈得电，外部接触器 KM2 线圈得电，KM2 主触点闭合，电动机 M 反转连
续运行。

（三）停止过程

按下停止按钮 SB3，程序段 1 和程序段 2 中 I0.2 触点断开，输出继电器 Q0.0 和 Q0.1 线圈失电，外部接触器 KM1 和 KM2 线圈失电，KM1 和 KM2 主触点断开，电动机 M 停止运行。

（四）保护原理

当电动机 M 在运行中发生断相、过载、堵转、三相不平衡等故障时，输入继电器 I0.3（M 过载保护）断开，程序段 1 和程序段 2 中 I0.3 触点断开，输出继电器 Q0.0 和 Q0.1 线圈失电，外部接触器 KM1 和 KM2 线圈失电，KM1 和 KM2 主触点断开，电动机 M 停止运行。

第 30 例
用上升沿触发的正、 反转控制电路

一、继电器接触器控制原理

（一）电动机正、反转控制电路

接触器联锁电动机正、反转控制电路见图 30-1。

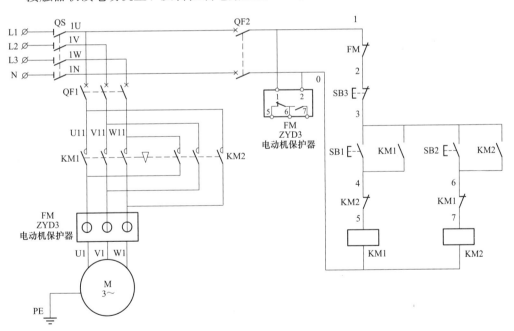

图 30-1　接触器联锁电动机正、反转控制电路原理图

（二）PLC 程序设计要求

（1）控制方式采用接触器联锁电动机正、反转控制。

（2）按下正转启动按钮 SB1，接通上升沿触发指令 M0.0，电动机 M 正转运行。

（3）按下停止按钮 SB3，电动机 M 停止运行。

（4）按下反转启动按钮 SB2，接通上升沿触发指令 M0.1，电动机 M 反转运行。

（5）当电动机发生过载等故障时，电动机保护器 FM 动作，电动机停止运行。

（6）PLC 控制电路接线图中停止按钮 SB3、电动机保护器 FM 辅助触点均取动断触点。

（7）根据控制要求，用 PLC 基本指令设计梯形图程序。

（8）根据控制要求列出输入/输出分配表。

（9）根据控制要求绘制 PLC 控制电路接线图。

（三）输入/输出设备及 I/O 元件配置分配表

输入/输出设备 I/O 元件配置见表 30-1。

表 30-1　　　　　　　　　　　输入/输出设备及 I/O 元件配置表

输入设备			输出设备		
符号	地址	功能	符号	地址	功能
SB1	I0.0	正转启动按钮	KM1	Q0.0	正转接触器
SB2	I0.1	反转启动按钮	KM2	Q0.1	反转接触器
SB3	I0.2	停止按钮			
FM	I0.3	电动机保护器			

二、程序及电路设计

（一）PLC 梯形图

用上升沿触发指令编程的正、反转控制电路 PLC 梯形图见图 30-1。

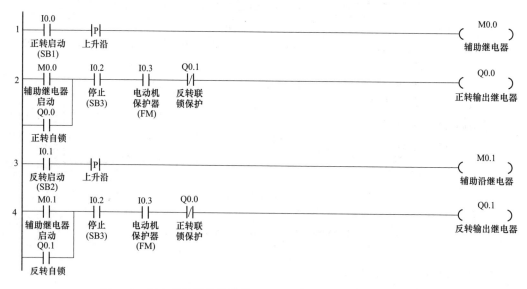

图 30-2　用上升沿触发指令编程的正、反转控制电路 PLC 梯形图

（二）PLC 接线详图

接触器联锁电动机正、反转控制电路 PLC 接线图见图 30-3。

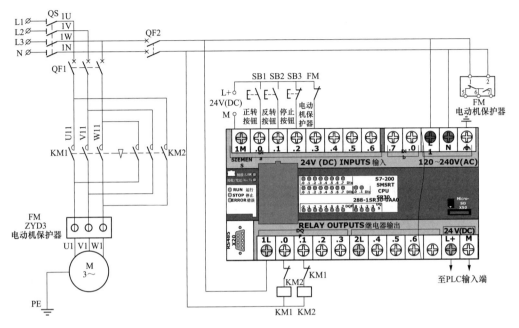

图 30-3　接触器联锁电动机正、反转控制电路 PLC 接线图

三、梯形图动作详解

闭合总电源开关 QS、主电路电源断路器 QF1、控制电源断路器 QF2，PLC 输入继电器 I0.2、I0.3 信号指示灯亮，程序段 2 和程序段 4 中 I0.2、I0.3 触点闭合。

（一）正转启动过程

按下正转启动按钮 SB1，程序段 1 中 I0.0 触点在上升沿接通一个扫描周期时瞬间闭合，能流经触点 I0.0 至 M0.0。程序段 2 中 M0.0 触点闭合，能流经触点 M0.0→I0.2→I0.3→Q0.1 至 Q0.0，同时 Q0.0 辅助触点闭合自锁，输出继电器 Q0.0 线圈得电，外部接触器 KM1 线圈得电，KM1 主触点闭合，电动机 M 正转连续运行。

（二）反转启动过程

电动机在停止状态下，按下反转启动按钮 SB2，程序段 3 中 I0.1 触点在上升沿接通一个扫描周期时瞬间闭合，能流经触点 I0.1 至 M0.1。程序段 4 中 M0.1 触点闭合，能流经触点 M0.1→I0.2→I0.3→Q0.0 至 Q0.1，同时 Q0.1 辅助触点闭合自锁，输出继电器 Q0.1 线圈得电，外部接触器 KM2 线圈得电，KM2 主触点闭合，电动机 M 反转连续运行。

（三）停止过程

按下停止按钮 SB3，程序段 2 和程序段 4 中 I0.2 触点断开，输出继电器 Q0.0 和 Q0.1 线圈失电，外部接触器 KM1 和 KM2 线圈失电，KM1 和 KM2 主触点断开，电动机 M 停止运行。

（四）保护原理

当电动机 M 在运行中发生断相、过载、堵转、三相不平衡等故障，输入继电器 I0.3（M 过载保护）断开，程序段 2 和程序段 4 中 I0.3 触点断开，输出继电器 Q0.0 和 Q0.1 线圈失电，外部接触器 KM1 和 KM2 线圈失电，KM1 和 KM2 主触点断开，电动机 M 停止运行。

第 31 例
往返循环自动回到原位停止控制电路

一、继电器接触器控制原理

（一）往返循环自动回到原位停止控制电路

往返循环自动回到原位停止控制电路见图 31-1。

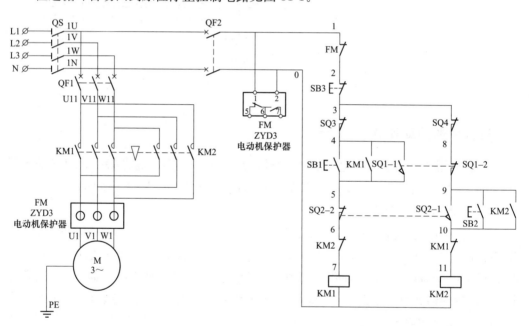

图 31-1　往返循环自动回到原位停止控制电路原理图

（二）PLC 程序设计要求

（1）按下甲地启动按钮 SB1，小车由甲地启动，向乙地方向行驶，到乙地后触碰限位开关 SQ2 后，小车向甲地行驶，实现自动循环往返。

（2）按下停止按钮 SB3，电动机 M 停止运行。

（3）小车停在任意位置时，按下乙地启动按钮 SB2，小车启动向甲地方向行驶，到甲地后触碰限位开关 SQ1 后，小车向乙地行驶，实现自动循环往返。

（4）当甲地限位开关 SQ1 失灵时，小车碰到甲地极限开关 SQ3 后停止运行。

（5）当乙地限位开关 SQ2 失灵时，小车碰到乙地极限开关 SQ4 后停止运行。

（6）当电动机发生过载等故障时，电动机保护器 FM 动作，电动机停止运行。

（7）PLC 控制电路接线图中停止按钮 SB3、电动机保护器 FM 辅助触点均取动断触点。

（8）根据控制要求，用 PLC 基本指令设计梯形图程序。

（9）根据上面的控制要求列出输入/输出分配表。

（10）根据控制要求绘制 PLC 控制电路接线图。

（三）输入/输出设备及 I/O 元件配置分配表

输入/输出设备及 I/O 元件配置见表 31-1。

表 31-1　　　　　　　　　输入/输出设备及 I/O 元件配置表

输入设备			输出设备		
符号	地址	功能	符号	地址	功能
SB1	I0.0	甲地启动按钮	KM1	Q0.0	甲地接触器
SB2	I0.1	乙地启动按钮	KM2	Q0.1	乙地接触器
SB3	I0.2	停止按钮			
SQ1	I0.3	甲地限位开关			
SQ2	I0.4	乙地限位开关			
SQ3	I0.5	甲地极限开关			
SQ4	I0.6	乙地极限开关			
FM	I0.7	电动机保护器			

二、程序及电路设计

（一）PLC 梯形图

往返循环自动回到原位停止控制电路 PLC 梯形图见图 31-2。

（二）PLC 接线详图

往返循环自动回到原位停止控制电路 PLC 接线图见图 31-3。

三、梯形图动作详解

闭合总电源开关 QS、主电路电源断路器 QF1、控制电源断路器 QF2，PLC 输入继电器 I0.2～I0.7 信号指示灯亮，程序段 1 和程序段 2 中 I0.2～I0.7 触点闭合。

（一）甲地到乙地启动过程

按下甲地启动按钮 SB1，程序段 1 中 I0.0 触点闭合，能流经触点 I0.0→I0.2→I0.4→I0.6→I0.7→Q0.1 至 Q0.0，输出继电器 Q0.0 线圈得电，外部接触器 KM1 线圈得电，KM1 主触点闭合，同时 Q0.0 触点闭合实现自锁，电动机正转连续运行。

小车由甲地运行到乙地碰撞到乙地限位开关 SQ2 后，SQ2 触点断开，输入继电器

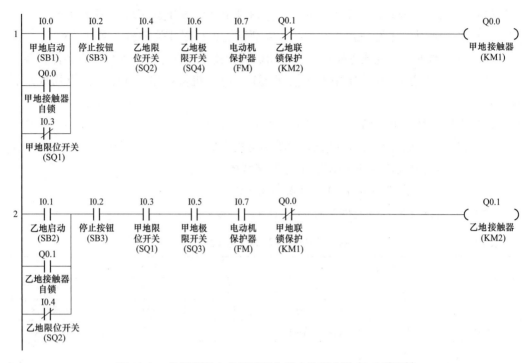

图 31-2　往返循环自动回到原位停止控制电路 PLC 梯形图

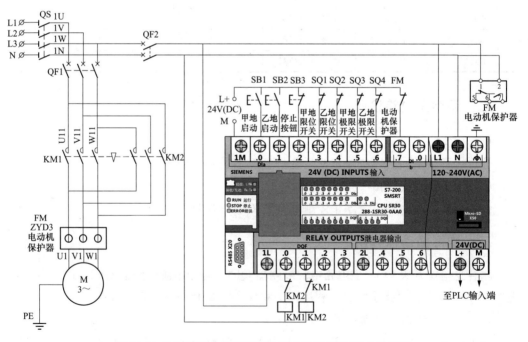

图 31-3　往返循环自动回到原位停止控制电路 PLC 接线图

I0.4 信号指示灯熄灭，程序段 1 中 I0.4 触点断开，输出继电器 Q0.0 失电，外部甲地接触器 KM1 线圈失电，KM1 主触点断开，电动机停止运行，Q0.0 触点断开解除自锁。

乙地限位开关 SQ2 触点闭合，程序段 2 中 I0.4 触点闭合，能流经触点 I0.4→I0.2→I0.3→I0.5→I0.7→Q0.0 至 Q0.1，输出继电器 Q0.1 线圈得电，外部接触器 KM2 线圈得电，KM2 主触点闭合，同时 Q0.1 触点闭合实现自锁，电动机反转连续运行。

（二）乙地到甲地启动过程

小车停在任意位置时，按下乙地启动按钮 SB2，程序段 2 中 I0.1 触点闭合，能流经触点 I0.1→I0.2→I0.3→I0.5→I0.7→Q0.0 至 Q0.1，输出继电器 Q0.1 线圈得电，外部接触器 KM2 线圈得电，KM2 主触点闭合，同时 Q0.1 触点闭合实现自锁，电动机反转连续运行。

小车由乙地运行到甲地碰撞到甲地限位开关 SQ1 后，SQ1 触点断开，输入继电器 I0.3 信号指示灯熄灭，程序段 2 中 I0.3 触点断开，输出继电器 Q0.1 失电，外部乙地接触器 KM2 线圈失电，KM2 主触点断开，电动机停止运行，Q0.1 触点断开解除自锁。

甲地限位开关 SQ1 触点闭合，程序段 1 中 I0.3 触点闭合，能流经触点 I0.3→I0.2→I0.4→I0.6→I0.7→Q0.1 至 Q0.0，输出继电器 Q0.0 线圈得电，外部接触器 KM1 线圈得电，KM1 主触点闭合，同时 Q0.0 触点闭合实现自锁，电动机正转连续运行。

（三）停止过程

当小车运行时，按下停止按钮 SB3，输入继电器 I0.2 信号指示灯熄灭，程序段 1 和程序段 2 中 I0.2 触点断开，输出继电器 Q0.0 和 Q0.1 失电，外部接触器 KM1 和 KM2 线圈失电，KM1 和 KM2 主触点断开，同时 Q0.0 触点和 Q0.1 触点断开解除自锁，电动机停止运行。

（四）保护原理

当乙地限位开关 SQ2 失灵后，小车继续行驶碰到乙地极限开关 SQ4 后，输入继电器 I0.6 信号指示灯熄灭，程序段 1 中 I0.6 触点断开，输出继电器 Q0.0 失电小车停止运行。

当甲地限位开关 SQ1 失灵后，小车继续行驶碰到甲地极限开关 SQ3 后，输入继电器 I0.5 信号指示灯熄灭，程序段 2 中 I0.5 触点断开，输出继电器 Q0.1 失电，小车停止运行。

当电动机在运行中发生断相、过载、堵转、三相不平衡等故障，电动机保护器动断触点断开，PLC 输入继电器 I0.7（M 电动机保护器）触点断开，输入继电器 I0.7 信号指示灯熄灭，程序段 1 和程序段 2 中 I0.7 触点断开，输出继电器 Q0.0 和 Q0.1 回路断开，外部接触器 KM1 和 KM2 线圈失电，KM1 和 KM2 主触点断开，电动机停止运行。

第 32 例
带急停按钮的自动往返控制电路

一、继电器接触器控制原理

（一）带急停按钮的自动往返控制电路

带急停按钮的自动往返控制电路见图 32-1。

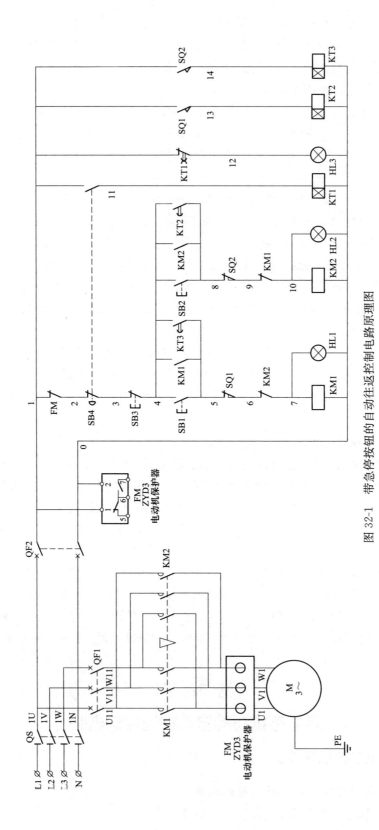

图 32-1　带急停按钮的自动往返控制电路原理图

（二）PLC程序设计要求

（1）按下甲地启动按钮SB1，小车由甲地启动，甲地运行指示灯点亮，向乙地方向行驶，到乙地碰到限位开关SQ1停止，甲地运行指示灯熄灭，延时3s后向甲地运行，乙地运行指示灯点亮，到甲地碰到限位开关SQ2停止，乙地运行指示灯熄灭，延时4s后向乙地运行，实现小车自动往返。

（2）小车在运行时，按下停止按钮SB3电动机停止运行，小车停在任意位置。

（3）小车在运行时，按下急停按钮SB4电动机停止运行，小车停在任意位置，同时信号指示灯闪烁。

（4）小车停在任意位置时，按下乙地启动按钮SB2，小车启动向甲地方向行驶，乙地运行指示灯点亮，到甲地碰到限位开关SQ2停止，乙地运行指示灯熄灭，延时4s向乙地运行，甲地运行指示灯点亮，到乙地碰到限位开关SQ1停止，甲地运行指示灯熄灭，延时3s后向甲地运行，实现小车自动往返。

（5）当电动机发生过载等故障时，电动机保护器FM动作，电动机停止运行。

（6）PLC实际接线图中停止按钮SB3、急停按钮SB4、电动机保护器FM辅助触点、限位开关SQ1、SQ2均取动断触点。

（7）根据控制要求，急停按钮用立即指令，用PLC基本指令设计梯形图程序。

（8）根据上面的控制要求列出输入/输出分配表。

（9）根据控制要求绘制PLC控制电路接线图。

（三）输入/输出设备及I/O元件配置分配表

输入/输出设备及I/O元件配置见表32-1。

表32-1　　　　　　　　　　输入/输出设备及I/O元件配置表

输入设备			输出设备		
符号	地址	功能	符号	地址	功能
SB1	I0.0	甲地启动按钮	KM1	Q0.0	甲地接触器
SB2	I0.1	乙地启动按钮	KM2	Q0.1	乙地接触器
SB3	I0.2	停止按钮	HL1	Q0.2	甲地运行指示灯
SB4	I0.3	急停按钮	HL2	Q0.3	乙地运行指示灯
SQ1	I0.4	乙地限位开关	HL3	Q0.4	急停闪烁指示灯
SQ2	I0.5	甲地限位开关			
FM	I0.6	电动机保护器			

二、程序及电路设计

（一）PLC梯形图

带急停按钮的自动往返控制电路PLC梯形图见图32-2。

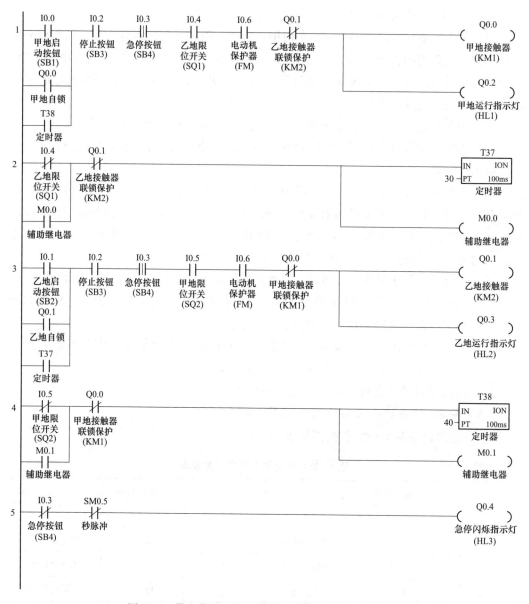

图 32-2　带急停按钮的自动往返控制电路 PLC 梯形图

（二）PLC 接线详图

带急停按钮的自动往返控制电路 PLC 接线图见图 32-3。

三、梯形图动作详解

闭合总电源开关 QS、主电路电源断路器 QF1、控制电源断路器 QF2，PLC 输入继电器 I0.2~I0.6 信号指示灯亮，程序段 1 到程序段 5 中 I0.2~I0.6 触点闭合。

（一）甲地到乙地启动过程

按下甲地启动按钮 SB1，程序段 1 中 I0.0 触点闭合，能流经触点 I0.0→I0.2→I0.3

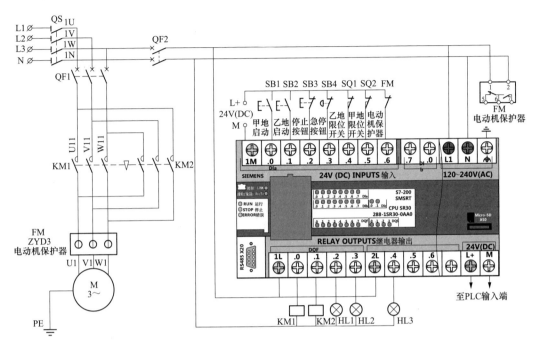

图 32-3　带急停按钮的自动往返控制电路 PLC 接线图

→I0.4→I0.6→Q0.1 至 Q0.0、Q0.2，输出继电器 Q0.0 线圈得电，Q0.0 闭合自锁，外部接触器 KM1 线圈得电，KM1 主触点闭合，电动机正转运行，甲地运行指示灯 HL1 常亮，小车由甲地向乙地行驶。

当小车碰到乙地限位开关 SQ1 时，程序段 1 中 I0.4 触点断开，输出继电器 Q0.0、Q0.2 失电，小车停止运行。甲地运行指示灯 HL1 熄灭，同时程序段 2 中 I0.4 触点闭合，能流经触点 I0.4→Q0.1 至 T37、M0.0，定时器 T37 和辅助继电器 M0.0 得电，M0.0 闭合自锁。

当 T37 延时 3s 后，程序段 3 中 T37 触点闭合，能流经触点 T37→I0.2→I0.3→I0.5→I0.6 至 Q0.0、Q0.3，输出继电器 Q0.1 线圈得电，Q0.1 闭合自锁，外部接触器 KM2 线圈得电，KM2 主触点闭合，电动机反转运行，乙地运行指示 HL2 常亮，小车由乙地向甲地行驶。

当小车碰到甲地限位开关 SQ2 时，程序段 3 中 I0.5 触点断开，输出继电器 Q0.1、Q0.3 失电，小车停止运行，乙地运行指示灯 HL2 熄灭，同时程序段 4 中 I0.5 触点闭合，能流经触点 I0.5→Q0.0 至 T38、M0.1，定时器 T38 和辅助继电器 M0.1 得电，M0.1 闭合自锁。

当 T38 延时 4s 后，程序段 1 中 T38 触点闭合，能流经触点 T38→I0.2→I0.3→I0.4→I0.6 至 Q0.1 至 Q0.0、Q0.2，输出继电器 Q0.0 线圈得电，Q0.0 闭合自锁，外部接触器 KM1 线圈得电，KM1 主触点闭合，电动机正转运行，指示灯 HL1 常亮，实现小车自动往返运行。

111

（二）乙地到甲地启动过程

小车停在任意位置时，按下乙地启动按钮 SB2，程序段 3 中 I0.1 触点闭合，能流经触点 I0.1→I0.2→I0.3→I0.5→I0.6→Q0.0 至 Q0.1、Q0.3，输出继电器 Q0.1 线圈得电，Q0.1 闭合自锁，外部接触器 KM2 线圈得电，KM2 主触点闭合，电动机反转运行，乙地运行指示灯 HL2 常亮，小车由乙地向甲地行驶。

当小车碰到甲地限位开关 SQ2 时，程序段 3 中 I0.5 断开，输出继电器 Q0.1、Q0.3 失电，小车停止运行，乙地运行指示灯 HL2 熄灭，同时程序段 4 中 I0.5 触点闭合，能流经触点 I0.5→Q0.0 至 T38、M0.1，定时器 T38 和辅助继电器 M0.1 得电，M0.1 闭合自锁。

T38 延时 4s 后，程序段 1 中 T38 触点闭合，能流经触点 T38→I0.2→I0.3→I0.4→I0.6→Q0.1 至 Q0.0、Q0.2，输出继电器 Q0.0 线圈得电，外部接触器 KM1 线圈得电，Q0.0 闭合自锁，外部接触器 KM1 线圈得电，KM1 主触点闭合，电动机正转运行，甲地运行指示灯 HL1 常亮，小车由甲地向乙地行驶，实现小车自动往返运行。

（三）停止过程

按下停止按钮 SB3，程序段 1 和程序段 3 中 I0.2 触点断开，Q0.0、Q0.2、Q0.1、Q0.3 都失电，电动机停止运行。

（四）急停过程

按下急停按钮 SB4 时，程序段 1 和程序段 3 中 I0.3 触点断开，Q0.0、Q0.2、Q0.1、Q0.3 都失电，电动机停止运行。同时程序段 5 中 I0.3 闭合，能流经 I0.3→SM0.5 至 Q0.4，输出继电器 Q0.4 得电，急停闪烁指示灯 HL3 闪烁。

（五）保护原理

当电动机在运行中发生断相、过载、堵转、三相不平衡等故障时，输入继电器 I0.6（M 过载保护）断开，输入继电器 I0.6 信号指示灯熄灭，程序段 1 和程序段 3 中 I0.6 触点断开，输出继电器 Q0.0、Q0.1、Q0.2 和 Q0.3 回路断开，外部接触器 KM1 和 KM2 线圈失电，KM1 和 KM2 主触点断开，电动机停止运行。

第 33 例

使用一只限位开关实现的自动往返控制电路

一、继电器接触器控制原理

（一）使用一只限位开关实现的自动往返控制电路

使用一只限位开关实现的自动往返控制电路见图 33-1。

（二）PLC 程序设计要求

（1）按下启动按钮 SB1 电动机 M 正转启动，小车向乙地行驶，安装在小车上的限位开关 SQ 撞到乙地停止桩后电动机 M 反转启动向甲地行驶。

（2）安装在小车上的限位开关 SQ 撞到甲地停止桩后电动机 M 正转启动向乙地行

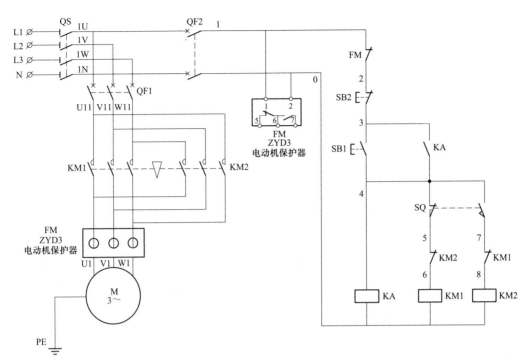

图 33-1 使用一只限位开关实现的自动往返控制电路原理图

驶，实现自动往返控制。

（3）按下停止按钮 SB2 电动机 M 停止运行。

（4）当电动机发生过载等故障时，电动机保护器 FM 动作，电动机停止运行。

（5）PLC 实际接线图中停止按钮 SB2、电动机保护器 FM 辅助触点、限位开关 SQ 取动断触点。

（6）根据控制要求，用 PLC 基本指令设计梯形图程序。

（7）根据控制要求列出输入/输出分配表。

（8）根据控制要求绘制 PLC 控制电路接线图。

（三）输入/输出设备及 I/O 元件配置分配表

输入/输出设备及 I/O 元件配置见表 33-1。

表 33-1 输入/输出设备及 I/O 元件配置表

输入设备			输出设备		
符号	地址	功能	符号	地址	功能
SB1	I0.0	启动按钮	KM1	Q0.0	正转接触器
SB2	I0.1	停止按钮	KM2	Q0.1	反转接触器
FM	I0.2	电动机保护器			
SQ	I0.3	限位开关			

二、程序及电路设计

（一）PLC 梯形图

使用一只限位开关实现的自动往返控制电路 PLC 梯形图见图 33-2。

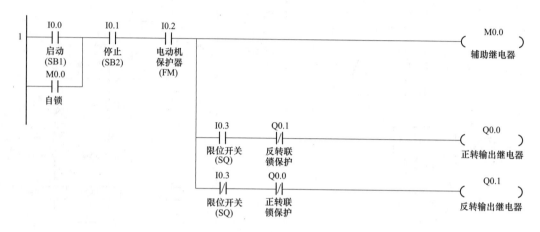

图 33-2　使用一只限位开关实现的自动往返控制电路 PLC 梯形图

（二）PLC 接线详图

使用一只限位开关实现的自动往返控制电路 PLC 接线图见图 33-3。

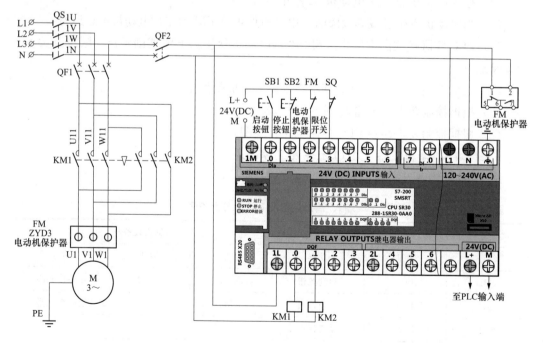

图 33-3　使用一只限位开关实现的自动往返控制电路 PLC 接线图

三、梯形图动作详解

闭合总电源开关 QS、主电路电源断路器 QF1、控制电源断路器 QF2，PLC 输入继电器 I0.1～I0.3 信号指示灯亮，程序段 1 中 I0.1～I0.3 触点闭合。

（一）甲地到乙地启动过程

按下启动按钮 SB1，程序段 1 中 I0.0 触点闭合，能流经触点 I0.0→I0.1→I0.2 至 M0.0，辅助继电器 M0.0 线圈得电，同时 M0.0 辅助触点闭合自锁。能流经触点 M0.0→I0.1→I0.2→I0.3→Q0.1 至 Q0.0，输出继电器 Q0.0 线圈得电，外部接触器 KM1 线圈得电，KM1 主触点闭合，电动机 M 正转运行，运料小车从甲地向乙地行驶。

（二）乙地到甲地自动运行过程

当小车上的限位开关 SQ 碰到乙地停止桩后，程序段 1 中 I0.3 触点断开，输出继电器 Q0.0 线圈失电，外部接触器 KM1 线圈失电，KM1 主触点断开，电动机 M 正转运行停止，同时 I0.3 触点闭合，能流经触点 M0.0→I0.1→I0.2→I0.3→Q0.0 至 Q0.1，输出继电器 Q0.1 线圈得电，外部接触器 KM2 线圈得电，KM2 主触点闭合，电动机 M 反转运行，运料小车从乙地向甲地行驶。当小车上的限位开关 SQ 碰到甲地的停止桩后向乙地行驶，循环以上工作过程。

（三）停止过程

按下停止按钮 SB2，程序段 1 中 I0.1 触点断开，辅助继电器 M0.0、输出继电器 Q0.0 和 Q0.1 线圈失电，外部接触器 KM1 和 KM2 线圈失电，KM1 和 KM2 主触点断开，电动机 M 停止运行，运料小车停止在任意位置。

（四）保护原理

当电动机 M 在运行中发生断相、过载、堵转、三相不平衡等故障时，输入继电器 I0.2（M 过载保护）断开，程序段 1 中 I0.2 触点断开，辅助继电器 M0.0、输出继电器 Q0.0 和 Q0.1 线圈失电，外部接触器 KM1 和 KM2 线圈失电，KM1 和 KM2 主触点断开，电动机 M 停止运行，运料小车停止在任意位置。

第 34 例

使用红外接近传感器、限位开关实现电动门控制电路

一、继电器接触器控制原理

（一）使用红外接近传感器、限位开关实现电动门控制电路

使用红外接近传感器、限位开关实现电动门控制电路见图 34-1。

（二）PLC 程序设计要求

（1）转换自锁按钮 SB1 触点闭合在手动状态下，按下正转启动按钮 SB2 电动机 M

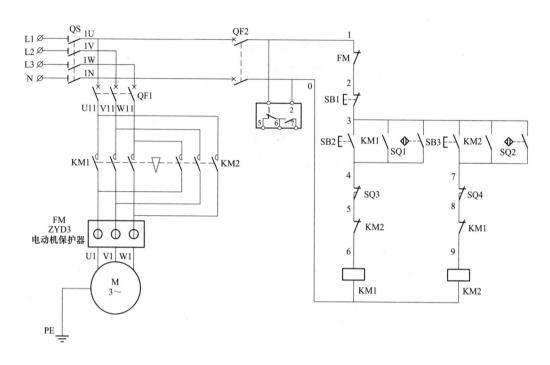

图 34-1　使用红外接近传感器、限位开关实现电动门控制电路原理图

正转启动，电动门上升打开，上升到上限位开关 SQ2 时电动机停止运行。

（2）按下反转启动按钮 SB3 电动机 M 反转启动，电动门下降关闭，下降到下限位开关 SQ3 时电动机停止运行。

（3）电动机在上升或下降过程中按下停止按钮 SB4 电动机 M 停止运行。

（4）转换自锁按钮 SB1 触点断开在自动状态下，在有效范围内红外线传感器 SQ1 感应到有人或车辆时，电动机 M 正转启动，电动门上升打开，上升到上限位开关 SQ2 时电动机停止运行。

（5）红外线传感器 SQ1 在有效范围内没有感应到有人或车辆时，电动机 M 反转启动，电动门下降关闭，下降到下限位开关 SQ3 时电动机停止运行。

（6）当电动机发生过载等故障时，电动机保护器 FM 动作，电动机停止运行。

（7）PLC 实际接线图中停止按钮 SB4、电动机保护器 FM 辅助触点、限位开关 SQ2、SQ3 均取动断触点。

（8）根据控制要求，用 PLC 基本指令设计梯形图程序。

（9）根据控制要求列出输入/输出分配表。

（10）根据控制要求绘制 PLC 控制电路接线图。

（三）输入/输出设备及 I/O 元件配置分配表

输入/输出设备及 I/O 元件配置见表 34-1。

表 34-1   输入/输出设备及 I/O 元件配置表

输入设备			输出设备		
符号	地址	功能	符号	地址	功能
SQ1	I0.0	红外接近传感器	KM1	Q0.0	正转接触器
SB1	I0.1	手动/自动转换自锁按钮	KM2	Q0.1	反转接触器
SB2	I0.2	手动开门按钮			
SB3	I0.3	手动关门按钮			
SB4	I0.4	停止按钮			
SQ2	I0.5	上限位开关			
SQ3	I0.6	下限位开关			
FM	I0.7	电动机保护器			

二、程序及电路设计

(一) PLC 梯形图

使用红外接近传感器、限位开关实现电动门控制电路 PLC 梯形图见图 34-2。

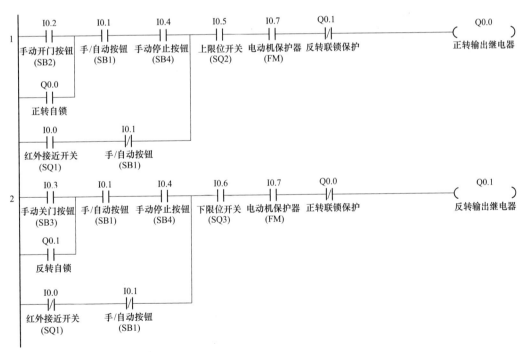

图 34-2　使用红外接近传感器、限位开关实现电动门控制电路 PLC 梯形图

(二) PLC 接线详图

使用红外接近传感器、限位开关实现电动门控制电路 PLC 接线图见图 34-3。

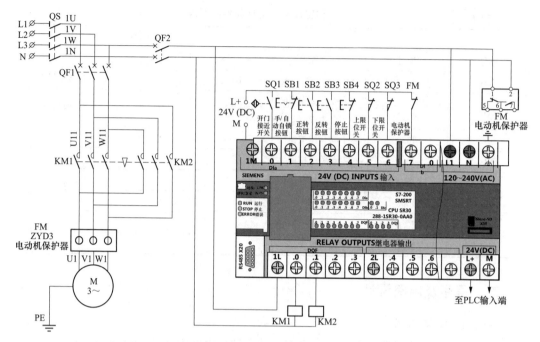

图 34-3　使用红外接近传感器、限位开关实现电动门控制电路 PLC 接线图

三、梯形图动作详解

闭合总电源开关 QS、主电路电源断路器 QF1、控制电源断路器 QF2，PLC 输入继电器 I0.4～I0.7 信号指示灯亮，程序段 1 和程序段 2 中 I0.4～I0.7 触点闭合。

（一）手动上升过程

在手动状态下转换自锁按钮 SB1 触点闭合，程序段 1 和程序段 2 中 I0.1 触点闭合，按下手动开门按钮 SB2，程序段 1 中 I0.2 触点闭合，能流经触点 I0.2→I0.1→I0.4→I0.5→I0.7→Q0.1 至 Q0.0，输出继电器 Q0.0 线圈得电，同时 Q0.0 辅助触点闭合自锁。外部接触器 KM1 线圈得电，KM1 主触点闭合，电动机 M 正转运行电动门上升，碰到上限位开关 SQ2 程序段 1 中 I0.5 触点断开，输出继电器 Q0.0 线圈失电，外部接触器 KM1 线圈失电，KM1 主触点断开，电动机 M 正转停止运行，电动门停止上升。

（二）手动下降过程

在手动状态下转换自锁按钮 SB1 触点闭合，程序段 1 和程序段 2 中 I0.1 触点闭合，按下手动关门按钮 SB3，程序段 2 中 I0.3 触点闭合，能流经触点 I0.3→I0.1→I0.4→I0.6→I0.7→Q0.0 至 Q0.1，输出继电器 Q0.1 线圈得电，同时 Q0.1 辅助触点闭合自锁。外部接触器 KM2 线圈得电，KM2 主触点闭合，电动机 M 反转运行电动门下降，碰到下限位开关 SQ3 程序段 2 中 I0.6 触点断开，输出继电器 Q0.1 线圈失电，外部接触器 KM2 线圈失电，KM2 主触点断开，电动机 M 反转停止运行，电动门停止下降。

（三）手动停止过程

电动门在上升或下降过程中，按下手动停止按钮 SB4，程序段 1 中和程序段 2 中

I0.4 触点断开，输出继电器 Q0.0 和 Q0.1 线圈失电，外部接触器 KM1 和 KM2 线圈失电，KM1 和 KM2 主触点断开，电动机 M 停止运行。

（四）自动上升、下降过程

在自动状态下转换自锁按钮 SB1 触点断开，程序段 1 和程序段 2 中 I0.1 触点闭合。在有效范围内，SQ1 红外线接近传感器感应到有人或车辆时触点闭合，程序段 2 中 I0.0 触点断开，程序段 1 中 I0.0 触点闭合，能流经触点 I0.0→I0.1→I0.5→I0.7→Q0.1 至 Q0.0，输出继电器 Q0.0 线圈得电，外部接触器 KM1 线圈得电，KM1 主触点闭合，电动机 M 正转运行电动门上升，碰到上限位开关 SQ2 程序段 1 中 I0.5 触点断开，输出继电器 Q0.0 线圈失电，外部接触器 KM1 线圈失电，KM1 主触点断开，电动机 M 正转停止运行，电动门停止上升。

在有效范围内，红外线传感器 SQ1 感应不到有人或车辆时处于断开状态，程序段 1 中 I0.0 触点断开程序段 2 中 I0.0 触点闭合，能流经触点 I0.0→I0.1→I0.6→I0.7→Q0.0 至 Q0.1，输出继电器 Q0.1 线圈得电，外部接触器 KM2 线圈得电，KM2 主触点闭合，电动机 M 反转运行电动门下降，碰到下限位开关 SQ3 程序段 2 中 I0.6 触点断开，输出继电器 Q0.1 线圈失电，外部接触器 KM2 线圈失电，KM2 主触点断开，电动机 M 反转停止运行电动门停止下降。

（五）保护原理

当电动机 M 在运行中发生断相、过载、堵转、三相不平衡等故障时，输入继电器 I0.7（M 过载保护）断开，程序段 1 和程序段 2 中 I0.7 触点断开，输出继电器 Q0.0、Q0.1 线圈失电，外部接触器 KM1 和 KM2 线圈失电，KM1 和 KM2 主触点断开，电动机 M 停止运行。

第 35 例

使用定时器指令实现自动往返控制电路

一、继电器-接触器控制原理

（一）继电器-接触器自动往返控制电路

继电器-接触器自动往返控制电路见图 35-1。

（二）PLC 程序设计要求

（1）参考图 35-1 继电器接触器控制原理图，拓展思维设计使用定时器指令实现自动往返控制电路。

（2）按下甲地启动按钮 SB1，小车由甲地启动，到乙地碰到限位开关 SQ1 停止，装料电磁阀 YV1 打开，小车装料，3s 后装料电磁阀 YV1 关闭小车向甲地运行，到甲地碰到限位开关 SQ2 停止，小车上卸料电磁阀 YV2 打开，小车卸料，4s 后卸料电磁阀 YV2 关闭小车向乙地运行，实现小车自动往返。

（3）小车在运行时，按下停止按钮 SB3 电动机 M 停止运行，小车停在任意位置。

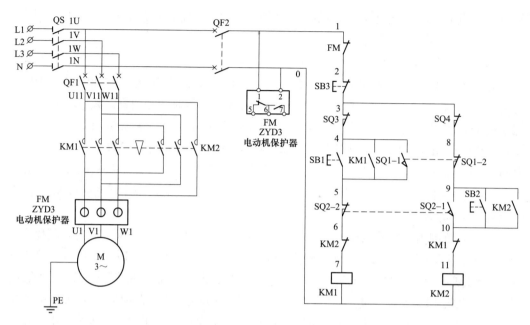

图 35-1　继电器-接触器自动往返控制电路原理图

（4）小车停在任意位置时，按下乙地启动按钮 SB2，小车由乙地启动，到甲地碰到限位开关 SQ2 停止，小车上卸料电磁阀 YV2 打开，小车卸料，4s 后卸料电磁阀 YV2 关闭小车向乙地运行，到乙地碰到限位开关 SQ1 停止，装料电磁阀 YV1，小车装料，3s 后装料电磁阀 YV1 关闭小车向甲地运行，实现小车自动往返。

（5）当电动机发生过载等故障时，电动机保护器 FM 动作，电动机停止运行。

（6）PLC 实际接线图中停止按钮 SB3、电动机保护器 FM 辅助触点、限位开关 SQ1、SQ2 均取动断触点。

（7）根据控制要求，用 PLC 基本指令设计梯形图程序。

（8）根据上面的控制要求列出输入/输出分配表。

（9）根据控制要求绘制 PLC 控制电路接线图。

（三）输入/输出设备及 I/O 元件配置分配表

输入/输出设备及 I/O 元件配置见表 35-1。

表 35-1　　　　　　　　　　输入/输出设备及 I/O 元件配置表

输入设备			输出设备		
符号	地址	功能	符号	地址	功能
SB1	I0.0	甲地启动按钮	KM1	Q0.0	甲地接触器
SB2	I0.1	乙地启动按钮	KM2	Q0.1	乙地接触器
SB3	I0.2	停止按钮	YV1	Q0.2	装料电磁阀
SQ1	I0.3	乙地限位开关	YV2	Q0.3	卸料电磁阀
SQ2	I0.4	甲地限位开关			
FM	I0.5	电动机保护器			

二、程序及电路设计

（一）PLC 梯形图

使用定时器指令实现自动往返控制电路 PLC 梯形图见图 35-2。

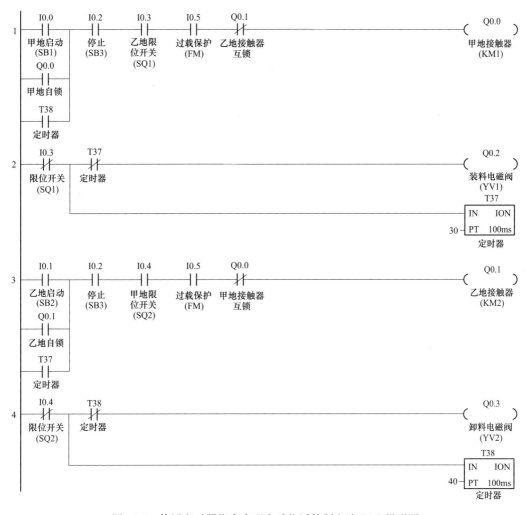

图 35-2　使用定时器指令实现自动往返控制电路 PLC 梯形图

（二）PLC 接线详图

使用定时器指令实现自动往返控制电路 PLC 接线图见图 35-3。

三、梯形图动作详解

闭合总电源开关 QS，主电路电源断路器 QF1，PLC 输入继电器控制电源断路器 QF2，PLC 输入继电器 I0.2～I0.5 信号指示灯亮，程序段 1 和程序段 3 中 I0.2～I0.5 触点闭合。

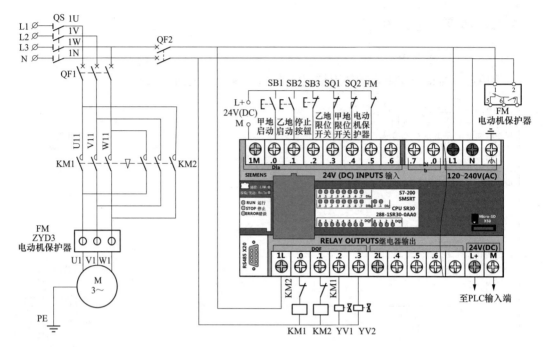

图 35-3   使用定时器指令实现自动往返控制电路 PLC 接线图

（一）甲地到乙地启动过程

按下甲地启动按钮 SB1，程序段 1 中 I0.0 触点闭合，能流经触点 I0.0→I0.2→I0.3→I0.5→Q0.1 至 Q0.0，同时 Q0.0 触点闭合实现自锁，输出继电器 Q0.0 线圈得电，甲地接触器 KM1 线圈得电，KM1 主触点闭合，电动机 M 正转连续运行。

小车由甲地运行到乙地碰撞到限位开关 SQ1 后，程序段 1 中 I0.3 断开，小车停止运行。同时程序段 2 中 I0.3 触点闭合，能流经 I0.3→T37 至 Q0.2，Q0.2 输出继电器得电，装料电磁阀 YV1 打开，小车装料。定时器 T37 得电开始工作。3s 后程序段 2 中 T37 触点断开，Q0.2 输出继电器失电，装料电磁阀 YV1 关闭，同时程序段 3 中触点 T37 闭合，能流经触点 T37→I0.2→I0.4→I0.5→Q0.0 至 Q0.1，同时 Q0.1 触点闭合实现自锁，输出继电器 Q0.1 线圈得电，KM2 主触点闭合。电动机 M 反转连续运行。小车向甲地运行。

小车运行到甲地碰到限位开关 SQ2，程序段 3 中 I0.4 触点断开，小车停止运行。同时程序段 4 中 I0.4 触点闭合，能流经触点 I0.4→T38 至 Q0.3，Q0.3 输出继电器得电，卸料电磁阀 YV2 打开，小车卸料。同时 T38 得电开始工作。4s 后程序段 4 中 T38 触点断开，Q0.3 输出继电器失电，卸料电磁阀 YV2 关闭，同时程序段 1 中触点 T38 闭合，能流经触点 T38→I0.2→I0.3→I0.5→Q0.1 至 Q0.0，同时 Q0.0 触点闭合实现自锁，输出继电器 Q0.0 线圈得电，甲地接触器 KM1 线圈得电，KM1 主触点闭合，电动机 M 正转连续运行。

（二）乙地到甲地启动过程

小车停在任意位置，按下乙地启动按钮 SB2，程序段 3 中 I0.1 触点闭合，能流经触点 I0.1→I0.2→I0.4→I0.5→Q0.0 至 Q0.1，同时 Q0.1 触点闭合实现自锁，输出继电器 Q0.1 线圈得电，乙地接触器 KM2 线圈得电，KM2 主触点闭合，电动机 M 反转连续运行。

小车运行到甲地碰到限位开关 SQ2，程序段 3 中 I0.4 触点断开，小车停止运行。同时程序段 4 中 I0.4 触点闭合，能流经触点 I0.4→T38 至 Q0.3，Q0.3 输出继电器得电，卸料电磁阀 YV2 打开，小车卸料。程序段 1 中 T38 得电开始工作。4s 后程序段 4 中 T38 触点断开，Q0.3 输出继电器失电，卸料电磁阀 YV2 关闭，同时程序段 1 中触点 T38 闭合，能流经触点 T38→I0.2→I0.3→I0.5→Q0.1 至 Q0.0，同时 Q0.0 触点闭合实现自锁，输出继电器 Q0.0 线圈得电，甲地接触器 KM1 线圈得电，KM1 主触点闭合，电动机 M 正转连续运行。

小车由甲地运行到乙地碰撞到限位开关 SQ1 后，程序段 1 中 I0.3 触点断开，小车停止运行。同时程序段 2 中 I0.3 触点闭合，能流经 I0.3→T37 至 Q0.2，Q0.2 输出继电器得电，装料电磁阀 YV1 打开，小车装料。定时器 T37 得电开始工作。3s 后程序段 2 中 T37 触点断开，Q0.2 输出继电器失电，装料电磁阀 YV1 关闭，同时程序段 3 中触点 T37 闭合，能流经触点 T37→I0.2→I0.4→I0.5→Q0.0 至 Q0.1，同时 Q0.1 触点闭合实现自锁，输出继电器 Q0.1 线圈得电，乙地接触器 KM2 线圈得电，KM2 主触点闭合，小车向甲地运行，实现小车自动往返。

（三）停止过程

当小车运行时，按下停止按钮 SB3，输入继电器 I0.2 信号指示灯熄灭，程序段 1 和程序段 3 中 I0.2 触点断开，输出继电器 Q0.0 和 Q0.1 失电，外部接触器 KM1 和 KM2 线圈失电，KM1 和 KM2 主触点断开，同时 Q0.0 触点和 Q0.1 触点断开解除自锁，电动机停止运行。

（四）保护原理

当电动机在运行中发生断相、过载、堵转、三相不平衡等故障时，电动机保护器动断触点断开，PLC 输入继电器 I0.5（M 过载保护）触点断开，输入继电器 I0.5 信号指示灯熄灭，程序段 1 和程序段 3 中 I0.5 断开，输出继电器 Q0.0 和 Q0.1 回路断开，外部接触器 KM1 和 KM2 线圈失电，KM1 和 KM2 主触点断开，电动机停止运行。

第 36 例

使用定时器及计数器指令实现自动往返控制电路

一、继电器-接触器控制原理

（一）自动往返控制电路

使用继电器-接触器实现自动往返控制电路如图 36-1 所示。

（二）PLC 程序设计要求

（1）参考图 36-1，使用定时器及计数器指令实现自动往返控制电路。

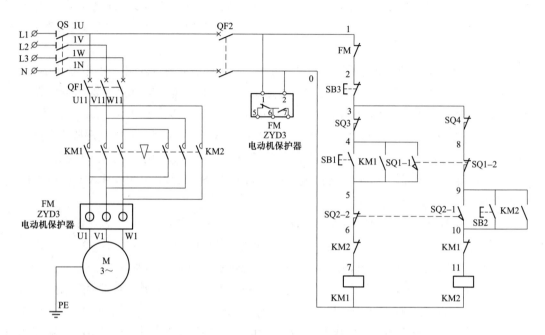

图 36-1　继电器-接触器实现自动往返控制电路原理图

（2）按下甲地启动按钮 SB1，小车由甲地启动，到乙地碰到限位开关 SQ1 停止，装料电磁阀 YV1 打开，小车装料，3s 后装料电磁阀 YV1 关闭小车向甲地运行，到甲地碰到限位开关 SQ2 停止，小车上卸料电磁阀 YV2 打开，小车卸料，4s 后卸料电磁阀 YV2 关闭小车向乙地运行，实现小车自动往返 2 次后停在甲地。

（3）小车在运行时，按下停止按钮 SB3 电动机 M 停止运行，小车停在任意位置。

（4）小车停在任意位置时，按下复位按钮后，再按下乙地启动按钮 SB2，小车由乙地启动，到甲地碰到限位开关 SQ2 停止，小车上卸料电磁阀 YV2 打开，小车卸料，4s 后卸料电磁阀 YV2 关闭小车向乙地运行，到乙地碰到限位开关 SQ1 停止，装料电磁阀 YV1，小车装料，3s 后装料电磁阀 YV1 关闭小车向甲地运行，实现小车自动往返 2 次后停在乙地。

（5）小车自动往返 2 次后，按下复位按钮才能进行下一次自动往返操作。

（6）当电动机发生过载等故障时，电动机保护器 FM 动作，电动机停止运行。

（7）PLC 实际接线图中停止按钮 SB3、复位按钮 SB4、电动机保护器 FM 辅助触点、限位开关 SQ1、SQ2 均取动断触点。

（8）根据控制要求，用 PLC 基本指令设计梯形图程序。

（9）根据上面的控制要求列出输入/输出分配表。

（10）根据控制要求绘制 PLC 控制电路接线图。

（三）输入/输出设备及I/O元件配置分配表

输入/输出设备及I/O元件配置见表 36-1。

表 36-1　　　　　　　　　　　　输入/输出设备及 I/O 元件配置表

输入设备			输出设备		
符号	地址	功能	符号	地址	功能
SB1	I0.0	甲地启动按钮	KM1	Q0.0	甲地接触器
SB2	I0.1	乙地启动按钮	KM2	Q0.1	乙地接触器
SB3	I0.2	停止按钮	YV1	Q0.2	装料电磁阀
SB4	I0.3	复位计数器	YV2	Q0.3	卸料电磁阀
SQ1	I0.4	乙地限位开关			
SQ2	I0.5	甲地限位开关			
FM	I0.6	电动机保护器			

二、程序及电路设计

（一）PLC 梯形图

使用定时器及计数器指令实现自动往返控制电路 PLC 梯形图见图 36-2。

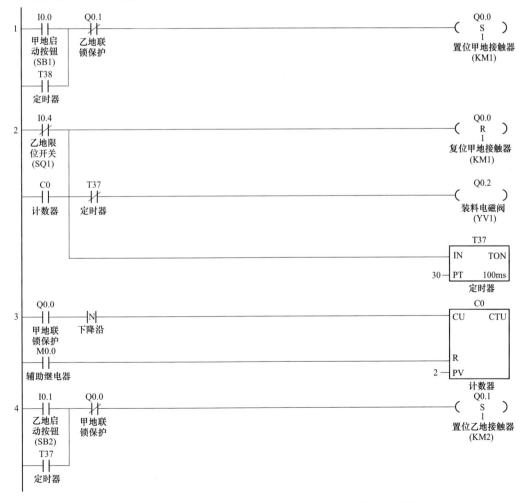

图 36-2　使用定时器及计数器指令实现自动往返控制电路 PLC 梯形图（一）

125

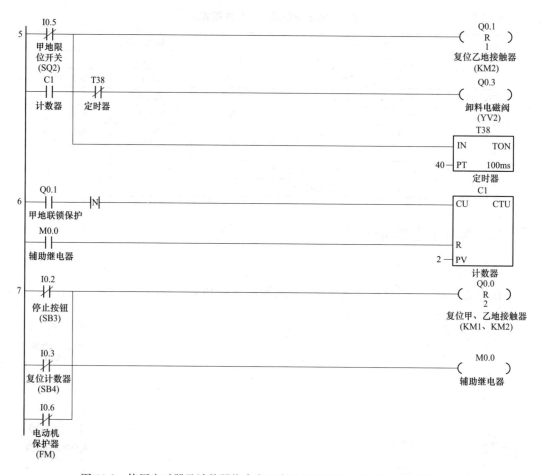

图 36-2　使用定时器及计数器指令实现自动往返控制电路 PLC 梯形图（二）

（二）PLC 接线详图

使用定时器及计数器指令实现自动往返控制电路 PLC 接线图见图 36-3。

三、梯形图动作详解

闭合总电源开关 QS，主电路电源断路器 QF1，闭合 PLC 输入控制电源断路器 QF2，由于 SB3、SB4、SQ1、SQ2、FM 触点处于闭合状态，PLC 输入继电器 I0.2～I0.6 信号指示灯亮。程序段 1 至程序段 7 中 I0.2～I0.6 触点断开。

（一）甲地到乙地启动过程

按下甲地启动按钮 SB1，程序段 1 中 I0.0 触点闭合，能流经触点 I0.0→Q0.1 至 Q0.0 接通置位指令，输出继电器 Q0.0 得电。甲地接触器 KM1 线圈得电，KM1 主触点闭合，电动机 M 正转连续运行。小车由甲地运行到乙地碰撞到限位开关 SQ1 后，程序段 2 中 I0.4 触点闭合，能流经触点 I0.4 至 Q0.0 接通复位指令，输出继电器 Q0.0 失电，甲地接触器 KM1 线圈失电，KM1 主触点断开，电动机停止运行，同时定时器 T37 得电延时。同时能流经触点 I0.4→T37 至 Q0.2，输出继电器 Q0.2 得电，装料电磁阀

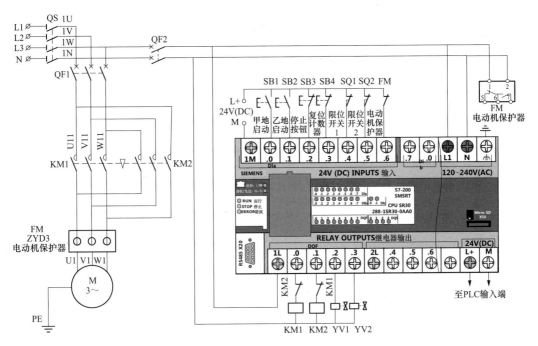

图 36-3　使用定时器及计数器指令实现自动往返控制电路 PLC 接线图

YV1 打开给小车装料，同时程序段 3 中 Q0.0 触点断开触发下降沿，能流经触点 Q0.0→N 至计数器 C0，C0 计数 1 次。

　　3s 后，程序段 2 中 T37 触点断开，输出继电器 Q0.2 失电，YV1 线圈失电，电磁阀关闭停止装料。程序段 4 中 T37 触点闭合，能流经触点 T37→Q0.0 至 Q0.1 接通置位指令，输出继电器 Q0.1 得电，乙地接触器 KM2 线圈得电，KM2 主触点闭合，电动机反转运行。小车由乙地运行到甲地碰撞到限位开关 SQ2 后，程序段 5 中 I0.5 触点闭合，能流经触点 I0.5 至 Q0.1 接通复位指令，输出继电器 Q0.1 失电，乙地接触器 KM2 线圈失电，KM2 主触点断开，电动机停止运行。同时程序段 5 中 T38 定时器得电延时。能流经触点 I0.5→T38 至 Q0.3，输出继电器 Q0.3 得电，卸料电磁阀 YV2 打开卸料。同时程序段 6 中 Q0.1 触点断开触发下降沿，能流经触点 Q0.1→N 至计数器 C1，C1 计数 1 次。

　　4s 后，程序段 5 中 T38 触点断开，输出继电器 Q0.3 失电，YV2 线圈失电，电磁阀关闭停止卸料。

　　同时，程序段 1 中 T38 触点闭合能流经触点 T38→Q0.1 至 Q0.0 接通置位指令，输出继电器 Q0.0 得电。甲地接触器 KM1 线圈得电，KM1 主触点闭合，电动机 M 正转连续运行。小车由甲地运行到乙地碰撞到限位开关 SQ1 后，程序段 2 中 I0.4 触点闭合，能流经触点 I0.4 至 Q0.0 接通复位指令，输出继电器 Q0.0 失电，甲地接触器 KM1 线圈失电，KM1 主触点断开，电动机停止运行，同时定时器 T37 得电延时。同时能流经触点 I0.4→T37 至 Q0.2，输出继电器 Q0.2 得电，装料电磁阀 YV1 打开给小车装料，同时程序段 3 中 Q0.0 触点断开触发下降沿，能流经触点 Q0.0→N 至计数器 C0，C0 计数 2 次。

3s 后，程序段 2 中 T37 触点断开，输出继电器 Q0.2 失电，YV1 线圈失电，电磁阀关闭停止装料。程序段 4 中 T37 触点闭合，能流经触点 T37→Q0.0 至 Q0.1 接通置位指令，输出继电器 Q0.1 得电，乙地接触器 KM2 线圈得电，KM2 主触点闭合，电动机反转运行。小车由乙地运行到甲地碰撞到限位开关 SQ2 后，程序段 5 中 I0.5 触点闭合，能流经触点 I0.5 至 Q0.1 接通复位指令，输出继电器 Q0.1 失电，乙地接触器 KM2 线圈失电，KM2 主触点断开，电动机停止运行。同时程序段 5 中 T38 定时器得电延时。能流经触点 I0.5→T38 至 Q0.3，输出继电器 Q0.3 得电，YV2 卸料电磁阀打开卸料。同时程序段 6 中 Q0.1 触点断开触发下降沿，"能流"经触点 Q0.1→N 至计数器 C1，C1 计数 2 次，小车停在甲地。

（二）乙地到甲地启动过程

小车停在甲地后，按下复位计数器按钮 SB4，程序段 7 中 I0.3 触点闭合，能流经触点 I0.3 至 Q0.0 和 Q0.1（从 Q0.0 指定地址开始的连续 2 位复位），接通复位指令，复位 Q0.0 和 Q0.1。同时能流经触点 I0.3 至辅助继电器 M0.0，M0.0 得电，程序段 3 和程序段 6 中 M0.0 触点闭合复位计数器 C0 和 C1。

按下乙地启动按钮 SB2，程序段 4 中 I0.1 触点闭合，能流经触点 I0.1→Q0.0 至 Q0.1 接通置位指令，输出继电器 Q0.1 得电。乙地接触器 KM2 线圈得电，KM2 主触点闭合，电动机 M 反转连续运行。小车由乙地运行到甲地碰撞到限位开关 SQ2 后，程序段 5 中 I0.5 触点闭合，能流经触点 I0.5 至 Q0.1 接通复位指令，输出继电器 Q0.1 失电，乙地接触器 KM2 线圈失电，KM2 主触点断开，电动机停止运行，同时 T38 定时器得电延时。同时能流经触点 I0.5→T38 至 Q0.3，输出继电器 Q0.3 得电，卸料电磁阀 YV2 打开给小车卸料，同时程序段 6 中 Q0.1 触点断开触发下降沿，能流经触点 Q0.1→N 至计数器 C1，C1 计数 1 次。

4s 后，程序段 5 中 T38 触点断开，输出继电器 Q0.3 失电，YV2 线圈失电，电磁阀关闭停止卸料。

同时，程序段 1 中 T38 触点闭合能流经触点 T38→Q0.1 至 Q0.0 接通置位指令，输出继电器 Q0.0 得电。甲地接触器 KM1 线圈得电，KM1 主触点闭合，电动机 M 正转连续运行。小车由甲地运行到乙地碰撞到限位开关 SQ1 后，程序段 2 中 I0.4 触点闭合，能流经触点 I0.4 至 Q0.0 接通复位指令，输出继电器 Q0.0 失电，甲地接触器 KM1 线圈失电，KM1 主触点断开，电动机停止运行，同时定时器 T37 得电延时。同时能流经触点 I0.4→T37 至 Q0.2，输出继电器 Q0.2 得电，装料电磁阀 YV1 打开给小车装料，同时程序段 3 中 Q0.0 触点断开触发下降沿，能流经触点 Q0.0→N 至计数器 C0，C0 计数器 1 次。

3s 后，程序段 2 中 T37 触点断开，输出继电器 Q0.2 失电，YV1 线圈失电，电磁阀关闭停止装料。程序段 4 中触点 T37 闭合，能流经触点 T37→Q0.0 至 Q0.1 接通置位指令，输出继电器 Q0.1 得电，乙地接触器 KM2 线圈得电，KM2 主触点闭合，电动机反转运行。小车由乙地运行到甲地碰撞到限位开关 SQ2 后，程序段 5 中 I0.5 触点闭合，能流经触点 I0.5 至 Q0.1 接通复位指令，输出继电器 Q0.1 失电，乙地接触器 KM2 线圈失电，KM2 主触点断开，电动机停止运行。同时程序段 5 中定时器 T38 得电延时。能流经触点 I0.5→T38 至 Q0.3，输出继电器 Q0.3 得电，卸料电磁阀 YV2 打开卸料。同时程序段 6 中 Q0.1 触点断开触发下降沿，能流经触点 Q0.1→N 至计数器 C1，C1 计数器 2 次。4s 后，程序段 5 中 T38 触点断开，输出继电器 Q0.3 失电，YV2 线圈失电，电磁阀关闭停止卸料。

程序段 1 中 T38 触点闭合能流经触点 T38→Q0.1 至 Q0.0 接通置位指令，输出继电器 Q0.0 得电。甲地接触器 KM1 线圈得电，KM1 主触点闭合，电动机 M 正转连续运行。小车由甲地运行到乙地碰撞到限位开关 SQ1 后，程序段 2 中 I0.4 触点闭合，能流经触点 I0.4 至 Q0.0 接通复位指令，输出继电器 Q0.0 失电，甲地接触器 KM1 线圈失电，KM1 主触点断开，电动机停止运行，同时定时器 T37 得电延时。同时能流经触点 I0.4→T37 至 Q0.2，输出继电器 Q0.2 得电，装料电磁阀 YV1 打开给小车装料，同时程序段 3 中 Q0.0 触点断开触发下降沿，能流经触点 Q0.0→N 至计数器 C0，C0 计数器 2 次。

（三）停止过程

按下停止按钮 SB3，输入继电器 I0.2 信号指示灯熄灭。程序段 7 中 I0.2 触点闭合，能流经触点 I0.2 至 Q0.0 和 Q0.1（从 Q0.0 指定地址开始的连续 2 位复位），接通复位指令，复位 Q0.0 和 Q0.1。输出继电器 Q0.0、Q0.1 失电，接触器 KM1、KM2 线圈失电，主触点断开，电动机停止运行。同时，能流经触点 I0.2 至辅助继电器 M0.0，M0.0 得电，程序段 3 和程序段 6 中 M0.0 触点闭合复位计数器 C0 和 C1。

（四）保护原理

当电动机在运行中发生断相、过载、堵转、三相不平衡等故障时，电动机保护器动断触点断开，输入继电器 I0.6 信号指示灯熄灭，程序段 7 中 I0.6 触点闭合，能流经触点 I0.6 至 Q0.0 和 Q0.1（从 Q0.0 指定地址开始的连续 2 位复位），接通复位指令，复位 Q0.0 和 Q0.1。输出继电器 Q0.0、Q0.1 失电，接触器 KM1、KM2 线圈失电，主触点断开，电动机停止运行。同时能流经触点 I0.2 至辅助继电器 M0.0，M0.0 得电，程序段 3 和程序段 6 中 M0.0 触点闭合复位计数器 C0 和 C1。

第四章
PLC控制的电动机降压启动与电动机制动控制电路

PLC 控制的电动机降压启动与电动机制动控制电路用途：

（1）三相电动机的降压启动。凡不满足直接启动条件的三相电动机，均须采用降压启动。

降压启动是指利用启动设备将电压适当降低后加到电动机的定子绕组上进行启动，待电动机启动运转后，再使其电压恢复到额定值正常运转。由于电流随电压的降低而减小，所以降压启动达到了减小启动电流的目的。但由于电动机转矩与电压的平方成正比，所以降压启动也将导致电动机的启动转矩大为降低，而且降压启动是以牺牲功率为代价来换取降低启动电流来实现的。因此，降压启动需要在空载或轻载下启动。

常见的降压启动方法有以下七种：①定子串电阻降压启动；②自耦变压器降压启动；③Y/△降压启动；④延边三角形降压启动；⑤转子串电阻降压启动；⑥频敏变阻器降压启动；⑦软启动。

（2）启动方式的选择标准。不能以电动机额定输出功率的大小来确定是否采用降压启动，实际上，是否采用全压启动取决于变压器的容量。

《通用用电设备配电设计规范》（GB 50055—2011）中 2.2 规定：

"电动机启动时，其端子电压应能保证机械要求的启动转矩，且在配电系统中引起的电压波动不应妨碍其他用电设备的工作。

交流电动机启动时，配电母线上接有照明或其他对电压波动较敏感的负荷，电动机频繁启动时，不宜低于额定电压的 90%；

电动机不频繁启动时，不宜低于额定电压的 85%；

配电母线上未接照明或其他对电压波动较敏感的负荷，不应低于额定电压的 80%；

配电母线上未接其他用电设备时，可按保证电动机启动转矩的条件决定；对于低压电动机，尚应保证接触器线圈的电压不低于释放电压。"

（3）异步电动机和同步电动机启动方式的选择应符合下列规定。

1）当符合下列条件时，电动机应全压启动：

a. 电动机启动时，配电母线的电压符合相关规定。

b. 机械能承受电动机全压启动时的冲击转矩。

c. 制造厂对电动机的启动方式无特殊规定。

2）当不符合全压启动的条件时，电动机宜降压启动，或选用其他适当的启动方式。

3）当有调速要求时，电动机的启动方式应与调速方式相匹配。

（4）制动控制。三相电动机脱离电源之后，由于惯性，电动机要经过一定的时间后才会慢慢停下来，但有些生产机械要求能迅速而准确地停车，那么就要求对电动机进行制动控制。如：起重机的吊钩需要准确定位；万能铣床要求立即停转等，实现生产机械的这种要求需要对电动机进行制动。

所谓制动，就是给电动机一个与转动方向相反的转矩使它迅速停转（或限制其转速）。电动机的制动方法可以分为机械制动和电气制动两大类。

1）机械制动：利用机械装置使电动机断开电源后迅速停转的方法叫机械制动。机械制动常用的方法有电磁抱闸和电磁离合器制动。

2）电力制动：使电动机在切断电源停转的过程中，产生一个与电动机实际旋转方向相反的电磁力矩（制动力矩），迫使电动机迅速制动停转的方法叫电力制动。电力制动常用的方法有反接制动、能耗制动、电容制动和再生发电制动等。

读者也可根据现场实际需求对电路做适当的改动，实现控制要求。

第 37 例
使用定时器指令实现电动机两只接触器丫-△控制电路

一、继电器接触器控制原理

（一）两只接触器实现电动机丫-△控制电路

两只接触器实现电动机丫-△控制电路见图 37-1。

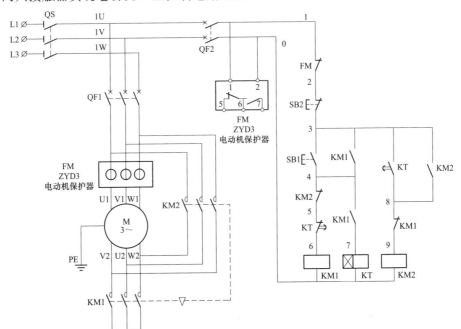

图 37-1 两只接触器实现电动机丫-△控制电路原理图

（二）PLC 程序设计要求

（1）按下启动按钮 SB1，电动机丫接降压启动运行。

（2）延时 3s 后，自动停止电动机丫接运行。

（3）再延时 0.5s，后自动启动电动机△接全压运行。

（4）交流接触器 KM1 和 KM2 动断触点互锁，KM1 和 KM2 不能同时运行。

（5）按下停止按钮 SB2，电动机 M 停止运行。

（6）当电动机发生过载等故障时，电动机保护器 FM 动作，电动机 M 停止运行。

（7）PLC 实际接线图中停止按钮 SB2、电动机综合保护器 FM 辅助触点均使用动断触点。

（8）电动机保护器 FM 工作电源由外部控制电路电源直接供电。

（9）根据控制要求列出输入/输出分配表。

（10）根据控制要求，用 PLC 基本指令设计梯形图程序。

（11）根据控制要求绘制 PLC 控制电路接线图。

（三）输入/输出设备及 I/O 元件配置分配表

输入/输出设备及 I/O 元件配置见表 37-1。

表 37-1 输入/输出设备及 I/O 元件配置

输入设备			输出设备		
符号	地址	功能	符号	地址	功能
SB1	I0.0	启动按钮	KM1	Q0.0	丫接接触器
SB2	I0.1	停止按钮	KM2	Q0.1	△接接触器
FM	I0.2	电动机保护器			

二、程序及电路设计

（一）PLC 梯形图

使用定时器指令实现电动机两只接触器丫-△控制电路 PLC 梯形图见图 37-2。

（二）PLC 接线详图

使用定时器指令实现电动机两只接触器丫-△控制电路 PLC 接线图见图 37-3。

三、梯形图动作详解

闭合总电源开关 QS、主电路电源断路器 QF1、控制电源断路器 QF2，PLC 输入继电器 I0.1、I0.2 信号指示灯亮，程序段 1 中 I0.1、I0.2 触点闭合。

（一）丫接降压启动

按下启动按钮 SB1，程序段 1 中 I0.0 触点闭合，能流经触点 I0.0→I0.1→I0.2 至 M0.0，同时 M0.0 辅助触点闭合自锁。程序段 2 中 M0.0 触点闭合自锁，能流经触点 M0.0→T38→Q0.1 至 Q0.0，输出继电器 Q0.0 线圈得电，外部接触器 KM1 线圈得电，KM1 主触点闭合，电动机丫接降压启动运行。能流又经触点 M0.0 至定时器 T38。程序段 4 中 Q0.0 触点断开，实现互锁。同时 PLC 外部输出端 KM1 触点断开，实现外接

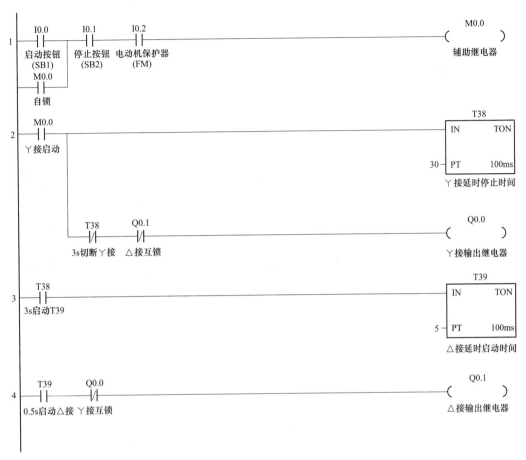

图 37-2　使用定时器指令实现电动机两只接触器丫-△控制电路 PLC 梯形图

互锁。

（二）△接全压运行

3s 后程序段 2 中 T38 触点断开，输出继电器 Q0.0 断开。程序段 4 中 Q0.0 触点闭合，为实现△接运行做好准备。同时程序段 3 中 T38 触点闭合，能流经触点 T38 至定时器 T39。

0.5s 后，程序段 4 中的 T39 触点闭合，能流经触点 T39→Q0.0 至 Q0.1，输出继电器 Q0.1 线圈得电，外部接触器 KM2 线圈得电，KM2 主触点闭合，电动机△接全压运行。程序段 2 中 Q0.1 触点断开，实现互锁，同时 PLC 外部输出端 KM2 触点断开，实现外接互锁。

（三）停止过程

按下停止按钮 SB2，程序段 1 中 I0.1 触点断开，辅助继电器 M0.0 线圈失电。程序段 2 中 M0.0 触点复位断开，定时器 T38、输出继电器 Q0.0 线圈失电，外部接触器 KM1 线圈失电，程序段 3 中定时器 T39 线圈失电，程序段 4 中输出继电器 Q0.1 线圈失电，外部接触器 KM2 线圈失电，电动机 M 停止运行。

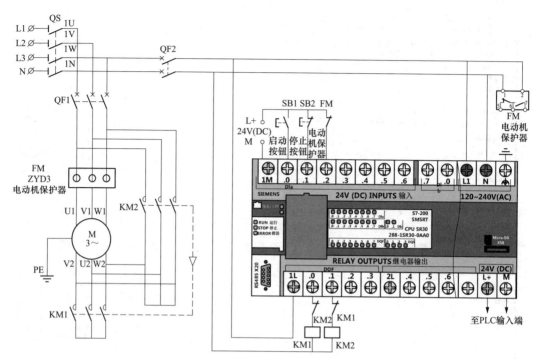

图 37-3 使用定时器指令实现电动机两只接触器Y-△控制电路 PLC 接线图

（四）保护原理

当电动机在运行中发生断相、过载、堵转、三相不平衡等故障时，输入继电器 I0.2（电动机 M 过载保护）断开，程序段 1 中 I0.2 触点断开，辅助继电器 M0.0 线圈失电。程序段 2 中的 M0.0 触点复位断开，定时器 T38、输出继电器 Q0.0 线圈失电，外部接触器 KM1 线圈失电，程序段 3 中定时器 T39 线圈失电，程序段 4 中输出继电器 Q0.1 线圈失电，外部接触器 KM2 线圈失电，电动机 M 停止运行。

第 38 例
使用定时器指令实现电动机三只接触器Y-△控制电路

一、继电器接触器控制原理

（一）三只接触器实现电动机Y-△控制电路

三只接触器实现电动机Y-△控制原理见图 38-1。

（二）PLC 程序设计要求

（1）按下启动按钮 SB1，电动机Y接降压启动。

（2）延时 3s 后，自动停止电动机Y接运行。

（3）再延时 0.5s 后，自动启动电动机△接全压运行。

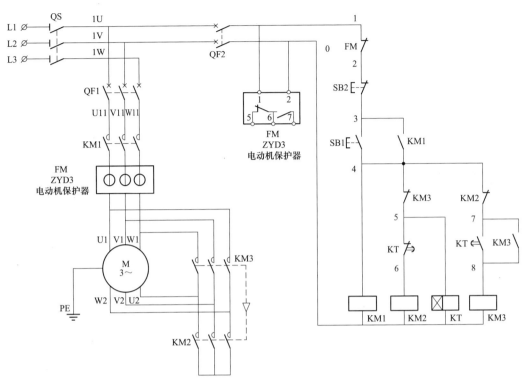

图 38-1　三只接触器实现电动机丫-△控制电路原理图

（4）KM2 和 KM3 动断触点互锁，KM2 和 KM3 不能同时运行。

（5）按下停止按钮 SB2，电动机 M 停止运行。

（6）当电动机发生过载等故障时，电动机保护器 FM 动作，电动机 M 停止运行。

（7）PLC 实际接线图中停止按钮 SB2、电动机综合保护器 FM 辅助触点均使用动断触点。

（8）电动机保护器 FM 工作电源由外部控制电路电源直接供电。

（9）根据控制要求列出输入/输出分配表。

（10）根据控制要求，用 PLC 基本指令设计梯形图程序。

（11）根据控制要求绘制 PLC 控制电路接线图。

（三）输入/输出设备及 I/O 元件配置分配表

输入/输出设备及 I/O 元件配置见表 38-1。

表 38-1　　　　　　　　　　　输入/输出设备及 I/O 元件配置

输入设备			输出设备		
符号	地址	功能	符号	地址	功能
SB1	I0.0	启动按钮	KM1	Q0.0	主接触器
SB2	I0.1	停止按钮	KM2	Q0.1	丫接接触器
FM	I0.2	电动机保护器	KM3	Q0.2	△接接触器

二、程序及电路设计

（一）PLC 梯形图

使用定时器指令实现电动机三只接触器Y-△控制电路 PLC 梯形图见图 38-2。

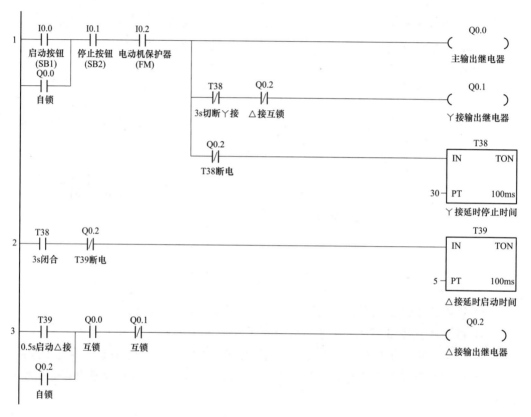

图 38-2 使用定时器指令实现电动机三只接触器Y-△控制电路 PLC 梯形图

（二）PLC 接线详图

使用定时器指令实现电动机三只接触器Y-△控制电路 PLC 接线图见图 38-3。

三、梯形图动作详解

闭合总电源开关 QS、主电路电源断路器 QF1、控制电源断路器 QF2，PLC 输入继电器 I0.1、I0.2 信号指示灯亮，程序段 1 中 I0.1、I0.2 触点闭合。

（一）Y接降压启动

按下启动按钮 SB1，程序段 1 中 I0.0 触点闭合，能流经触点 I0.0→I0.1→I0.2 至 Q0.0，同时 Q0.0 辅助触点闭合自锁。输出继电器 Q0.0 线圈得电，外部接触器 KM1 线圈得电，KM1 主触点闭合，为电动机启动做准备。同时程序段 1 中"能流"经触点 I0.0→I0.1→I0.2→T38→Q0.2 至 Q0.1，输出继电器 Q0.1 线圈得电，外部接触器

KM2 线圈得电，KM2 主触点闭合，电动机丫接降压启动运行。程序段 3 中 Q0.1 触点断开，与 Q0.2 实现互锁，同时 PLC 外部输出端 KM2 触点断开，实现外接互锁。同时能流又经触点 I0.0→I0.1→I0.2→Q0.2 至定时器 T38。

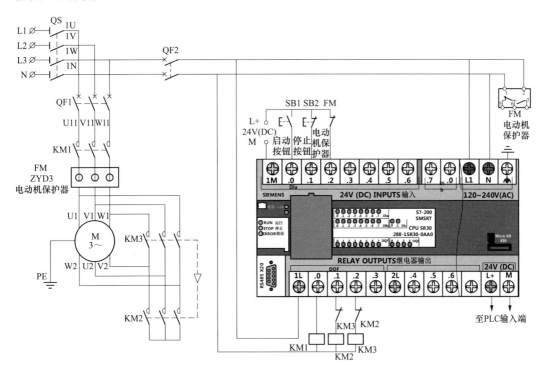

图 38-3　使用定时器指令实现电动机三只接触器丫-△控制电路 PLC 接线图

（二）△接全压运行

3s 后程序段 1 中 T38 触点断开输出继电器 Q0.1 线圈失电，电动机丫接降压启动停止。程序段 2 中 T38 触点闭合，能流经触点 T38→Q0.2 至定时器 T39。0.5s 后程序段 3 中 T39 触点闭合，能流经触点 T39→Q0.0→Q0.1 至 Q0.2，同时 Q0.2 辅助触点闭合自锁。输出继电器 Q0.2 线圈得电，外部接触器 KM3 线圈得电，KM3 主触点闭合，电动机△接全压运行。程序段 1 中 Q0.2 触点断开，与 Q0.1 实现互锁，同时 PLC 外部输出端 KM3 触点断开，实现外接互锁。程序段 1 中和程序段 2 中 Q0.2 触点断开，定时器 T38 和 T39 复位。

（三）停止过程

按下停止按钮 SB2，程序段 1 中 I0.1 触点断开，输出继电器 Q0.0 和 Q0.1 线圈失电，外部接触器 KM1 和 KM2 线圈失电，程序段 3 中 Q0.0 触点断开，输出继电器 Q0.2 线圈失电，外部接触器 KM 线圈失电，电动机 M 停止运行。

（四）保护原理

当电动机在运行中发生断相、过载、堵转、三相不平衡等故障时，输入继电器 I0.2（电动机 M 过载保护）断开，程序段 1 中 I0.2 触点断开，输出继电器 Q0.0 和

Q0.1线圈失电，外部接触器KM1和KM2线圈失电，程序段3中Q0.0触点断开，输出继电器Q0.2线圈失电，外部接触器KM3线圈失电，电动机M停止运行。

第 39 例

电动机丫-△正、 反转控制电路

一、继电器接触器控制原理

（一）电动机丫-△正、反转控制电路

电动机丫-△正、反转控制电路见图39-1。

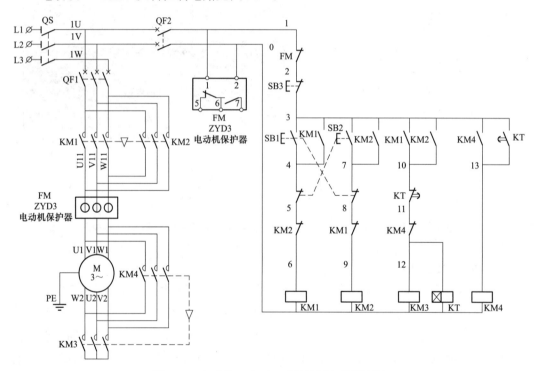

图 39-1 电动机丫-△正、反转控制电路原理图

（二）PLC程序设计要求

（1）按下正转启动按钮SB1，电动机M正转丫接降压启动。

（2）延时5.5s后自动停止电动机M正转丫接运行。

（3）再延时0.5s后自动启动电动机M正转△接全压运行。

（4）反转丫-△启动与正转运行方式相同。

（5）KM1和KM2动断触点互锁，同时KM1和KM2不能同时运行；KM3和KM4动断触点互锁，同时KM3和KM4不能同时运行。

（6）按下停止按钮SB3，电动机M停止运行。

（7）当电动机发生过载等故障时，电动机保护器FM动作，电动机M停止运行。

（8）PLC实际接线图中停止按钮SB3、电动机综合保护器FM辅助触点均使用动断触点。

（9）电动机保护器FM工作电源由外部控制电路电源直接供电。

（10）根据控制要求列出输入/输出分配表。

（11）根据控制要求，用PLC基本指令设计梯形图程序。

（12）根据控制要求绘制PLC控制电路接线图。

（三）输入/输出设备及I/O元件配置分配表

输入/输出设备及I/O元件配置见表39-1。

表39-1　　　　　　　　　　　　输入/输出设备及I/O元件配置

输入设备			输出设备		
符号	地址	功能	符号	地址	功能
SB1	I0.0	正转启动按钮	KM1	Q0.0	正转接触器
SB2	I0.1	反转启动按钮	KM2	Q0.1	反转接触器
SB3	I0.2	停止按钮	KM3	Q0.2	Y接接触器
FM	I0.3	电动机保护器	KM4	Q0.3	△接接触器

二、程序及电路设计

（一）PLC梯形图

电动机Y-△正、反转控制电路PLC梯形图见图39-2。

（二）PLC接线详图

电动机Y-△正、反转控制电路PLC接线图见图39-3。

三、梯形图动作详解

闭合总电源开关QS、主电路电源断路器QF1、控制电源断路器QF2，PLC输入继电器I0.2、I0.3信号指示灯亮，程序段1和程序段2中I0.2、I0.3触点闭合。

（一）电动机正转

Y-△启动过程。按下正转启动按钮SB1，程序段1中I0.0触点闭合，能流经触点I0.0→I0.2→I0.3→Q0.1至Q0.0，同时Q0.0辅助触点闭合自锁。输出继电器Q0.0线圈得电，外部接触器KM1线圈得电，KM1主触头闭合，为电动机正转启动做准备。同时程序段2中的Q0.0触点断开，实现正反转联锁，同时PLC外部输出端KM1触点断开，实现外接互锁。

同时程序段3中的Q0.0触点闭合，能流经触点Q0.0→T38→Q0.3至Q0.2。输出继电器Q0.2线圈得电，外部接触器KM3线圈得电，KM3主触点闭合，电动机M正转Y接启动。同时程序段3中能流又经触点Q0.0至定时器T38。同时程序段4中的Q0.2触点断开，实现Y-△联锁，PLC外部输出端KM3触点断开，实现外接互锁。

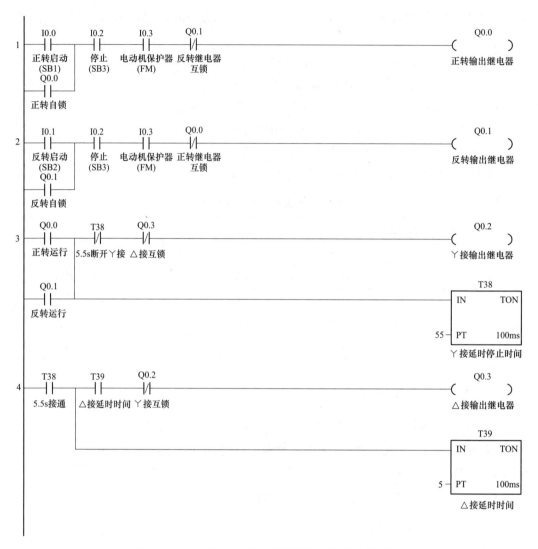

图 39-2　电动机丫-△正、反转控制电路 PLC 梯形图

　　5.5s 后程序段 3 中 T38 触点断开，输出继电器 Q0.2 线圈失电，外部接触器 KM3 线圈失电，KM3 主触点断开，电动机 M 停止丫接启动。同时程序段 4 中的 T38 触点闭合，能流经 T38 触点至定时器 T39。

　　0.5s 后能流经触点 T38→T39→Q0.2 至 Q0.3，输出继电器 Q0.3 线圈得电，外部接触器 KM4 线圈得电，KM4 主触点闭合，电动机正转△接全压运行，同时程序段 3 中 Q0.3 触点断开，实现互锁。PLC 外部输出端 KM3 触点断开，实现外接互锁。

　　（二）电动机反转丫-△启动过程

　　按下反转启动按钮 SB2，程序段 2 中 I0.1 触点闭合，能流经触点 I0.1→I0.2→I0.3→Q0.0 至 Q0.1，同时 Q0.1 辅助触点闭合自锁。输出继电器 Q0.1 线圈得电，外部接触器 KM2 线圈得电，KM2 主触点闭合，为电动机反转启动做准备。同时程序段 1 中的 Q0.1 触点断开，实现正反转联锁，同时 PLC 外部输出端 KM2 触点断开，实现外接

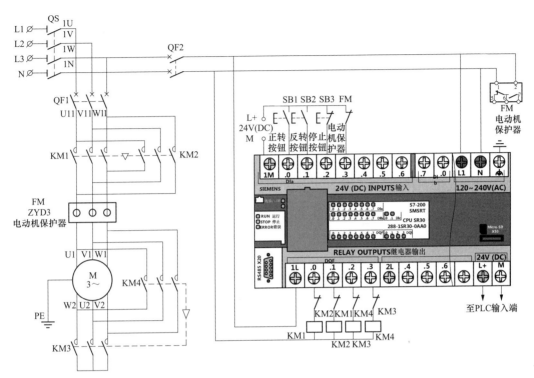

图 39-3　电动机丫-△正、反转控制电路 PLC 接线图

互锁。

同时程序段 3 中的 Q0.1 触点闭合，能流经触点 Q0.1→T38→Q0.3 至 Q0.2。输出继电器 Q0.2 线圈得电，外部接触器 KM3 线圈得电，KM3 主触点闭合电动机 M 反转丫接启动。同时程序段 3 能流又经触点 Q0.1 至定时器 T38。同时程序段 4 中的 Q0.2 触点断开，实现丫-△联锁，PLC 外部输出端 KM3 触点断开，实现外接互锁。

5.5s 后程序段 3 中 T38 触点断开，输出继电器 Q0.2 线圈失电，外部接触器 KM3 线圈失电，KM3 主触点断开，电动机 M 停止丫接启动。同时程序段 4 中 T38 触点闭合，能流经 T38 触点至定时器 T39。

0.5s 后能流经触点 T38→T39→Q0.2 至 Q0.3，输出继电器 Q0.3 线圈得电，外部接触器 KM4 线圈得电，KM4 主触点闭合，电动机反转△接全压运行，同时程序段 3 中 Q0.3 触点断开，实现互锁。PLC 外部输出端 KM3 触点断开，实现外接互锁。

（三）停止过程

按下停止按钮 SB3，程序段 1 和程序段 2 中的 I0.2 断开，输出继电器 Q0.0 和 Q0.1 线圈失电，外部接触器 KM1 和 KM2 线圈失电，程序段 3 中 Q0.0 和 Q0.1 触点断开，输出继电器 Q0.2 线圈失电，外部接触器 KM3 线圈失电，程序段 4 中 T38 触点断开，输出继电器 Q0.3 线圈失电，外部接触器 KM4 线圈失电，电动机 M 停止运行。

（四）保护原理

当电动机在运行中发生断相、过载、堵转、三相不平衡等故障时，输入继电器

141

I0.3（电动机 M 过载保护）断开，程序段 1 和程序段 2 中的 I0.3 触点断开，输出继电器 Q0.0 和 Q0.1 线圈失电，外部接触器 KM1 和 KM2 线圈失电，程序段 3 中 Q0.0 和 Q0.1 触点断开，输出继电器 Q0.2 线圈失电，外部接触器 KM3 线圈失电，程序段 4 中 T38 触点断开，输出继电器 Q0.3 线圈失电，外部接触器 KM4 线圈失电，电动机 M 停止运行。

第 40 例
使用顺控指令实现电动机丫-△-丫转换控制电路

一、继电器接触器控制原理

（一）电动机丫-△-丫转换控制电路

使用顺控指令实现电动机丫-△-丫转换控制电路见图 40-1。

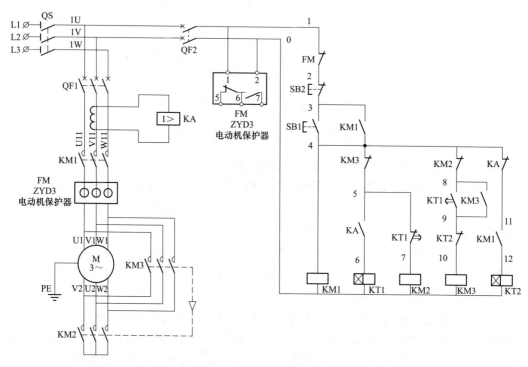

图 40-1 使用顺控指令实现电动机丫-△-丫转换控制电路原理图

（二）PLC 程序设计要求

（1）按下正转启动按钮 SB1，电动机 M 启动丫接运行。

（2）当电动机重载时（负载率为大于 40%）时，延时 3s 后电动机 M 自动转为△接运行。

（3）当电动机轻载时（负载率为小于 40%）时，延时 3s 后电动机 M 自动转为丫接运行。

（4）KM2 和 KM3 动断触点互锁，KM2 和 KM3 不能同时运行。

（5）按下停止按钮 SB2 电动机 M 停止运行。

（6）当电动机 M 发生过载等故障时，电动机保护器 FM 动作，电动机 M 停止运行。

（7）PLC 实际接线图中停止按钮 SB2、电动机综合保护器 FM 辅助触点均使用动断触点。

（8）电动机保护器 FM 工作电源由外部控制电路电源直接供电。

（9）根据控制要求列出输入/输出分配表。

（10）根据控制要求，用 PLC 顺控指令设计梯形图程序。

（11）根据控制要求绘制 PLC 控制电路接线图。

（三）输入/输出设备及 I/O 元件配置分配表

输入/输出设备及 I/O 元件配置见表 40-1。

表 40-1　　　　　　　　　　　　输入/输出设备及 I/O 元件配置

输入设备			输出设备		
符号	地址	功能	符号	地址	功能
SB1	I0.0	启动按钮	KM1	Q0.0	主接触器
SB2	I0.1	停止按钮	KM2	Q0.1	丫接接触器
KA	I0.2	电流继电器	KM3	Q0.2	△接接触器
FM	I0.3	电动机保护器			

二、程序及电路设计

（一）PLC 梯形图

使用顺控指令实现电动机丫-△-丫转换控制电路 PLC 梯形图见图 40-2。

（二）PLC 接线详图

使用顺控指令实现电动机丫-△-丫转换控制电路 PLC 接线图见图 40-3。

三、梯形图动作详解

闭合总电源开关 QS、主电路电源断路器 QF1、控制电源断路器 QF2，PLC 输入继电器 I0.1、I0.3 信号指示灯亮，程序段 1 和程序段 14 中 I0.1、I0.3 触点断开。PLC 上电进入"RUN"状态，程序段 1 中 SM0.1 触点瞬间闭合置位顺序控制继电器 S0.0、复位顺序控制继电器 S2.0 至 S2.1，复位输出继电器 Q0.0～Q0.2。

（一）丫接启动

程序段 2 中顺序控制继电器 S0.0 闭合。按下启动按钮 SB1，程序段 3 中 I0.0 触点闭合，将顺序控制继电器 S2.0 位 1，程序段 4 中顺序步结束。程序段 5 中顺序控制继电器 S2.0 闭合，程序段 6 中特殊继电器 SM0.0 触点闭合，能流经触点 SM0.0 分别至 Q0.0 和 Q0.2，输出继电器 Q0.0 置位，外部接触器 KM1 线圈得电，KM1 主触点闭合，电动机准备启动，输出继电器 Q0.2 复位，同时能流经触点 SM0.0→Q0.2 触点至 Q0.1，输出继电器 Q0.1 置位，外部接触器 KM2 线圈得电，KM2 主触点闭合，电动机 丫接运行。同时程序段 11 中 Q0.1 触点断开，实现互锁，同时 PLC 外部输出端 KM2 触点断开，实现外接互锁。

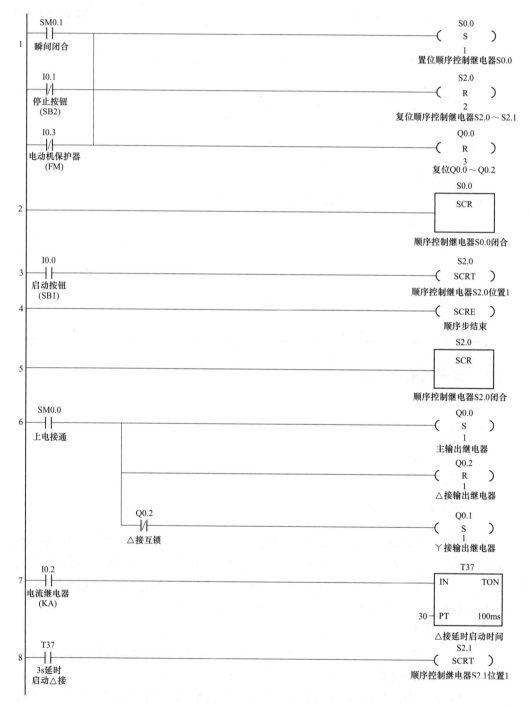

图 40-2　使用顺控指令实现电动机丫-△-丫转换控制电路 PLC 梯形图（一）

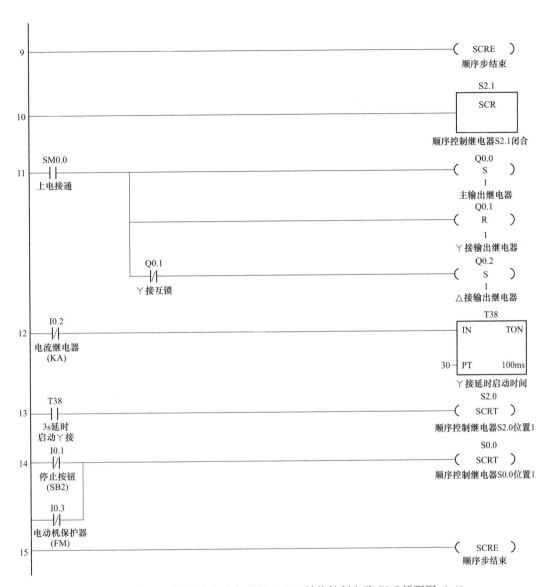

图 40-2　使用顺控指令实现电动机Y-△-Y转换控制电路 PLC 梯形图（二）

（二）△接运行

当电动机重载时，电流继电器 KA 触点闭合，程序段 7 中 I0.2 触点闭合，能流经触点 I0.2 触点至定时器 T37。3s 后程序段 8 中 T37 触点闭合，将顺序控制继电器 S2.1 位置 1，程序段 9 中顺序步结束。程序段 10 中顺序控制继电器 S2.1 闭合，程序段 11 中特殊继电器 SM0.0 触点闭合，能流经触点 SM0.0 分别至 Q0.0 和 Q0.1，输出继电器 Q0.0 保持置位，输出继电器 Q0.1 复位，外部接触器 KM2 线圈失电，KM2 主触点断开，电动机Y接停止运行。同时能流经触点 SM0.0→Q0.1 触点至 Q0.2，输出继电器 Q0.2 置位，外部接触器 KM3 线圈得电，KM3 主触点闭合，电动机△接运行。同时程序段 6 中 Q0.2 触点断开，实现互锁，同时 PLC 外部输出端 KM3 触点断开，实现外接

145

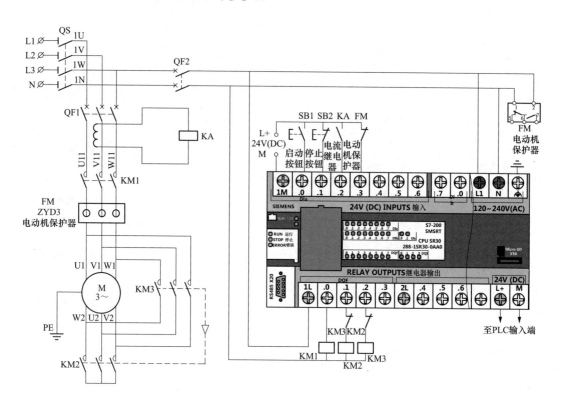

图 40-3　使用顺控指令实现电动机丫-△-丫转换控制电路 PLC 接线图

互锁。

（三）丫接运行

当电动机轻载时，电流继电器 KA 触点断开，程序段 12 中 I0.2 触点闭合，能流经触点 I0.2 触点至定时器 T38。3s 后程序段 13 中 T38 触点闭合，将顺序控制继电器 S2.0 位置 1，程序段 5 中顺序控制继电器 S2.0 闭合，程序段 6 中特殊继电器 SM0.0 触点闭合，能流经触点 SM0.0 分别至 Q0.0 和 Q0.2，输出继电器 Q0.0 置位，外部接触器 KM1 线圈得电，KM1 主触点闭合，电动机准备启动，输出继电器 Q0.2 复位，同时能流经触点 SM0.0→Q0.2 触点至 Q0.1，输出继电器 Q0.1 置位，外部接触器 KM2 线圈得电，KM2 主触点闭合，电动机丫接运行。同时程序段 11 中 Q0.1 触点断开，实现互锁，同时 PLC 外部输出端 KM2 触点断开，实现外接互锁。

（四）停止过程

按下停止按钮 SB2，程序段 1 中 I0.1 触点闭合，置位顺序控制继电器 S0.0、复位顺序控制继电器 S2.0 至 S2.1，复位输出继电器 Q0.0~Q0.2，外部接触器 KM1~KM3 线圈失电，KM1~KM3 主触点断开，电动机停止运行。程序段 14 中将顺序控制继电器 S0.0 位置 1，程序段 15 中顺序步结束。

（五）保护原理

当电动机在运行中发生断相、过载、堵转、三相不平衡等故障时，输入继电器

I0.3（电动机 M 过载保护）断开，程序段 1 中 I0.3 触点闭合置位顺序控制继电器 S0.0、复位顺序控制继电器 S2.0 至 S2.1，复位输出继电器 Q0.0～Q0.2，外部接触器 KM1～KM3 线圈失电，KM1～KM3 主触点断开，电动机停止运行。程序段 14 中将顺序控制继电器 S0.0 位置 1，程序段 15 中顺序步结束。

第 41 例

电动机频敏降压启动控制电路

一、继电器接触器控制原理

（一）电动机频敏降压启动控制电路

电动机频敏降压启动控制电路见图 41-1。

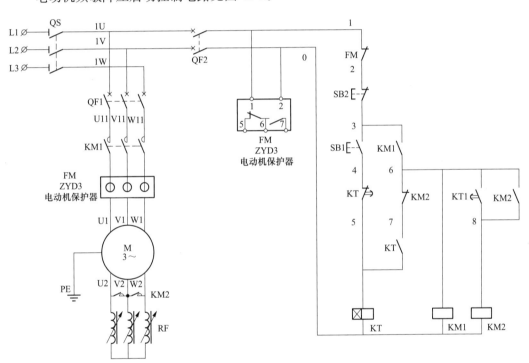

图 41-1　电动机频敏降压启动控制电路原理图

（二）PLC 程序设计要求

（1）按下启动按钮 SB1，电动机 M 频敏降压启动。

（2）延时 5s 后自动启动，电动机 M 全压运行。

（3）按下停止按钮 SB2，电动机 M 停止运行。

（4）当电动机发生过载等故障时，电动机保护器 FM 动作，电动机 M 停止运行。

（5）PLC 实际接线图中停止按钮 SB2、电动机综合保护器 FM 辅助触点均使用动断触点。

(6) 电动机保护器 FM 工作电源由外部控制电路电源直接供电。

(7) 根据控制要求列出输入/输出分配表。

(8) 根据控制要求,用 PLC 基本指令设计梯形图程序。

(9) 根据控制要求绘制 PLC 控制电路接线图。

(三) 输入/输出设备及 I/O 元件配置分配表

输入/输出设备及 I/O 元件配置见表 41-1。

表 41-1   输入/输出设备及 I/O 元件配置

输入设备			输出设备		
符号	地址	功能	符号	地址	功能
SB1	I0.0	启动按钮	KM1	Q0.0	主接触器
SB2	I0.1	停止按钮	KM2	Q0.1	全压接触器
FM	I0.2	电动机保护器			

二、程序及电路设计

(一) PLC 梯形图

电动机频敏降压启动控制电路 PLC 梯形图见图 41-2。

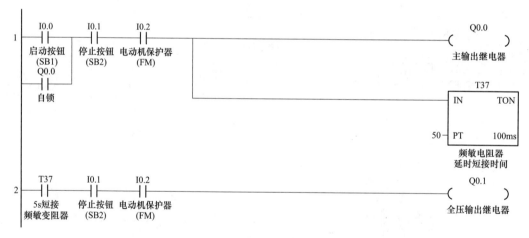

图 41-2   电动机频敏降压启动控制电路 PLC 梯形图

(二) PLC 接线详图

电动机频敏降压启动控制电路 PLC 接线图见图 41-3。

三、梯形图动作详解

闭合总电源开关 QS、主电路电源断路器 QF1、控制电源断路器 QF2,PLC 输入继电器 I0.1、I0.2 信号指示灯亮,程序段 1 和程序段 2 中 I0.1、I0.2 触点闭合。

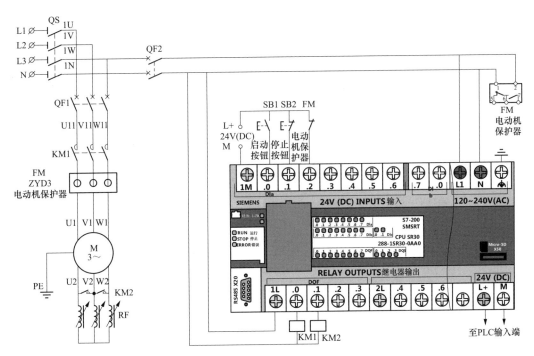

图 41-3　电动机频敏降压启动控制电路 PLC 接线图

（一）频敏降压启动

按下启动按钮 SB1，程序段 1 中 I0.0 触点闭合，能流经触点 I0.0→I0.1→I0.2 至 Q0.0 和定时器 T37，同时 Q0.0 辅助触点闭合自锁。输出继电器 Q0.0 线圈得电，外部接触器 KM1 线圈得电，KM1 主触点闭合，电动机定子绕组接通电源，转子接入频敏变阻器启动，电动机频敏变阻器降压运行。

（二）全压运行

随着电动机转速平稳上升，频敏变阻器阻抗逐渐变小，当转速上升到额定转速时，即延时 5s 后，程序段 2 中 T37 触点闭合，能流经触点 T37→I0.1→I0.2 至 Q0.1，输出继电器 Q0.1 线圈得电，外部接触器 KM2 线圈得电，KM2 主触点闭合，将频敏变阻器短接，电动机全压运行。

（三）停止过程

按下停止按钮 SB2，程序段 1 和程序段 2 中 I0.1 触点断开，输出继电器 Q0.0 和 Q0.1 线圈失电，外部接触器 KM1 和 KM2 线圈失电，KM1 和 KM2 主触点断开，电动机 M 停止运行。

（四）保护原理

当电动机在运行中发生断相、过载、堵转、三相不平衡等故障时，输入继电器 I0.2（电动机 M 过载保护）断开，程序段 1 和程序段 2 中 I0.2 触点断开，输出继电器 Q0.0 和 Q0.1 线圈失电，外部接触器 KM1 和 KM2 线圈失电，KM1 和 KM2 主触点断开，电动机 M 停止运行。

第 42 例
电动机自耦变压器降压启动控制电路

一、继电器接触器控制原理

（一）电动机自耦变压器降压启动控制电路

电动机自耦变压启动控制电路见图 42-1。

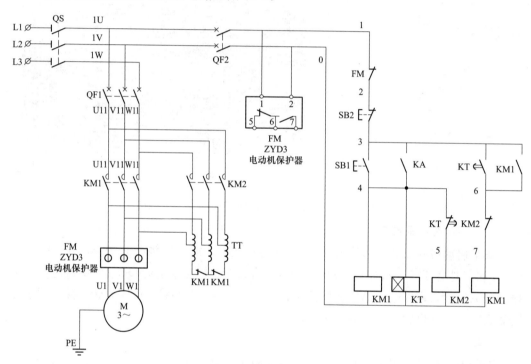

图 42-1　电动机自耦变压器降压启动控制电路原理图

（二）PLC 程序设计要求

（1）按下启动按钮 SB1，自耦变压器 TT 串入电动机降压启动。

（2）延时 3s 后自动启动电动机全压运行。

（3）按下停止按钮 SB2，电动机 M 停止运行。

（4）当电动机发生过载等故障时，电动机保护器 FM 动作，电动机停止运行。

（5）PLC 实际接线图中停止按钮 SB2、电动机综合保护器 FM 辅助触点均使用动断触点。

（6）电动机保护器 FM 工作电源由外部控制电路电源直接供电。

（7）根据控制要求列出输入/输出分配表。

（8）根据控制要求，用 PLC 基本指令设计梯形图程序。

（9）根据控制要求绘制 PLC 控制电路接线图。

（三）输入/输出设备及 I/O 元件配置分配表

输入/输出设备及 I/O 元件配置见表 42-1。

表 42-1　　　　　　　　　　　　　**输入/输出设备及 I/O 元件配置**

输入设备			输出设备		
符号	地址	功能	符号	地址	功能
SB1	I0.0	启动按钮	KM1	Q0.0	主接触器
SB2	I0.1	停止按钮	KM2	Q0.1	降压启动接触器
FM	I0.2	电动机保护器			

二、程序及电路设计

（一）PLC 梯形图

电动机自耦变压器降压启动控制电路 PLC 梯形图见图 42-2。

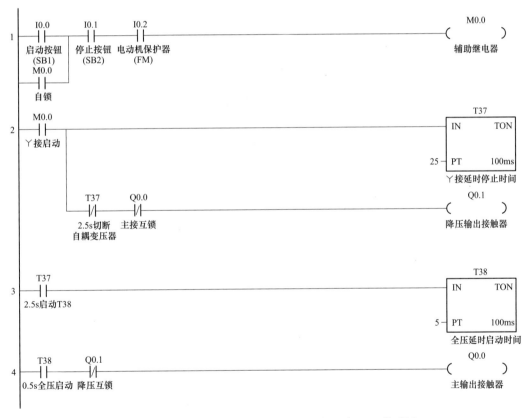

图 42-2　电动机自耦变压器降压启动控制电路 PLC 梯形图

（二）PLC 接线详图

电动机自耦变压器降压启动控制电路 PLC 接线图见图 42-3。

151

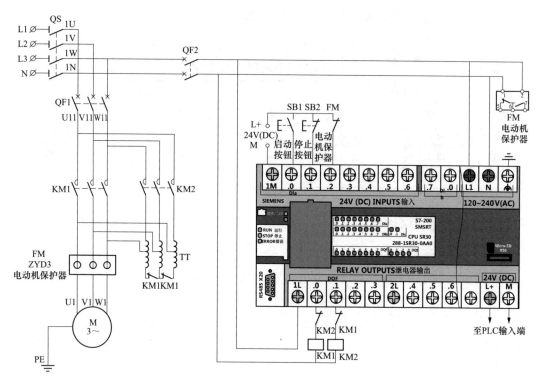

图 42-3 电动机自耦变压器降压启动控制电路 PLC 接线图

三、梯形图动作详解

闭合总电源开关 QS、主电路电源断路器 QF1、控制电源断路器 QF2，PLC 输入继电器 I0.1、I0.2 信号指示灯亮，程序段 1 中 I0.1、I0.2 触点闭合。

（一）降压启动

按下启动按钮 SB1，程序段 1 中 I0.0 触点闭合，能流经触点 I0.0→I0.1→I0.2 至 M0.0，同时 M0.0 辅助触点闭合自锁。程序段 2 中 M0.0 触点闭合，能流经触点 M0.0 至定时器 T37，能流又经触点 M0.0→T37→Q0.0 至 Q0.1，输出继电器 Q0.1 线圈得电，外部接触器 KM2 线圈得电，KM2 主触点闭合，电动机 M 接入自耦变压器 TT 降压启动。程序段 4 中 Q0.1 触点断开，实现互锁，PLC 外部输出端 KM2 触点断开，实现外接互锁。

（二）全压运行

2.5s 后程序段 2 中 T37 触点断开，输出继电器 Q0.1 线圈失电，外部接触器 KM2 线圈失电，KM2 主触点断开，电动机 M 降压启动停止。程序段 3 中 T37 触点闭合，能流经触点 T37 至定时器 T38，0.5s 后程序段 4 中 T38 触点闭合，能流经触点 T38→Q0.1 至 Q0.0，输出继电器 Q0.0 线圈得电，外部接触器 KM1 线圈得电，KM1 主触点闭合，电动机 M 全压运行。同时程序段 2 中的 Q0.0 触点断开，实现互锁。PLC 外部输出端 KM1 触点断开，实现外接互锁。

（三）停止过程

按下停止按钮 SB2，程序段 1 中 I0.1 触点断开，输出继电器 M0.0 线圈失电，输出继电器 Q0.0 和 Q0.1 线圈失电，外部接触器 KM1 和 KM2 线圈失电，KM1 和 KM2 主触点断开，电动机 M 停止运行。

（四）保护原理

当电动机在运行中发生断相、过载、堵转、三相不平衡等故障时，输入继电器 I0.2（电动机 M 过载保护）断开，程序段 1 中 I0.2 触点断开，输出继电器 M0.0 线圈失电，输出继电器 Q0.0 和 Q0.1 线圈失电外部接触器 KM1 和 KM2 线圈失电，KM1 和 KM2 主触点断开，电动 M 停止运行。

第 43 例
电动机定子绕组串电阻降压启动控制电路

一、继电器接触器控制原理

（一）电动机定子绕组串电阻降压启动控制电路

电动机定子绕组串电阻降压启动控制电路见图 43-1。

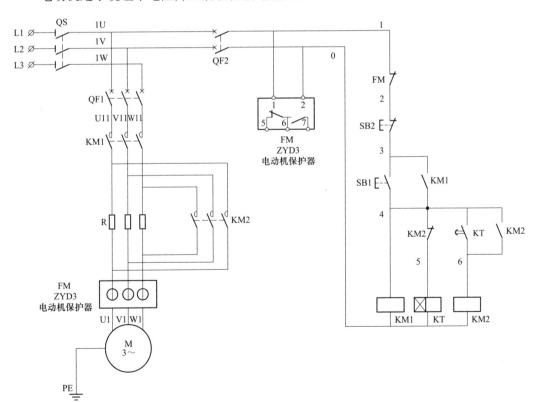

图 43-1　电动机定子绕组串电阻降压启动控制电路原理图

（二）PLC 程序设计要求

（1）按下启动按钮 SB1，电动机 M 串电阻降压启动。

（2）延时 3s 后启动电动机 M 全压运行。

（3）按下停止按钮 SB2 电动机 M 停止运行。

（4）当电动机发生过载等故障时，电动机保护器 FM 动作，电动机 M 停止运行。

（5）PLC 实际接线图中停止按钮 SB2、电动机综合保护器 FM 辅助触点均使用动断触点。

（6）电动机保护器 FM 工作电源由外部控制电路电源直接供电。

（7）根据控制要求列出输入/输出分配表。

（8）根据控制要求，用 PLC 基本指令设计梯形图程序。

（9）根据控制要求绘制 PLC 控制电路接线图。

（三）输入/输出设备及 I/O 元件配置分配表

输入/输出设备及 I/O 元件配置见表 43-1。

表 43-1　　　　　　　　　　　　　　输入/输出设备及 I/O 元件配置

输入设备			输出设备		
符号	地址	功能	符号	地址	功能
SB1	I0.0	启动按钮	KM1	Q0.0	降压启动接触器
SB2	I0.1	停止按钮	KM2	Q0.1	全压启动接触器
FM	I0.2	电动机保护器			

二、程序及电路设计

（一）PLC 梯形图

电动机定子绕组串电阻降压启动控制电路 PLC 梯形图见图 43-2。

（二）PLC 接线详图

电动机定子绕组串电阻降压启动控制电路 PLC 接线图见图 43-3。

三、梯形图动作详解

闭合总电源开关 QS、主电路电源断路器 QF1、控制电源断路器 QF2，PLC 输入继电器 I0.1、I0.2 信号指示灯亮，梯形图中 I0.1、I0.2 触点闭合。

（一）降压启动

按下启动按钮 SB1，程序段 1 中 I0.0 触点闭合，能流经触点 I0.0→I0.1→I0.2 至 Q0.0，同时 Q0.0 辅助触点闭合自锁。输出继电器 Q0.0 线圈得电，外部接触器 KM1 线圈得电，KM1 主触点闭合，电动机 M 串电阻 R 降压启动。同时能流又经触点 I0.0→I0.1→I0.2→Q0.1 至定时器 T38。

（二）全压运行

3s 后程序段 2 中 T38 触点闭合，能流经触点 T38→I0.1→I0.2 至 Q0.1，同时 Q0.1

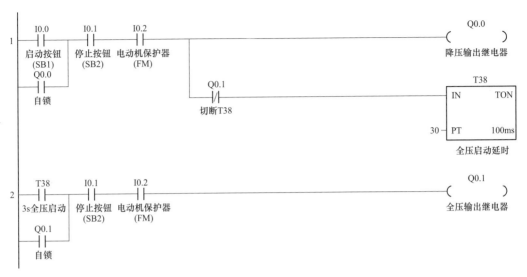

图 43-2　电动机定子绕组串电阻降压启动控制电路 PLC 梯形图

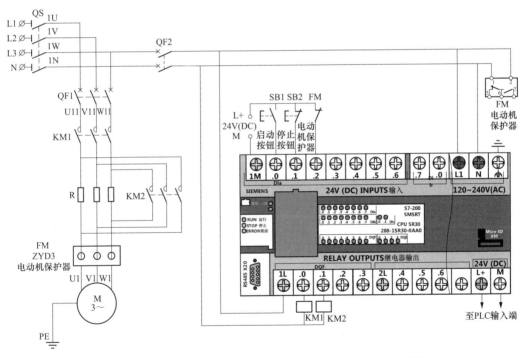

图 43-3　电动机定子绕组串电阻降压启动控制电路 PLC 接线图

辅助触点闭合自锁。输出继电器 Q0.1 线圈得电，外部接触器 KM2 线圈得电，KM2 主触点闭合短接降压电阻 R，电动机 M 全压运行。同时程序段 1 中的 Q0.1 触点断开，定时器 T38 回路断开。

（三）停止过程

按下停止按钮 SB2，程序段 1 和程序段 2 中 I0.1 触点断开，输出继电器 Q0.0 和 Q0.1 线圈失电外部接触器 KM1 和 KM2 线圈失电，KM1 和 KM2 主触点断开，电动机停止运行。

（四）保护原理

当电动机在运行中发生断相、过载、堵转、三相不平衡等故障时，输入继电器 I0.2（电动机 M 过载保护）断开，程序段 1 和程序段 2 中 I0.2 触点断开，输出继电器 Q0.0 和 Q0.1 线圈失电外部接触器 KM1 和 KM2 线圈失电，KM1 和 KM2 主触点断开，电动机停止运行。

第 44 例
电动机单向启动反接制动控制电路

一、继电器接触器控制原理

（一）电动机单向启动反接制动控制电路

电动机单向启动反接制动控制电路见图 44-1。

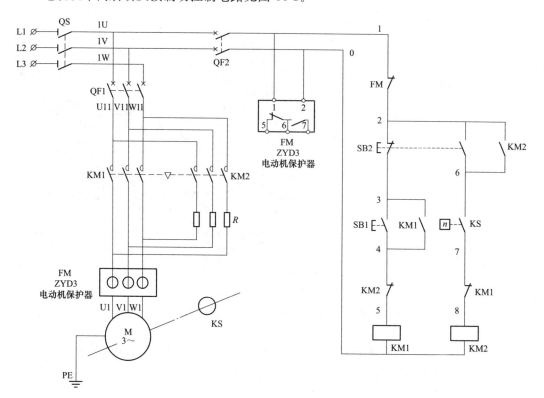

图 44-1　电动机单向启动反接制动控制电路原理图

（二）PLC程序设计要求

（1）按下启动按钮SB1电动机M启动运行。

（2）KM1和KM2动断触点互锁，KM1和KM2不能同时运行。

（3）按下停止按钮SB2，电动机M失电后反接制动。

（4）当电动机转速接近零时，速度继电器KS动作，其动断触点切断反接制动，电动机M迅速停止。

（5）当电动机发生过载等故障时，电动机保护器FM动作，电动机停止运行。

（6）PLC实际接线图中停止按钮SB2、速度继电器KS、电动机综合保护器FM辅助触点均使用动断触点。

（7）电动机保护器FM工作电源由外部控制电路电源直接供电。

（8）根据控制要求列出输入/输出分配表。

（9）根据控制要求，用PLC基本指令设计梯形图程序。

（10）根据控制要求绘制PLC控制电路接线图。

（三）输入/输出设备及I/O元件配置分配表

输入/输出设备及I/O元件配置见表44-1。

表44-1　　　　　　　　　　　　输入/输出设备及I/O元件配置

输入设备			输出设备		
符号	地址	功能	符号	地址	功能
SB1	I0.0	启动按钮	KM1	Q0.0	正转接触器
SB2	I0.1	停止按钮	KM2	Q0.1	反接制动接触器
FM	I0.2	电动机保护器			
KS	I0.3	速度继电器			

二、程序及电路设计

（一）PLC梯形图

电动机单向启动反接制动控制电路PLC梯形图见图44-2。

（二）PLC接线详图

电动机单向启动反接制动控制电路PLC接线图见图44-3。

三、梯形图动作详解

闭合总电源开关QS、主电路电源断路器QF1、控制电源断路器QF2，PLC输入继电器I0.1和I0.2信号指示灯亮，程序段1中I0.1和I0.2触点闭合，程序段2中I0.1触点断开，I0.2触点闭合。

（一）正转启动

按下启动按钮SB1，程序段1中I0.0触点闭合，能流经触点I0.0→I0.1→I0.2→Q0.1至Q0.0，同时Q0.0辅助触点闭合自锁。输出继电器Q0.0线圈得电，外部接触

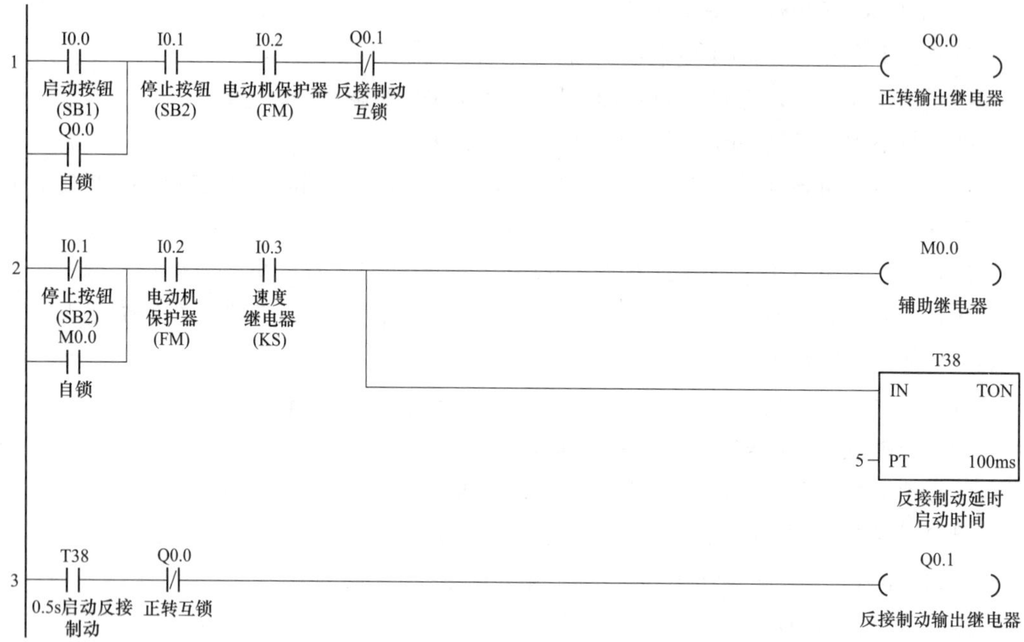

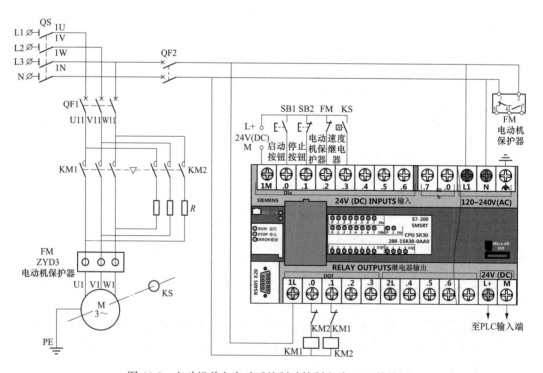

图 44-2　电动机单向启动反接制动控制电路 PLC 梯形图

图 44-3　电动机单向启动反接制动控制电路 PLC 接线图

器 KM1 线圈得电，KM1 主触点闭合，电动机 M 正转启动。同时程序段 3 中的 Q0.0 触点断开，实现互锁。PLC 外部输出端 KM1 触点断开，实现外接互锁。同时，由于电动机转速升高，程序段 2 中的 I0.3 触点闭合，为反接制动做好准备。

（二）停止过程

按下停止按钮 SB2，程序段 1 中的 I0.1 触点断开，输出继电器 Q0.0 线圈失电，外部接触器 KM1 线圈失电，KM1 主触点断开，电动机 M 停止运行。程序段 3 中的 Q0.0 触点闭合，解除互锁，程序段 2 中 I0.1 触点闭合，能流经触点 I0.1→I0.2→I0.3 至 M0.0 和定时器 T38。辅助继电器 M0.0 线圈得电，同时 M0.0 辅助触点闭合自锁。

0.5s 后，程序段 3 中 T38 触点闭合，能流经触点 T38→Q0.0 至 Q0.1。输出继电器 Q0.1 线圈得电，外部接触器 KM2 线圈得电，KM2 主触点闭合电动机 M 相序改变，串入反接制动电阻 R，电动机 M 进入反接制动；同时程序段 1 中的 Q0.1 触点断开，实现互锁，PLC 外部输出端 KM2 触点断开，实现外接互锁。

当电动机转速接近于零时，程序段 2 中速度继电器 KS 的 I0.3 触点断开，辅助继电器 M0.0 线圈失电，定时器 T38 线圈失电，程序段 3 中 T38 触点断开，输出继电器 Q0.1 线圈失电，外部接触器 KM2 线圈失电，KM2 主触点断开，反接制动结束，电动机 M 停止运行。

（三）保护原理

当电动机在运行中发生断相、过载、堵转、三相不平衡等故障时，输入继电器 I0.2（电动机 M 过载保护）断开，程序段 1 和程序段 2 中 I0.2 触点断开，输出继电器 Q0.0 和辅助继电器 M0.0 线圈失电，定时器 T38 线圈失电，程序段 3 中 T38 触点断开，输出继电器 Q0.1 线圈失电，外部接触器 KM2 线圈失电，KM2 主触点断开反接制动结束，电动机 M 停止运行。

第 45 例

电动机电磁抱闸制动器断电制动控制电路

一、继电器接触器控制原理

（一）电动机电磁抱闸制动器断电制动控制电路

电动机电磁抱闸制动器断电制动控制电路见图 45-1。

（二）PLC 程序设计要求

（1）按下启动按钮 SB1，电磁抱闸 YB 线圈得电衔铁吸合，制动器的闸瓦与闸轮分开，电动机 M 启动运行。

（2）按下停止按钮 SB2，电动机 M 失电后，电磁抱闸 YB 线圈失电，制动器的闸瓦抱住闸轮，电动机制动停止运行。

（3）当电动机发生过载等故障时，电动机保护器 FM 动作，电动机停止运行。

（4）PLC 实际接线图中停止按钮 SB2、电动机综合保护器 FM 辅助触点均使用动断触点。

（5）电动机保护器 FM 工作电源由外部控制电路电源直接供电。

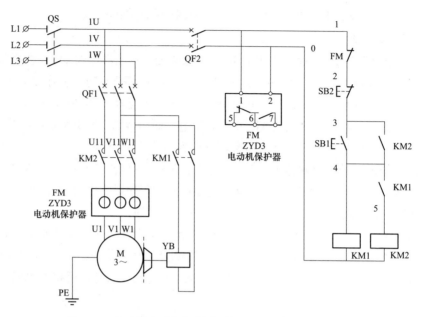

图 45-1　电动机电磁抱闸制动器断电制动控制电路原理图

（6）根据控制要求列出输入/输出分配表。

（7）根据控制要求，用 PLC 基本指令设计梯形图程序。

（8）根据控制要求绘制 PLC 控制电路接线图。

（三）输入/输出设备及 I/O 元件配置分配表

输入/输出设备及 I/O 元件配置见表 45-1。

表 45-1　　　　　　　　　　　　　输入/输出设备及 I/O 元件配置

输入设备			输出设备		
符号	地址	功能	符号	地址	功能
SB1	I0.0	启动按钮	KM1	Q0.0	电磁抱闸接触器
SB2	I0.1	停止按钮	KM2	Q0.1	正转接触器
FM	I0.2	电动机保护器			

二、程序及电路设计

（一）PLC 梯形图

电动机电磁抱闸制动器断电制动控制电路 PLC 梯形图见图 45-2。

（二）PLC 接线详图

电动机电磁抱闸制动器断电制动控制电路 PLC 接线图见图 45-3。

三、梯形图动作详解

闭合总电源开关 QS、主电路电源断路器 QF1、控制电源断路器 QF2，PLC 输入继

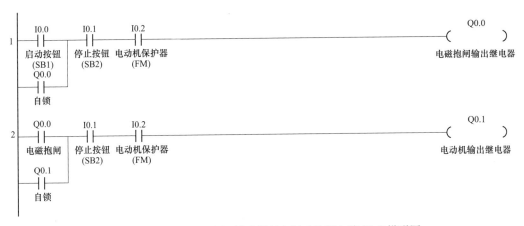

图 45-2　电动机电磁抱闸制动器断电制动控制电路 PLC 梯形图

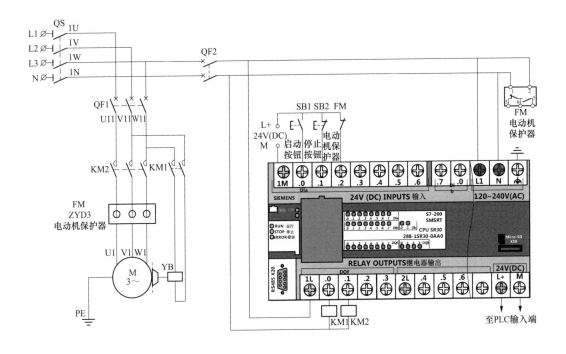

图 45-3　电动机电磁抱闸制动器断电制动控制电路 PLC 接线图

电器 I0.1、I0.2 信号指示灯亮，程序段 1 和程序段 2 中 I0.1、I0.2 触点闭合。

（一）启动过程

按下启动按钮 SB1，程序段 1 中 I0.0 触点闭合，能流经触点 I0.0→I0.1→I0.2 至 Q0.0。同时 Q0.0 辅助触点闭合自锁，输出继电器 Q0.0 线圈得电，外部接触器 KM1 线圈得电，KM1 主触点闭合，电磁抱闸 YB 线圈得电，衔铁吸合，克服弹簧的拉力使制动器的闸瓦与闸轮分开。

同时程序段 2 中的 Q0.0 触点闭合，能流经触点 Q0.0→I0.1→I0.2 至 Q0.1，同时

Q0.1辅助触点闭合自锁，输出继电器 Q0.1 线圈得电，外部接触器 KM2 线圈得电，KM2 主触点闭合，电动机 M 运行。

（二）停止过程

按下停止按钮 SB2，程序段 1 和程序段 2 中 I0.1 触点断开，输出继电器 Q0.0 和 Q0.1 线圈失电，外部接触器 KM1 和 KM2 线圈失电，KM1 和 KM2 主触点断开，衔铁在弹簧拉力作用下与铁芯分开，并使制动器的闸瓦紧紧抱住闸轮，电动机 M 被制动而停止运行。

（三）保护原理

当电动机在运行中发生断相、过载、堵转、三相不平衡等故障时，输入继电器 I0.2（电动机 M 过载保护）断开，程序段 1 和程序段 2 中 I0.2 触点断开，输出继电器 Q0.0 和 Q0.1 线圈失电，外部接触器 KM1 和 KM2 线圈失电，KM1 和 KM2 主触点断开，衔铁在弹簧拉力作用下与铁芯分开，并使制动器的闸瓦紧紧抱住闸轮，电动机 M 被制动而停止运行。

第 46 例
电动机无变压器单相半波整流能耗制动控制电路

一、继电器接触器控制原理

（一）电动机无变压器单相半波整流能耗制动控制电路

电动机无变压器单相半波整流能耗制动控制电路见图 46-1。

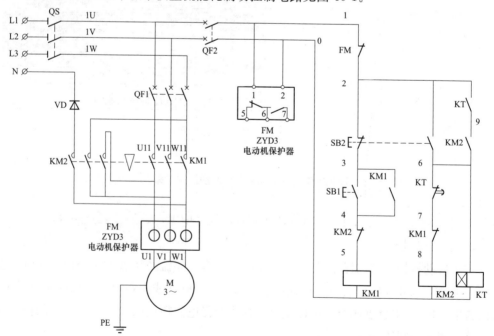

图 46-1　电动机无变压器单相半波整流能耗制动控制电路原理图

（二）PLC程序设计要求

（1）按下启动按钮SB1，电动机M启动运行。

（2）KM1和KM2动断触点互锁，KM1和KM2不能同时运行。

（3）按下停止按钮SB2，电动机M失电后0.5s投入半波整流能耗制动，制动2.5s电动机M停止运行。

（4）当电动机发生过载等故障时，电动机保护器FM动作，电动机不经制动自由停止运行。

（5）PLC实际接线图中停止按钮SB2、电动机综合保护器FM辅助触点均使用动断触点。

（6）电动机保护器FM工作电源由外部控制电路电源直接供电。

（7）根据控制要求列出输入/输出分配表。

（8）根据控制要求，用PLC基本指令设计梯形图程序。

（9）根据控制要求绘制PLC控制电路接线图。

（三）输入/输出设备及I/O元件配置分配表

输入/输出设备及I/O元件配置见表46-1。

表46-1　　　　　　　　　　　输入/输出设备及I/O元件配置

输入设备			输出设备		
符号	地址	功能	符号	地址	功能
SB1	I0.0	启动按钮	KM1	Q0.0	正转接触器
SB2	I0.1	停止按钮	KM2	Q0.1	能耗制动接触器
FM	I0.2	电动机保护器			

二、程序及电路设计

（一）PLC梯形图

电动机无变压器单相半波整流能耗制动控制电路PLC梯形图见图46-2。

（二）PLC接线详图

电动机无变压器单相半波整流能耗制动控制电路PLC接线图见图46-3。

三、梯形图动作详解

闭合总电源开关QS、主电路电源断路器QF1、控制电源断路器QF2，PLC输入继电器I0.1、I0.2信号指示灯亮，程序段1中I0.1、I0.2触点闭合，程序段2中I0.1触点断开，I0.2触点闭合。

（一）启动过程

按下启动按钮SB1，程序段1中I0.0触点闭合，能流经触点I0.0→I0.1→I0.2→Q0.1至Q0.0。同时Q0.0辅助触点闭合自锁。输出继电器Q0.0线圈得电，外部接触

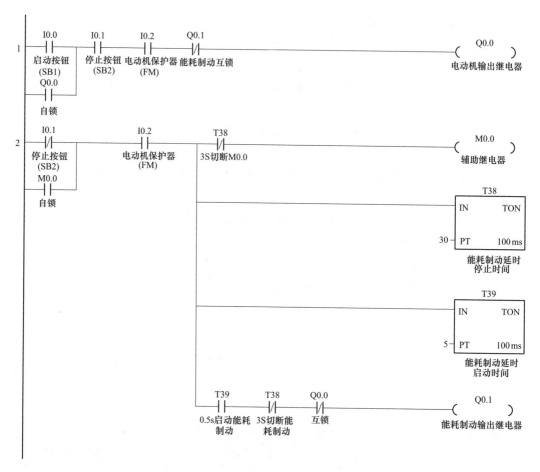

图46-2　电动机无变压器单相半波整流能耗制动控制电路 PLC 梯形图

器 KM1 线圈得电，KM1 主触点闭合，电动机 M 连续运行。同时程序段 2 中的 Q0.0 触点断开，实现互锁；同时 PLC 外部输出端 KM1 触点断开，实现外接互锁。

（二）停止过程

按下停止按钮 SB2，程序段 1 中的 I0.1 触点断开，输出继电器 Q0.0 线圈失电，外部接触器 KM1 线圈失电，KM1 主触点断开，电动机 M 停止运行。同时程序段 2 中 I0.1 触点闭合，能流经触点 I0.1→I0.2→T38 至 M0.0。同时 M0.0 辅助触点闭合自锁。能流又经触点 I0.1→I0.2 至定时器 T38 和 T39。

0.5s 后，程序段 2 中 T39 触点闭合，能流经触点 M0.0→I0.2→T39→T38→Q0.0 至 Q0.1，输出继电器 Q0.1 线圈得电，外部接触器 KM2 线圈得电，KM2 主触点闭合，通过二极管 VD 整流，电动机定子绕组通入直流电流能耗制动，同时程序段 1 中的 Q0.1 触点断开，实现互锁；同时 PLC 外部输出端 KM2 触点断开，实现外接互锁。

再延时 2.5s 后，程序段 2 中 T38 触点断开，输出继电器 Q0.1 线圈失电，外部接触器 KM2 线圈失电，KM2 主触点断开能耗制动结束，电动机 M 停止运行。同时程序段 2 中的 T38 触点断开，辅助继电器 M0.0 回路断开，解除自锁。

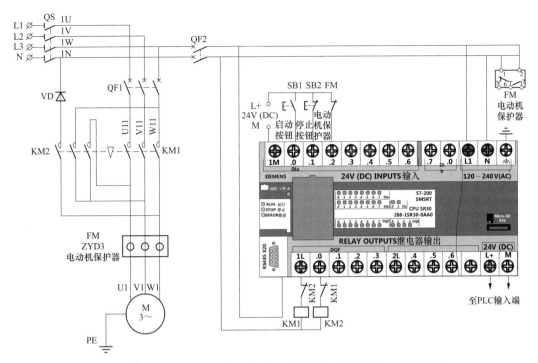

图 46-3　电动机无变压器单相半波整流能耗制动控制电路 PLC 接线图

（三）保护原理

当电动机在运行中发生断相、过载、堵转、三相不平衡等故障时，输入继电器 I0.2（电动机 M 过载保护）断开，程序段 1 和程序段 2 中 I0.2 触点断开，输出继电器 Q0.0、Q0.1 线圈失电，外部接触器 KM1、KM2 线圈失电，KM1、KM2 主触点断开，电动机 M 惯性停止运行。

第 47 例

电动机可逆运行能耗制动控制电路

一、继电器接触器控制原理

（一）电动机可逆运行能耗制动控制电路

电动机可逆运行能耗制动控制电路见图 47-1。

（二）PLC 程序设计要求。

（1）按下正转启动按钮 SB1，电动机 M 正转启动运行。

（2）按下反转启动按钮 SB2，电动机 M 反转启动运行。

（3）KM1、KM2 和 KM3 动断触点互锁，KM1、KM2 和 KM3 不能同时运行。

（4）按下停止按钮 SB3，电动机 M 失电后 0.5s 投入能耗制动，制动 2.5s 电动机 M 停止运行。

165

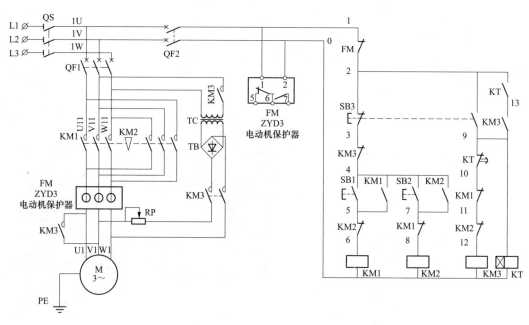

图 47-1　电动机可逆运行能耗制动控制电路原理图

（5）当电动机发生过载等故障时，电动机保护器 FM 动作，电动机不经制动自由停止运行。

（6）PLC 实际接线图中停止按钮 SB3、电动机综合保护器 FM 辅助触点均使用动断触点。

（7）电动机保护器 FM 工作电源由外部控制电路电源直接供电。

（8）根据控制要求列出输入/输出分配表。

（9）根据控制要求，用 PLC 基本指令设计梯形图程序。

（10）根据控制要求绘制 PLC 控制电路接线图。

（三）输入/输出设备及 I/O 元件配置分配表

输入/输出设备 I/O 元件配置见表 47-1。

表 47-1　　　　　　　　　　输入/输出设备及 I/O 元件配置

输入设备			输出设备		
符号	地址	功能	符号	地址	功能
SB1	I0.0	正转启动按钮	KM1	Q0.0	正转接触器
SB2	I0.1	反转启动按钮	KM2	Q0.1	反转接触器
SB3	I0.2	停止按钮	KM3	Q0.2	能耗制动接触器
FM	I0.3	电动机保护器			

二、程序及电路设计

（一）PLC 梯形图

电动机可逆行能耗制动控制电路 PLC 梯形图见图 47-2。

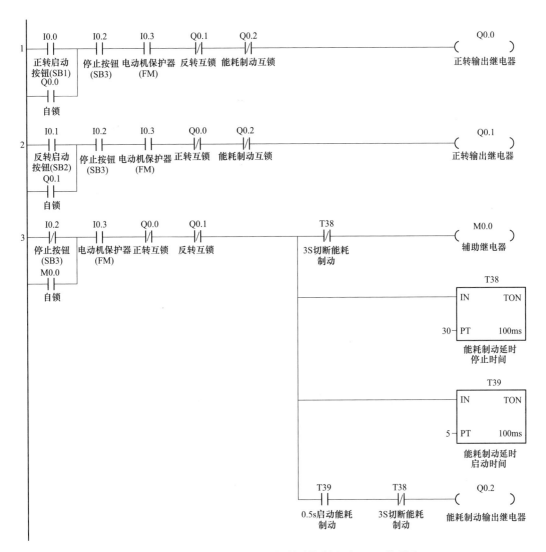

图 47-2　电动机可逆运行能耗制动控制电路 PLC 梯形图

（二）PLC 接线详图

电动机可逆运行能耗制动控制电路 PLC 接线图见图 47-3。

三、梯形图动作详解

闭合总电源开关 QS、主电路电源断路器 QF1、控制电源断路器 QF2，PLC 输入继电器 I0.2、I0.3 信号指示灯点亮，程序段 1 和程序段 2 中 I0.2、I0.3 触点闭合，程序段 3 中 I0.2 触点断开，I0.3 触点闭合。

（一）正转运行

按下正转启动按钮 SB1，程序段 1 中 I0.0 触点闭合，能流经触点 I0.0→I0.2→I0.3→

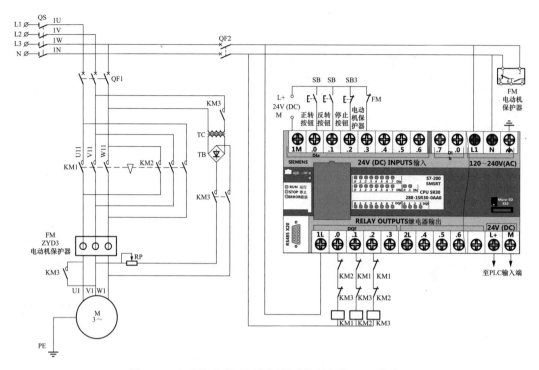

图 47-3　电动机可逆运行能耗制动控制电路 PLC 接线图

Q0.1→Q0.2 至 Q0.0。同时 Q0.0 辅助触点闭合自锁。输出继电器 Q0.0 线圈得电，外部接触器 KM1 线圈得电，KM1 主触点闭合，电动机 M 连续正转运行。同时程序段 2 和程序段 3 中的 Q0.0 触点断开，实现互锁；同时 PLC 外部输出端 KM1 触点断开，实现外接互锁。

（二）反转运行

在停止状态下，按下反转启动按钮 SB2，程序段 2 中 I0.1 触点闭合，能流经触点 I0.1→I0.2→I0.3→Q0.0→Q0.2 至 Q0.1。同时 Q0.1 辅助触点闭合自锁。输出继电器 Q0.1 线圈得电，外部接触器 KM2 线圈得电，KM2 主触点闭合，电动机 M 连续反转运行。同时程序段 1 和程序段 3 中的 Q0.1 触点断开，实现互锁；同时 PLC 外部输出端 KM2 触点断开，实现外接互锁。

（三）停止过程

按下停止按钮 SB3，程序段 1 和程序段 2 中的 I0.2 触点断开，输出继电器 Q0.0 和 Q0.1 线圈失电，KM1 和 KM2 主触点断开，电动机 M 停止运行。同时程序段 3 中的 I0.2 触点闭合，能流经触点 I0.2→I0.3→Q0.0→Q0.1→T38 至 M0.0，辅助继电器 M0.0 线圈得电，M0.0 辅助触点闭合自锁。同时程序段 3 中的 I0.2 触点闭合，能流经触点 M0.0→I0.3→Q0.0→Q0.1 至 T38 和 T39 定时器。

延时 0.5s 后，T39 触点闭合，能流经触点 M0.0→I0.3→Q0.0→Q0.1→T39→T38 至 Q0.2，输出继电器 Q0.2 线圈得电，外部接触器 KM3 线圈得电，KM3 主触点闭合，电动机定子回路接入直流电源能耗制动；同时程序段 1 和程序段 2 中的 Q0.2 触点断开，实现互锁；同时 PLC 外部输出端 KM3 触点断开，实现外接互锁。

再延时 2.5s 后，程序段 3 中 T38 触点断开，辅助继电器 M0.0、定时器 T38、定时器 T39、输出继电器 Q0.2 线圈失电，外部反接制动接触器 KM3 线圈失电，KM3 主触点断开，切除直流电源，能耗制动结束，电动机 M 停止运行。

（四）保护原理

当电动机在运行中发生断相、过载、堵转、三相不平衡等故障时，输入继电器 I0.3（电动机 M 过载保护）断开，程序段 1 至程序段 3 中的 I0.3 触点断开，输出继电器 Q0.0～Q0.2 线圈失电，外部接触器 KM1～KM3 线圈失电，KM1～KM3 主触点断开，电动机 M 惯性停止运行。

PLC控制的常用生产机械控制电路及多速电动机控制电路

PLC控制的常用生产机械控制电路及多速电动机控制电路用途：

（1）常用生产机械控制电路。生产机械设备主要包括车床、钻床、磨床、镗床、电动葫芦、起重机、混凝土搅拌机等机械设备，它们一般由驱动装置（电动机）、变速装置（变速箱）、传动装置（机械、液力、液压）、工作装置、制动装置、防护装置、润滑装置、冷却装置等部分组成。

生产机械控制电路一般主要由若干个正反转控制、顺序控制、多地控制、制动控制、照明、指示、点动、连续运行控制电路综合设计而成。有些设备还带有电磁抱闸装置、整流装置、电磁离合器、电磁吸盘、液压等机构。

另外，摇臂钻床的摇臂液压夹紧机构、锯床的锯架限位快速回退等都是利用液压压力、加工位置等信号自动控制机床的动作，防止操作失误及损坏设备。

（2）多速电动机控制电路。在某些特殊拖动电路中，需要采用双速电动机。有时甚至需要采用三速或四速的电动机。这些多速电动机的原理都是相同的，即变极对数调速方法。通过改变内部的接线方式（显极式接线或隐极式接线）改变电动机极相组数量改变极数。然后通过改变电动机外部的丫/△接线实现变极调速。主要应用在抽油机以及风机、泵类等需要调速的控制场所。

1）单绕组变极多速电动机是一种利用外部接线变换，在一套电动机绕组中获得两种或多种转速的电动机。分为倍极比双速和非倍极比双速。

例如，倍极比双速24槽，4极时为1路△接，2极时为2路丫接，即4/2，△/2丫；旋转磁场同步转速分别为4极：1500r/min；2极：3000r/min，即一台电动机实现2个转速（一套绕组，6个引出线）。

2）双绕组多速（双速或三速）电动机具有两套独立的绕组，也有双绕组双速电动机采用两套绕组的，每套绕组都是单速绕组。

双绕组三速电动机中一套绕组为变极双速（倍极比或非倍极比），另一套绕组为单速。

双绕组四速电动机两套绕组都是变极（双速倍极比）绕组；个别的也有一套绕组为变极三速，另一套为单速绕组。

例如：第一绕组为36槽，2极时为2路丫接，4极时为1路△接，即2/4，2丫/△；第二绕组为36槽，6极时为1路丫接，即1丫。

旋转磁场同步转速分别为 6 极：1000r/min；4 极：1500r/min；2 极：3000r/min，即一台电动机（内部有两套独立的三相绕组，9 个引出线）实现 3 个转速。

读者也可根据现场实际需求对电路做适当的改动，即可实现控制要求。

第 48 例

CA6140 型车床控制电路

一、继电器接触器控制原理

（一）CA6140 型车床控制电路

CA6140 型车床控制电路见图 48-1。

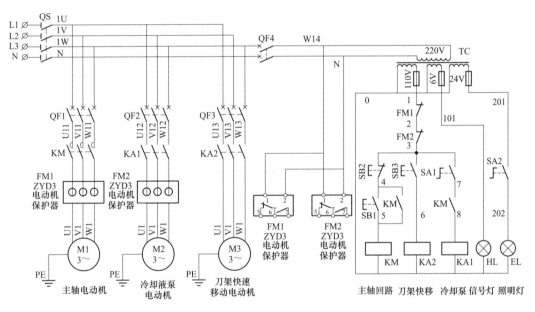

图 48-1 CA6140 型车床控制电路原理图

（二）PLC 程序设计要求

（1）按下启动按钮 SB1，主轴电动机 M1 启动，电动机连续运行。

（2）主轴电动机 M1 启动后旋转转换开关 SA，冷却泵电动机 M2 运行。

（3）按下停止按钮 SB2，主轴电动机和冷却泵电动机同时停止运行。

（4）按下按钮 SB3，刀架电动机 M3 点动运行。

（5）当电动机发生过载等故障时，电动机保护器 FM1 或 FM2 动作，3 台电动机同时停止运行。

（6）PLC 控制电路接线图中停止按钮 SB2、电动机保护器 FM1、FM2 辅助触点均使用动断触点；主轴启动按钮 SB1、冷却泵运行旋转开关 SA 均使用动合触点。

（7）根据上面的控制要求列出输入/输出分配表。

171

（8）根据控制要求，用 PLC 基本指令设计梯形图程序。

（9）根据控制要求绘制 PLC 控制电路接线图。

（三）输入/输出设备及 I/O 元件配置分配表

输入/输出设备及 I/O 元件配置见表 48-1。

表 48-1　　　　　　　　　　　　　　输入/输出设备及 I/O 元件配置表

输入设备			输出设备		
符号	地址	功能	符号	地址	功能
SB1	I0.0	主轴启动按钮	KM	Q0.0	主轴接触器
SB2	I0.1	主轴停止按钮	KA1	Q0.1	冷却泵继电器
SB3	I0.2	刀架快移按钮	KA2	Q0.2	刀架快移继电器
SA	I0.3	冷却泵旋转开关			
FM1	I0.4	主轴电动机保护器			
FM2	I0.5	冷却泵电动机保护器			

二、程序及电路设计

（一）PLC 梯形图

CA6140 型车床控制电路 PLC 梯形图见图 48-2。

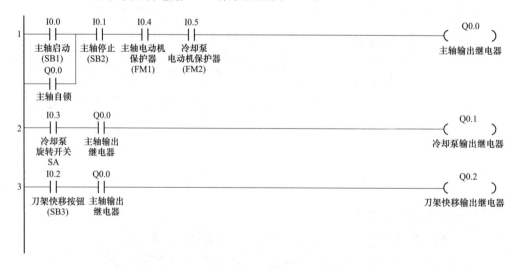

图 48-2　CA6140 型车床控制电路 PLC 梯形图

（二）PLC 接线详图

CA6140 型车床控制电路 PLC 接线图见图 48-3。

三、梯形图动作详解

闭合总电源开关 QS，主电路电源断路器 QF1、QF2、QF3，控制电源开关 QF4，

PLC 输入继电器 I0.1、I0.4、I0.5 信号指示灯亮，程序段 1 中 I0.1、I0.4、I0.5 触点闭合。

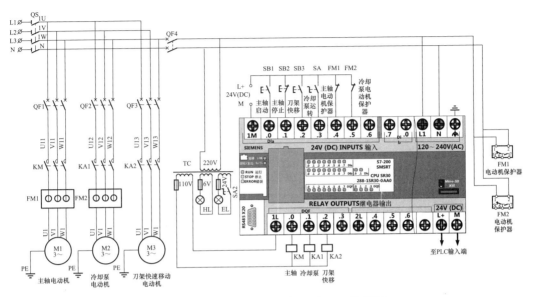

图 48-3　CA6140 型车床控制电路 PLC 接线图

（一）主轴电动机启动过程

按下主轴启动按钮 SB1，程序段 1 中 I0.0 触点闭合，能流经 I0.0→I0.1→I0.4→Q0.5 至 Q0.0，输出继电器 Q0.0 线圈得电，外部接触器 KM 线圈得电，KM 主触点闭合，电动机 M1 正转运行，同时 Q0.0 辅助触点闭合自锁。程序段 2 和程序段 3 中 Q0.0 触点闭合，为水泵运行和刀架快移做准备。

（二）冷却泵运行过程

旋转冷却泵旋转开关 SA，程序段 2 中 I0.3 触点闭合 ，能流经 I0.3→Q0.0 至 Q0.1，输出继电器 Q0.1 线圈得电，外部中间继电器 KA1 线圈得电，KA1 触点闭合，冷却泵电动机 M2 运行。

（三）刀架快速移动过程

按住刀架快速移动按钮 SB3，程序段 3 中能流经 I0.2→Q0.0 至 Q0.2，输出继电器 Q0.2 线圈得电，外部中间继电器 KA2 线圈得电，KA2 触点闭合，刀架快速移动电动机 M3 点动运行。

（四）停止过程

按下停止按钮 SB2，程序段 1 中 I0.1 触点断开，输出继电器 Q0.0 线圈失电，外部接触器 KM 线圈失电，KM 主触点断开，电动机 M1 停止运行。程序段 2 和程序段 3 中 Q0.0 触点断开，输出继电器 Q0.1、Q0.2 线圈失电，外部中间继电器 KA1、KA2 线圈失电，水泵和刀架快移停止运行。

（五）保护原理

当主轴电动机 M1 或冷却泵电动机 M2 在运行中发生电动机断相、过载、堵转、三相不平衡等故障时，输入继电器 I0.4（M1 过载保护）或 I0.5（M2 过载保护）断开，输入继电器 I0.4 或 I0.5 信号指示灯熄灭，程序段 1 中 I0.4 或 I0.5 触点断开，输出继电器 Q0.0 线圈失电，外部接触器 KM 线圈失电，KM 主触点断开，电动机 M1 停止运行。程序段 2 和程序段 3 中 Q0.0 触点断开，输出继电器 Q0.1、Q0.2 线圈失电，外部中间继电器 KA1、KA2 线圈失电，水泵和刀架快移停止运行。

第 49 例

Z3040 型摇臂钻床控制电路

一、继电器接触器控制原理

（一）Z3040 型摇臂钻床控制电路

Z3040 型摇臂钻床控制电路见图 49-1。

（二）PLC 程序设计要求

（1）按下启动按钮 SB2，主轴电动机 M2 启动运行。

（2）按下停止按钮 SB1，主轴电动机 M2 停止运行。

（3）按住外部启动按钮 SB3，液压泵电动机 M4 正转运行，放松摇臂后行程开关 SQ2 动作，液压泵电动机 M4 断电，摇臂升降电动机 M3 正转，带动摇臂上升。当上升至工作要求高度时，松开 SB3，摇臂升降电动机 M3 停转后，液压泵电动机 M4 反转，夹紧摇臂，行程开关 SQ2 返回。

（4）按住外部按钮 SB4，液压泵电动机 M4 正转运行，放松摇臂后行程开关 SQ2 动作，液压泵电动机 M4 断电，摇臂升降电动机 M3 反转，带动摇臂下降。当下降至工作要求高度时，松开 SB4，摇臂升降电动机 M3 停转后，液压泵电动机 M4 反转，夹紧摇臂行程开关 SQ2 返回。

（5）按住外部按钮 SB5，液压泵电动机 M4 正转运行，立柱和主轴箱放松。

（6）按住外部按钮 SB6，液压泵电动机 M4 反转运行，立柱和主轴箱夹紧。

（7）当电动机发生过载等故障时，电动机保护器 FM1 或 FM2 动作，电动机同时停止运行。

（8）PLC 控制电路接线图中主轴停止按钮 SB1，电动机保护器 FM1、FM2 辅助触点各工位限位开关均使用动断触点，其余输入点均使用动合触点。

（9）根据上面的控制要求列出输入/输出分配表。

（10）根据控制要求，用 PLC 基本指令设计梯形图程序。

（11）根据控制要求绘制 PLC 控制电路接线图。

（三）输入/输出设备及 I/O 元件配置分配表

输入/输出设备及 I/O 元件配置见表 49-1。

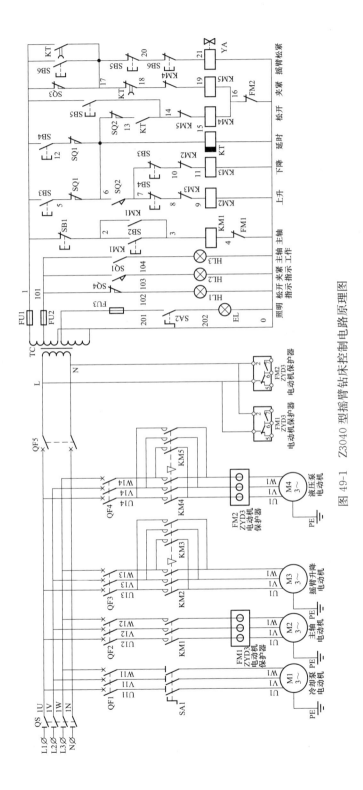

图 49-1　Z3040 型摇臂钻床控制电路原理图

表 49-1　　　　　　　　　　输入/输出设备及 I/O 元件配置

输入设备			输出设备		
符号	地址	功能	符号	地址	功能
SB1	I0.1	主轴停止按钮	KM1	Q0.1	主轴电动机接触器
SB2	I0.2	主轴启动按钮	KM2	Q0.2	摇臂上升接触器
SB3	I0.3	摇臂上升按钮	KM3	Q0.3	摇臂下降接触器
SB4	I0.4	摇臂下降按钮	KM4	Q0.4	立柱放松接触器
SB5	I0.5	立柱放松按钮	KM5	Q0.5	立柱夹紧接触器
SB6	I0.6	立柱夹紧按钮	YA	Q0.6	摇臂松紧电磁阀
FM1	I0.7	主轴电动机保护器			
FM2	I1.0	液压泵电动机保护器			
SQ1	I1.1	摇臂升、降限位开关			
SQ2	I1.2	摇臂松开限位开关			
SQ3	I1.3	摇臂夹紧限位开关			

二、程序及电路设计

（一）PLC 梯形图

Z3040 型摇臂钻床控制电路 PLC 梯形图见图 49-2。

（二）PLC 接线详图

Z3040 型摇臂钻床控制电路 PLC 接线图见图 49-3。

三、梯形图动作详解

闭合总电源开关 QS、主电路电源开关断路器 QF1～QF4 控制电源断路器 QF5，PLC 输入继电器 I0.1、I0.7、I1.0、I1.1、I1.3 信号指示灯亮，梯形图中 I0.1、I0.7、I1.0、I1.1、I1.3 触点闭合。

由于摇臂夹紧限位开关 SQ3 触点闭合，程序段 6 中 I1.3 触点闭合，能流经 I1.3 至 M0.1，辅助继电器 M0.1 线圈得电，程序段 7 中 M0.1 触点闭合，能流经 M0.1→T37→Q0.4→I1.0 至 Q0.5，输出继电器 Q0.5 线圈得电，外部接触器 KM5 线圈得电，KM5 主触点闭合，液压泵电动机 M4 正转运行。主轴立柱加紧接触器 KM5 线圈得电，主触点闭合液压泵电动机正向运行，供给夹紧装置液压油实现摇臂的夹紧。

同时程序段 8 中 M0.1 触点闭合，能流经触点 M0.1→I0.5→I0.6 至 Q0.6，输出继电器 Q0.6 线圈得电，电磁阀 YA 得电，通过液压机构将摇臂夹紧。

（一）主轴启动过程

按下启动按钮 SB2，程序段 1 中 I0.2 触点闭合，能流经触点 I0.2→I0.1→I0.7 至 Q0.1，同时 Q0.1 辅助触点闭合自锁，输出继电器 Q0.1 线圈得电，外部接触器 KM1 线圈得电，KM1 主触点闭合，主轴电动机 M2 连续运行。

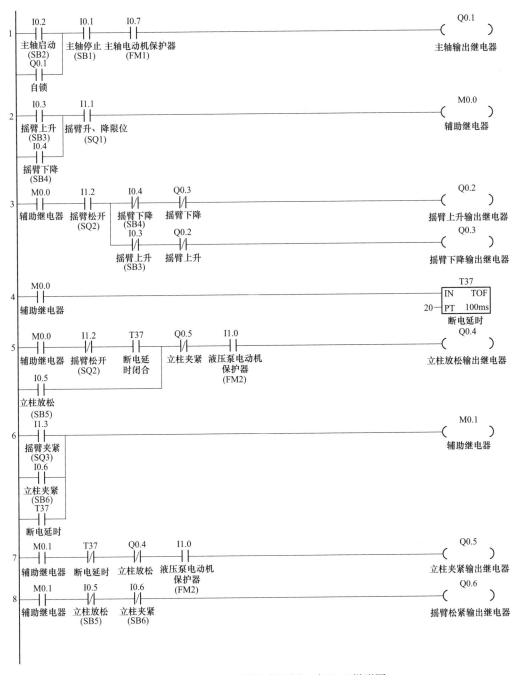

图 49-2 Z3040 型摇臂钻床控制电路 PLC 梯形图

（二）主轴停止过程

按下停止按钮 SB1，程序段 1 中 I0.1 触点断开，输出继电器 Q0.1 线圈失电，外部接触器 KM1 线圈失电，KM1 主触点断开，主轴电动机 M2 停止运行。

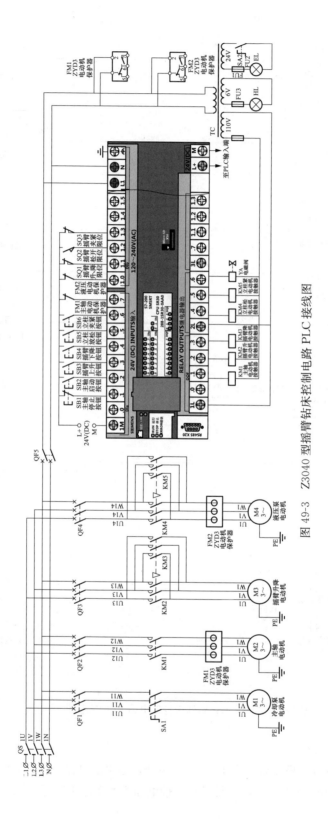

图 49-3 Z3040 型摇臂钻床控制电路 PLC 接线图

（三）摇臂上升过程

摇臂通常夹紧在外立柱上，以免升降丝杠承担吊挂载荷，因此摇臂升降前必须先松开，然后再上升或下降，升降到达预定位置后自动夹紧。

1. 摇臂松开

按住摇臂上升按钮 SB3，程序段 2 中 I0.3 触点闭合，能流经 I0.3→I1.1 至 M0.0 辅助继电器 M0.0 得电，程序段 4 中 M0.0 触点闭合，能流经 M0.0 至 T37 断电延时继电器，2s 后程序段 5 中 M0.0 触点闭合，能流经 M0.0→I1.2→T37→Q0.5→I1.0 至 Q0.4，输出继电器 Q0.4 线圈得电，外部接触器 KM4 线圈得电，KM4 主触点闭合，液压泵电动机 M4 正转运行，送出液压油通过液压机构将摇臂松开。

2. 摇臂上升

摇臂松开到位后，行程开关 SQ2 触点接通，行程开关 SQ3 触点断开，程序段 5 中 I1.2 触点断开，输出继电器 Q0.4 线圈失电，KM4 主触点断开，液压泵电动机 M4 停止运行。同时程序段 3 中 I1.2 触点闭合，能流经 M0.0→I1.2→I0.4→Q0.3 至 Q0.2，输出继电器 Q0.2 线圈得电，外部接触器 KM2 线圈得电，KM2 主触点闭合，摇臂电动机 M3 正转运行摇臂上升。摇臂升至工作位置时，松开摇臂松开按钮 SB3，程序段 2 中 I0.3 触点断开，辅助继电器 M0.0 失电程序段 3 中 M0.0 触点断开，输出继电器 Q0.2 线圈失电，外部接触器 KM2 线圈失电，KM2 主触点断开，摇臂电动机 M3 停止正转运行，摇臂停止上升。

3. 摇臂夹紧

摇臂停止上升后行程开关 SQ2 触点断开，行程开关 SQ3 触点接通，程序段 6 中辅助继电器 M0.1 得电，程序段 7 中 M0.1 触点闭合，能流经 M0.1→T37→Q0.4→I1.0 至 Q0.5，输出继电器 Q0.5 线圈得电，外部接触器 KM5 线圈得电，KM5 主触点闭合，液压泵电动机 M4 反转运行。供给夹紧装置液压油实现摇臂的夹紧。

同时程序段 8 中 M0.1 触点闭合，能流经触点 M0.1→I0.5→I0.6 至 Q0.6，输出继电器 Q0.6 线圈得电，电磁阀 YA 得电，通过液压机构将摇臂夹紧。

（四）摇臂下降过程

摇臂下降过程与上升过程基本相似，只是按下的是下降按钮 SB4，具体工作过程自行分析。

（五）内立柱和外立柱的松开与夹紧

当需要内立柱和外立柱松开时，按下立柱放松按钮 SB5，程序段 5 中 I0.5 触点闭合，能流经 I0.5→Q0.5→I1.0 至 Q0.4，输出继电器 Q0.4 线圈得电，外部接触器 KM4 线圈得电，KM4 主触点闭合，液压泵电动机 M4 正转运行，同时程序段 8 中输出继电器 Q0.6 线圈失电，电磁阀 YA 失电，液压油进入内立柱和外立柱油路，推动机械机构完成内立柱和外立柱松开。

当需要内立柱和外立柱夹紧时，按下立柱夹紧按钮 SB6，程序段 6 中辅助继电器 M0.1 得电，程序段 7 中 M0.1 触点闭合，能流经 M0.1→T37→Q0.4→I1.0 至 Q0.5，输出继电器 Q0.5 线圈得电，外部接触器 KM5 线圈得电，KM5 主触点闭合，液压泵电动机 M4 反转运行。供给夹紧装置液压油实现摇臂的夹紧。

（六）摇臂和主轴箱的松开与夹紧

摇臂和主轴箱的松开和夹紧跟内立柱和外立柱的松开与夹紧是同时进行的，其控制过程相同。

（七）保护原理

当主轴电动机或液压泵立柱电动机在运行中发生电动机断相、过载、堵转、三相不平衡等故障时，电动机保护器动断触点 I0.7 或 I1.0（M 过载保护）触点断开，程序段 1 或程序段 5 或程序段 7 中 I0.7 或 I1.0 触点断开，输出继电器 Q0.1 或 Q0.4 或 Q0.5 线圈失电，外部接触器 KM1 或 KM4 或 KM5 线圈失电，主触点断开，电动机停止运行。

第 50 例

Z37 型摇臂钻床控制电路

一、继电器接触器控制原理

（一）Z37 型摇臂钻床控制电路

Z37 型摇臂钻床控制电路见图 50-1。

（二）PLC 程序设计要求

（1）主轴控制：十字操作杆板至"左"挡位置，接通控制回路电源；十字操作杆扳至"右"挡位置，主轴电动机 M2 连续运转，操作摩擦离合器实现主轴正反转控制，十字操作杆板至中间主轴断电。

（2）当钻床失电或因控制回路故障导致零压继电器断电时能够断开控制回路电源。

（3）摇臂升降是由机械和电气联合控制，能自动完成摇臂松开、摇臂上升（或下降）、摇臂夹紧的过程。

（4）摇臂上升控制：十字操作杆板至"上"挡位置，摇臂夹紧丝杠松开后摇臂上升，当摇臂上升到工作高度时，将十字开关扳到中间位置，摇臂停止上升后摇臂夹紧。

（5）摇臂下降控制：十字操作杆板至"下"挡位置，摇臂夹紧丝杠松开后摇臂下降，当摇臂下降到工作高度时，将十字开关扳到中间位置，摇臂停止下降后摇臂夹紧。

（6）冷却泵电动机 M1 运转由自锁开关 SA1 直接控制。

（7）当电动机发生过载等故障时，电动机保护器 FM 动作，电动机停止运行。

（8）PLC 控制接线图中电动机保护器 FM 使用动断辅助触点；十字操作杆 SA 接点、升降限位开关、立柱松紧限位、立柱夹紧开关均使用动合触点。

（9）根据上面的控制要求列出输入/输出分配表。

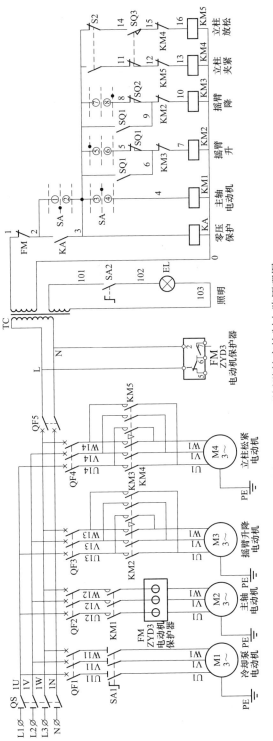

图 50-1 Z37 型摇臂钻床控制电路原理图

（10）根据控制要求，用 PLC 基本指令设计梯形图程序。

（11）根据控制要求绘制用 PLC 控制电路接线图。

（三）输入/输出设备及 I/O 元件配置分配表

输入/输出设备及 I/O 元件配置见表 50-1。

表 50-1　　　　　　　　　　　　　　输入/输出设备及 I/O 元件配置

	输入设备			输出设备		
	符号	地址	功能	符号	地址	功能
十字操作杆	SA 中		主轴断电	KA	Q0.0	零压保护继电器
	SA 左	I0.0	控制电源启动	KM1	Q0.1	主轴接触器
	SA 右	I0.1	主轴电动机工作	KM2	Q0.2	摇臂上升接触器
	SA 上	I0.2	摇臂上升	KM3	Q0.3	摇臂下降接触器
	SA 下	I0.3	摇臂下降	KM4	Q0.4	立柱夹紧接触器
	FM	I0.4	电动机保护器	KM5	Q0.5	立柱松开接触器
	SQ1	I0.5	摇臂升限位开关			
	SQ2	I0.6	摇臂降限位开关			
	SQ1-1	I0.7	摇臂松开限位开关			
	SQ1-2	I1.0	摇臂夹紧限位开关			
	SQ3	I1.1	立柱松紧限位开关			
	S2	I1.2	立柱松紧开关			

二、程序及电路设计

（一）PLC 梯形图

Z37 型摇臂钻床控制电路 PLC 梯形图见图 50-2。

（二）PLC 接线详图

Z37 型摇臂钻床控制电路 PLC 接线图见图 50-3。

三、梯形图动作详解

闭合总电源开关 QS、主电路电源断路器 QF1～QF4，闭合控制电源断路器 QF5，PLC 输入继电器 I0.4 信号指示灯亮，程序段 1 中 I0.4 触点闭合。

（一）主轴控制

十字操作杆 SA 扳至"左"挡位置时，程序段 1 中 I0.0 触点闭合，能流经触点 I0.0→I0.4 至 Q0.0，同时 Q0.0 辅助触点闭合自锁，输出继电器 Q0.0 线圈得电，零压保护继电器 KA 线圈得电，KA 触点闭合。同时程序段 2 和程序段 6 中 Q0.0 触点闭合，接通控制电路电源。

十字操作杆 SA 扳至"右"挡位置时，程序段 2 中 I0.1 触点闭合，能流经触点 Q0.0→I0.1 至 Q0.1，输出继电器 Q0.1 线圈得电，外部接触器 KM1 线圈得电，KM1

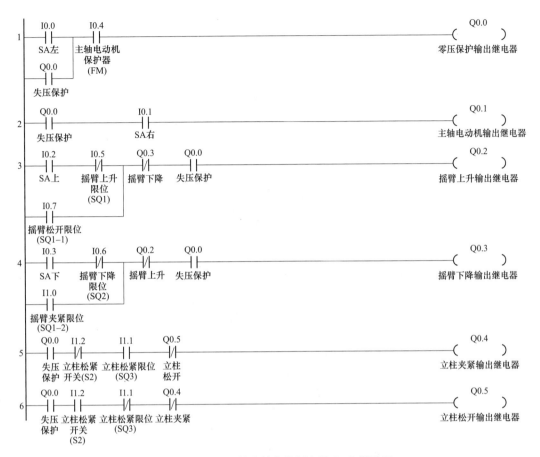

图 50-2　Z37 型摇臂钻床控制电路 PLC 梯形图

主触点闭合，主轴电动机 M2 连续运转，可操作摩擦离合器实现主轴正反转控制。十字操作杆 SA 返回中间位置时，程序段 2 中 I0.1 触点断开，输出继电器 Q0.1 线圈失电，外部接触器 KM1 线圈失电，KM1 主触点断开，主轴电动机 M2 停止运行。

（二）摇臂上升控制

将十字操作杆 SA 扳至"上"挡位置时，程序段 3 中 I0.2 触点闭合，能流经触点 I0.2→I0.5→Q0.3→Q0.0 至 Q0.2，输出继电器 Q0.2 线圈得电，外部接触器 KM2 线圈得电，KM2 主触点闭合，摇臂电动机 M3 连续正转，（由于摇臂升降前还被夹紧在外立柱上，所以 M3 电动机刚启动时摇臂不会立即上升，通过机械传动带动摇臂夹紧装置松开）。

摇臂夹紧丝杠松开后摇臂上升，当摇臂上升到工作需要高度时，将十字开关 SA 扳到中间位置时，程序段 3 中 I0.2 触点断开，输出继电器 Q0.2 线圈失电，外部接触器 KM2 线圈失电，KM2 主触点断开，摇臂电动机 M3 断电停止运行摇臂停止上升。

当摇臂上升最高点碰到摇臂升限位开关 SQ1，开关闭合，程序段 3 中 I0.5 触点断开，输出继电器 Q0.2 线圈失电，外部接触器 KM2 线圈失电，KM2 主触点断开，摇臂电动机 M3 断电停止运行摇臂停止上升。

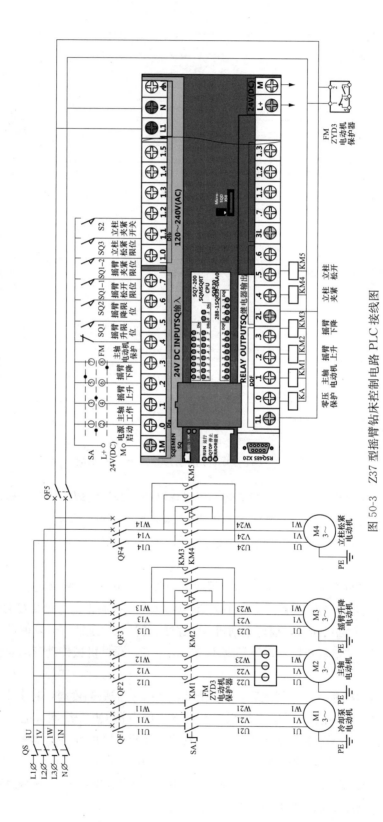

图 50-3　Z37 型摇臂钻床控制电路 PLC 接线图

摇臂停止上升后摇臂夹紧限位开关 SQ1-2 闭合，程序段 4 中 I1.0 触点闭合，能流经 I1.0→Q0.2→Q0.0 至 Q0.3，输出继电器 Q0.3 线圈得电，外部接触器 KM3 线圈得电，KM3 主触点闭合，主轴电动机 M3 连续反转运行，摇臂夹紧装置夹紧后，摇臂夹紧限位开关 SQ1-2 断开，程序段 4 中 I1.0 触点断开，电动机 M3 停止运行。

（三）摇臂下降控制

将十字操作杆 SA 扳至"下"挡位置时，程序段 4 中 I0.3 触点闭合，能流经触点 I0.3→I0.6→Q0.2→Q0.0 至 Q0.3，输出继电器 Q0.3 线圈得电，外部接触器 KM3 线圈得电，KM3 主触点闭合，摇臂电动机 M3 连续反转，（由于摇臂升降前还被夹紧在外立柱上，所以 M3 电动机刚启动时摇臂不会立即下降，通过机械传动带动摇臂夹紧装置夹紧）。摇臂夹紧丝杠松开后摇臂下降，当摇臂下降到工作需要高度时，将十字开关 SA 扳到中间位置时，程序段 4 中 I0.3 触点断开，输出继电器 Q0.3 线圈失电，外部接触器 KM3 线圈失电，KM3 主触点断开，摇臂电动机 M3 断电停止运行摇臂停止下降。

当摇臂下降最低点碰到摇臂降限位开关 SQ2，开关闭合，程序段 4 中 I0.6 触点断开，输出继电器 Q0.3 线圈失电，外部接触器 KM3 线圈失电，KM3 主触点断开，摇臂电动机 M3 断电停止运行摇臂停止下降。

摇臂停止下降后摇臂松开限位开关 SQ1-1 闭合，程序段 3 中 I0.7 触点闭合，能流经 I0.7→Q0.3→Q0.0 至 Q0.2，输出继电器 Q0.2 线圈得电，外部接触器 KM2 线圈得电，KM2 主触点闭合，主轴电动机 M3 连续正转运行，摇臂夹紧装置夹紧后，摇臂松开限位开关 SQ1-1 断开，程序段 3 中 I0.7 触点断开，电动机 M3 停止运行。

（四）立柱松开、夹紧控制

搬动 S2 立柱松紧开关闭合，程序段 6 中 I1.2 触点闭合，能流经 Q0.0→I1.2→I1.1→Q0.4 至 Q0.5，输出继电器 Q0.5 线圈得电，外部接触器 KM5 线圈得电，KM5 主触点闭合，立柱电动机 M4 正转运行，立柱夹紧装置放松；立柱完全放松后 SQ3 限位开关触点闭合，程序段 6 中 I1.1 触点断开，输出继电器 Q0.5 线圈失电，外部接触器 KM5 线圈失电，KM5 主触点断开，立柱电动机 M4 电动机停止运行。

转动摇臂至所需位置，搬动 S2 立柱松紧开关断开，程序段 5 中 I1.2 触点闭合，能流经 Q0.0→I1.2→I1.1→Q0.5 至 Q0.4，输出继电器 Q0.4 线圈得电，外部接触器 KM4 线圈得电，KM4 主触点闭合，立柱电动机 M4 反转运行，立柱夹紧装置夹紧；立柱完全夹紧后限位开关 SQ3 触点断开，程序段 5 中 I1.1 触点断开，输出继电器 Q0.4 线圈失电，外部接触器 KM4 线圈失电，KM4 主触点断开，立柱电动机 M4 电动机停止运行。

（五）保护原理

主轴电动机 M2 在运行中发生电动机断相、过载、堵转、三相不平衡等故障，输入继电器 I0.4（M2 过载保护）断开，输入继电器 I0.4 信号指示灯熄灭，程序段 1 中 I0.4 触点断开，输出继电器 Q0.0 线圈失电，外部接触器 KM1 线圈失电，主轴电动机停止运行，同时程序段 2 到程序段 6 中 Q0.0 触点断开，断开控制电路电源所运行的电动机同时停止。

第 51 例

M7130 型平面磨床控制电路

一、继电器接触器控制原理

（一）M7130 型平面磨床控制电路

M7130 型平面磨床控制电路见图 51-1。

M7130 型平面磨床由三台电动机拖动，砂轮电动机 M1、冷却泵电动机 M2、液压泵电动机 M3。

砂轮电动机和液压泵电动机由充磁、退磁回路闭锁，充磁时由 SAC 转换开关接通控制回路，退磁时由电磁吸盘欠电流继电器接通控制回路。

（二）PLC 程序设计要求

（1）按下启动按钮 SB1，砂轮电动机 M1 启动运行。

（2）冷却泵电动机 M2 由插头连接至砂轮电动机主电路中由 KM1 控制。

（3）按下启动按钮 SB3，液压泵电动机 M3 启动运行。

（4）按下停止按钮 SB2 砂轮电动机 M1 停止运行。

（5）按下停止按钮 SB4 液压泵电动机 M3 停止运行。

（6）电磁吸盘由变压器 TC 降压至 145V 经阻容吸收电路后进行桥式整流，由转换开关 SA 手动控制充磁或退磁，并有欠电流停机保护功能，电磁吸盘控制电路部分保留原电路不做改动。

（7）当电动机发生过载等故障时，电动机保护器 FM1 或 FM2 动作 2 台电动机同时停止运行。

（8）PLC 控制接线图中电动机停止按钮 SB2、SB4、电动机保护器 FM1、FM2 辅助触点均使用动断触点，启动按钮 SB1、SB3、欠流继电器 KA 辅助触点均使用动合触点。

（9）根据上面的控制要求列出输入/输出分配表。

（10）根据控制要求，用 PLC 基本指令设计梯形图程序。

（11）根据控制要求绘制 PLC 控制电路接线图。

（三）输入/输出设备及 I/O 元件配置分配表

输入/输出设备及 I/O 元件配置见表 51-1。

二、程序及电路设计

（一）PLC 梯形图

M7130 型平面磨床控制电路 PLC 梯形图见图 51-2。

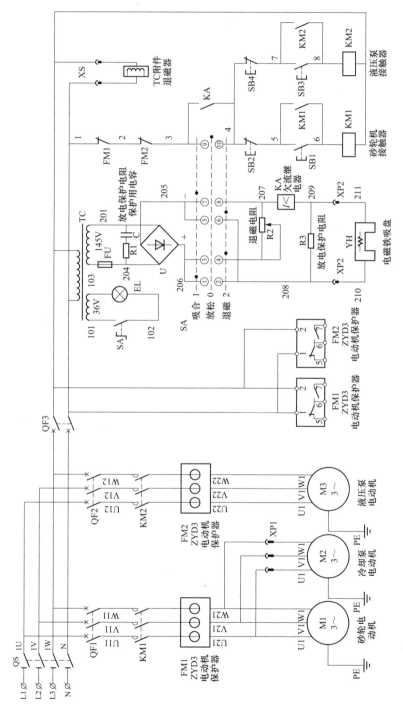

图 51-1　M7130 型平面磨床控制电路原理图

表 51-1			输入/输出设备及 I/O 元件配置		
输入设备			输出设备		
符号	地址	功能	符号	地址	功能
SB1	I0.0	砂轮启动按钮	KM1	Q0.0	砂轮电动机接触器
SB2	I0.1	砂轮停止按钮	KM2	Q0.1	液压泵电动机接触器
SB3	I0.2	液压泵启动按钮			
SB4	I0.3	液压泵停止按钮			
FM1	I0.4	砂轮电动机保护器			
FM2	I0.5	液压泵电动机保护器			
KA	I0.6	欠电流继电器			

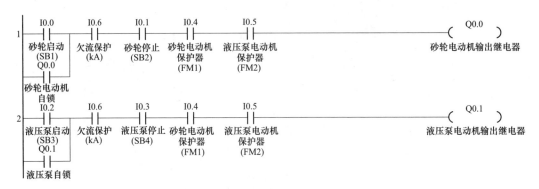

图 51-2　M7130 型平面磨床控制电路 PLC 梯形图

（二）PLC 接线详图

M7130 型平面磨床控制电路 PLC 接线图见图 51-3。

三、梯形图动作详解

闭合总电源开关 QS，主电路电源断路器 QF1、QF2，控制电源断路器 QF3。PLC 输入继电器 I0.1、I0.3、I0.4、I0.5 信号指示灯亮，梯形图中 I0.1、I0.3、I0.4、I0.5 触点闭合。

（一）启动过程

1. 启动电磁吸盘

电磁吸盘电路没有使用 PLC 控制，吸盘控制开关 SAC 分别有"1 充磁（吸合）""0 放松""2 退磁"三个位置，1、2 位置分别是充磁（吸合）与退磁，当需要调整砂轮高低、角度，更换砂轮时，需将吸盘控制开关 SAC 调至"0 位"，放松磁盘。将充磁开关 SAC 搬至充磁挡位，当电磁吸盘电流达到正常吸持工件电流时，I0.6 信号指示灯点亮，程序段 1 和程序段 2 中 I0.6 触点闭合，为砂轮及液压泵电动机做启动准备。

2. 启动砂轮机、冷却泵电动机

按下启动按钮 SB1，程序段 1 中 I0.0 触点闭合，能流经触点 I0.0→I0.6→I0.1→

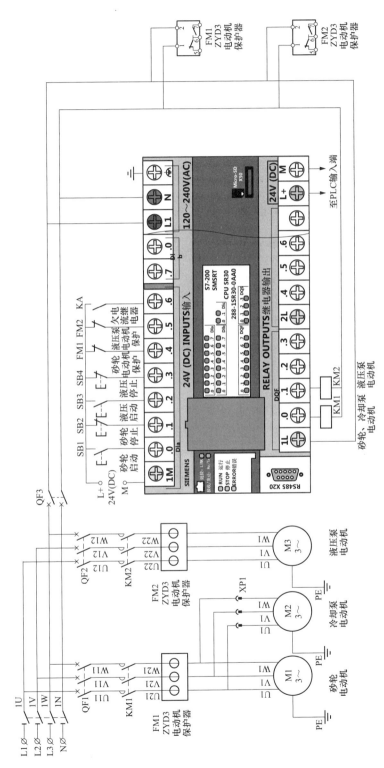

图 51-3 M7130 型平面磨床控制电路 PLC 接线图

I0.4→I0.5 至 Q0.0。输出继电器 Q0.0 线圈得电，外部接触器 KM1 线圈得电，KM1 主触点闭合，砂轮电动机 M1、冷却电动机 M2 运行。同时程序段 1 中 Q0.0 触点闭合自锁，砂轮电动机 M1、冷却电动机 M2 连续运行。

3. 启动液压泵电动机

按下液压泵启动按钮 SB3，程序段 2 中 I0.2 触点闭合，能流经触点 I0.2→I0.6→I0.3→I0.4→I0.5 至 Q0.1。输出继电器 Q0.1 线圈得电，外部接触器 KM2 线圈得电，KM2 主触点闭合，M3 液压泵电动机运行。同时程序段 2 中 Q0.1 触点闭合自锁，M3 液压泵电动机连续运行。

（二）停止过程

1. 电动机停止

按下砂轮停止按钮 SB2，程序段 1 中 I0.1 触点断开，输出继电器 Q0.0 线圈失电，外部接触器 KM1 线圈失电，KM1 主触点断开，砂轮电动机 M1、冷却电动机 M2 停止运行。按下液压泵停止按钮 SB4，程序段 2 中 I0.3 触点断开，输出继电器 Q0.1 线圈失电，外部接触器 KM2 线圈失电，KM 主触点断开，M3 液压泵电动机停止运行。

2. 电磁吸盘退磁

当砂轮及液压泵电动机都停止运行后，将吸盘控制开关 SAC 旋至"退磁"挡位 2，电磁吸盘不再吸持工件时，将吸盘控制开关 SAC 旋至退"放松"位置 0 位，将工件从工作台上取下。

（三）保护原理

当砂轮电动机或液压泵电动机在运行中发生电动机断相、过载、堵转、三相不平衡等故障时，输入继电器 I0.4（M1 过载保护）或输入继电器 I0.5（M3 过载保护）断开，输入继电器 I0.4 或 I0.5 信号指示灯熄灭，程序段 1 和程序段 2 中 I0.4 或 I0.5 触点断开，输出继电器 Q0.0 和 Q0.1 线圈失电，外部接触器 KM1 和 KM2 线圈失电，三台电动机同时停止运行；当工作过程中电磁吸盘意外断电（例如误操作未停机断开充磁开关）或工作台内部电磁吸盘线圈故障导致电磁吸持力减弱时，欠流继电器外部接点断开，PLC 输入继电器 I0.6 信号指示灯熄灭，程序段 1 和程序段 2 中 I0.6 触点断开，输出继电器 Q0.0 和 Q0.1 线圈失电，外部接触器 KM1 和 KM2 线圈失电，三台电动机同时停止运行，以免工件失去吸持力造成事故。

第 52 例
涡轮带锯床控制电路

一、继电器接触器控制原理

（一）涡轮带锯床控制电路

涡轮带锯床控制电路见图 52-1。

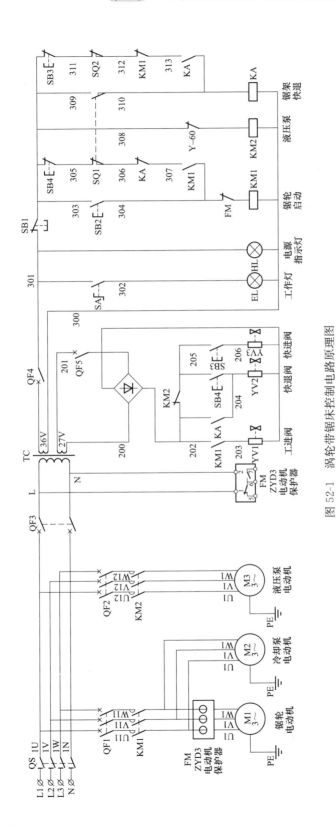

图 52-1 涡轮带锯床控制电路原理图

（二）PLC 程序设计要求

（1）按下启动按钮 SB2 锯轮电动机 M1 和冷却泵电动机 M2 启动运行。

（2）按下停止按钮 SB1 锯轮电动机 M1 和冷却泵电动机 M2 停止运行。

（3）按住外部按钮 SB3 锯架快速行进。

（4）按住外部按钮 SB4 锯架快速后退。

（5）液压机构由液压泵电动机 M3 提供动力，由压力继电器控制启停。

（6）当电动机发生过载等故障时，电动机保护器 FM 动作电动机同时停止运行。

（7）PLC 控制电路接线图中停止按钮 SB1、电动机保护器 FM 辅助触点、锯架限位开关均使用动断触点。

（8）工作台照明灯及电源指示灯不经 PLC 程序控制。

（9）电动机保护器 FM 工作电源由外部控制电路电源直接供电。

（10）根据上面的控制要求列出输入/输出分配表。

（11）根据控制要求，用 PLC 基本指令设计梯形图程序。

（12）根据控制要求绘制用 PLC 控制电路接线图。

（三）输入/输出设备及 I/O 元件配置分配表

输入/输出设备及 I/O 元件配置见表 52-1。

表 52-1   输入/输出设备及 I/O 元件配置

输入设备			输出设备		
符号	地址	功能	符号	地址	功能
SB1	I0.0	停机按钮	KM1	Q0.0	锯轮电动机接触器
SB2	I0.1	锯轮启动按钮	KM2	Q0.1	液压泵电动机接触器
SB3	I0.2	锯架快进按钮	YV1	Q0.4	工作行进电磁阀
SB4	I0.3	锯架快退按钮	YV2	Q0.5	锯架快退电磁阀
FM	I0.4	锯轮电动机保护器	YV3	Q0.6	锯架快进电磁阀
SQ1	I0.5	锯架工作限位			
SQ2	I0.6	锯架快退限位			
Y-60	I0.7	液压压力继电器			

二、程序及电路设计

（一）PLC 梯形图

涡轮带锯床控制电路 PLC 梯形图见图 52-2。

（二）PLC 接线详图

涡轮带锯床控制电路 PLC 接线图见图 52-3。

三、梯形图动作详解

闭合总电源开关 QS，主电路电源断路器 QF1、QF2，控制电源断路器 QF3。

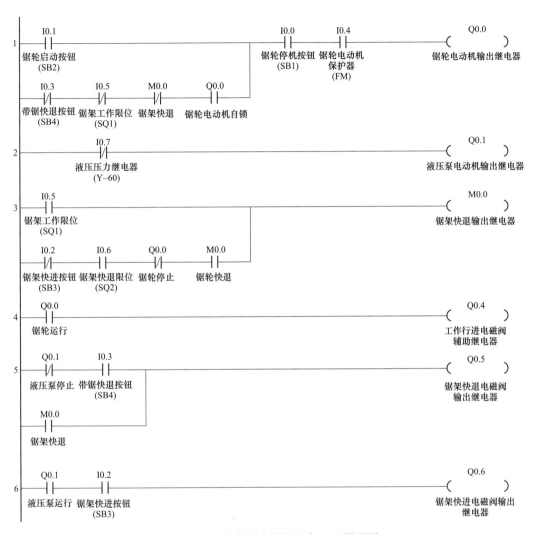

图 52-2　涡轮带锯床控制电路 PLC 梯形图

PLC 输入继电器 I0.0、I0.4、I0.6 信号指示灯亮，程序段 1 中 I0.0、I0.4 触点闭合，程序段 3 中 I0.6 触点闭合，程序段 2 中 I0.7 触点闭合，输出继电器 Q0.1 线圈得电，外部接触器 KM2 线圈得电，KM2 主触点闭合，液压泵电动机 M3 运行，液压压力达到设定值时 Y-60 液压压力继电器触点闭合，程序段 2 中 I0.7 触点断开，液压泵停止运行。

（一）启动过程

按下启动按钮 SB2，程序段 1 中 I0.1 触点闭合，能流经 I0.1→I0.0→I0.4 至 Q0.0。同时能流又经 I0.3→I0.5→M0.0→Q0.0 辅助触点闭合自锁，输出继电器 Q0.0 线圈得电，外部接触器 KM1 线圈得电，KM1 主触点闭合，锯轮电动机 M1 连续运行。

同时，程序段 4 中 Q0.0 触点闭合，能流经 Q0.0 至 Q0.4，输出继电器 Q0.4 线圈得电，外部电磁阀线圈 YV1 得电，液压推动工作台行进。

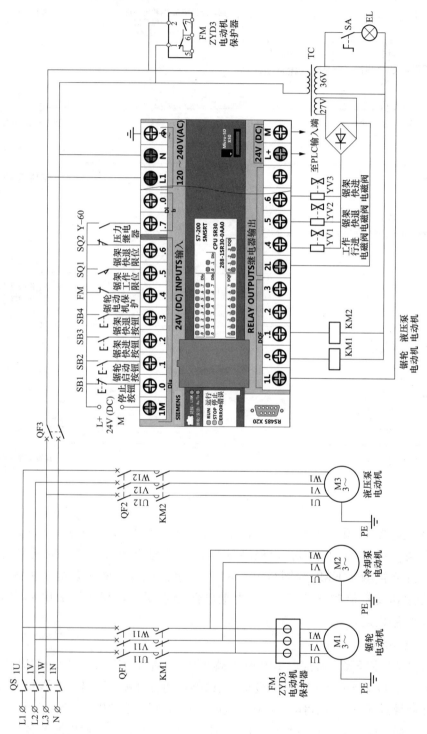

图 52-3　涡轮带锯床控制电路 PLC 接线图

（二）停止过程

按下停止按钮 SB1，程序段 1 中 I0.0 触点断开，输出继电器 Q0.0 线圈失电，外部接触器 KM1 线圈失电，KM1 主触点断开锯轮电动机停止工作。程序段 4 中 Q0.0 触点断开，外部电磁阀线圈 YV1 失电，工作行进电磁阀停止工作。

（三）锯架自动快速后退过程

当锯架移动到工作台尽头时，锯架工作限位 SQ1 触点闭合，程序段 1 中 I0.5 触点断开，输出继电器 Q0.0 线圈失电，外部接触器 KM1 线圈失电，KM1 主触点断开锯轮电动机停止工作。程序段 3 中 I0.5 触点断闭合，能流经 I0.5 至 M0.0，辅助继电器 M0.0 得电，同时能流又经 I0.2→I0.6→Q0.0→M0.0 辅助触点闭合自锁，程序段 5 中 M0.0 触点闭合，输出继电器 Q0.5 线圈得电，外部快退电磁阀 YV2 得电，锯架立即快速后退，当锯架后退至极限位时，锯架后退限位开关 SQ2 断开，程序段 3 中 I0.6 触点断开，辅助继电器 M0.0 失电，同时程序段 5 中 M0.0 触点断开，输出继电器 Q0.5 线圈失电，外部快退电磁阀 YV2 失电，锯架停止快速后退。

（四）锯架手动快速后退、行进过程

液压泵停止工作时，按下 SB4 锯架快退按钮，程序段 5 中 I0.3 触点闭合，能流经 Q0.1→I0.3 至 Q0.5，输出继电器 Q0.5 线圈得电，锯架快退电磁阀 YV2 得电，锯架利用剩余压力立即快速后退。

液压泵工作时，按下锯架快进按钮 SB3，程序段 6 中 I0.2 触点闭合，能流经 Q0.1→I0.2 至 Q0.6，输出继电器 Q0.6 线圈得电，快进电磁阀 YV3 得电，锯架立即快速行进。

（五）保护原理

当电动机在运行中发生断相、过载、堵转、三相不平衡等故障时，输入继电器 I0.4（电动机 M1 过载保护）断开，输入继电器 I0.4 信号指示灯熄灭，程序段 1 中 I0.4 触点断开，输出继电器 Q0.0 回路断开，外部接触器 KM1 线圈失电，锯轮电动机停止运行。

第 53 例

单梁电动吊车控制电路

一、继电器接触器控制原理

（一）单梁电动吊车控制电路

单梁电动吊车控制电路见图 53-1。

（二）PLC 程序设计要求

（1）将急停按钮复位，按下吊钩上升按钮 SB1 吊钩电动机 M1 点动正转运行，吊钩上升。

（2）按下下降按钮 SB2，吊钩电动机 M1 点动反转运行，吊钩下降。

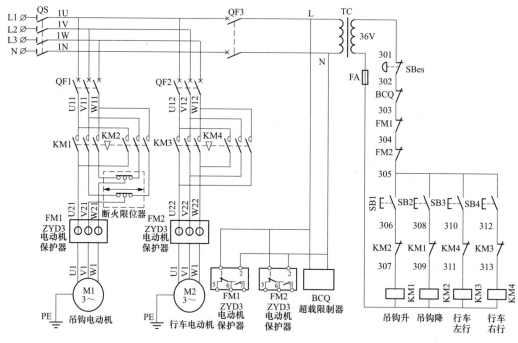

图 53-1　单梁电动吊车控制电路原理图

（3）按下正转按钮 SB3，行车电动机 M2 点动正转运行，行车左行。

（4）按下反转按钮 SB4，行车电动机 M2 点动反转运行，行车右行。

（5）按下急停按钮吊钩电动机和行车电动机同时停止运行。

（6）当吊物超过额定载重时，超载限制器 BCQ 保护动作，吊钩电动机和行车电动机同时停止运行。

（7）电动机发生过载等故障时，电动机保护器 FM1、FM2 动作，2 台电动机同时停止运行。

（8）为防止主回路短路，控制回路中加装正反转互锁接点和机械互锁附件。

（9）为保证超载保护和急停功能可靠工作直接切断控制回路，不接入 PLC，不需程序控制。

（10）PLC 控制电路接线图中电动机保护器 FM1、FM2 均使用动断触点，行车及吊钩点动控制均使用动合触点。

（11）电动机保护器 FM1 及 FM2 工作电源由外部控制电路电源直接供电。

（12）根据上面的控制要求列出输入/输出分配表。

（13）根据控制要求，用 PLC 基本指令设计梯形图程序。

（14）根据控制要求绘制 PLC 控制电路接线图。

（三）输入/输出设备及 I/O 元件配置分配表

输入/输出设备及 I/O 元件配置见表 53-1。

表 53-1　　　　　　　　　　　　　　　输入/输出设备及 I/O 元件配置

输入设备			输出设备		
符号	地址	功能	符号	地址	功能
SB1	I0.0	吊钩上升按钮	KM1	Q0.0	吊钩上升接触器
SB2	I0.1	吊钩下降按钮	KM2	Q0.1	吊钩下降接触器
SB3	I0.2	行车左行按钮	KM3	Q0.2	行车左行接触器
SB4	I0.3	行车右行旋钮	KM4	Q0.3	行车右行接触器
FM1	I0.4	吊钩电动机保护器			
FM2	I0.5	行车电动机保护器			

二、程序及电路设计

（一）PLC 梯形图

单梁电动吊车控制电路 PLC 梯形图见图 53-2。

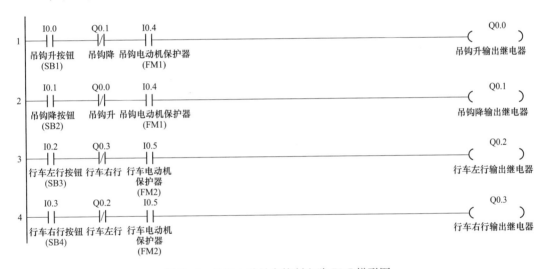

图 53-2　单梁电动吊车控制电路 PLC 梯形图

（二）PLC 接线详图

单梁电动吊车控制电路 PLC 接线图见图 53-3。

三、梯形图动作详解

闭合总电源开关 QS，主电路电源断路器 QF1、控制电源断路器 QF2，PLC 输入继电器 I0.4、I0.5 信号指示灯亮，梯形图中 I0.4、I0.5 触点闭合。

（一）吊钩上升过程

按住吊钩上升按钮 SB1，程序段 1 中 I0.0 触点闭合，能流经 I0.0→Q0.1→I0.4 至 Q0.0，输出继电器 Q0.0 线圈得电，外部接触器 KM1 线圈得电，KM1 主触点闭合，吊钩电动机 M1 正转运行，吊钩上升。

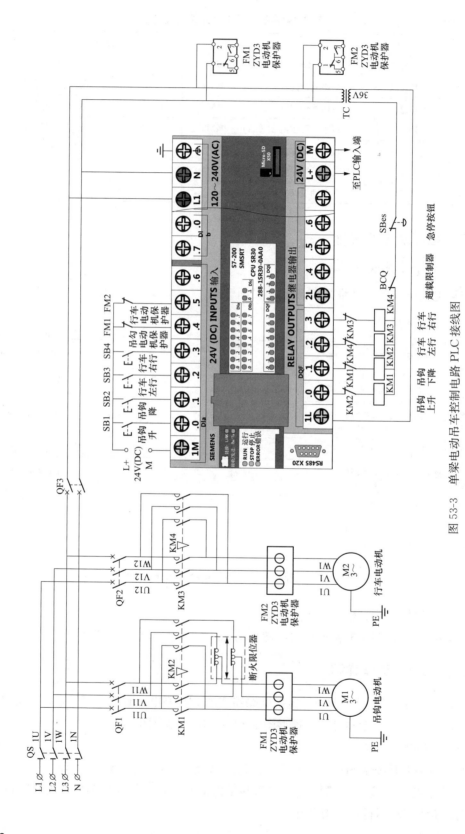

图 53-3　单梁电动吊车控制电路 PLC 接线图

（二）吊钩下降过程

按住吊钩下降按钮 SB2，程序段 2 中 I0.1 触点闭合，能流经 I0.1→Q0.0→I0.4 至 Q0.1，输出继电器 Q0.1 线圈得电，外部接触器 KM2 线圈得电，KM2 主触点闭合，吊钩电动机 M1 反转运行，吊钩下降。

（三）行车左行过程

按住行车左行按钮 SB3，程序段 3 中 I0.2 触点闭合，能流经 I0.2→Q0.3→I0.5 至 Q0.2，输出继电器 Q0.2 线圈得电，外部接触器 KM3 线圈得电，KM3 主触点闭合，行车电动机 M2 正转运行，行车左行。

（四）行车右行过程

按住行车右行按钮 SB4，程序段 4 中 I0.3 触点闭合，能流经 I0.3→Q0.2→I0.5 至 Q0.3，输出继电器 Q0.3 线圈得电，外部接触器 KM4 线圈得电，KM4 主触点闭合，行车电动机 M2 反转运行，行车右行。

（五）保护原理

当吊钩电动机或行车电动机在运行中发生电动机断相、过载、堵转、三相不平衡等故障中，输入继电器 I0.4 或 I0.5（电动机 M 过载保护）断开，输入继电器 I0.4 或 I0.5 信号指示灯熄灭，程序段 1 到程序段 4 中 I0.4 或 I0.5 触点断开，输出继电器 Q0.0（Q0.1）或 Q0.2（Q0.3）线圈失电，外部接触器 KM1（KM2）或 KM3（KM4）线圈失电，两台电动机同时停止运行。

第 54 例

双速电动机手动变速控制电路

一、继电器接触器控制原理

（一）双速电动机手动变速控制电路

双速电动机手动变速控制电路见图 54-1。

（二）PLC 程序设计要求

（1）按下启动按钮 SB1 电动机低速运行。

（2）按下启动按钮 SB2 电动机高速运行。

（3）按下停止按钮 SB3 电动机停止运行。

（4）电动机发生过载等故障时，电动机保护器 FM 动作电动机停止运行。

（5）电动机高/低速可不停机转换、要有防短路硬接点互锁，及高低速接触器间机械联锁。

（6）PLC 控制电路接线图中停止按钮 SB3、电动机保护器 FM1、FM2 辅助触点均使用动断触点；低速及高速启动按钮使用动合触点。

（7）电动机保护器 FM1 及 FM2 工作电源由外部控制电路电源直接供电。

（8）根据上面的控制要求列出输入/输出分配表。

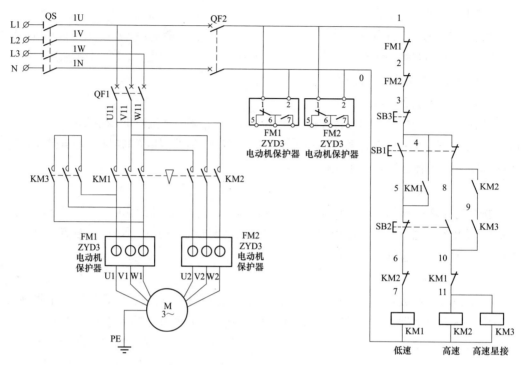

图 54-1　双速电动机手动变速控制电路原理图

（9）根据控制要求，用 PLC 基本指令设计梯形图程序。

（10）根据控制要求绘制 PLC 控制电路接线图。

（三）输入/输出设备及 I/O 元件配置分配表

输入/输出设备及 I/O 元件配置见表 54-1。

表 54-1　　　　　　　　　　　　输入/输出设备及 I/O 元件配置

输入设备			输出设备		
符号	地址	功能	符号	地址	功能
SB1	I0.0	低速启动按钮	KM1	Q0.0	电动机低速运行接触器
SB2	I0.1	高速启动按钮	KM2	Q0.1	电动机高速运行接触器
SB3	I0.2	停止按钮	KM3	Q0.2	电动机高速星接接触器
FM1	I0.3	电动机低速保护器			
FM2	I0.4	电动机高速保护器			

二、程序及电路设计

（一）PLC 梯形图

双速电动机手动变速控制电路 PLC 梯形图见图 54-2。

（二）PLC 接线详图

双速电动机手动变速控制电路 PLC 接线图见图 54-3。

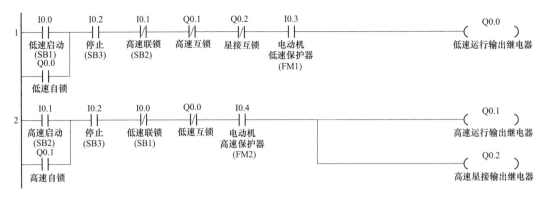

图 54-2　双速电动机手动变速控制电路 PLC 梯形图

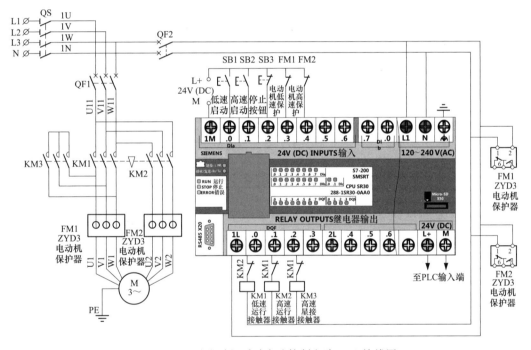

图 54-3　双速电动机手动变速控制电路 PLC 接线图

三、梯形图动作详解

闭合总电源开关 QS，主电路电源断路器 QF1、控制电源断路器 QF2。PLC 输入继电器 I0.2、I0.3、I0.4 信号指示灯亮，程序段 1 和程序段 2 中 I0.2、I0.3、I0.4 触点闭合。

（一）低速启动过程

按下低速启动按钮 SB1，程序段 1 中 I0.0 触点闭合，能流经 I0.0→I0.2→I0.1→Q0.1→Q0.2→I0.3 至 Q0.0，同时 Q0.0 辅助触点闭合自锁，输出继电器 Q0.0 线圈得电，外部接触器 KM1 线圈得电，KM1 主触点闭合，电动机 M 低速运行。

（二）高速启动过程

按下高速启动按钮 SB2，程序段 1 中 I0.1 触点断开，输出继电器 Q0.0 线圈失电，程序段 2 中 I0.1 触点闭合，能流经 I0.1→I0.2→I0.0→Q0.0→I0.4 至 Q0.1 和 Q0.2，同时 Q0.1 辅助触点闭合自锁，输出继电器 Q0.1 和 Q0.2 线圈得电，外部接触器 KM2、KM3 线圈得电，KM2、KM3 主触点闭合，电动机 M 高速运行。

（三）停止过程

按下停止按钮 SB3 程序段 1 和程序段 2 中 I0.2 触点断开，输出继电器 Q0.0～Q0.2 线圈失电，外部接触器 KM1～KM3 线圈失电，KM1～KM3 主触点断开，电动机 M 停止运行。

（四）保护原理

当电动机在运行中发生电动机断相、过载、堵转、三相不平衡等故障时，电动机保护器动断触点 FM1（I0.3）、FM2（I0.4）（电动机 M 过载保护）断开，输入继电器 I0.3、I0.4 信号指示灯熄灭，程序段 1 和程序段 2 中 I0.3 或者 I0.4 触点断开，输出继电器 Q0.0～Q0.2 线圈失电，外部接触器 KM1～KM3 线圈失电，KM1～KM3 主触点断开，电动机 M 停止运行。

第 55 例
双速电动机自动变速控制电路

一、继电器接触器控制原理

（一）双速电动机自动变速控制电路

双速电动机自动变速控制电路见图 55-1。

（二）PLC 程序设计要求

（1）按下启动按钮 SB1 电动机 M 低速启动运行。

（2）按下启动按钮 SB2 电动机 M 低速启动，延时 5s 后电动机 M 自动转为高速运行。

（3）按下停止按钮 SB3 电动机停止运行。

（4）当电动机发生过载等故障时，电动机保护器 FM1 或 FM2 动作，电动机停止运行。

（5）PLC 控制电路接线图中停止按钮 SB3，电动机保护器 FM 辅助触点均使用动断触点，低速及高速启动按钮均使用动合触点。

（6）电动机保护器 FM1 及 FM2 工作电源由外部控制电路电源直接供电。

（7）根据上面的控制要求列出输入/输出分配表。

（8）根据控制要求，用 PLC 基本指令设计梯形图程序。

（9）根据控制要求绘制 PLC 控制电路接线图。

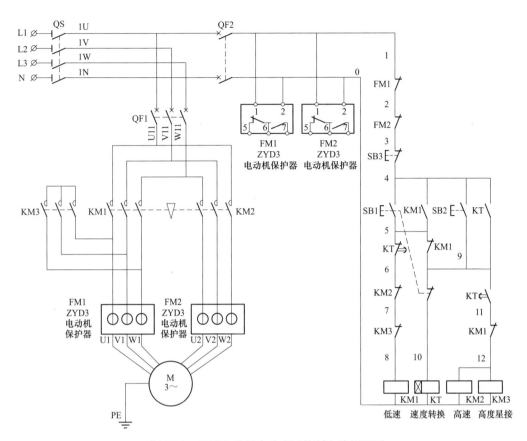

图 55-1　双速电动机自动变速控制电路原理图

（三）输入/输出设备及 I/O 元件配置分配表

输入/输出设备及 I/O 元件配置见表 55-1。

表 55-1　　　　　　　　　输入/输出设备及 I/O 元件配置

输入设备			输出设备		
符号	地址	功能	符号	地址	功能
SB1	I0.0	低速启动按钮	KM1	Q0.0	电动机低速运行接触器
SB2	I0.1	高速启动按钮	KM2	Q0.1	电动机高速运行接触器
SB3	I0.2	停止按钮	KM3	Q0.2	电动机高速星接接触器
FM1	I0.3	电动机低速保护器			
FM2	I0.4	电动机高速保护器			

二、程序及电路设计

（一）PLC 梯形图

双速电动机自动变速控制电路 PLC 梯形图见图 55-2。

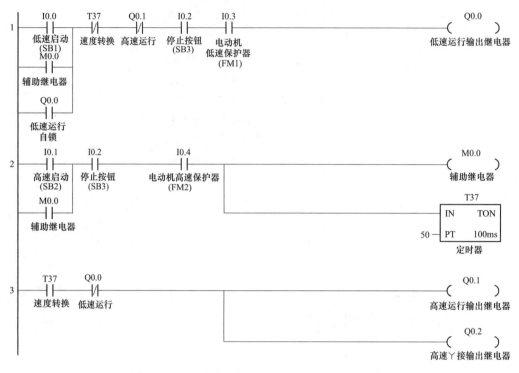

图 55-2 双速电动机自动变速控制电路 PLC 梯形图

（二）PLC 接线详图

双速电动机自动变速控制电路 PLC 接线图见图 55-3。

三、梯形图动作详解

闭合总电源开关 QS，主电路电源断路器 QF1、控制电源断路器 QF2，PLC 输入继电器 I0.2、I0.3、I0.4 信号指示灯亮，梯形图中 I0.2、I0.3、I0.4 触点闭合。

（一）低速启动过程

按下低速启动按钮 SB1，程序段 1 中 I0.0 触点闭合，能流经 I0.0→T37→Q0.1→I0.2→I0.3 至 Q0.0，输出继电器 Q0.0 线圈得电，外部接触器 KM1 线圈得电，KM1 主触点闭合，同时 Q0.0 触点闭合自锁，电动机 M 连续低速运行。

（二）高速启动过程

按下高速启动按钮 SB2，程序段 2 中 I0.1 触点闭合，能流经 I0.1→I0.2→I0.4→至 M0.0 和定时器 T37，同时 M0.0 触点闭合自锁，程序段 1 中 M0.0 触点闭合，能流经 M0.0→T37→Q0.1→I0.2→I0.3 至 Q0.0，输出继电器 Q0.0 线圈得电，外部接触器 KM1 线圈得电，KM1 主触点闭合，同时 Q0.0 触点闭合自锁，电动机 M 连续低速运行。

5s 后程序段 1 中 T37 触点断开，输出继电器 Q0.0 线圈失电，电动机 M 低速运行停止，程序段 3 中 T37 触点闭合，能流经 T37→Q0.0 至 Q0.1、Q0.2，输出继电器 Q0.1、Q0.2 线圈得电，外部接触器 KM2、KM3 线圈得电，KM2、KM3 主触点闭合，

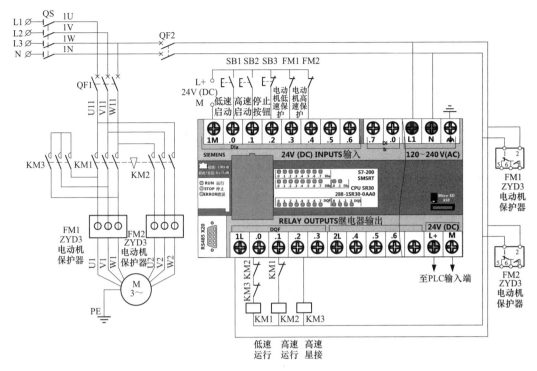

图 55-3 双速电动机自动变速控制电路 PLC 接线图

电动机 M 高速运行。

（三）停止过程

按下停止按钮 SB3，程序段 1 和程序段 2 中 I0.2 触点断开，输出继电器 Q0.0 线圈失电（高速时 Q0.1 和 Q0.2 失电），外部接触器 KM1（KM2、KM3）线圈失电，电动机停止运行。

（四）保护原理

当电动机在运行中发生电动机断相、过载、堵转、三相不平衡等故障时，电动机保护器动断触点 FM1（I0.3）或 FM2（I0.4）（电动机 M 过载保护）断开，输入继电器 I0.3 或 I0.4 信号指示灯熄灭，程序段 1 或程序段 2 中 I0.3 或 I0.4 触点断开，输出继电器 Q0.0 线圈失电（高速时 Q0.1 和 Q0.2 失电），外部接触器 KM1（KM2、KM3）线圈失电，电动机停止运行。

第 56 例

三速电动机手动变速控制电路

一、继电器接触器控制原理

（一）三速电动机手动变速控制电路

三速电动机手动变速控制电路见图 56-1。

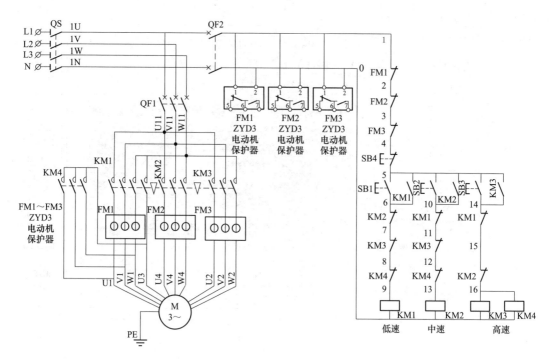

图 56-1　三速电动机手动变速控制电路原理图

（二）PLC 程序设计要求

（1）按下启动按钮 SB1 电动机低速启动运行。

（2）按下启动按钮 SB2 电动机中速启动运行。

（3）按下启动按钮 SB3 电动机高速启动运行。

（4）按下停止按钮 SB4 电动机停止运行。

（5）当电动机发生过载等故障时，电动机保护器 FM1 或 FM2 或 FM3 动作，电动机停止运行。

（6）为防止主回路短路接触器回路中加装联锁接点和机械互锁附件。

（7）PLC 控制电路接线图中停止按钮 SB4，电动机保护器 FM1、FM2、FM3 辅助触点均使用动断触点，相应三个速度启动按钮均使用动合触点。

（8）电动机保护器 FM1、FM2、FM3 工作电源由外部控制电路电源直接供电。

（9）根据上面的控制要求列出输入/输出分配表。

（10）根据控制要求，用 PLC 基本指令设计梯形图程序。

（11）根据控制要求绘制 PLC 控制电路接线图。

（三）输入/输出设备及 I/O 元件配置分配表

输入/输出设备及 I/O 元件配置见表 56-1。

表 56-1 输入/输出设备及 I/O 元件配置

输入设备			输出设备		
符号	地址	功能	符号	地址	功能
SB1	I0.0	低速启动按钮	KM1	Q0.0	电动机低速运行接触器
SB2	I0.1	中速启动按钮	KM2	Q0.1	电动机中速运行接触器
SB3	I0.2	高速启动按钮	KM3	Q0.2	电动机高速运行接触器
SB4	I0.3	停止按钮			
FM1	I0.4	电动机低速保护器			
FM2	I0.5	电动机中速保护器			
FM3	I0.6	电动机高速保护器			

二、程序及电路设计

（一）PLC 梯形图

三速电动机手动变速控制电路 PLC 梯形图见图 56-2。

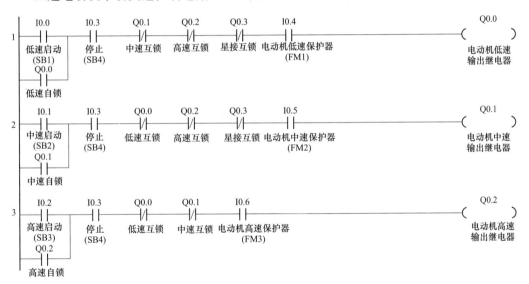

图 56-2 三速电动机手动变速控制电路 PLC 梯形图

（二）PLC 接线详图

三速电动机手动变速控制电路 PLC 接线图见图 56-3。

三、梯形图动作详解

闭合总电源开关 QS，主电路电源断路器 QF1、控制电源断路器 QF2，PLC 输入继电器 I0.3、I0.4、I0.5、I0.6 信号指示灯亮，程序段 1 至程序段 3 中 I0.3、I0.4、I0.5、I0.6 触点闭合。

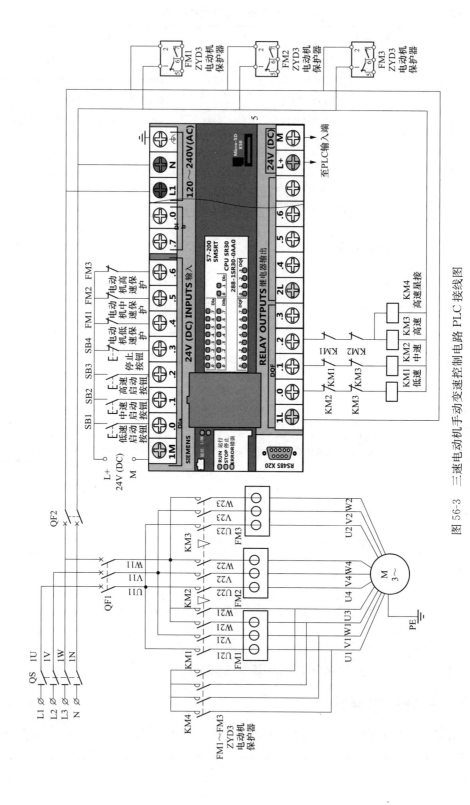

图 56-3 三速电动机手动变速控制电路 PLC 接线图

（一）低速启动过程

电动机停止时，按下低速启动按钮 SB1，程序段 1 中 I0.0 触点闭合，能流经 I0.0→I0.3→Q0.1→Q0.2→Q0.3→I0.4 至 Q0.0，同时 Q0.0 辅助触点闭合自锁，输出继电器 Q0.0 线圈得电，外部接触器 KM1 线圈得电，KM1 主触点闭合，电动机 M 连续运行。

（二）中速启动过程

电动机停止时，按下中速启动按钮 SB2，程序段 2 中 I0.1 触点闭合，能流经 I0.1→I0.3→Q0.0→Q0.2→Q0.3→I0.5 至 Q0.1，同时 Q0.1 辅助触点闭合自锁，输出继电器 Q0.1 线圈得电，外部接触器 KM2 线圈得电，KM2 主触点闭合，电动机 M 连续中速运行。

（三）高速启动过程

电动机停止时，按下高速启动按钮 SB3，程序段 3 中 I0.2 触点闭合，能流经 I0.2→I0.3→Q0.0→Q0.1→I0.6 至 Q0.2，同时 Q0.2 辅助触点闭合自锁，输出继电器 Q0.2 线圈得电，外部接触器 KM3、KM4 线圈得电，KM3、KM4 主触点闭合，电动机 M 连续高速运行。

（四）停止过程

电动机停止时，按下停止按钮 SB4，程序段 1 至程序段 3 中 I0.3 触点断开，输出继电器 Q0.0～Q0.2 线圈失电，外部接触器 KM1～KM4 线圈失电，KM1～KM4 主触点断开，电动机 M 停止运行。

（五）保护原理

例如，当电动机低速运行中发生电动机断相、过载、堵转、三相不平衡等故障时，输入继电器 I0.4 断开（电动机 M 过载保护），输入继电器 I0.4 信号指示灯熄灭，程序段 1 中 I0.4 触点断开，输出继电器 Q0.0 线圈失电，外部接触器 KM1 线圈失电，电动机低速停止运行。电动机中速和高速运行时过载同理。

第 57 例

三速电动机自动变速控制电路

一、继电器接触器控制原理

（一）三速电动机自动变速控制电路

三速电动机自动变速控制电路见图 57-1。

（二）PLC 程序设计要求

（1）按下启动按钮 SB1 电动机低速启动运行。

（2）延时 3s 后电动机自动切换至中速运行。

（3）再延时 3s 后电动机自动切换至高速运行。

（4）按下停止按钮 SB2 电动机停止。

（5）电动机发生过载等故障时，电动机保护器 FM1、FM2 或 FM3 动作，电动机停止运行。

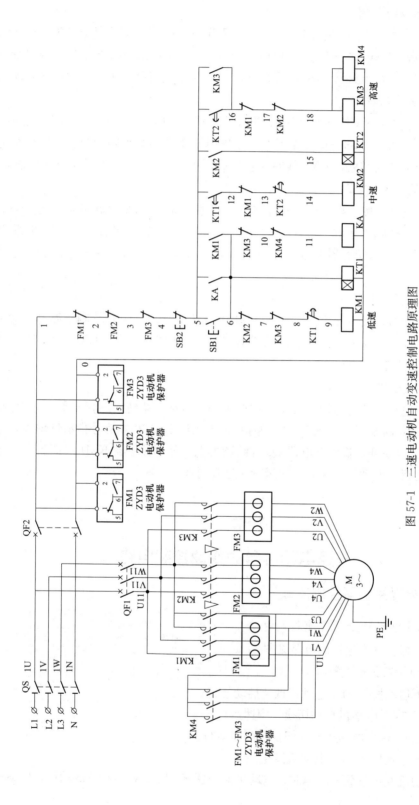

图 57-1　三速电动机自动变速控制电路原理图

（6）要有防主回路短路硬触点互锁和接触器机械互锁附件。

（7）PLC 控制电路接线图中停止按钮 SB2、电动机保护器 FM1、FM2、FM3 辅助触点均使用动断触点，启动按钮使用动合触点。

（8）电动机保护器 FM1、FM2、FM3 工作电源由外部控制电路电源直接供电。

（9）根据上面的控制要求列出输入/输出分配表。

（10）根据控制要求，用 PLC 基本指令设计梯形图程序。

（11）根据控制要求绘制用 PLC 控制电路接线图。

（三）输入/输出设备及 I/O 元件配置分配表

输入/输出设备及 I/O 元件配置见表 57-1。

表 57-1　　　　　　　　　　　输入/输出设备及 I/O 元件配置

输入设备			输出设备		
符号	地址	功能	符号	地址	功能
SB1	I0.0	启动按钮	KM1	Q0.0	电动机低速运行接触器
SB2	I0.1	停止按钮	KM2	Q0.1	电动机中速运行接触器
FM1	I0.2	电动机低速保护器	KM3	Q0.2	电动机高速运行接触器
FM2	I0.3	电动机中速保护器			
FM3	I0.4	电动机高速保护器			

二、程序及电路设计

（一）PLC 梯形图

三速电动机自动变速控制电路 PLC 梯形图见图 57-2。

（二）PLC 接线详图

三速电动机自动变速控制电路 PLC 接线图见图 57-3。

三、梯形图动作详解

闭合总电源开关 QS，主电路电源断路器 QF1、控制电源断路器 QF2，PLC 输入继电器 I0.1～I0.4 信号指示灯亮，程序段 1 中 I0.1～I0.4 触点闭合。

（一）启动过程

按下启动按钮 SB1，程序段 1 中 I0.0 触点闭合，能流经 I0.0→I0.1→I0.2→I0.3→I0.4 至 M0.0，同时 M0.0 辅助触点闭合自锁，辅助继电器 M0.0 线圈得电。程序段 2 中 M0.0 辅助触点闭合，为电机启动做准备。

程序段 2 中 M0.0 触点闭合，能流经 M0.0 触点至定时器 T37 和 T38。同时能流又经 M0.0→T37→Q0.1→Q0.2 至 Q0.0。输出继电器 Q0.0 线圈得电，外部接触器 KM1 线圈得电，KM1 主触点闭合，电动机 M 低速连续运行。

3s 后程序段 2 中 T37 触点断开，输出继电器 Q0.0 线圈失电，外部接触器 KM1 线圈失电，KM1 主触点断开，电动机 M 低速运行停止。同时程序段 3 中 T37 触点闭合，能流经 M0.0→T37→T38→Q0.0→Q0.2 至 Q0.1。输出继电器 Q0.1 线圈得电，外部接

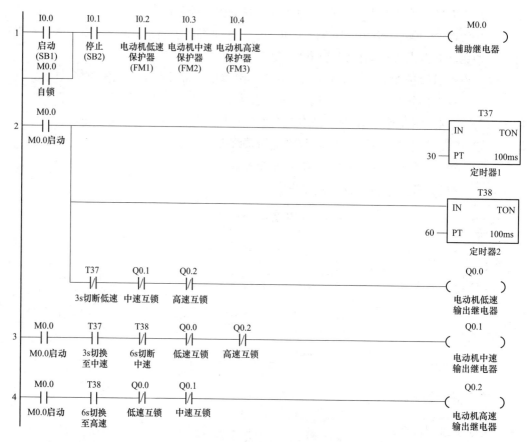

图 57-2　三速电动机自动变速控制电路 PLC 梯形图

触器 KM2 线圈得电，KM2 主触点闭合，电动机 M 中速连续运行。

6s 后程序段 3 中 T38 触点断开，输出继电器 Q0.1 线圈失电，外部接触器 KM2 线圈失电，KM2 主触点断开，电动机 M 中速运行停止。同时程序段 4 中 T38 触点闭合，能流经 M0.0→T38→Q0.0→Q0.1 至 Q0.2。输出继电器 Q0.2 线圈得电，外部接触器 KM3、KM4 线圈得电，KM3、KM4 主触点闭合，电动机 M 高速连续运行。

（二）停止过程

按下停止按钮 SB2，程序段 1 中 I0.1 触点断开，辅助继电器 M0.0 线圈失电，程序段 2 至程序段 4 中 M0.0 触点断开，输出继电器 Q0.0～Q0.2 线圈失电，外部接触器 KM1～KM4 线圈失电，KM1～KM4 主触点断开，电动机停止运行。

（三）保护原理

例如，当电动机低速运行中发生电动机断相、过载、堵转、三相不平衡等故障时，输入继电器 I0.2 断开（电动机 M 过载保护），输入继电器 I0.2 信号指示灯熄灭，程序段 1 中 I0.2 触点断开，输出继电器 M0.0 线圈失电，程序段 2 至程序段 4 中 M0.0 触点断开，输出继电器 Q0.0～Q0.2 线圈失电，外部接触器 KM1～KM4 线圈失电，KM1～KM4 主触点断开，电动机停止运行。电动机中速和高速运行时过载同理。

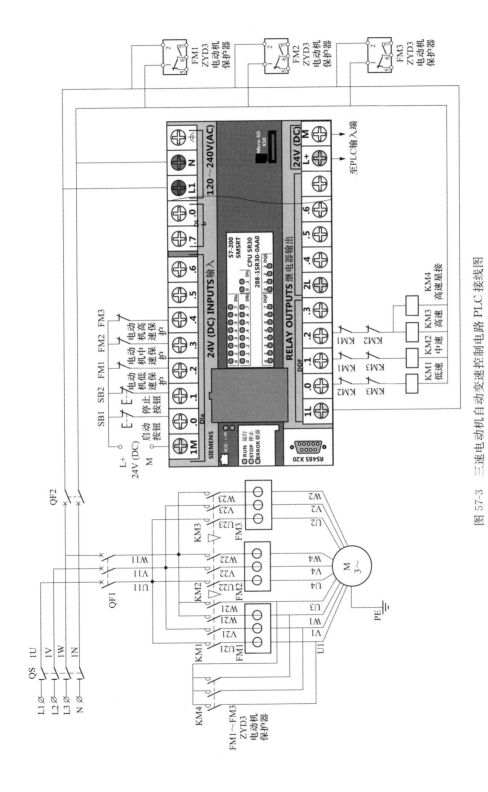

图 57-3 三速电动机自动变速控制电路 PLC 接线图

第六章

PLC控制的供排水及温度控制电路

电路用途：

（1）供排水控制。在城市供排水系统中，经常需要根据压力、液位的变化来自动启停供、排水泵或电磁阀，来满足系统工况的要求。常见的电路有供水控制电路、排水控制电路、定时控制电路、备用泵控制电路、自动补水控制电路、恒压供水调速电路、水位控制电路等。

这些电路通常使用开关信号的电接点压力表、浮球液位开关、压力开关、投入式液位计来实现自动控制。例如使用浮球开关实现污水泵房排水控制电路、使用电接点压力表实现锅炉二级网供水压力控制电路、湿式除尘器水箱自动补水控制电路等等。

（2）温度控制。根据工作环境温度的变化，产生导通或关断相应触点，控制继电器或电磁阀的工作状态叫温度控制。以温度作为被控制量的反馈控制系统，在石油工、化、冶金、供热等生产过程的物理过程和化学反应中广泛应用。在电加热炉、热网运行中也经常使用。例如由温度开关实现温度控制，根据压力、温度的高低实现泵联锁停机控制电路、使用压力开关带动电磁阀实现储罐自动泄压控制电路等。

读者也可根据现场实际需求对电路做适当的改动，即可实现控制要求。

第 58 例

使用电触点压力表实现自动补水控制电路

一、继电器接触器控制原理

（一）使用电触点压力表实现自动补水控制电路

使用电触点压力表实现自动补水控制电路见图 58-1。

（二）PLC 程序设计要求

（1）当压力降低至电触点压力表下限时，控制电路接通电动机主电路并保持电动机自动运行，系统自动补水。

（2）当压力升高至电触点压力表上限时，控制电路断开电动机主电路，电动机停止运行，系统自动补水停止。

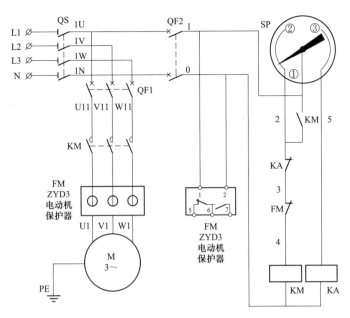

图 58-1 使用电触点压力表实现自动补水控制电路原理图

（3）当电动机发生过载等故障时，电动机保护器 FM 动作，电动机停止运行。

（4）PLC 控制电路接线图中的电动机保护器 FM 使用动断触点，其余均使用动合触点。

（5）根据上面的控制要求列出输入/输出分配表。

（6）根据控制要求，用 PLC 基本指令设计梯形图程序。

（7）根据控制要求绘制 PLC 控制电路接线图。

（三）输入/输出设备及 I/O 元件配置分配表

输入/输出设备及 I/O 元件配置见表 58-1。

表 **58-1** 输入/输出设备及 **I/O** 元件配置表

输入设备			输出设备		
符号	地址	功能	符号	地址	功能
SP1-1	I0.0	压力低	KM	Q0.0	电动机接触器
SP1-2	I0.1	压力高			
FM	I0.2	电动机保护器			

二、程序及电路设计

（一）PLC 梯形图

使用电触点压力表实现自动补水控制电路 PLC 梯形图见图 58-2。

（二）PLC 接线详图

使用电触点压力表实现自动补水控制电路 PLC 接线图见图 58-3。

图 58-2　使用电触点压力表实现自动补水控制电路 PLC 梯形图

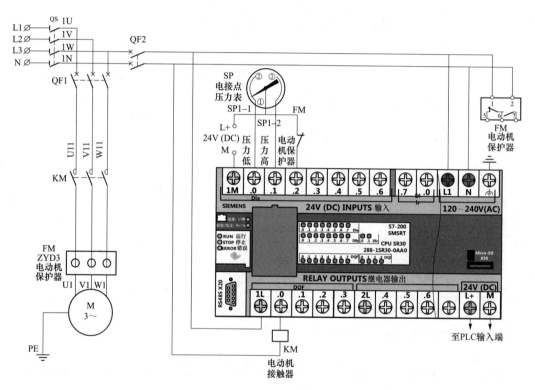

图 58-3　使用电触点压力表实现自动补水控制电路 PLC 接线图

三、梯形图动作详解

闭合总电源开关 QS，主电路电源断路器 QF1，控制电源断路器 QF2，由于 FM 触点处于闭合状态，PLC 输入继电器 I0.2 信号指示灯亮，程序段 1 中 I0.2 触点闭合。

（一）启动过程

当电触点压力表压力低时 SP1-1 触点接通，程序段 1 中 I0.0 触点闭合，能流经 I0.0→I0.1→I0.2 至 Q0.0，同时 Q0.0 辅助触点闭合自锁，输出继电器 Q0.0 线圈得电，外部接触器 KM 线圈得电，KM 主触点闭合，电动机 M 连续运行自动补水。

（二）停止过程

当电触点压力表压力高时 SP1-2 触点接通，程序段 1 中 I0.1 触点断开，程序中

I0.1断开，输出继电器Q0.0线圈失电，外部接触器KM线圈失电，KM主触点断开，电动机M停止运行，系统自动补水停止。

（三）保护原理

当电动机M在运行中发生断相、过载、堵转、三相不平衡等故障时，输入继电器I0.2（M过载保护）断开，程序段1中I0.2触点断开，输出继电器Q0.0线圈失电，外部接触器KM线圈失电，KM主触点断开，电动机M停止运行。

第 59 例
使用浮球开关实现排水控制电路

一、继电器接触器控制原理

（一）使用浮球开关实现排水控制电路

使用浮球开关实现排水控制电路见图59-1。

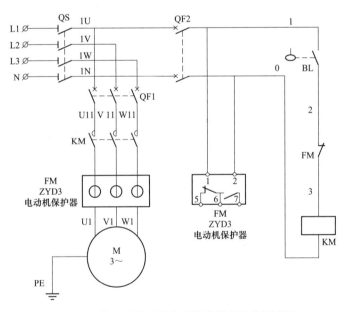

图59-1　使用浮球开关实现排水控制电路原理图

（二）PLC程序设计要求

（1）当浮球开关上升到上限时，控制电路接通电动机主电路，并保持电动机自动运行，系统开始排水。

（2）当浮球开关下降到下限时，控制电路断开电动机主电路，电动机停止运行，系统停止排水。

（3）当电动机发生过载等故障时，电动机保护器FM动作，电动机停止运行。

（4）PLC控制电路接线图中的电动机保护器FM使用动断触点，其余均使用动合触点。

(5) 根据上面的控制要求列出输入/输出分配表。

(6) 根据控制要求，用 PLC 基本指令设计梯形图程序。

(7) 根据控制要求绘制 PLC 控制电路接线图。

(三) 输入/输出设备及 I/O 元件配置分配表

输入/输出设备及 I/O 元件配置见表 59-1。

表 59-1   输入/输出设备及 I/O 元件配置表

输入设备			输出设备		
符号	地址	功能	符号	地址	功能
BL	I0.0	浮球开关	KM	Q0.0	电动机接触器
FM	I0.1	电动机保护器			

二、程序及电路设计

(一) PLC 梯形图

使用浮球开关实现排水控制电路 PLC 梯形图见图 59-2。

图 59-2   使用浮球开关实现排水控制电路 PLC 梯形图

(二) PLC 接线详图

使用浮球开关实现排水控制电路 PLC 接线图见图 59-3。

三、梯形图动作详解

闭合总电源开关 QS，主电路电源断路器 QF1，控制电源断路器 QF2，由于 FM 触点处于闭合状态，PLC 输入继电器 I0.1 信号指示灯亮，程序段 1 中 I0.1 触点闭合。

(一) 启动过程

当浮球开关 BL 在上限时触点闭合，程序段 1 中 I0.0 触点闭合，能流经 I0.0→I0.1 至 Q0.0，输出继电器 Q0.0 线圈得电，外部接触器 KM 线圈得电，KM 主触点闭合，电动机 M 运行，系统开始排水。

(二) 停止过程

当浮球开关 BL 在下限时触点断开，程序段 1 中输出继电器 Q0.0 线圈失电，外部接触器 KM 线圈失电，KM 主触点断开，电动机 M 停止运行，系统停止排水。

(三) 保护原理

当电动机 M 在运行中发生断相、过载、堵转、三相不平衡等故障时，输入继电器 I0.1 (M 过载保护) 断开，程序段 1 中 I0.1 触点断开，输出继电器 Q0.0 线圈失电，外

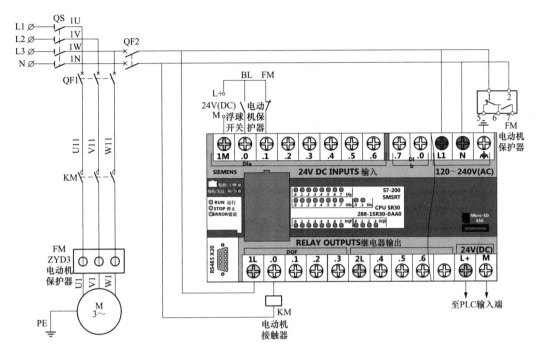

图 59-3　使用浮球开关实现排水控制电路 PLC 接线图

部接触器 KM 线圈失电，KM 主触点断开，电动机 M 停止运行。

第 60 例

使用电触点压力表实现两台水泵自动运转及故障自投控制电路

一、继电器接触器控制原理

（一）使用电触点压力表实现两台水泵自动运转及故障自投控制电路

使用电触点压力表实现两台水泵自动运转及故障自投控制电路见图 60-1。

（二）PLC 程序设计要求

（1）当电触点压力表压力在下限时，控制电路接通电动机主电路，并保持电动机自动运行，系统自动补水。

（2）当电触点压力表压力在上限时，控制电路断开电动机主电路，电动机停止运行，系统自动补水停止。

（3）通过转换开关 SA，选择 1 号电动机或 2 号电动机运行。

（4）电动机保护器具有动断、动合两对辅助触头，当 1 号电动机过流时电动机保护器 FM1 动断触点断开，电动机停止运行；动合触点闭合，自动投运 2 号电动机，实现两台电动机自动互投功能。

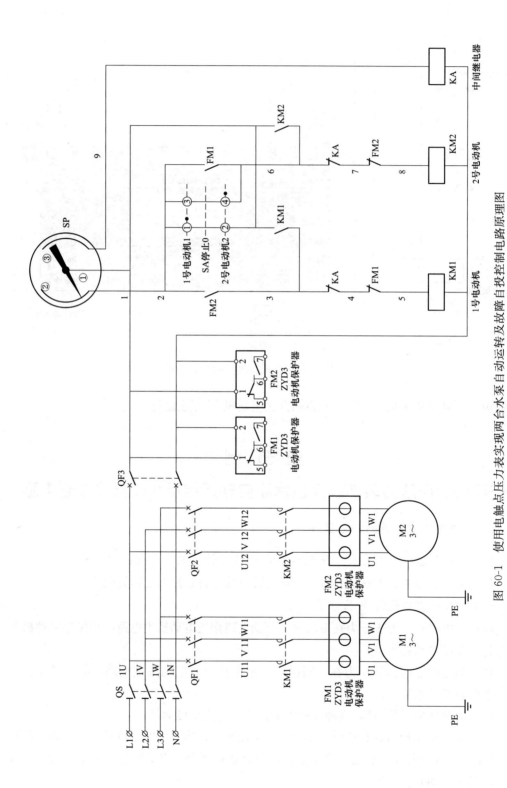

图 60-1　使用电触点压力表实现两台水泵自动运转及故障自投控制电路原理图

（5）当2号电动机过流时电动机保护器FM2动断触点断开，电动机停止运行；动合触点闭合，自动投运1号电动机，实现两台电动机自动互投功能。

（6）PLC控制电路接线图中的电动机保护器FM使用动断触点，其余均使用动合触点。

（7）根据上面的控制要求列出输入/输出分配表。

（8）根据控制要求，用PLC基本指令设计梯形图程序。

（9）根据控制要求绘制PLC控制电路接线图。

（三）输入/输出设备及I/O元件配置分配表

输入/输出设备及I/O元件配置见表60-1。

表 60-1   **输入/输出设备及I/O元件配置表**

输入设备			输出设备		
符号	地址	功能	符号	地址	功能
SA1-1	I0.0	1号电动机运行转换	KM1	Q0.0	1号电动机接触器
SA1-2	I0.1	2号电动机运行转换	KM2	Q0.1	2号电动机接触器
SP1-1	I0.2	压力低			
SP1-2	I0.3	压力高			
FM1	I0.4	1号电动机保护器			
FM2	I0.5	2号电动机保护器			

二、程序及电路设计

（一）PLC梯形图

使用电触点压力表实现两台水泵自动运转及故障自投控制电路PLC梯形图见图60-2。

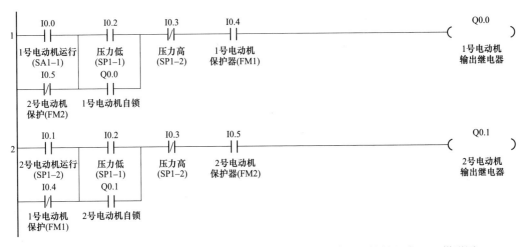

图60-2　使用电触点压力表实现两台水泵自动运转及故障自投控制电路PLC梯形图

（二）PLC接线详图

使用电触点压力表实现两台水泵自动运转及故障自投控制电路PLC接线图见图60-3。

221

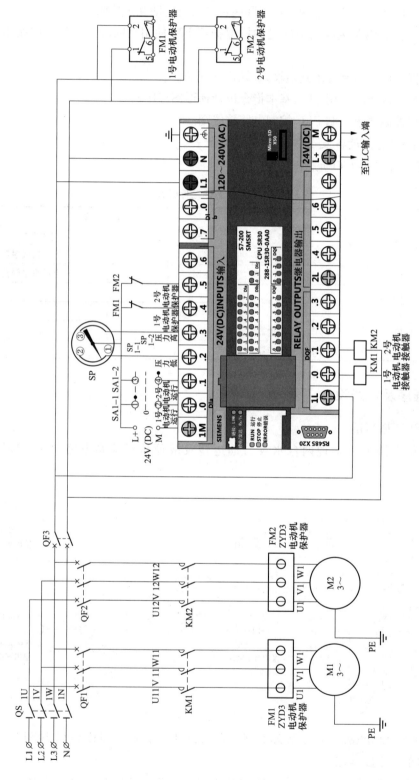

图 60-3　使用电触点压力表实现两台水泵自动运转及故障自投控制电路 PLC 接线图

三、梯形图动作详解

闭合总电源开关 QS，主电路电源断路器 QF1、QF2，控制电源断路器 QF3，由于 FM1、FM2 触点处于闭合状态，PLC 输入继电器 I0.4、I0.5 信号指示灯亮，程序段 1 和程序段 2 中 I0.4、I0.5 触点闭合。

（一）1 号电动机启动过程

将转关开关 SA 由 0 位转至 SA1-1 位，程序段 1 中 I0.0 触点闭合，当电触点压力表 SP 压力在下限时，SP1-1 外部触点闭合，程序段 1 中 I0.2 触点闭合，能流经 I0.0→I0.2→I0.3→I0.4 至 Q0.0，同时能流经 I0.0→Q0.0 辅助触点闭合自锁，输出继电器 Q0.0 线圈得电，外部接触器 KM1 线圈得电，KM1 主触点闭合，1 号电动机自动连续运行。

（二）2 号电动机启动过程

将转关开关 SA 由 0 位转至 SA1-2 位，程序段 2 中 I0.1 触点闭合，当电触点压力表压力在下限时，SP1-1 外部触点闭合，程序段 2 中 I0.2 触点闭合，能流经 I0.1→I0.2→I0.3→I0.5 至 Q0.1，同时能流经 I0.1→Q0.1 辅助触点闭合自锁，输出继电器 Q0.1 线圈得电，外部接触器 KM2 线圈得电，KM2 主触点闭合，2 号电动机自动连续运行。

（三）1、2 号电动机停止过程

当电触点压力表 SP 压力到达上限时，SP1-2 外部触点闭合，程序段 1 中 I0.3 触点断开，输出继电器 Q0.0 线圈失电，外部接触器 KM1 线圈失电，KM1 主触点断开，1 号电动机停止运行，系统自动补水停止；或将转关开关 SA 由 SA1-2 位转至 0 位，1 号电动机也会停止运行（停止 2 号电动机原理相同）。

（四）转换过程

当 1 号电动机 M1 在运行中发生断相、过载、堵转、三相不平衡等故障，输入继电器触点 I0.4（M1 过载保护）断开，程序段 1 中 I0.4 触点断开，输出继电器 Q0.0 线圈失电，外部接触器 KM1 线圈失电，KM1 主触点断开，1 号电动机停止运行。同时程序段 2 中 I0.4 触点闭合，能流经 I0.4→I0.2→I0.3→I0.5 至 Q0.1，同时能流经 I0.4→Q0.1 辅助触点闭合自锁，输出继电器 Q0.1 线圈得电，外部接触器 KM2 线圈得电，KM2 主触点闭合，2 号电动机自动连续运行（2 号电动机转换原理相同）。

（五）保护原理

当电路、电动机或控制电路发生短路、过载故障时，输入继电器 I0.4、I0.5（M 过载保护）断开，程序段 1 或程序段 2 中 I0.4 或 I0.5 触点断开，输出继电器 Q0.0 和 Q0.1 线圈失电，外部接触器 KM1 和 KM2 线圈失电，KM1 和 KM2 主触点断开，电动机 M 停止运行。

第 61 例

具有手动、自动控制功能的水箱补水控制电路

一、继电器接触器控制原理

（一）手动、自动转换水箱补水控制电路

手动、自动转换水箱补水控制电路如图 61-1 所示。

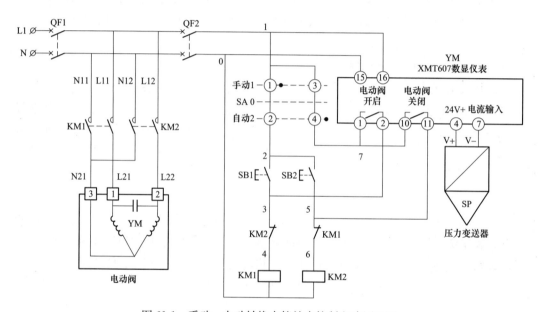

图 61-1　手动、自动转换水箱补水控制电路原理图

（二）PLC 程序设计要求

（1）在手动状态下，按下按钮 SB1 电动阀开启，松开 SB1 电动阀停止开启。

（2）按下按钮 SB2 电动阀关闭，松开 SB2 电动阀停止关闭。

（3）在自动状态下，当液位低于 1.6m 时，仪表下限①、②触点闭合电动阀开启，当液位达到 1.8m 时仪表下限①、②，触点断开，以防止误操作关阀。

（4）当液位高于 2.6m 时，仪表上限输出⑩、⑪触点闭合，电动阀关闭，当液位达到 2.4m 时仪表上限输出⑩、⑪触点断开，以防止误操作开阀（由于篇幅等原因，本例只展示水箱补水部分）。

（5）根据上面的控制要求列出输入/输出分配表。

（6）根据控制要求，用 PLC 基本指令设计梯形图程序。

（7）根据控制要求绘制 PLC 控制电路接线图。

（三）输入/输出设备及 I/O 元件配置分配表

输入/输出设备及 I/O 元件配置见表 61-1。

表 61-1			输入/输出设备及 I/O 元件配置表		
输入设备			输出设备		
符号	地址	功能	符号	地址	功能
SB1	I0.0	开阀按钮	KM1	Q0.0	开阀接触器
SB2	I0.1	关阀按钮	KM2	Q0.1	关阀接触器
SA1-1	I0.2	手动转换			
SA1-2	I0.3	自动转换			
YM1-1	I0.4	仪表下限输出			
YM1-2	I0.5	仪表上限输出			
SQ1	I0.6	开阀限位开关			
SQ2	I0.7	关阀限位开关			

二、程序及电路设计

（一）PLC 梯形图

手动、自动转换水箱补水控制电路 PLC 梯形图见图 61-2。

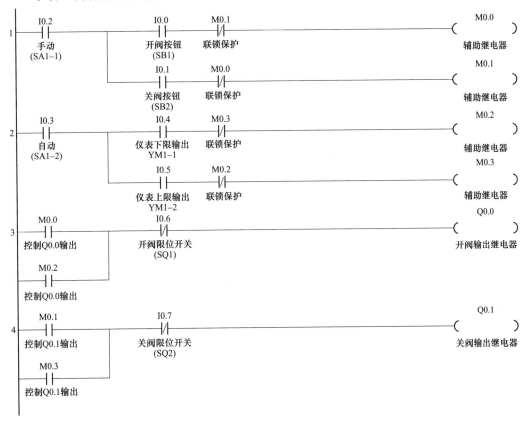

图 61-2　手动、自动转换水箱补水控制电路 PLC 梯形图

（二）XMT607 数显仪表所用端子及参数设置

XMT607 数显仪相关端子及参数设置见表 61-2。

表 61-2   **XMT607 数显仪表所用端子及参数设置**

序号	端子名称	功能	功能代码	设定数据	设定值含义说明
1	15 16	工作电源			［L］、［N］所用电源为交流 220V
2	1 2	J1 继电器			J1 继电器动作时电动阀开启
3	10 11	J2 继电器			J2 继电器动作时电动阀关闭
4	4	24V 直流电源正极			仪表自带直流 24V＋电源输出，用于两线制仪表接法
5		输入输出信号类型	PP89	0018	设定 0018 的含义为： 00：仪表变送输出类型为 4～20mA，本实例未使用 18：仪表输入信号为 4～20mA，本实例接收压力变送器信号
6		设定量程上下限及变送输出上下限	PP36	0、5	设定 0、5 的含义为： 对应压力变送器量程，当压力变送器回传 4mA 时，仪表显示为 0。当压力变送器回传 20mA 时，仪表显示为 5
7		设定继电器吸合值、释放值	PP01	1.6、1.8 2.6、2.4	设定 1.6、1.8，2.6、2.4 的含义为： 当液位低于 1.6m 时，电动阀开启，当液位达到 1.8m 时电动阀停止开启。 当液位高于 2.6m 时，电动阀关闭，当液位达到 2.4m 时电动阀停止关闭

（三）PLC 接线详图

手动、自动转换水箱补水控制电路 PLC 接线图见图 61-3。

三、梯形图动作详解

闭合总电源断路器 QF1，控制电源断路器 QF2。

（一）手动控制

将转关开关 SA 由 0 位转至 SA1-1 位，程序段 1 中 I0.2 触点闭合，按下正转按钮 SB1，程序段 1 中 I0.0 触点闭合，能流经触点 I0.2→I0.0→M0.1 至 M0.0，辅助继电器 M0.0 得电。程序段 3 中 M0.0 触点闭合，能流经触点 M0.0→I0.6 至开阀输出继电器 Q0.0，输出继电器 Q0.0 线圈得电，外部接触器 KM1 线圈得电，KM1 主触点闭合，电动阀点动开启。

按下反转按钮 SB2，程序段 1 中 I0.1 触点闭合，能流经触点 I0.2→I0.1→M0.0 至

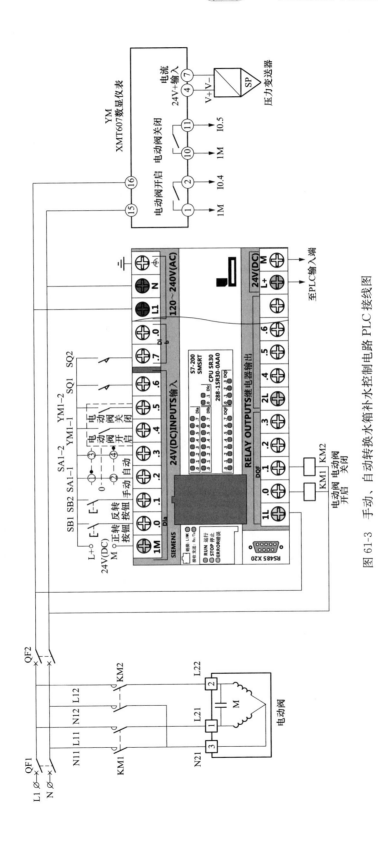

图 61-3 手动、自动转换水箱补水控制电路 PLC 接线图

M0.1，辅助继电器 M0.1 得电。程序段 4 中 M0.1 触点闭合，能流经触点 M0.1→I0.7 至关阀输出继电器 Q0.1，输出继电器 Q0.1 线圈得电，外部接触器 KM2 线圈得电，KM2 主触点闭合，电动阀点动关闭。

（二）自动控制

将转关开关 SA 由 0 位转至 SA1-2 位，程序段 2 中 I0.3 触点闭合，当水位低于设定液位 1.6m 时，数显仪表 YM①、②触点闭合，程序段 2 中 I0.4 触点闭合，能流经 I0.3→I0.4→M0.3 至 M0.2，辅助继电器 M0.2 得电。程序段 3 中 M0.2 触点闭合，能流经触点 M0.2→I0.6 至开阀输出继电器 Q0.0，输出继电器 Q0.0 线圈得电，外部接触器 KM1 线圈得电，KM1 主触点闭合，电动阀连续开启水箱补水。当液位升至 1.8m 时，数显仪表 YM①、②触点断开，程序段 2 中 I0.4 触点断开，辅助继电器 M0.2 失电，程序段 3 中 M0.2 触点断开，输出继电器 Q0.0 失电，电动阀停止开启，此时电动阀处于开启状态，水箱持续补水。

当水位高于设定液位 2.6m 时，数显仪表 YM⑩、⑪触点闭合，程序段 2 中 I0.5 触点闭合，能流经 I0.3→I0.5→M0.2 至 M0.3，辅助继电器 M0.3 得电。程序段 4 中 M0.3 触点闭合，能流经触点 M0.3→I0.7 至关阀输出继电器 Q0.1，输出继电器 Q0.1 线圈得电，外部接触器 KM2 线圈得电，KM2 主触点闭合，电动阀连续关闭。当液位降至 2.4m 时，数显仪表 YM⑩、⑪触点断开，程序段 2 中 I0.5 触点断开，辅助继电器 M0.3 失电，程序段 4 中 M0.3 触点断开，输出继电器 Q0.1 失电，电动阀停止关闭，水箱停止补水。

当水箱液位达到下限液位后，继续开阀补水，如此循环。

（三）保护原理

主电路、电动阀或控制电路发生短路、过载故障后，总电源断路器 QF1 或控制电源断路器 QF2 断开，切断主电路或控制电路。手动或自动状态下，阀开度超出位置时，程序段 3 中 I0.6 触点断开，输出继电器 Q0.0 线圈失电，外部接触器 KM1 线圈失电，KM1 主触点断开，保护电动阀不受损坏。同理，阀关度超出位置时，程序段 4 中 I0.7 触点断开，输出继电器 Q0.1 线圈失电，外部接触器 KM2 线圈失电，KM2 主触点断开，保护电动阀不受损坏。

第 62 例

两台水泵电动机一用一备控制电路

一、继电器接触器控制原理

（一）两台水泵电动机一用一备控制电路

两台水泵电动机一用一备控制电路见图 62-1。

（二）PLC 程序设计要求

（1）当转换开关 SA 在 O 档位时为空挡，按下启动按钮电动机无法启动。

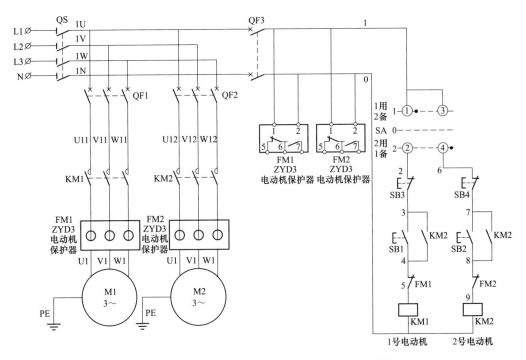

图 62-1 两台水泵电动机一用一备控制电路原理图

（2）当转换开关 SA 在 1-1 挡位时，按下 1 号电动机启动按钮，1 号电动机启动运行。

（3）当转换开关 SA 在 1-1 挡位时，按下 1 号电动机停止按钮，1 号电动机停止运行。

（4）当转换开关 SA 在 1-2 挡位时，按下 2 号电动机启动按钮，2 号电动机启动运行。

（5）当转换开关 SA 在 1-2 挡位时，按下 2 号电动机停止按钮，2 号电动机停止运行。

（6）当电动机发生过载等故障时，电动机保护器 FM 动作，电动机停止运行。

（7）PLC 控制电路接线图中的电动机保护器 FM1、FM2 及停止按钮 SB3、SB4 均使用动断触点，其余均使用动合触点。

（8）根据上面的控制要求列出输入/输出分配表。

（9）根据控制要求，用 PLC 基本指令设计梯形图程序。

（10）根据控制要求绘制 PLC 控制电路接线图。

（三）输入/输出设备及 I/O 元件配置分配表

输入/输出设备及 I/O 元件配置见表 62-1。

表 62-1 <h4 style="text-align:center">输入/输出设备及 I/O 元件配置表</h4>

输入设备			输出设备		
符号	地址	功能	符号	地址	功能
SA1-1	I0.0	1号转换	KM1	Q0.0	1号电动机接触器
SA1-2	I0.1	2号转换	KM2	Q0.1	2号电动机接触器
SB1	I0.2	1号电动机启动			
SB2	I0.3	2号电动机启动			
SB3	I0.4	1号电动机停止			
SB4	I0.5	2号电动机停止			
FM1	I0.6	1号电动机保护器			
FM2	I0.7	2号电动机保护器			

二、程序及电路设计

(一) PLC 梯形图

两台水泵电动机一用一备控制电路 PLC 梯形图见图 62-2。

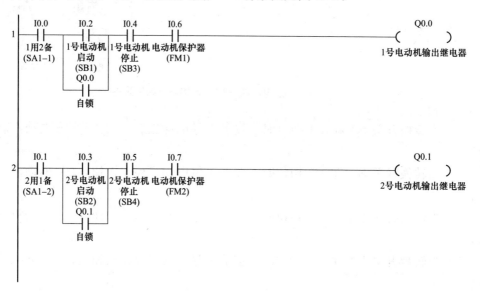

图 62-2　两台水泵电动机一用一备控制电路 PLC 梯形图

(二) PLC 接线详图

两台水泵电动机一用一备控制电路 PLC 接线图见图 62-3。

三、梯形图动作详解

闭合总电源开关 QS，主电路电源断路器 QF1、QF2，控制电源断路器 QF3，由于 SB3、SB4、FM1、FM2 触点处于闭合状态，PLC 输入继电器 I0.4、I0.5、I0.6、I0.7 信号指示灯亮，程序段 1 和程序段 2 中 I0.4、I0.5、I0.6、I0.7 触点闭合。

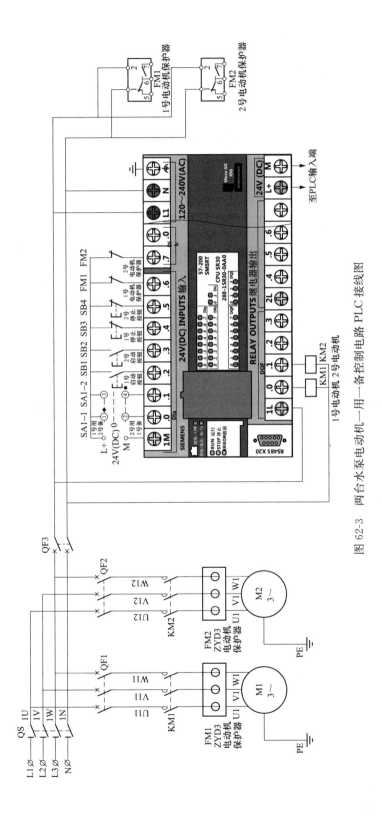

图 62-3 两台水泵电动机一用一备控制电路 PLC 接线图

（一）启动过程

将转关开关 SA 转至 SA1-1 位，程序段 1 中 I0.0 触点闭合，按下 SB1 启动按钮，程序段 1 中 I0.2 触点闭合，能流经 I0.0→I0.2→I0.4→I0.6 至 Q0.0，输出继电器 Q0.0 线圈得电，外部接触器 KM1 线圈得电，KM1 主触点闭合，电动机 M1 运行。

将转关开关 SA 转至 SA1-2 位，程序段 2 中 I0.1 触点闭合，按下启动按钮 SB2，程序段 2 中 I0.3 触点闭合，能流经 I0.1→I0.3→I0.5→I0.7 至 Q0.1，输出继电器 Q0.1 线圈得电，外部接触器 KM2 线圈得电，KM2 主触点闭合，电动机 M2 运行。

（二）停止过程

按下停止按钮 SB3 或 SB4，程序段 1 或程序段 2 中 I0.4 或 I0.5 触点断开，输出继电器 Q0.0 或 Q0.1 回路断开，外部接触器 KM1 或 KM2 线圈失电，KM1 或 KM2 主触点断开，电动机停止运行。

（三）保护原理

当电动机在运行中发生断相、过载、堵转、三相不平衡等故障时，输入继电器 I0.6、I0.7（M 过载保护）断开，程序段 1 或程序段 2 中 I0.6 或 I0.7 触点断开，输出继电器 Q0.0 或 Q0.1 回路断开，外部接触器 KM1 或 KM2 线圈失电，KM1 或 KM2 主触点断开，电动机停止运行。

第 63 例

使用浮球液位开关实现储罐液位高低声光报警控制电路

一、控制原理

使用浮球液位开关，实现储罐液位高低声光报警控制，当液位达到高报警值或低报警值时，报警系统发出声光报警信号，灯光以亮 2s 灭 1s 的方式闪烁。

（一）PLC 程序设计要求

（1）按下试验按钮 SB1，系统发出声光报警信号，液位高报警指示灯、液位低报警指示灯常亮，蜂鸣器长响；松开外部试验按钮 SB1，声光报警信号消失，恢复初始状态。

（2）当液位达到高报警值 BL1 或低报警值 BL2 时，报警系统发出声光报警信号。

（3）按下消音按钮 SB2，报警系统音响消失，灯光转常亮。

（4）液位正常后，报警灯自动熄灭，系统恢复到初始状态。

（5）根据上面的控制要求列出输入/输出分配表。

（6）根据控制要求，用 PLC 基本指令设计梯形图程序。

（7）根据控制要求绘制 PLC 控制电路接线图。

（二）输入/输出设备及 I/O 元件配置分配表

输入/输出设备及 I/O 元件配置见表 63-1。

二、程序及电路设计

（一）PLC 梯形图

使用浮球液位开关实现储罐液位高低声光报警控制电路 PLC 梯形图见图 63-1。

表 63-1   输入/输出设备及 I/O 元件配置表

输入设备			输出设备		
符号	地址	功能	符号	地址	功能
SB1	I0.0	试验按钮	HL1	Q0.0	液位高报警指示灯
SB2	I0.1	消音按钮	HL2	Q0.1	液位低报警指示灯
BL1	I0.2	液位高报警	HA	Q0.2	蜂鸣器
BL2	I0.3	液位低报警			

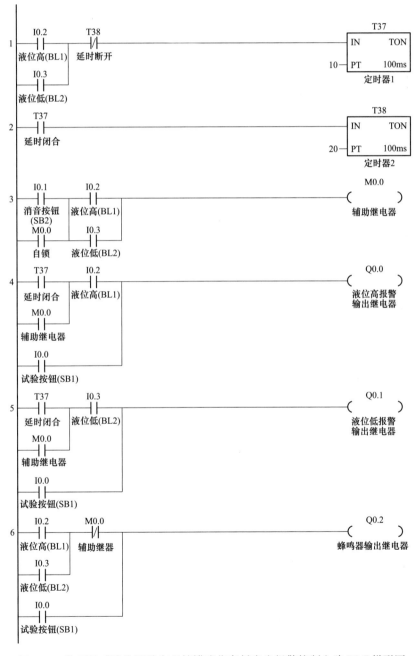

图 63-1 使用浮球液位开关实现储罐液位高低声光报警控制电路 PLC 梯形图

（二）PLC 接线详图

使用浮球液位开关实现储罐液位高低声光报警控制电路 PLC 接线图见图 63-2。

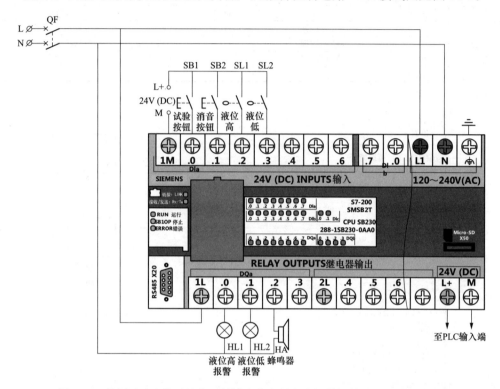

图 63-2　使用浮球液位开关实现储罐液位高低声光报警控制电路 PLC 接线图

三、梯形图动作详解

闭合控制电源断路器 QF。

（一）振荡电路

当高液位浮球开关 BL1 或低液位浮球开关 BL2 动合触点接通，程序段 1 中 I0.2 触点闭合或 I0.3 触点闭合，能流经 I0.2 或 I0.3→T38 至 T37，定时器 T37 线圈得电，1s 后程序段 2 中定时器 T37 触点闭合，能流经 T37 至 T38，定时器 T38 线圈得电，2s 后程序段 1 中 T38 定时器触点断开，T37 失电，程序段 2 中 T37 定时器触点断开，T38 定时器失电，程序段 1 中 T38 定时器触点闭合，定时器 T37 线圈得电，如此循环就构成一个振荡电路。

（二）液位高报警

当高液位浮球开关 BL1 接通，程序段 4 中 I0.2 触点闭合，能流经 T37→I0.2 至 Q0.0，输出继电器 Q0.0 线圈得电，HL1 高液位报警指示灯亮，并以亮 2s 灭 1s 的方式闪烁。

同时程序段 6 中 I0.2 触点闭合，能流经 I0.2→M0.0 至 Q0.2，输出继电器 Q0.2 线圈得电，HA 蜂鸣器发出报警音响。

（三）液位低报警

当低液位浮球开关 BL2 接通，程序段 5 中 I0.3 触点闭合，能流经 T37→I0.3→Q0.1。

输出继电器 Q0.1 线圈得电，HL2 低液位报警指示灯亮，并以亮 2s 灭 1s 的方式闪烁。

同时程序段 6 中 I0.3 触点闭合，能流经 I0.3→M0.0 至 Q0.2，输出继电器 Q0.2 线圈得电，HA 蜂鸣器发出报警音响。

（四）消音过程

当液位高报警没有解除时，按下消音按钮 SB2，程序段 3 中 I0.1 触点闭合，能流经 I0.1→I0.2 至 M0.0，辅助继电器 M0.0 线圈得电，同时 M0.0 触点闭合自锁。

同时程序段 4 中 M0.0 触点闭合，能流经 M0.0→I0.2 至 Q0.0，输出继电器 Q0.0 线圈得电，高报警指示灯常亮。同时程序段 6 中 M0.0 触点断开，输出继电器 Q0.2 线圈失电，蜂鸣器停止蜂鸣。

当液位低报警没有解除时，按下消音按钮 SB2，程序段 3 中 I0.1 触点闭合，能流经 I0.1→I0.2 至 M0.0，辅助继电器 M0.0 线圈得电，同时 M0.0 触点闭合自锁。

同时程序段 5 中 M0.0 触点闭合，能流经 M0.0→I0.3 至 Q0.1，输出继电器 Q0.1 线圈得电，低报警指示灯常亮。同时程序段 6 中 M0.0 触点断开，输出继电器 Q0.2 线圈失电，蜂鸣器停止蜂鸣。

（五）试验过程

当按下实验按钮 SB1，程序段 4 至程序段 6 中 I0.0 触点闭合，输出继电器 Q0.0、Q0.1、Q0.2 线圈得电，HL1、HL2 报警指示灯亮，HA 蜂鸣器发出音响信号。断开实验按钮，程序段 4 至程序段 6 中 I0.0 触点断开，输出继电器 Q0.0、Q0.1、Q0.2 线圈失电，HL1、HL2 报警指示灯熄灭，HA 蜂鸣器停止发出音响信号。

（六）保护原理

当电路发生短路故障时，PLC 输入端控制电源 QF 断开，切断控制电路。

第 64 例
使用温度开关实现温度控制电路

一、继电器接触器控制原理

（一）温度达到设定值时加热器断电控制电路

温度达到设定值时加热器断电控制电路见图 64-1。

（二）PLC 程序设计要求

（1）按下启动按钮 SB1，加热器开始加热，当介质温度达到温度设定值时温度开关 BT 动作，加热器断电。

（2）按下停止按钮 SB2，加热器断电停止加热。

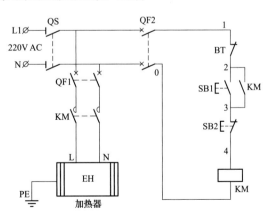

图 64-1　温度达到设定值时加热器
断电控制电路原理图

（3）PLC控制电路接线图中停止按钮SB2使用动断触点。

（4）根据上面的控制要求列出输入/输出分配表。

（5）根据控制要求，用PLC基本指令设计梯形图程序。

（6）根据控制要求绘制PLC控制电路接线图。

（三）输入/输出设备及I/O元件配置分配表

输入/输出设备及I/O元件配置见表64-1。

表 64-1   输入/输出设备及I/O元件配置表

输入设备			输出设备		
符号	地址	功能	符号	地址	功能
SB1	I0.0	启动按钮	KM	Q0.0	加热器接触器
SB2	I0.1	停止按钮			
BT	I0.2	温度开关			

二、程序及电路设计

（一）PLC梯形图

使用温度开关实现温度控制电路PLC梯形图见图64-2。

图 64-2　使用温度开关实现温度控制电路PLC梯形图

（二）PLC接线详图

使用温度开关实现温度控制电路PLC接线图见图64-3。

三、梯形图动作详解

闭合总电源QS、主电路电源断路器QF1、控制电源断路器QF2。PLC输入继电器I0.1信号指示灯亮，程序段1中I0.1触点闭合。

（一）启动过程

按下启动按钮SB1，程序段1中I0.0触点闭合，能流经I0.0→I0.1→I0.2至Q0.0，同时Q0.0辅助触点闭合自锁，输出继电器Q0.0线圈得电，外部接触器KM线圈得电，KM主触点闭合，电加热器EH得电加热。

（二）停止过程

按下停止按钮SB2，程序段1中I0.1触点断开，输出继电器Q0.0线圈失电，外部

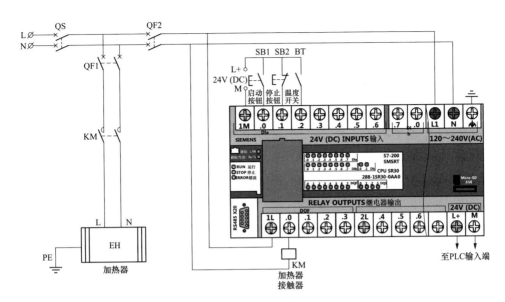

图 64-3 使用温度开关实现温度控制电路 PLC 接线图

接触器 KM 线圈失电，KM 主触点断开，电加热器 EH 停止加热。

当电加热器 EH 到达设定温度时，温度开关 BT 断开，程序段 1 中 I0.2 触点断开，输出继电器 Q0.0 线圈失电，外部接触器 KM 线圈失电，KM 主触点断开，电加热器 EH 停止加热。

（三）保护原理

当电路、电加热器或控制电路发生短路、过载故障时，主电源 QF1 或控制电源 QF2 相应动作，切断主电路或控制电路。

第 65 例

使用压力、温度的高低实现泵联锁停机控制电路

一、继电器接触器控制原理

（一）压力、温度的高低实现泵联锁停机控制电路

使用压力、温度的高低实现泵联锁停机控制电路见图 65-1。

（二）PLC 程序设计要求

（1）按下启动按钮 SB1，电动机 M 启动连续运行。

（2）按下停止按钮 SB2，电动机 M 停止运行。

（3）按住实验按钮 SB3，压力低、压力超低报警、温度低报警指示灯点亮，蜂鸣器长鸣。

（4）罐内介质温度低于设定值，温度开关 BT 接通电动机 M 停止运行，并发出声光报警信号。

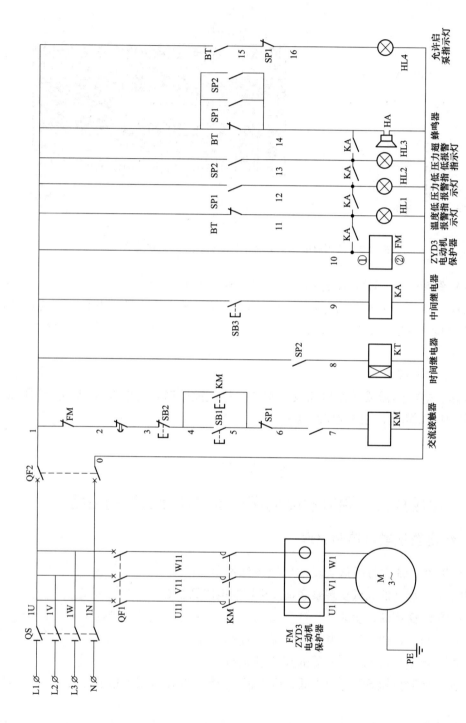

图65-1 使用压力、温度的高低实现泵联锁停机控制电路原理图

（5）罐内介质压力低于设定值，压力开关 SP1 接通电动机 M 不能启动运行，压力低指示灯 HL2 点亮。

（6）在电动机 M 运行时，罐内介质压力低于超低设定值，压力开关 SP2 接通，声光报警并延时 5s 联锁停泵。

（7）当电动机发生过载等故障时，电动机保护器 FM 动作，电动机 M 停止运行。

（8）电动机保护器 FM 工作电源由外部电路直接供电。

（9）PLC 控制电路接线图中停止按钮 SB2 使用动断触点，其余均使用动合触点。

（10）根据上面的控制要求列出输入/输出分配表。

（11）根据控制要求，用 PLC 基本指令设计梯形图程序。

（12）根据控制要求绘制 PLC 控制电路接线图。

（三）输入/输出设备及 I/O 元件配置分配表

输入/输出设备及 I/O 元件配置见表 65-1。

表 65-1　　　　　　　　　　　输入/输出设备及 I/O 元件配置表

输入设备			输出设备		
符号	地址	功能	符号	地址	功能
SB1	I0.0	启动按钮	KM	Q0.0	电动机接触器
SB2	I0.1	停止按钮	HL1	Q0.1	温度低报警指示灯
BT	I0.2	温度开关	HL2	Q0.2	压力低报警指示灯
SP1	I0.3	压力低开关	HL3	Q0.3	压力超低报警指示灯
SP2	I0.4	压力超低开关	HA	Q0.4	蜂鸣器
SB3	I0.5	声光报警试验按钮			
FM	I0.6	电动机保护器			

二、程序及电路设计

（一）PLC 梯形图

使用压力、温度的高低实现泵联锁停机控制电路 PLC 梯形图见图 65-2。

（二）PLC 接线详图

使用压力、温度的高低实现泵联锁停机控制电路 PLC 接线图见图 65-3。

三、梯形图动作详解

闭合总电源开关 QS，闭合主电路电源断路器 QF1，控制电源断路器 QF2，由于 SB2 触点处于闭合状态，PLC 输入继电器 I0.1 信号指示灯亮，程序段 1 中 I0.1 触点闭合。当介质温度、压力达到或高于设定值时，程序段 1 中 I0.2、I0.3 触点闭合。

（一）启动过程

按下启动按钮 SB1，程序段 1 中 I0.0 触点闭合，能流经触点 I0.0→I0.1→I0.2→I0.3→I0.6→T37 至 Q0.0。输出继电器 Q0.0 线圈得电，外部接触器 KM 线圈得电，

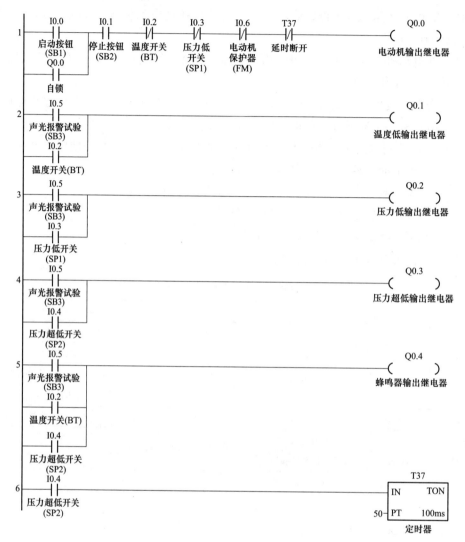

图 65-2　使用压力、温度的高低实现泵联锁停机控制电路 PLC 梯形图

KM 主触点闭合，电动机 M 运行。同时程序段 1 中 Q0.0 触点闭合自锁，电动机 M 连续运行。

（二）手动停止过程

按下停止按钮 SB2，程序段 1 中 I0.1 触点断开，输出继电器 Q0.0 线圈失电，外部接触器 KM 线圈失电，KM 主触点断开，电动机 M 停止运行。

（三）声光试验

按住实验按钮 SB3，程序段 2 至程序段 5 中 I0.5 触点闭合，Q0.1 至 Q0.4 输出继电器线圈得电，压力低、压力超低报警、温度低报警指示灯点亮，蜂鸣器长鸣。

（四）温度低自动报警过程

当介质温度低于设定值时，程序段 1 中 I0.2 触点断开，输出继电器 Q0.0 线圈失电，外部接触器 KM 线圈失电，KM 主触点断开，电动机 M 停止运行。同时，程序段 2

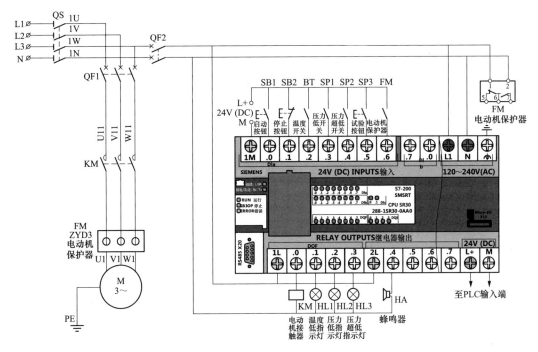

图 65-3 使用压力、温度的高低实现泵联锁停机控制电路 PLC 接线图

中 I0.2 触点闭合，能流经触点 I0.2 至 Q0.1，输出继电器 Q0.1 线圈得电，温度低指示灯点亮。程序段 5 中 I0.2 触点闭合，能流经触点 I0.2 至 Q0.4，输出继电器 Q0.4 线圈得电，蜂鸣器长鸣。

（五）压力低自动报警过程

当介质压力低于设定值时，压力开关 SP1 接通，程序段 1 中 I0.3 触点断开，电动机 M 不能启动运行，同时程序段 3 中 I0.3 触点闭合，能流经触点 I0.3 至 Q0.2，输出继电器 Q0.2 线圈得电，压力低指示灯点亮。

（六）压力超低自动报警、停止过程

在电动机 M 运行时，罐内介质压力低于超低设定值时，压力开关 SP2 接通，程序段 4 中 I0.4 触点闭合，能流经触点 I0.4 至 Q0.3。输出继电器 Q0.3 线圈得电，压力超低指示灯点亮，同时程序段 5 中 I0.4 触点闭合，能流经触点 I0.4 至 Q0.4。输出继电器 Q0.4 线圈得电，蜂鸣器长鸣，同时程序段 6 中 I0.4 触点闭合，能流经触点 I0.4 至 T37。辅助继电器 T37 线圈得电，5s 后程序段 1 中 T37 触点断开，输出继电器 Q0.0 线圈失电，外部接触器 KM 线圈失电，KM 主触点断开，电动机 M 停止运行。

（七）保护原理

当电动机在运行中发生电动机断相、过载、堵转、三相不平衡等故障时，输出继电器触点 I0.6（M 过载保护）断开，程序段 1 中 I0.6 触点断开输出继电器 Q0.0 线圈失电，外部接触器 KM 线圈失电，KM 主触点断开，电动机 M 停止运行。

第 66 例
使用压力开关带动电磁阀实现储罐自动泄压控制电路

一、继电器接触器控制原理

（一）压力开关带动电磁阀实现储罐自动泄压控制电路

压力开关带动电磁阀实现储罐自动泄压控制电路见图 66-1。

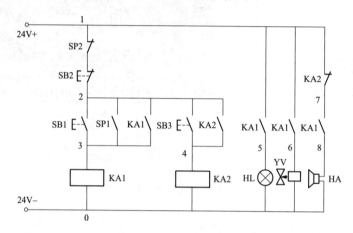

图 66-1　压力开关带动电磁阀实现储罐自动泄压控制电路原理图

（二）PLC 程序设计要求

（1）按下试验按钮 SB1，报警指示灯 HL 点亮、蜂鸣器 HA 发出报警音响，电磁阀 YV 上电动作。

（2）按下消音按钮 SB3，蜂鸣器 HA 消音，报警指示灯 HL 点亮，电磁阀 YV 保持上电。

（3）按下复位按钮 SB2，蜂鸣器 HA 消音，报警指示灯 HL 熄灭，电磁阀 YV 失电。

（4）当储罐压力达到设定压力上限值时，压力开关 SP1 闭合，报警指示灯 HL 点亮、蜂鸣器 HA 发出报警音响，电磁阀 YV 上电开始泄压。

（5）当储罐压力达到设定压力下限值时，压力开关 SP2 断开，报警指示灯 HL 熄灭，电磁阀 YV 失电。

（6）根据上面的控制要求列出输入/输出分配表。

（7）根据控制要求，用 PLC 基本指令设计梯形图程序。

（8）根据控制要求绘制 PLC 控制电路接线图。

（三）输入/输出设备及 I/O 元件配置分配表

输入/输出设备 I/O 元件配置见表 66-1。

表 66-1			输入/输出设备及 I/O 元件配置表			
输入设备			输出设备			
符号	地址	功能	符号	地址	功能	
SB1	I0.0	试验按钮	YV	Q0.0	电磁阀继电器	
SB2	I0.1	复位按钮	HL	Q0.1	报警指示灯	
SB3	I0.2	消音按钮	HA	Q0.2	蜂鸣器	
SP1	I0.3	压力开关上限				
SP2	I0.4	压力开关下限				

二、程序及电路设计

（一）PLC 梯形图

压力开关带动电磁阀实现储罐自动泄压控制电路 PLC 梯形图见图 66-2。

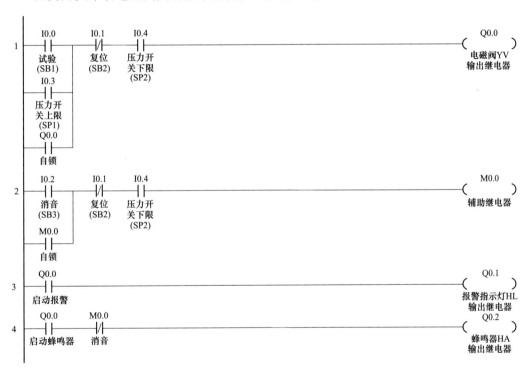

图 66-2　压力开关带动电磁阀实现储罐自动泄压控制电路 PLC 梯形图

（二）PLC 接线详图

压力开关带动电磁阀实现储罐自动泄压控制电路 PLC 路接线图见图 66-3。

三、梯形图动作详解

闭合电源断路器 QF。

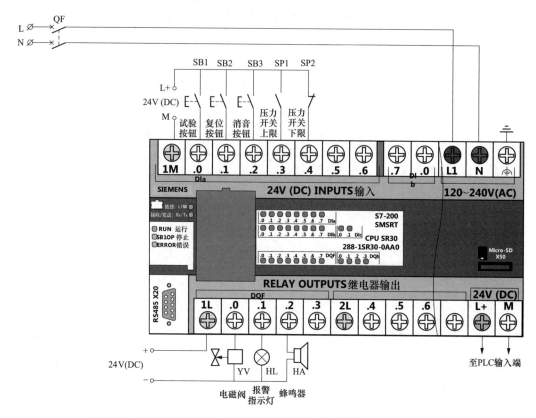

图 66-3   压力开关带动电磁阀实现储罐自动泄压控制电路 PLC 接线图

（一）试验过程

按下试验按钮 SB1，程序段 1 中 I0.0 触点闭合，能流经 I0.0→I0.1→I0.4 至 Q0.0，输出继电器 Q0.0 线圈得电，电磁阀得电吸合开始泄压，同时程序段 1 中 Q0.0 触点闭合自锁，电磁阀继续保持吸合状态。

同时程序段 3 中 Q0.0 触点闭合，能流经 Q0.0 至 Q0.1，输出继电器 Q0.1 线圈得电，报警指示灯点亮。同时程序段 4 中 Q0.0 触点闭合，能流经 Q0.0→M0.0 至 Q0.2，输出继电器 Q0.2 线圈得电，蜂鸣器发出报警音响。

（二）消音过程

按下消音按钮 SB3，程序段 2 中 I0.2 触点闭合，能流经 I0.2→I0.1→I0.4 至 M0.0，辅助继电器 M0.0 线圈得电，同时程序段 2 中 M0.0 触点闭合自锁。程序段 4 中 M0.0 触点断开，输出继电器 Q0.2 线圈失电蜂鸣器消音。

（三）复位过程

当报警指示灯点亮、蜂鸣器报警、电磁阀得电吸合时，按下复位按钮 SB2，程序段 1 中 I0.1 触点断开，输出继电器 Q0.0 线圈失电，蜂鸣器停止报警。

同时程序段 2 中 I0.1 断开，辅助继电器 M0.0 线圈失电，M0.0 触点断开解除自锁，程序段 4 中 M0.0 触点断开，输出继电器 Q0.2 线圈失电蜂鸣器消音。同时程序段

3 中 Q0.0 触点断开，输出继电器 Q0.1 线圈失电，报警指示灯灭。

（四）工作过程

当储罐压力达到设定压力上限值时，压力开关 SP1 闭合，程序段 1 中 I0.3 触点闭合。能流经 I0.3→I0.1→I0.4 至 Q0.0，输出继电器 Q0.0 线圈得电，电磁阀得电吸合开始泄压，同时程序段 1 中 Q0.0 触点闭合自锁，电磁阀继续保持吸合状态。

同时程序段 3 中 Q0.0 触点闭合，能流经 Q0.0 至 Q0.1，输出继电器 Q0.1 线圈得电，报警指示灯点亮。同时程序段 4 中 Q0.0 触点闭合，能流经 Q0.0→M0.0 至 Q0.2，输出继电器 Q0.2 线圈得电，蜂鸣器发出报警音响。

当储罐压力达到设定压力下限值时，压力开关 SP2 断开，程序段 1 中 I0.4 触点断开，输出继电器 Q0.0 线圈失电，蜂鸣器停止报警。同时程序段 2 中 I0.4 断开，辅助继电器 M0.0 线圈失电，M0.0 触点断开解除自锁，程序段 4 中 M0.0 触点断开，输出继电器 Q0.2 线圈失电蜂鸣器消音。同时程序段 3 中 Q0.0 触点断开，输出继电器 Q0.1 线圈失电，报警指示灯灭。

（五）保护原理

当控制电路发生短路、过载故障后控制电源断路器 QF 动作，断开控制电路。

第 67 例

三台水泵电动机轮流定时控制电路

一、继电器接触器控制原理

（一）三台水泵电动机轮流定时控制电路

三台水泵电动机轮流定时控制电路见图 67-1。

（二）PLC 程序设计要求

（1）在手动状态下，分别按下按钮 SB1、SB2、SB3，1、2、3 号水泵电动机分别启动运行，分别按下按钮 SB4、SB5、SB6，1、2、3 号水泵电动机分别停止运行。

（2）在自动状态下，1 号水泵电动机启动运行 30min 后 1 号水泵电动机停止运行，2 号水泵电动机启动运行 30min 后 2 号水泵电动机停止运行，3 号水泵电动机启动运行 30min 后 3 号水泵电动机停止运行，实现三台水泵电动机轮流定时控制。

（3）PLC 控制电路接线图中停止按钮 SB4、SB5、SB6 电动机保护器 FM1、FM2、FM3 辅助触点均使用动断触点，其余均使用动合触点。

（4）根据上面的控制要求列出输入/输出分配表。

（5）根据控制要求，用 PLC 基本指令设计梯形图程序。

（6）根据控制要求绘制 PLC 控制电路接线图。

（三）输入/输出设备及 I/O 元件配置分配表

输入/输出设备及 I/O 元件配置见表 67-1。

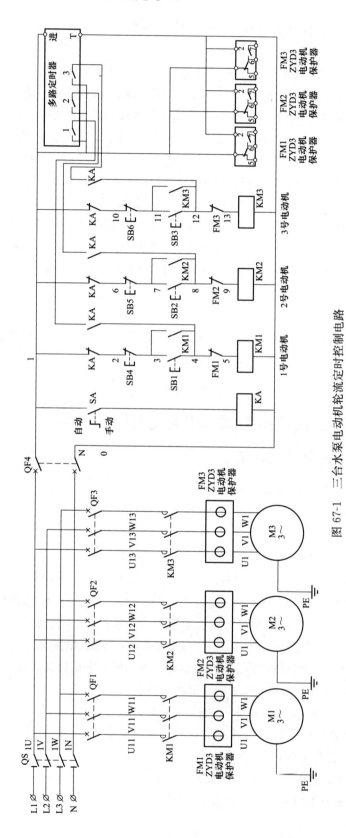

图 67-1 三台水泵电动机轮流定时控制电路

表 67-1 输入/输出设备及 I/O 元件配置表

输入设备			输出设备		
符号	地址	功能	符号	地址	功能
SA	I0.0	手动转换	KM1	Q0.0	1号电动机接触器
SB1	I0.1	1号电动机启动	KM2	Q0.1	2号电动机接触器
SB2	I0.2	2号电动机启动	KM3	Q0.2	3号电动机接触器
SB3	I0.3	3号电动机启动			
SB4	I0.4	1号电动机停止			
SB5	I0.5	2号电动机停止			
SB6	I0.6	3号电动机停止			
FM1	I0.7	1号电动机保护器			
FM2	I1.0	2号电动机保护器			
FM3	I1.1	3号电动机保护器			

二、程序及电路设计

(一)PLC梯形图

三台水泵电动机轮流是时控制电路PLC梯形图见图67-2。

(二)PLC接线详图

三台水泵电动机轮流定时控制电路PLC接线图见图67-3。

三、梯形图动作详解

闭合总电源开关QS,主电路电源断路器QF1、QF2、QF3,控制电源断路器QF4。由于SB4~SB6、FM1~FM3触点处于闭合状态,PLC输入继电器I0.4~I1.1信号指示灯亮,程序段1至程序段3中I0.4~I1.1触点闭合。

(一)手动启动停止过程

当转换开关SA置于手动位置时,I0.0触点断开。

1号电动机启动停止过程:按下启动按钮SB1,程序段1中I0.1触点闭合,能流经I0.1→I0.0→T37→I0.4→I0.7至Q0.0,输出继电器Q0.0线圈得电,外部接触器KM1线圈得电,KM1主触点闭合,电动机M1运行。同时程序段1中Q0.0触点闭合自锁,电动机M1连续运行。

按下停止按钮SB1,程序段1中I0.4触点断开,输出继电器Q0.0线圈失电,外部接触器KM1线圈失电,KM1主触点断开,电动机M1停止运行。

2号电动机启动停止过程:按下启动按钮SB2,程序段2中I0.2触点闭合,能流经I0.2→I0.0→T38→I0.5→I1.0至Q0.1,输出继电器Q0.1线圈得电,外部接触器KM2线圈得电,KM2主触点闭合,电动机M2运行。同时程序段2中Q0.1触点闭合自锁,电动机M2连续运行。

按下停止按钮SB2,程序段2中I0.5触点断开,输出继电器Q0.1线圈失电,外部接触器KM2线圈失电,KM2主触点断开,电动机M2停止运行。

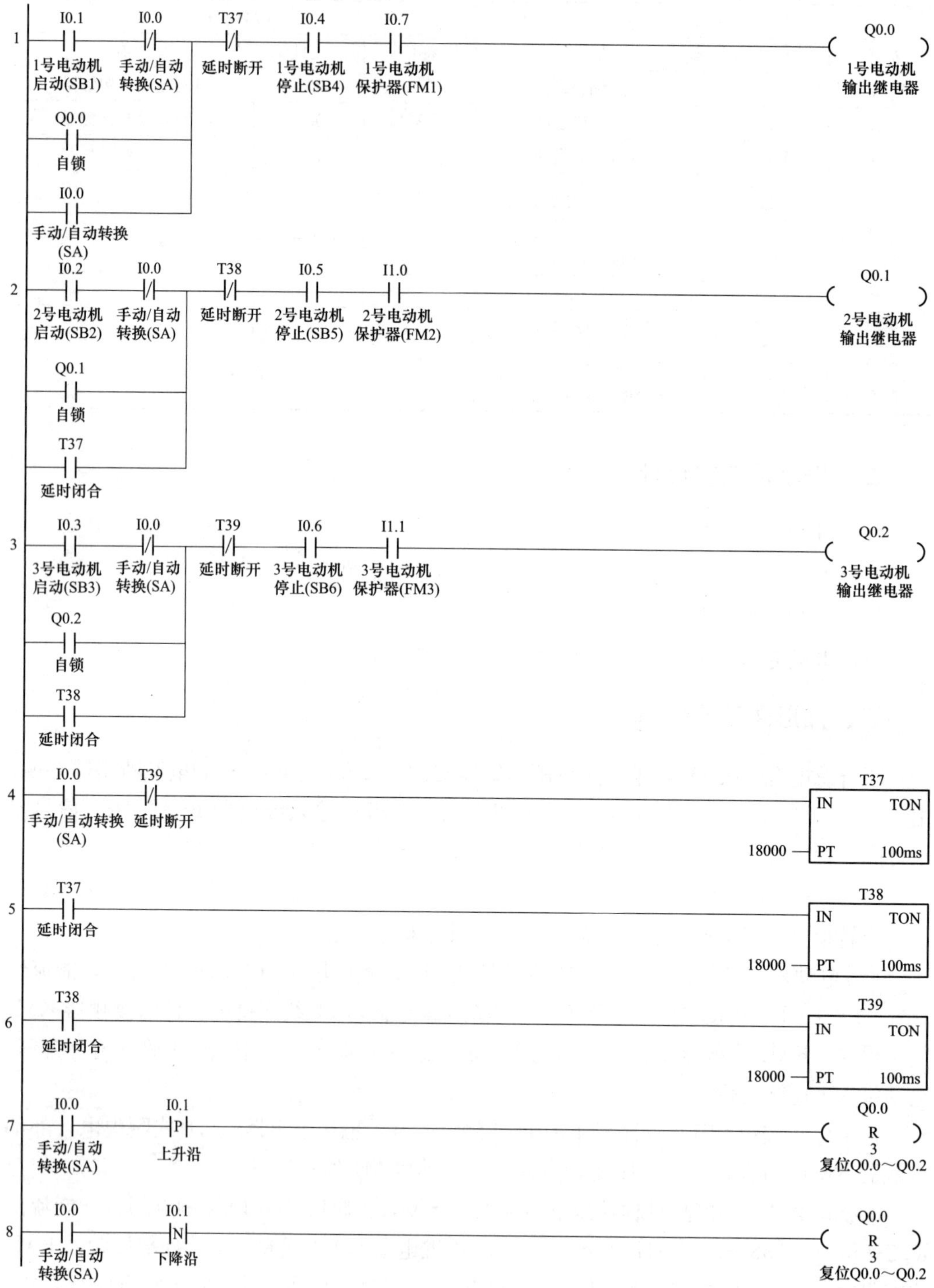

图 67-2　三台水泵电动机轮流定时控制电路 PLC 梯形图

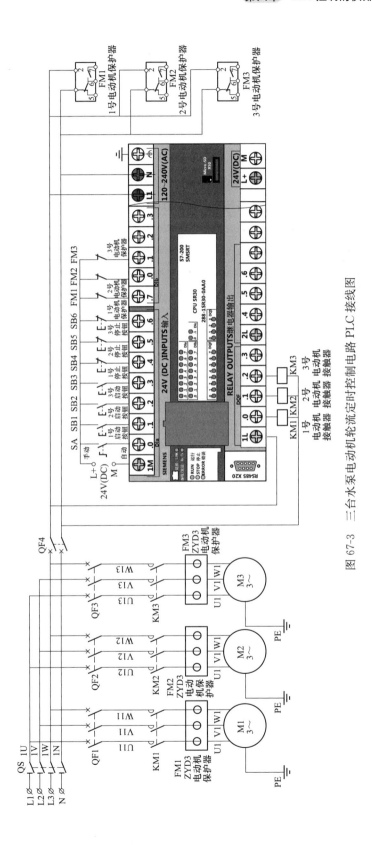

图 67-3 三台水泵电动机轮流定时控制电路 PLC 接线图

3号电动机启动停止过程：按下启动按钮SB3，程序段3中I0.3触点闭合，能流经I0.3→I0.0→T39→I0.6→I1.1至Q0.2，输出继电器Q0.2线圈得电，外部接触器KM3线圈得电，KM3主触点闭合，电动机M3运行。同时程序段3中Q0.2触点闭合自锁，电动机M3连续运行。

按下停止按钮SB3，程序段3中I0.6触点断开，输出继电器Q0.2线圈失电，外部接触器KM3线圈失电，KM3主触点断开，电动机M3停止运行。

（二）自动启动停止过程

当转换开关SA置于自动位置时，I0.0触点闭合。

1号电动机自动启动停止过程：程序段1中I0.0触点闭合，能流经I0.0→T37→I0.4→I0.7至Q0.0，输出继电器Q0.0线圈得电，外部接触器KM1线圈得电，KM1主触点闭合，电动机M1运行。同时程序段1中Q0.0触点闭合自锁，电动机M1连续运行。程序段4中I0.0触点闭合，能流经I0.0→T39至T37，定时器T37线圈得电延时。30min后程序段1中T37触点断开，输出继电器Q0.0线圈失电，外部接触器KM1线圈失电，KM1主触点断开，电动机M1停止运行。

2号电动机自动启动停止过程：程序段2中T37触点闭合，能流经T37→T38→I0.5→I1.0至Q0.1，输出继电器Q0.1线圈得电，外部接触器KM2线圈得电，KM2主触点闭合，电动机M2运行。同时程序段2中Q0.1触点闭合自锁，电动机M2连续运行。程序段5中T37触点闭合，能流经T37至T38，定时器T38线圈得电延时。30min后程序段2中T38触点断开，输出继电器Q0.1线圈失电，外部接触器KM2线圈失电，KM2主触点断开，电动机M2停止运行。

3号电动机自动启动停止过程：程序段3中T38触点闭合，能流经T38→T39→I0.6→I1.1至Q0.2，输出继电器Q0.2线圈得电，外部接触器KM3线圈得电，KM3主触点闭合，电动机M3运行。同时程序段3中Q0.2触点闭合自锁，电动机M3连续运行。程序段6中T38触点闭合，能流经T38至T39，定时器T39线圈得电延时。30min后程序段3中T38触点断开，输出继电器Q0.2线圈失电，外部接触器KM3线圈失电，KM3主触点断开，电动机M3停止运行。同时程序段4中T39触点断开，定时器T37线圈失电复位，程序段5中T37触点断开，定时器T38线圈失电复位，程序段6中T38触点断开，定时器T39线圈失电复位，程序段1中T37触点闭合，3台电动机轮流启动和停止运行。

（三）保护原理

当电动机运行中发生电动机断相、过载、堵转、三相不平衡等故障时，输入继电器I0.7或I1.0或I1.1（M过载保护）断开，输入继电器I0.7或I1.0或I1.1信号指示灯熄灭，程序段1至程序段3中I0.7或I1.0或I1.1触点断开，输出继电器Q0.0或Q0.1或Q0.2线圈失电，KM1或KM2或KM3主触头断开，电动机停止运行。

手动/自动转换时，程序段7和程序段8中I0.0触点闭合，上升沿和下降沿复位Q0.0至Q0.2避免电动机在手动状态下运行，直接转换自动状态下运行时，电动机不能停止运行。

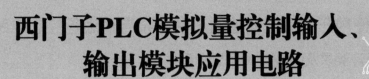

西门子PLC模拟量控制输入、输出模块应用电路

西门子 PLC 模拟量控制输入、输出模块应用电路用途：

（1）PLC 模拟量控制。模拟量是指变量在一定范围连续变化的量，也就是在一定范围（定义域）内可以取任意值（在值域内）。但数字量是分立量，而不是连续变化量，只能取几个分立值，如二进制数字变量只能取两个值。在工业生产自动控制中，为了保证产品质量或安全，对于模拟量的温度、压力、流量等一些重要参数，通常需要进行自动监测，并根据监测结果进行相应的控制。

（2）PLC 模拟量输入控制。在电气控制中存在大量的开关量，用 PLC 的基本单元就可以直接控制，但是也常要对一些模拟量，如压力、温度、速度进行控制。PLC 基本单元只能对数字量进行控制处理，而不能直接处理模拟量，这时就要用特殊功能模块将模拟量转换成数字量。

本章详细介绍了压力、振动、位移模拟量转换及用法，模拟量输出精确控制和模糊控制以及无触点接触器功率控制方法，还有模拟量采集在联锁控制中的应用。主要应用的电路有使用压力变送器控制三台水泵自动运行、使用模拟量控制电动机星形—三角形随负荷自动转换、使用模拟量控制烟道挡板开关角度自动调节、使用模拟量控制两台液压油泵与压缩机联锁等等。

（3）PLC 模拟量输出控制。由于 PLC 基本单元只能输出数字量，而大多数电气设备只能接收模拟量，所以还要把 PLC 输出的数字量转换成模拟量才能对电气设备进行控制，而这些则需要模拟量输出模块来实现。本章详细介绍了使用温度变送器控制电动阀自动运行以及燃气锅炉燃烧器点火程序等。

西门子 EMAE-04 是西门子公司推出的一款 PLC 模拟量输入模块，有四个输入通道，输入通道用于将外部输入的模拟量信号转换成数字量信号，即称为 A/D 转换，每个通道都可进行 A/D 转换。分辨率为 12 位，电压输入时－10～＋10V、－5～＋5V、－2.5～＋2.5V。电流输入时，为 0～20mA。

西门子 EMAQ-02 是西门子公司推出的一款 PLC 模拟量输出模块，有两个输出通道，输出通道用于将数字量信号转换成外部输出的模拟量信号，即称为 D/A 转换，每个通道都可进行 D/A 转换。分辨率为 11 位，电压输出时－10～＋10V 电流输出时，为 0～20mA。

读者也可根据现场实际需求对电路做适当的改动，即可实现控制要求。

第 68 例

使用压力变送器控制三台水泵自动运行控制电路

一、设计要求及I/O元件配置分配

（一）PLC 程序设计要求

（1）根据压力变送器传输 4~20mA 电流信号控制三台电动机自动运行：当压力大于或等于 2.5MPa 时，1 号电动机运行，当压力小于 2.5MPa 时，1 号电动机停止；当压力大于或等于 5.0MPa 时，1、2 号电动机运行，当压力小于 5MPa 时，2 号电动机停止；当压力大于或等于 8.0MPa 时，1~3 号电动机同时运行，压力小于 1MPa 时，3 台电动机同时停止。

（2）手动控制，转换开关 SA1 闭合，手动启动 1 号电动机。

（3）手动控制，转换开关 SA2 闭合，手动启动 2 号电动机。

（4）手动控制，转换开关 SA3 闭合，手动启动 3 号电动机。

（5）电动机发生过载等故障时，电动机保护器动作，电动机停止运行。

（6）PLC 实际接线图中电动机手动控制开关 SA1、SA2、SA3 取动合触点，电动机综合保护器 FM1、FM2、FM3 均取动断触点。

（7）模拟量输入模块采用 EMAE04 型。

（8）根据上面的控制要求列出输入/输出分配表。

（9）设计用 PLC 比较指令、模拟量实现压力变送器控制三台水泵自动运行梯形图程序。

（10）根据控制要求绘制 PLC 控制电路接线图。

（二）输入/输出设备及 I/O 元件配置分配表

输入/输出设备及 I/O 元件配置见表 68-1。

表 68-1 　　　　　　　　　　　　　输入/输出设备及 I/O 元件配置

输入设备			输出设备		
符号	地址	功能	符号	地址	功能
SA1	I0.0	手动启动电动机 1	KM1	Q0.0	1 号电动机接触器
SA2	I0.1	手动启动电动机 2	KM2	Q0.1	2 号电动机接触器
SA3	I0.2	手动启动电动机 3	KM3	Q0.2	3 号电动机接触器
FM1	I0.3	电动机保护器 1			
FM2	I0.4	电动机保护器 2			
FM3	I0.5	电动机保护器 3			
SP	AIW16	压力变送器			

二、程序及电路设计

（一）PLC 梯形图

使用压力变送器控制三台水泵自动运行控制电路 PLC 梯形图见图 68-1。

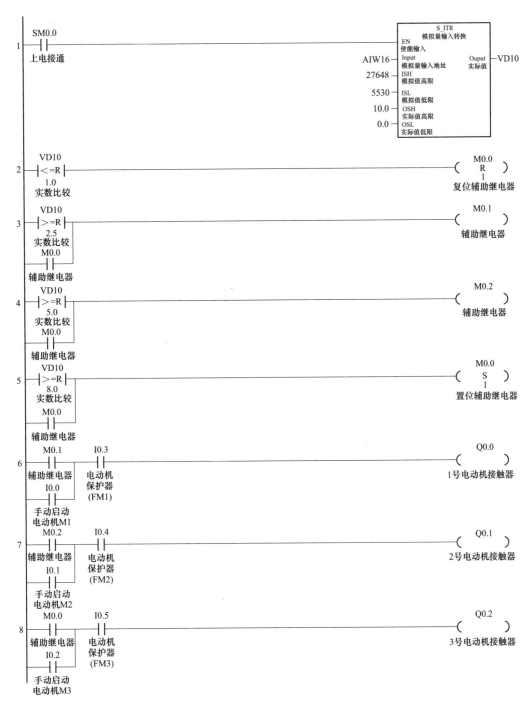

图 68-1 使用压力变送器控制三台水泵自动运行控制电路 PLC 梯形图

（二）PLC 接线详图

使用压力变送器控制三台水泵自动运行控制电路 PLC 接线图见图 68-2。

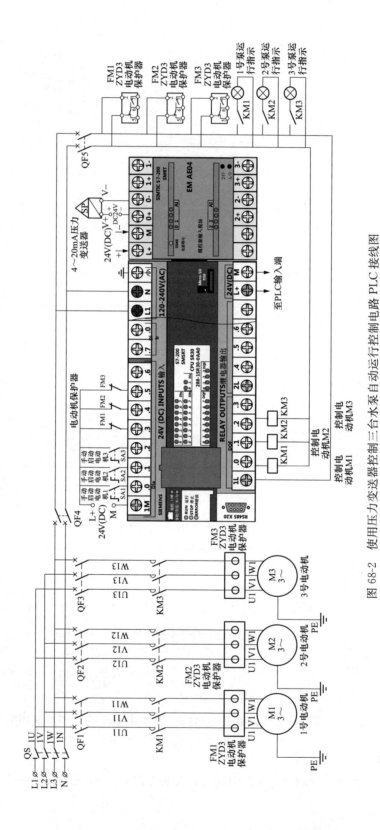

图 68-2 使用压力变送器控制三台水泵自动运行控制电路 PLC 接线图

三、梯形图动作详解

闭合总电源开关 QS，主电路断路器 QF1～QF3。闭合 PLC 输入端断路器 QF4，PLC 输出继电器及电动机保护器控制电源断路器 QF5。PLC 初始化，PLC 输入继电器 I0.3、I0.4、I0.5 信号指示灯亮，压力变送器转换成 4～20mA 信号到模拟量输入模块 EM AE04 的 AI0 通道。

程序段 6 到程序段 8 中 I0.3、I0.4、I0.5 触点闭合。程序段 1 中特殊辅助继电器 M0.0 上电闭合，接通模拟量输入处理模块 S_ITR 的 EN 使能端，Input 连接转换变量通道地址 AIW16，ISH 输入量程上限 27648，ISL 输入量程下限 5530，OSH 输出转换量程上限 10.0，OSL 输出转换量程下限 0.0，Output 转换后数据存储在 VD10 中，模拟量输入见表 68-2。

表 68-2　　　　　　　　　　　　　　　　　　模拟量输入表

转换变量通道 地址（Input）	输入量程上限 （ISH）	输入量程下限 （ISL）	输出转换量程 上限（OSH）	输出转换量程 下限（OSL）	数据存储地址 （Output）
AIW16	27648	5530	10.0	0.0	VD10

（一）自动控制过程

（1）压力≥2.5MPa 电动机自动启动/停止：当压力大于或者等于 2.5MPa 时，程序段 3 中 VD10 中的数值和实数 2.5 比较，大于或等于 2.5 时辅助继电器 M0.1 线圈得电，程序段 6 中 M0.1 触点闭合，能流经触点 M0.1→I0.3 至 Q0.0，输出继电器 Q0.0 得电，交流接触器 KM1 接通主电源 1 号电动机运行。

当压力小于 2.5MPa 时，程序段 3 中 VD10 中的数值和实数 2.5 比较，小于 2.5 时辅助继电器 M0.1 线圈失电，程序段 6 中 M0.1 触点断开，输出继电器 Q0.0 失电，交流接触器 KM1 断开主电源 1 号电动机停止运行。

（2）压力≥5.0MPa 电动机自动启动/停止：当压力大于或等于 5.0MPa 时，程序段 4 中 VD10 中的数值和实数 5.0 比较，大于或等于 5.0 时辅助继电器 M0.2 线圈得电，程序段 7 中 M0.2 触点闭合，能流经触点 M0.2→I0.4 至 Q0.1，输出继电器 Q0.1 得电交流接触器 KM2 接通主电源 2 号电动机运行，同时满足 1 号电动机运行条件 1 号电动机连续运行。

当压力小于 5.0MPa 时，程序段 4 中 VD10 中的数值和实数 5.0 比较，小于 5.0 时辅助继电器 M0.2 线圈失电，程序段 7 M0.2 触点断开，输出继电器 Q0.1 失电交流接触器 KM2 断开主电源 2 号电动机停止运行，如果满足 1 号电动机运行条件时，1 号电动机连续运行。

（3）压力≥8.0MPa 电动机自动启动/停止：当压力大于或者等于 8.0MPa 时，程序段 5 中 VD10 中的数值和实数 8.0 比较，大于或等于 8.0 时置位辅助继电器 M0.0，M0.0 线圈得电程序段 3 至程序段 4 中 M0.0 触点闭合，辅助继电器 M0.1、M0.2 线圈得电，程序段 6 至程序段 8 中 M0.1、M0.2、M0.0 触点闭合，输出继电器 Q0.0 至

Q0.2 得电，交流接触器 KM1 至 KM3 接通主电源 1~3 号电动机同时运行。

当压力小于或等于 1.0MPa 时，程序段 2 中 VD10 中的数值和实数 1.0 比较，小于或等于 1.0 时复位辅助继电器 M0.0，M0.0 线圈失电程序段 3 至程序段 4 中 M0.0 触点断开，辅助继电器 M0.1、M0.2 线圈失电，程序段 6 至程序段 8 中 M0.1、M0.2、M0.0 触点断开，输出继电器 Q0.0 至 Q0.2 失电，交流接触器 KM1 至 KM3 断开主电源 1~3 号电动机同时停止运行。

（二）手动控制过程

将转换开关 SA1 旋至手动位置闭合，程序段 6 中 I0.0 触点闭合，能流经 I0.0→I0.3 至 Q0.0，输出继电器 Q0.0 得电，交流接触器 KM1 接通主电源，1 号电动机运行，旋至空位手动停止运行。

将转换开关 SA2 旋至手动位置闭合，程序段 7 中 I0.1 触点闭合，能流经 I0.1→I0.4 至 Q0.1，输出继电器 Q0.1 得电，交流接触器 KM2 接通主电源，2 号电动机运行，旋至空位手动停止运行。

将转换开关 SA3 旋至手动位置闭合，程序段 8 中 I0.2 触点闭合，能流经 I0.2→I0.5 至 Q0.2，输出继电器 Q0.2 得电，交流接触器 KM3 接通主电源，3 号电动机运行，旋至空位手动停止运行。

（三）保护原理

当电动机在运行中发生电动机断相、过载、堵转、三相不平衡等故障时，电动机保护器动断触点 FM1、FM2、FM3（电动机 M 过载保护）断开，程序段 6 至程序段 8 中 I0.3~I0.5 触点断开，输出继电器 Q0.0~Q0.2 回路断开，外部接触器 KM1~KM3 线圈失电，电动机停止运行。

第 69 例

使用温度变送器控制电动阀自动运行控制电路

一、设计要求及 I/O 元件配置分配

（一）PLC 程序设计要求

（1）手动/自动转换开关 SA2 转到自动位置电动阀根据温度反馈信号实现自动运行。

（2）手动/自动转换开关 SA2 转到手动位置，转换开关 SA1-1 接通电动阀全开。

（3）手动/自动转换开关 SA2 转到手动位置，转换开关 SA1-2 接通电动阀全关。

（4）温度变送器传送 4~20mA 电流信号到模拟量输入模块，PLC 根据需求输出 4~20mA 电流信号控制电动阀开关角度，温度小于 5℃时，电动阀全关，温度 20℃时，电动阀开启 25%，温度≥40℃时，电动阀开启 50%，温度≥60℃时，电动阀开启 75%；温度≥80℃时，电动阀开启 100%。

（5）PLC 实际接线图中手动控制开关 SA1 取动合触点。

（6）模拟量输入模块采用 EMAE04，模拟量输出模块采用 EMAQ02。

（7）设计用 PLC 传送、比较指令、模拟量实现温度变送器控制电动阀自动运行梯形图程序。

（8）根据控制要求绘制 PLC 控制电路接线图。

（二）输入/输出设备及 I/O 元件配置分配表

输入/输出设备及 I/O 元件配置见表 69-1。

表 69-1　　　　　　　　　　**输入/输出设备及 I/O 元件配置**

输入设备			输出设备		
符号	地址	功能	符号	地址	功能
SA1-1	I0.0	电动阀手动全开	LV	AQW32	电动阀开度信号输出
SA1-2	I0.1	电动阀手动全关			
SA2	I0.2	电动阀手动/自动			
TT	AIW16	温度模拟量输入			

二、程序及电路设计

（一）PLC 梯形图

使用温度变送器控制电动阀自动运行控制电路 PLC 梯形图见图 69-1。

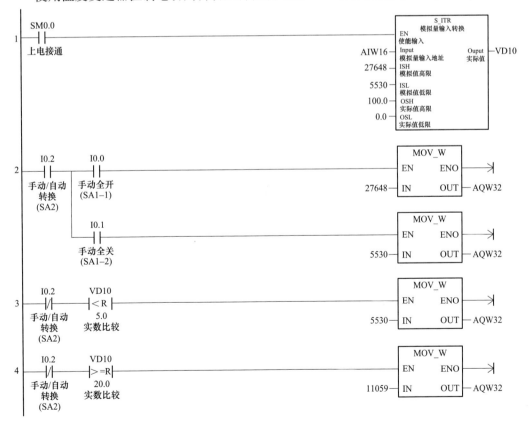

图 69-1　使用温度变送器控制电动阀自动运行控制电路 PLC 梯形图（一）

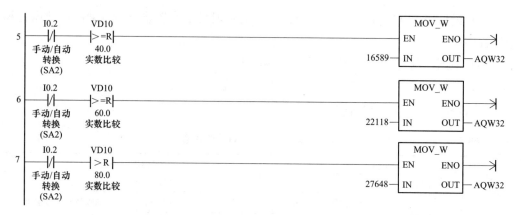

图 69-1　使用温度变送器控制电动阀自动运行控制电路 PLC 梯形图（二）

（二）PLC 接线详图

使用温度变送器控制电动阀自动运行控制电路 PLC 接线图见图 69-2。

三、梯形图动作详解

闭合 PLC 输入端断路器 QF1、电动阀断路器 QF2。温度变送器转换成 4～20mA 信号到模拟量输入模块 EM AE04 的 AI0 通道。模拟量输出模块 EMAQ02 的 AQ0 通道输出 4～20mA 信号控制电动阀的开度。

程序段 1 中特殊辅助继电器 SM0.0 上电闭合，接通模拟量输入处理模块 S_ITR 的 EN 使能端，Input 连接转换变量通道地址 AIW16，ISH 输入量程上限 27648，ISL 输入量程下限 5530，OSH 输出转换量程上限 100.0，OSL 输出转换量程下限 0.0，Output 转换后数据存储在 VD10 中，模拟量输入见表 69-2。

（一）手动控制过程

电动阀手动/自动转换开关 SA2 闭合转到手动运行状态、转换开关 SA1-1 旋至闭合位置程序段 2 中 I0.2、I0.0 触点闭合，能流经 I0.2→I0.0 至传送指令 MOV_W，将数字 27648 传送到 AQW32 中，模拟量输出模块通道 0 输出 20mA 信号电动阀开启 100%。

电动阀手动/自动转换开关 SA2 闭合转到手动运行状态、转换开关 SA1-2 旋至闭合位置程序段 2 中 I0.2、I0.1 触点闭合，"能流"经 I0.2→I0.1 至传送指令 MOV_W，将数字 5530 传送到 AQW32 中，模拟量输出模块通道 0 输出 4mA 信号电动阀开启 0%。

（二）自动控制过程

电动阀手动/自动转换开关 SA2 闭合转到自动运行状态，程序段 3 至程序段 7 中 I0.2 触点闭合。温度＜5℃时，程序段 3 中 VD10 中的数值和实数 5.0 比较，小于实数 5.0 时能流经 I0.2→比较指令至传送指令 MOV_W，将数字 5530 传送到 AQW32 中，模拟量输出模块通道 0 输出 4mA 信号电动阀开启 0%。

温度≥20℃时，程序段 4 中 VD10 中的数值和实数 20.0 比较，大于或等于实数 20.0 时能流经 I0.2→比较指令至传送指令 MOV_W，将数字 11059 传送到 AQW32 中，模拟量输出模块通道 0 输出 8mA 信号电动阀开启 25%。

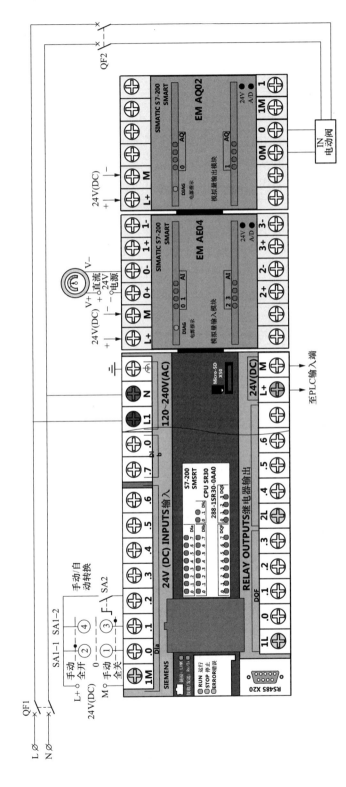

图 69-2 使用温度变送器控制电动阀自动运行控制电路 PLC 接线图

表 69-2   模拟量输入表

转换变量 通道地址（Input）	输入量程 上限（ISH）	输入量程 下限（ISL）	输出转换量程 上限（OSH）	输出转换量程 下限（OSL）	数据存储地址 （Output）
AIW16	27648	5530	100.0	0.0	VD10

温度≥40℃时，程序段 5 中 VD10 中的数值和实数 40.0 比较，大于或等于实数 40.0 时能流经 I0.2→比较指令至传送指令 MOV_W，将数字 16589 传送到 AQW32 中，模拟量输出模块通道 0 输出 12mA 信号电动阀开启 50%。

温度≥60℃时，程序段 6 中 VD10 中的数值和实数 60.0 比较，大于或等于实数 60.0 时能流经 I0.2→比较指令至传送指令 MOV_W，将数字 22118 传送到 AQW32 中，模拟量输出模块通道 0 输出 16mA 信号电动阀开启 75%。

温度>80℃时，程序段 7 中 VD10 中的数值和实数 80.0 比较，大于实数 80.0 时能流经 I0.2→比较指令至传送指令 MOV_W，将数字 27648 传送到 AQW32 中，模拟量输出模块通道 0 输出 20mA 信号电动阀开启 100%。

（三）保护原理

PLC 控制电路及电动阀发生短路、过流、欠压自动断开 QF1、QF2 进行保护。

第 70 例
模拟量控制电动机丫-△-丫随负荷自动转换控制电路

一、设计要求及 I/O 元件配置分配

（一）PLC 程序设计要求

（1）按下启动按钮 SB1，润滑油泵启动运行，润滑油压大于或等于 0.2MPa 时空压机电动机丫接运行。

（2）按下停止按钮 SB2，润滑油电动机、空压机电动机停止运行。

（3）按下急停按钮 SB3，润滑油电动机、空压机电动机停止运行。

（4）空压机电动机运行电流大于或等于 400A 并保持 15s 后、润滑油压大于或等于 0.2MPa，空压机电动机由丫接运行自动转换到△接运行。

（5）空压机电动机运行电流小于 400A、润滑油压大于或等于 0.2MPa，空压机电动机由△接运行自动转换到丫接运行。

（6）润滑油压小于 0.2MPa，空压机电动机停止运行。

（7）电动机丫-△互锁，不能同时运行。

（8）PLC 实际接线图中停止按钮 SB2、急停按钮 SB3、电动机综合保护器 FM1、FM2、接触器互锁触点均取动断触点，其余均采用动合触点。

（9）模拟量输入模块采用 EMAE04。

（10）设计用 PLC 基本指令与比较指令、模拟量实现控制电动机 Y-△-Y 启动自动运行梯形图程序。

（11）根据控制要求绘制 PLC 控制电路接线图。

（二）输入/输出设备及 I/O 元件配置分配表

输入/输出设备及 I/O 元件配置见表 70-1。

表 70-1 输入/输出设备及 I/O 元件配置

输入设备			输出设备		
符号	地址	功能	符号	地址	功能
SB1	I0.0	启动按钮	HL	Q0.0	空压机电动机△接工作指示
SB2	I0.1	停止按钮	KM1	Q0.1	润滑油电动机接触器
SB3	I0.2	急停按钮	KM2	Q0.2	空压机电动机Y接触器
FM1~2	I0.3	电动机保护器 1~2	KM3	Q0.3	空压机电动机△接接触器
SP	AIW16	压力模拟量输入			
BE	AIW18	电流模拟量输入			

二、程序及电路设计

（一）PLC 梯形图

模拟量控制电动机 Y-△-Y 随负荷自动转换控制电路 PLC 梯形图见图 70-1。

（二）PLC 接线详图

模拟量控制电动机 Y-△-Y 随负荷自动转换控制电路 PLC 接线图见图 70-2。

三、梯形图动作详解

闭合总电源开关 QS，空压机电动机断路器 QF1、润滑油电动机断路器 QF2。闭合 PLC 输入端断路器 QF3，闭合 PLC 输出继电器及电动机保护器控制电源断路器 QF4。I0.1、I0.2、I0.3 信号指示灯点亮，程序段 6 中 I0.1、I0.2、I0.3 触点断开。

压力变送器转换成 4~20mA 信号到模拟量输入模块 EMAE04 的 AI0 通道，电流变送器转换成 4~20mA 信号到模拟量输入模块 EMAE04 的 AI1 通道。

程序段 1 中特殊辅助继电器 SM0.0 上电闭合，接通模拟量输入处理模块 S_ITR 的 EN 使能端，Input 连接转换变量通道地址 AIW16，ISH 输入量程上限 27648，ISL 输入量程下限 5530，OSH 输出转换量程上限 1.0，OSL 输出转换量程下限 0.0，Output 转换后数据存储在 VD10 中。

程序段 2 中特殊辅助继电器 SM0.0 上电闭合，接通模拟量输入处理模块 S_ITR 的 EN 使能端，Input 连接转换变量通道地址 AIW18，ISH 输入量程上限 27648，ISL 输入量程下限 5530，OSH 输出转换量程上限 600.0，OSL 输出转换量程下限 0.0，Output 转换后数据存储在 VD14 中，模拟量输入见表 70-2。

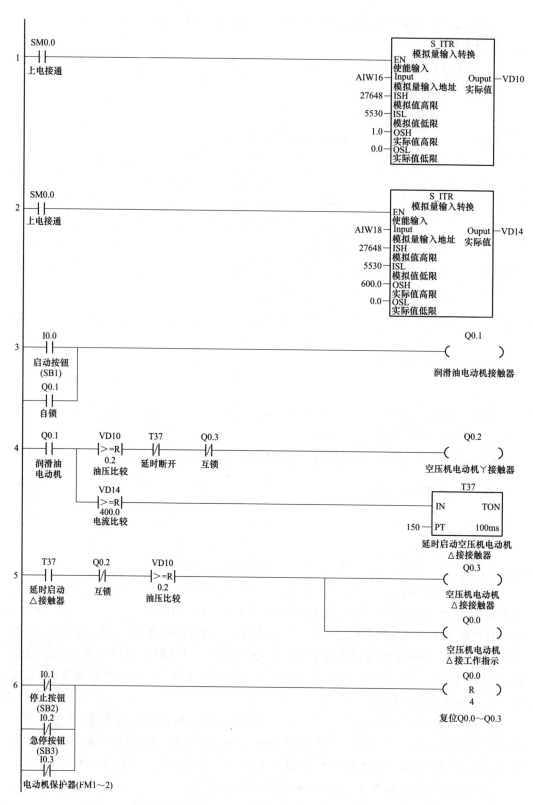

图 70-1　模拟量控制电动机Y-△-Y随负荷自动转换控制电路 PLC 梯形图

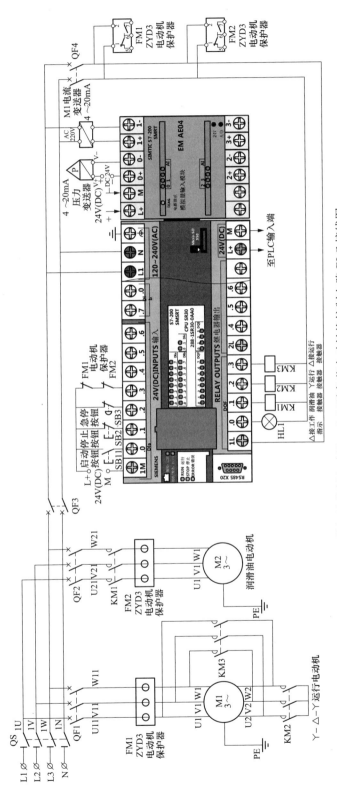

图 70-2 模拟量控制电动机 Y-△-Y 随负荷自动转换控制电路 PLC 接线图

表 70-2 模拟量输入表

转换变量通道 地址（Input）	输入量程上限 （ISH）	输入量程下限 （ISL）	输出转换量程 上限（OSH）	输出转换量程 下限（OSL）	数据存储地址 （Output）
AIW16	27648	5530	1.0	0.0	VD10
AIW18	27648	5530	600.0	0.0	VD14

（一）控制过程

（1）润滑油电动机启动和空压机电动机丫运行：按下启动按钮 SB1，程序段 3 中 I0.0 触点闭合，能流经 I0.0 至 Q0.1，同时 Q0.1 辅助触点闭合自锁，输出继电器 Q0.1 线圈得电，外部接触器 KM1 线圈得电，KM1 主触点闭合，润滑油电动机启动运行，同时程序段 4 中 Q0.1 触点闭合为空压机启动运行做准备。当润滑油压力大于等于 0.2MPa 时，程序段 4 中 VD10 中的数值和实数 0.2 比较，大于或等于实数 0.2 时能流经 Q0.1→比较指令→T37→Q0.3 至 Q0.2，输出继电器 Q0.2 线圈得电，外部接触器 KM2 线圈得电，KM2 主触点闭合，空压机电动机丫启动运行。

（2）空压机电动机自动丫-△-丫运行：空压机电动机丫 接运行时，电流大于等于 400A 时，程序段 4 中 VD14 中的数值和实数 400.0 比较，大于或等于实数 400.0 时能流经 Q0.1→比较指令至 T37，定时器 T37 线圈得电。15s 后程序段 5 中 T37 触点闭合，能流经 T37→Q0.2→比较指令至 Q0.3 和 Q0.0，输出继电器 Q0.3 线圈得电，外部接触器 KM3 线圈得电，KM3 主触点闭合，空压机电动机△接运行。输出继电器 Q0.0 线圈得电，空压机电动机△接工作指示灯点亮。同时程序段 4 中 Q0.3 触点断开，空压机电动机停止丫运行。

空压机电动机△接运行时负荷变小，电流小于 400A 时，程序段 4 中 VD14 中的数值和实数 400.0 比较，小于实数 400.0 时定时器 T37 线圈失电，程序段 5 中 T37 触点断开，Q0.3 和 Q0.0，输出继电器 Q0.3 线圈失电，外部接触器 KM3 线圈失电，KM3 主触点断开，空压机电动机停止△接运行。输出继电器 Q0.0 线圈失电，空压机电动机△接工作指示灯熄灭。

（3）停止和急停：按下停止按钮 SB2 或者按下急停按钮 SB3，程序段 6 中 I0.1 或 I0.2 触点闭合，复位输出继电器 Q0.0～Q0.3 输出继电器 Q0.0～Q0.3 线圈失电，外部接触器 KM1～KM3 线圈失电，KM1～KM3 主触点断开润滑油电动机、空压机电动机停止运行。

（二）保护原理

当电动机在运行时发生电动机断相、过载、堵转、三相不平衡等故障时，电动机保护器动断触点 FM1 或 FM2（电动机 M 过载保护）断开，输入继电器 I0.3 信号指示灯熄灭，程序段 6 中 I0.3 触点闭合，复位输出继电器 Q0.0～Q0.3 输出继电器 Q0.0～Q0.3 线圈失电，外部接触器 KM1～KM3 线圈失电，KM1～KM3 主触点断开润滑油电动机、空压机电动机停止运行。

润滑油泵泵压低于设定值 0.2MPa 时，程序段 4 和程序段 5 中 VD10 比较指令触点断开，输出继电器 Q0.0、Q0.2、Q0.3 线圈失电，外部接触器 KM2、KM3 线圈失电，KM2、KM3 主触点断开空压机电动机停止运行。

第 71 例

模拟量控制烟道挡风板开度自动调节电路

一、设计要求及 I/O 元件配置分配

（一）PLC 程序设计要求

（1）按下启动按钮 SB1 引风机启动运行，同时烟道挡风板打开到开度 90°位置。

（2）按下停止按钮 SB2 引风机停止运行，同时烟道挡风板关闭到开度 20°位置。

（3）根据烟道内含氧量自动控制减速电动机正反转运行，开关霍尔元件 KH1～5 检测位置信号。

（4）开关霍尔元件 KH1～KH5 开关状态，对应烟道挡板开度 20°、30°、45°、60°、90°。

（5）当含氧量传感器检测烟道内含氧量小于等于 4.5％Vol 时，烟道挡风板打开 90°最大风量排除天然气，吹扫天然气 10s 后，关闭烟道挡风板至烟道挡风板开度 20°最小风量时停止，燃烧器点火（本例不考虑点火程序）。

（6）当含氧量传感器检测烟道内含氧量大于 4.5％Vol 时，烟道挡风板打开 30°，10s 后如果含氧量仍然大于 4.5％Vol 时，烟道挡风板打开 45°，10s 后如果含氧量仍然大于 4.5％Vol 时，烟道挡风板打开 60°，10s 后如果含氧量仍然大于 4.5％Vol 时，烟道挡风板打开 90°。

（7）PLC 实际接线图中开关霍尔元件 KH1、电动机综合保护器 FM 触点取动断触点，其余均采用动合触点。

（8）模拟量输入模块采用 EMAE04。

（9）设计用 PLC 基本指令与比较指令、模拟量控制减速电动机正反转自动运行梯形图程序。

（10）根据控制要求绘制 PLC 控制电路接线图。

（二）输入/输出设备及 I/O 元件配置分配表

输入/输出设备及 I/O 元件配置见表 71-1。

表 71-1　　　　　　　　　　输入/输出设备及 I/O 元件配置

输入设备			输出设备		
符号	地址	功能	符号	地址	功能
SB1	I0.0	启动按钮	KM1	Q0.0	引风电动机接触器
SB2	I0.1	停止按钮	KM2	Q0.1	减速电动机正转接触器
KH1	I0.2	开关霍尔元件 1（20°）	KM3	Q0.2	减速电动机反转接触器
KH2	I0.3	开关霍尔元件 2（30°）			
KH3	I0.4	开关霍尔元件 3（45°）			
KH4	I0.5	开关霍尔元件 4（60°）			
KH5	I0.6	开关霍尔元件 5（90°）			
FM1、FM2	I0.7	电动机保护器 1～2			
BF	AIW16	含氧模拟量输入			

265

二、程序及电路设计

（一）PLC 梯形图

模拟量控制烟道挡风板开度自动调节电路 PLC 梯形图见图 71-1。

（二）PLC 接线详图

模拟量控制烟道挡风板开度自动调节电路 PLC 接线图见图 71-2。

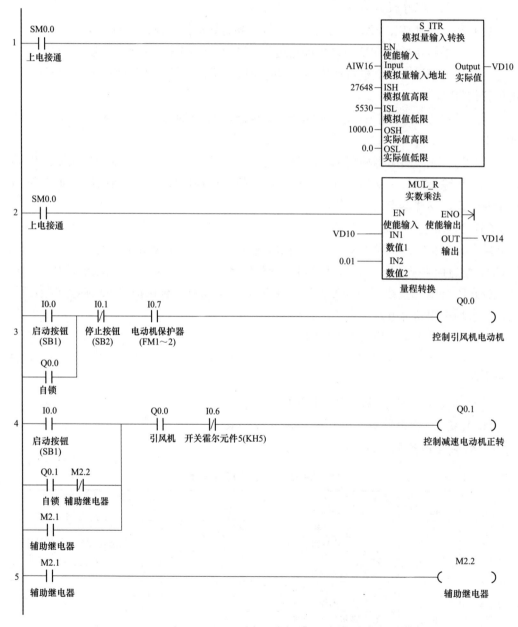

图 71-1　模拟量控制烟道挡风板开度自动调节电路 PLC 梯形图（一）

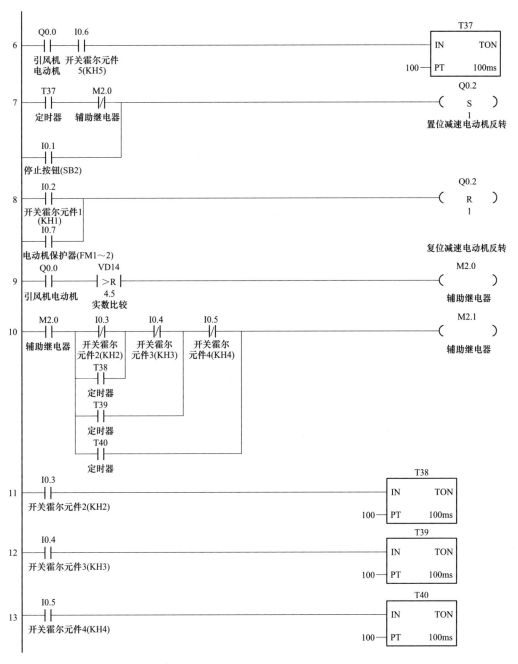

图 71-1 模拟量控制烟道挡风板开度自动调节电路 PLC 梯形图（二）

三、梯形图动作详解

闭合总电源开关 QS，主电路断路器 QF1、QF2，闭合 PLC 输出继电器及电动机保护器控制电源断路器 QF4，闭合 PLC 输入端断路器 QF3，I0.7 信号指示灯点亮，开关型霍尔传感器 KH1 触点闭合，I0.2 信号指示灯点亮，含氧量检测器转换成 4～20mA

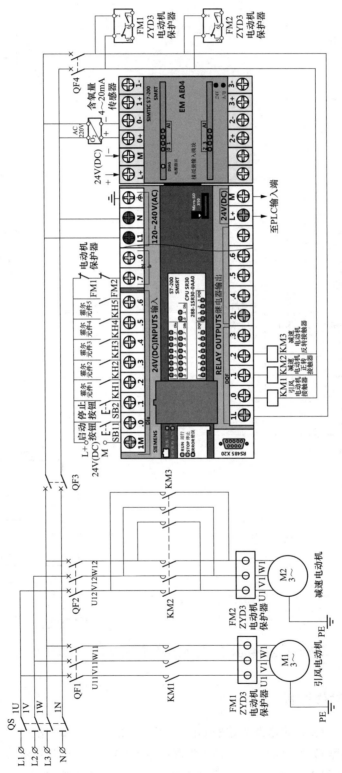

图 71-2　模拟量控制烟道挡风板开度自动调节电路 PLC 接线图

信号到模拟量输入模块 EMAE04 的 AI0 通道。

　　程序段 1 中特殊辅助继电器 SM0.0 上电闭合，接通模拟量输入处理模块 S_ITR 的 EN 使能端，Input 连接转换变量通道地址 AIW16，ISH 输入量程上限 27648，ISL 输入量程下限 5530，OSH 输出转换量程上限 1000.0，OSL 输出转换量程下限 0.0，Output 转换后数据存储在 VD10 中。程序段 2 中特殊辅助继电器 SM0.0 上电闭合，将 VD10 输出的数值进行量程转换，结果存储到 VD14 中，模拟量输入见表 71-2。

表 71-2　　　　　　　　　　　　　　　模拟量输入表

转换变量通道地址（Input）	输入量程上限（ISH）	输入量程下限（ISL）	输出转换量程上限（OSH）	输出转换量程下限（OSL）	数据存储地址（Output）
AIW16	27648	5530	1000.0	0.0	VD10

（一）控制过程

（1）启动后含氧量小于设定值。按下启动按钮 SB1，程序段 3 中 I0.0 触点闭合，能流经 I0.0→I0.1→I0.7 至 Q0.0，同时 Q0.0 辅助触点闭合自锁，输出继电器 Q0.0 线圈得电，外部接触器 KM1 线圈得电，KM1 主触点闭合，引风电动机运行吸引炉膛内残余天然气经烟囱排除。同时各程序段 Q0.0 相应触点闭合，程序段 4 中 I0.0 触点闭合，能流经 I0.0→Q0.0→I0.6→Q0.2 至 Q0.1，同时 Q0.1 辅助触点经 M2.2 触点闭合自锁，输出继电器 Q0.1 线圈得电，外部接触器 KM2 线圈得电，KM2 主触点闭合，减速电动机正转打开烟道挡风板。

　　减速电动机正转到开关型霍尔传感器 KH5 位置时烟道挡风板打开 90° 最大风量排除天然气，输入继电器 I0.6 信号指示灯点亮，程序段 4 中 I0.6 触点断开，输出继电器 Q0.1 线圈失电，外部接触器 KM2 线圈失电，KM2 主触点断开，减速电动机停止正转。同时程序段 6 中 I0.6 触点闭合，能流经 Q0.0→I0.6 至定时器 T37，吹扫天然气 10s 后程序段 7 中 T37 触点闭合，能流经 T37→M2.0 至 Q0.2，置位输出继电器 Q0.2，Q0.2 线圈得电，外部接触器 KM3 线圈得电，KM3 主触点闭合，减速电动机反转将要关闭烟道挡风板，同时霍尔传感器 KH5 断开 I0.6 信号指示灯熄灭。

　　当减速电动机反转到霍尔传感器 KH1 位置时烟道挡风板打开 20° 最小风量时燃烧器点火（点火程序略），I0.2 信号指示灯点亮，同时程序段 8 中，I0.2 触点闭合，能流经 I0.2 复位 Q0.2，输出继电器 Q0.2 线圈失电，KM3 主触点断开，减速电动机停止反转。

（2）运行后含氧量大于设定值。含氧传感器检测烟道内的含氧量并转换成的 4～20mA 电流信号，含氧量大于 4.5％Vol 时，程序段 9 中 VD14 中的数值和实数 4.5 比较，大于实数 4.5 时能流经 Q0.0→比较指令至辅助继电器 M2.0。程序段 10 中 M2.0 触点闭合，能流经 M2.0→I0.3→I0.4→I0.5 至 M2.1，程序段 4 中 M2.1 触点闭合，能流经 M2.1→Q0.0→I0.6 至 Q0.1，输出继电器 Q0.1 线圈得电，外部接触器 KM2 线圈得电，KM2 主触点闭合，减速电动机正转打开烟道挡风板。

同时 I0.2 信号指示灯熄灭，当减速电动机正转到霍尔传感器 KH2 位置时 I0.3 信号指示灯点亮，程序段 10 中 I0.3 触点断开，辅助继电器 M2.1 失电，程序段 4 中 M2.1 触点断开，输出继电器 Q0.1 线圈失电，外部接触器 KM2 线圈失电，KM2 主触点断开，减速电动机停止正转烟道挡风板打开在 30°位置。此时如果含氧量还大于设定值 4.5%Vol 时，程序段 10 中辅助继电器 M2.0 触点继续保持闭合。同时程序段 11 中 I0.3 触点闭合，能流经 I0.3 至定时器 T38，10s 后程序段 10 中 T38 触点闭合，程序段 10 中能流经 M2.0→T38→I0.4→I0.5 至 M2.1，程序段 4 中 M2.1 触点闭合，能流经 M2.1→Q0.0→I1.6 至 Q0.1，输出继电器 Q0.1 线圈得电，外部接触器 KM2 线圈得电，KM2 主触点闭合，减速电动机正转打开烟道挡风板，烟道挡风板打开在 45°位置。如果含氧量还大于设定值 4.5%Vol 时，烟道挡板分别打开在 60°、90°位置。当含氧量小于等于 4.5%Vol 时，程序段 9 中比较指令触点断开，辅助继电器 M2.0 线圈"失电"程序段 4 中 M2.0 触点断开输出继电器 Q0.1 线圈失电，减速电动机停止正转运行，烟道挡风板打开在合适位置。

（3）停止后回归初始位置：按下停止按钮 SB2，程序段 3 中 I0.1 触点断开输出继电器 Q0.0 失电，KM1 线圈失电引风电动机停止运行。同时程序段 7 中 I0.1 触点闭合，能流经 I0.1 置位 Q0.2，输出继电器 Q0.2 得电，KM3 线圈得电减速电动机反转将要关闭烟道挡风板，反转到霍尔传感器 KH1 位置时输入继电器 I0.2 指示灯亮，同时程序段 8 中 I0.2 触点闭合能流经 I0.2 复位 Q0.2，输出继电器 Q0.2 失电，KM3 线圈失电减速电动机停止工作，烟道挡风板打开 20°位置。

（二）保护原理

当电动机在运行中发生电动机断相、过载、堵转、三相不平衡等故障时，电动机保护器动断触点 FM1 或 FM2（电动机 M 过载保护）断开，输入继电器 I0.7 信号指示灯熄灭，程序段 3 中 I0.7 触点断开，输出继电器 Q0.0 失电，程序段 4 中 Q0.0 触点断开，输出继电器 Q0.1 失电程序段 8 中 I0.7 触点闭合复位 Q0.2，外部接触器 KM1～KM3 线圈失电，引风电动机和减速电动机停止运行。

第 72 例

燃气锅炉燃烧器点火程序控制电路

一、设计要求及 I/O 元件配置分配

（一）PLC 程序设计要求

（1）按下启动按钮 SB1 点火程序自动运行，检漏仪检测天然气是否泄漏。

（2）正常时挡风板开启至 100%，扫吹 35s 后接通点火线圈，同时挡风板关至 20%，1s 后，电磁阀 1 打开燃气锅炉燃烧器开始点火，在 15s 内点火成功火焰信号闭合，正常指示灯 HL2 点亮，电磁阀 2 打开燃气锅炉燃烧器正常燃烧，挡风板开启

37.5%燃烧器开始正常工作。

（3）若15s后点火失败，点火失败指示灯 HL3 点亮，电磁阀1和电磁阀2失电，检漏仪线圈停止工作，正常信号输入触点断开。

（4）正常工作时需要增大火焰按下大火按钮 SB4，电磁阀 YV3 打开增大天然气流量燃气锅炉燃烧器增大火焰，挡风板开启75%燃烧器大火工作。

（5）如有泄漏，程序停止运行，泄漏指示灯 HL1 点亮。

（6）按下停止按钮 SB2 点火程序停止运行。

（7）当燃气泄漏处理后或当点火失败处理结束后，按下复位按钮 SB3 泄漏指示灯 HL1 熄灭。点火失败指示灯 HL3 熄灭，程序恢复至初始状态。

（8）根据安全需求实现加热炉安全监测控制。

（9）PLC 实际接线图中停止按钮、复位按钮取动合触点。

（10）模拟量输出模块采用 EMAQ02。

（11）设计用 PLC 传送指令控制燃气锅炉燃烧器点火的梯形图程序。

（12）根据控制要求绘制 PLC 控制电路接线图。

（二）输入/输出设备及 I/O 元件配置分配表

输入/输出设备及 I/O 元件配置见表72-1。

表 72-1　　　　　　　　　　输入/输出设备及 I/O 元件配置

输入设备			输出设备		
符号	地址	功能	符号	地址	功能
SB1	I0.0	启动按钮	KM	Q0.0	检漏仪驱动线圈
SB2	I0.1	停止按钮	HL1	Q0.1	泄漏指示
SB3	I0.2	复位按钮	HL2	Q0.2	正常指示
检漏仪 BR1	I0.3	漏气信号	GFJ	Q0.3	鼓风机回路
检漏仪 BR2	I0.4	正常信号	DH	Q0.4	点火线圈
HY	I0.5	火焰信号	YV1	Q0.5	电磁阀1
SB4	I0.6	大火按钮	YV2	Q0.6	电磁阀2
			YV3	Q0.7	电磁阀3
			HL3	Q1.0	点火失败指示
			MD	AQW16	挡风板开度信号输出

二、程序及电路设计

（一）PLC 梯形图

燃气锅炉燃烧器点火程序控制电路 PLC 梯形图见图72-1。

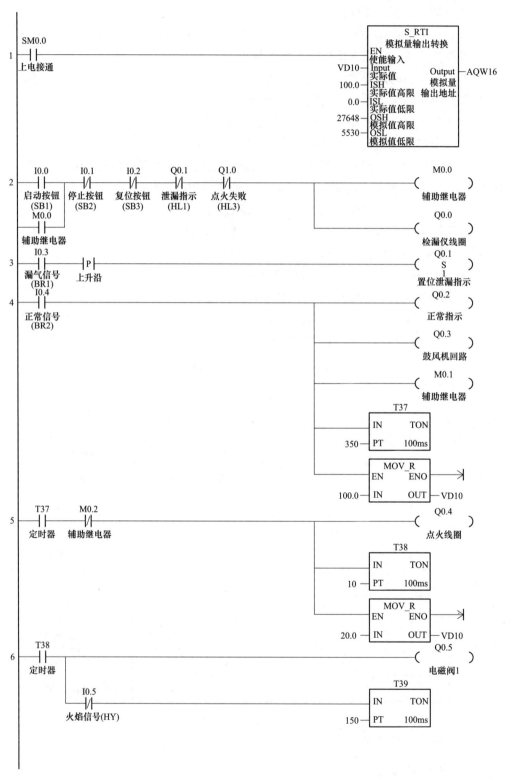

图 72-1　燃气锅炉燃烧器点火程序控制电路 PLC 梯形图（一）

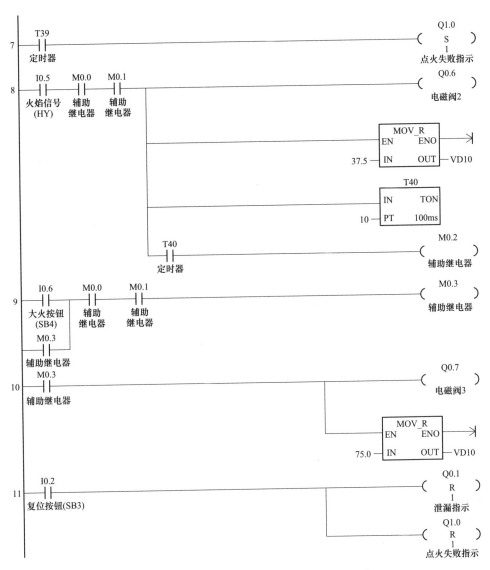

图 72-1　燃气锅炉燃烧器点火程序控制电路 PLC 梯形图（二）

（二）PLC 接线详图

燃气锅炉燃烧器点火程序控制电路 PLC 接线图见图 72-2。

三、梯形图动作详解

闭合 PLC 输入端断路器 QF，模拟量输出模块 EM AQ02 的 AQ0 通道输出 4～20mA 信号控制挡风板的开度。

（一）控制过程

（1）启动正常后鼓风机预吹扫。程序段 1 中特殊辅助继电器 SM0.0 上电闭合，接通模拟量输出处理模块 S_RTI 的 EN 使能端，Input 连接转换变量通道 VD10，ISH 输入量程上限 100.0，ISL 输入量程下限 0.0，OSH 输出转换量程上限 27648，OSL 输出

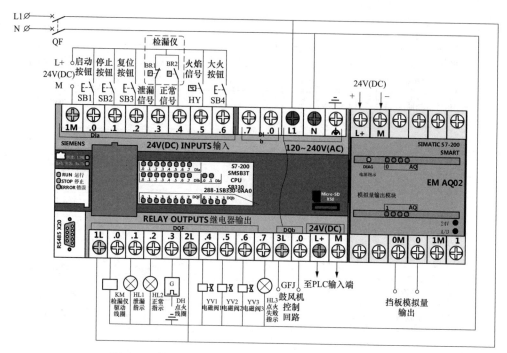

图 72-2　燃气锅炉燃烧器点火程序控制电路 PLC 接线图

转换量程下限 5530，Output 转换后变量输出 AQW16，模拟量输出见表 72-2。

表 72-2　　　　　　　　　　　　　　模拟量输出表

数据存储地址 （Input）	输入量程上限 （ISH）	输入量程下限 （ISL）	输出转换量程 上限（OSH）	输出转换量程 下限（OSL）	转换变量通道 地址（Output）
VD10	100.0	0.0	27648	5530	AQW16

（2）启动后含氧量小于设定值。按下启动按钮 SB1，程序段 2 中 I0.0 触点闭合，能流经 I0.0→I0.1→I0.2→Q0.1→Q1.0 至 M0.0 和 Q0.0，同时 M0.0 辅助触点闭合自锁，输出继电器 Q0.0 得电，检漏仪驱动线圈 KM 得电检测天然气是否泄漏。

没有泄漏时程序段 4 中 I0.4 触点闭合，能流经 I0.4 至 Q0.2 输出继电器，Q0.2 得电正常指示灯 HL2 点亮；能流经 I0.4 至 Q0.3，输出继电器 Q0.3 得电鼓风机控制回路 GFJ 工作预吹扫炉膛内的天然气；能流经 I0.4 至 M0.1，辅助继电器 M0.1 得电同时相应程序段中 M0.1 触点闭合；能流经 I0.4 至 T37，定时器 T37 工作定时 35s；能流经 I0.4 至传送指令将 100.0 传送到 VD10 中，模拟量输出模块 EM AQ02 的 AQ0 通道输出 20mA 电流信号到挡风板控制器，挡风板开启 100%。

（3）燃气锅炉燃烧器点火成功及工作鼓风机预吹扫 35s 后，程序段 5 中定时器 T37 触点闭合，能流经 T37→M0.2 至 Q0.4、定时器 T38，并将 20.0 传送到 VD10 中，输出继电器 Q0.4 得电点火线圈 DH 开始点火，同时定时器 T38 工作定时 1s，模拟量输出模块 EMAQ02 的 AQ0 通道输出 7.2mA 电流信号到挡风板控制器，挡风板开启 20%。

1s 后程序段 6 中定时器 T38 触点闭合，能流经 T38 至 Q0.5 输出继电器 Q0.5 得电电磁阀 YV1 打开燃气锅炉燃烧器开始点火；能流经 T38→I0.5 至 T39，定时器 T39 工作定时 15s，在 15s 内点火成功，程序段 6 中，断开 I0.5 触点定时器 T39 停止工作。程序段 8 中 I0.5 触点闭合，能流经 I0.5→M0.0→M0.1 至 Q0.6 继电器 Q0.6 得电，电磁阀 YV2 打开燃气锅炉燃烧器正常燃烧，同时将 37.5 传送到 VD10 中模拟量输出模块 EM AQ02 的 AQ0 通道输出 10mA 电流信号到挡风板控制器，挡风板开启 37.5%燃烧器开始正常工作。

同时程序段 8 中定时器 T40 工作定时 1s，1s 后定时器触点 T40 闭合辅助继电器 M0.2 得电程序段 5 中 M0.2 触点断开，输出继电器 Q0.4 失电点火线圈 DH 停止点火，同时定时器 T38 失电程序段 6 中 T38 触点断开输出继电器 Q0.5 失电电磁阀 YV1 关闭。

（4）燃气锅炉燃烧器增大火焰。在正常工作时需要增大火焰按下大火按钮 SB4 程序段 9 中 I0.6 触点闭合，能流经 I0.6→M0.0→M0.1 至 M0.3，同时触点 M0.3 闭合自锁，辅助继电器 M0.3 得电同时，程序段 10 中辅助继电器 M0.3 闭合，能流经 M0.3 至 Q0.7 输出继电器 Q0.7 得电，电磁阀 YV3 打开增大天然气流量燃气锅炉燃烧器增大火焰，同时将 75.0 传送到 VD10 中模拟量输出模块 EM AQ02 的 AQ0 通道输出 16mA 电流信号到挡风板控制器，挡风板开启 75%燃烧器大火工作。

（5）启动后天然气泄漏。按下启动按钮 SB1 程序段 2 中 I0.0 触点闭合，能流经 I0.0→I0.1→I0.2→Q0.1→Q1.0 至 M0.0 和 Q0.0，同时 M0.0 辅助触点闭合自锁，输出继电器 Q0.0 得电，检漏仪驱动线圈 KM 得电检测天然气是否泄漏。

如有泄漏程序段 3 中 I0.3 触点闭合，能流经 I0.3 上升沿置位 Q0.1，输出继电器 Q0.1 得电泄漏指示灯 HL1 点亮。程序段 2 中 Q0.1 触点断开辅助继电器 M0.0 失电和输出继电器 Q0.0 失电，程序段 8 和程序段 9 中 M0.0 触点断开，电磁阀 1 和电磁阀 2 失电，输出继电器 Q0.0 失电，检漏仪线圈停止工作。正常信号和火焰信号输入触点断开。

（6）燃气锅炉燃烧器点火失败。鼓风机预吹扫 35s 后，程序段 5 中定时器 T37 触点闭合，能流经 T37→M0.2 至 Q0.4、定时器 T38，并将 20.0 传送到 VD10 中，输出继电器 Q0.4 得电点火线圈 DH 开始点火，同时定时器 T38 工作定时 1s，模拟量输出模块 EMAQ02 的 AQ0 通道输出 7.2mA 电流信号到挡风板控制器，挡风板开启 20%。

1s 后程序段 6 中定时器 T38 触点闭合，能流经 T38 至 Q0.5 输出继电器 Q0.5 得电电磁阀 YV1 打开燃气锅炉燃烧器开始点火；能流经 T38→I0.5 至 T39，定时器 T39 工作定时 15s，在 15s 后点火不成功程序段 7 中 T39 触点闭合，置位输出继电器 Q1.0 得电，点火失败指示灯 HL3 点亮。程序段 2 中 Q1.0 触点断开辅助继电器 M0.0 失电和输出继电器 Q0.0 失电，程序段 8 和程序段 9 中 M0.0 触点断开，电磁阀 1 和电磁阀 2 失电，输出继电器 Q0.0 失电，检漏仪线圈停止工作。正常信号和火焰信号输入触点断开。

（7）电路停止工作。按下停止按钮 SB2 程序段 2 中 I0.1 触点断开，M0.0 辅助继电器、输出继电器 Q0.0 失电，检漏仪驱动线圈 KM 失电，检漏仪线圈停止工作，正常信号和火焰信号输入触点断开。

程序段 8 中 M0.0 触点断开，输出继电器 Q0.6 线圈失电，电磁阀 2 失电，程序段 9 中 M0.0 触点断开，辅助继电器 M0.3 线圈失电，程序段 10 中 M0.3 触点断开，输出继电器 Q0.7 线圈失电，电磁阀 3 失电，电路停止工作。

（8）异常情况处理后复位。当燃气泄漏处理或点火失败处理时，按下复位按钮 SB3 程序段 11 中 I0.2 触点闭合复位输出继电器 Q0.1 和 Q1.0，输出继电器 Q0.1 和 Q1.0 线圈失电，泄漏指示灯 HL1 熄灭，点火失败指示灯 HL3 熄灭。同时程序段 2 中 Q0.1 触点闭合或 Q1.0 触点闭合为下一次启动做准备。

（二）保护原理

PLC 发生短路故障时，断路器 QF 断开进行保护。

第 73 例

模拟量控制两台液压油泵与压缩机联锁控制电路

一、设计要求及 I/O 元件配置分配

（一）PLC 程序设计要求

（1）按下启动按钮 SB1 液压油泵启动运行。

（2）按下停止按钮 SB2 液压油泵停止运行。

（3）根据润滑油压力信号，自动控制两台液压油泵启动和停止，保证压缩机在足够润滑的条件下正常运行，启动后 1 号液压油泵 5s 内油压大于设定值 0.2MPa，接通压缩机控制回路，压缩机运行。

（4）启动后 1 号液压油泵 5s 后油压小于设定值 0.2MPa，2 号液压油泵电动机自动启动运行。

（5）当 1、2 号液压油泵同时运行 30s 后，工作油压仍然小于设定值 0.2MPa，压力不足指示灯 HL 点亮报警，1、2 号液压油泵停止工作，此时按下停止按钮 SB2，压力不足指示灯 HL 熄灭。

（6）PLC 实际接线图中电动机综合保护器 FM1、FM2、停止按钮 SB2 均取动断触点。

（7）模拟量输入模块采用 EMAE04。

（8）设计用 PLC 比较指令、模拟量控制两台液压油泵与压缩机自动运行梯形图程序。

（9）根据控制要求绘制 PLC 控制电路接线图。

（二）输入/输出设备及 I/O 元件配置分配表

输入/输出设备及 I/O 元件配置见表 73-1。

表 73-1   输入/输出设备及 I/O 元件配置

输入设备			输出设备		
符号	地址	功能	符号	地址	功能
SB1	I0.0	启动按钮	HL	Q0.0	压力不足报警灯
SB2	I0.1	停止按钮	KM1	Q0.1	1 号液压油泵接触器
FM1	I0.2	电动机保护器 1	KM2	Q0.2	2 号液压油泵接触器
FM2	I0.3	电动机保护器 2	YSJ	Q0.4	压缩机控制回路
SP	AIW16	压力模拟量输入			

二、程序及电路设计

(一)PLC 梯形图

模拟量控制两台液压油泵与压缩机联锁控制电路 PLC 梯形图见图 73-1。

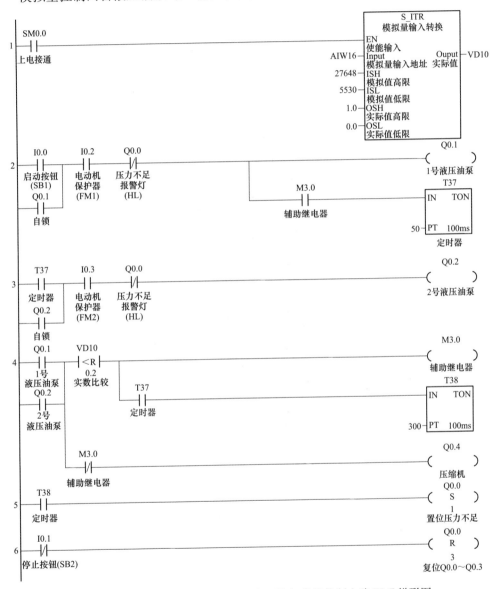

图 73-1　模拟量控制两台液压油泵与压缩机联锁控制电路 PLC 梯形图

(二)PLC 接线详图

模拟量控制两台液压油泵与压缩机联锁控制电路 PLC 接线图见图 73-2。

三、梯形图动作详解

闭合总电源开关 QS，主电路 1 号电动机断路器 QF1、2 号电动机断路器 QF2。闭

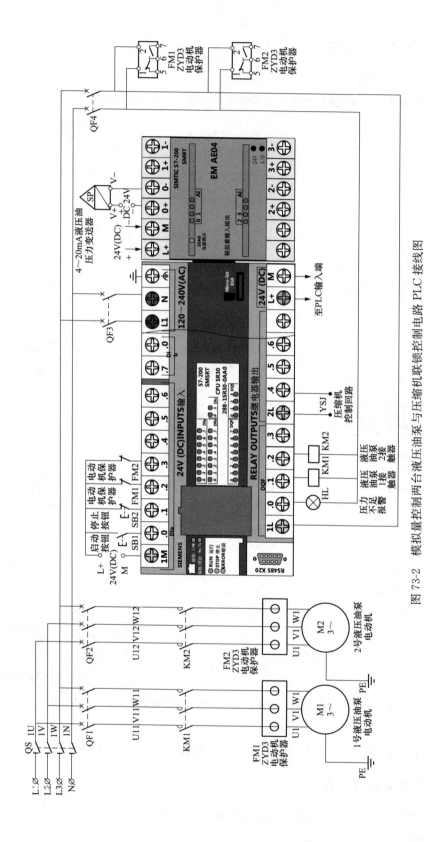

图 73-2 模拟量控制两台液压油泵与压缩机联锁控制电路 PLC 接线图

合 PLC 输入端断路器 QF3，闭合 PLC 输出继电器及电动机保护器控制电源断路器 QF4。I0.1～I0.3 信号指示灯点亮。程序段 2 中 I0.2、程序段 3 中 I0.3 触点闭合，程序段 6 中 I0.1 触点断开，压力变送器转换成 4～20mA 信号到模拟量输入模块 EMAE04 的 AI0 通道。

程序段 1 中特殊辅助继电器 SM0.0 上电闭合，接通模拟量输入处理模块 S_ITR 的 EN 使能端，Input 连接转换变量通道地址 AIW16，ISH 输入量程上限 27648，ISL 输入量程下限 5530，OSH 输出转换量程上限 1.0，OSL 输出转换量程下限 0.0，Output 转换后数据存储在 VD10 中，模拟量输入见表 73-2。

表 73-2　　　　　　　　　　　　　　模拟量输入表

转换变量通道地址（Input）	输入量程上限（ISH）	输入量程下限（ISL）	输出转换量程上限（OSH）	输出转换量程下限（OSL）	数据存储地址（Output）
AIW16	27648	5530	1.0	0.0	VD10

（一）控制过程

（1）启动后 1 号液压油泵 5s 内油压大于设定值 0.2MPa。按下启动按钮 SB1，程序段 2 中 I0.0 触点闭合，能流经 I0.0→I0.2→Q0.0 至 Q0.1，同时 Q0.1 辅助触点闭合自锁，输出继电器 Q0.1 线圈得电，外部接触器 KM1 线圈得电，KM1 主触点闭合，1 号液压油泵电动机 M1 启动运行。同时程序段 4 中 Q0.1 触点闭合，VD10 中的数值和实数 0.2 比较大于 0.2 时辅助继电器 M3.0 线圈失电，能流经 Q0.1→M3.0 至 Q0.4 输出继电器 Q0.4 线圈得电，接通 YSJ 压缩机控制回路压缩机运行。

（2）启动后 1 号液压油泵 5s 内油压小于设定值 0.2MPa。当 1 号液压油泵启动后，程序段 2 中能流接通 Q0.1，程序段 4 中 Q0.1 触点闭合，VD10 中的数值和实数 0.2 比较，小于 0.2 时能流经 Q0.1→比较指令至 M3.0，辅助继电器 M3.0 线圈得电程序段 2 中 M3.0 触点闭合，能流经 I0.0→I0.2→Q0.0→M3.0 至 T37，定时器 T37 线圈得电 5s 后程序段 3 中 T37 触点闭合，能流经 T37→I0.3→Q0.0 至 Q0.2，同时 Q0.2 触点自锁，输出继电器 Q0.2 线圈得电，外部接触器 KM2 线圈得电，KM2 主触点闭合，2 号液压油泵电动机 M2 启动运行。

程序段 4 中 VD10 中的数值和实数 0.2 比较大于 0.2 时辅助继电器 M3.0 线圈失电，M3.0 辅助触点闭合，能流经 Q0.1→M3.0 至 Q0.4 输出继电器 Q0.4 线圈得电，接通 YSJ 压缩机控制回路压缩机运行。

（3）启动后 1、2 号液压油泵工作油压小于设定值 0.2MPa。1 号液压油泵工作 5s 后油压小于 0.2MPa 时，2 号液压油泵同时工作，程序段 4 中 T37 触点闭合。2 台液压油泵同时工作后油压仍然小于 0.2MPa，程序段 4 中 Q0.1、Q0.2 触点闭合，VD10 中的数值和实数 0.2 比较小于 0.2 时，能流经 Q0.2→比较指令→T37 至 T38，定时器 T38 线圈得电 30s 后程序段 5 中 T38 触点闭合，能流导通置位 Q0.0，输出继电器 Q0.0 得电压力不足 HL 灯点亮，同时程序段 2 和程序段 3 中 Q0.0 触点断开输出继电器 Q0.1、Q0.2 失电，1、2 号液压油泵停止工作。

（4）液压油泵复位。当液压油泵因机械或者其他原因工作时油压小于设定值，2台液压油泵自动停止后压力不足 HL 灯点亮，此时无法再启泵，处理恢复后按下停止按钮 SB2，压力不足 HL 灯熄灭，液压油泵复位为下一次启动做准备。

（5）液压油泵和压缩机停止。按下停止按钮 SB2，程序段 6 中 I0.1 触点闭合，置位 Q0.0～Q0.2 输出继电器 Q0.1、Q0.2 失电外部接触器 KM1、KM2 线圈失电，KM1、KM2 主触点断开，1、2 号液压油泵停止工作，同时程序段 4 中 Q0.1、Q0.1 触点断开输出继电器 Q0.4 失电压缩机停止工作。

（二）保护原理

当 1 号液压油泵在运行中发生电动机断相、过载、堵转、三相不平衡等故障时，电动机保护器动断触点 FM1（电动机 M1 过载保护）断开，输入继电器 I0.2 信号指示灯熄灭，程序段 2 中 I0.2 触点断开，输出继电器 Q0.1 失电外部接触器 KM1 线圈失电，KM1 主触点断开，1 号液压油泵停止工作，此时液压油泵泵压大于 0.2MPa 时压缩机会继续工作。

当 2 号液压油泵在运行中发生电动机断相、过载、堵转、三相不平衡等故障，电动机保护器动断触点 FM2（电动机 M2 过载保护）断开，输入继电器 I0.3 信号指示灯熄灭，程序段 3 中 I0.3 触点断开，输出继电器 Q0.2 失电外部接触器 KM2 线圈失电，KM2 主触点断开，2 号液压油泵停止工作，此时液压油泵泵压大于 0.2MPa 时压缩机会继续工作。

主电路或控制电路发生短路、过流、欠压等故障时自动断开相应的断路器进行保护。

第 74 例
压缩机振动、 位移、 温度、 液压联锁保护控制电路

一、设计要求及 I/O 元件配置分配

（一）PLC 程序设计要求

（1）按下启动按钮 SB1，液压油泵运行。

（2）轴振动、轴位移、轴承温度、液压油压力模拟量满足相应条件（振动变送器检测到振动量不大于预设值 $70\mu m$、位移变送器检测到位移量不大于预设值 4.0mm/s、温度变送器检测到温度值不大于预设值 90℃、压力变送器检测到压力值不小于预设值 0.2MPa），天然气压缩机方可启动。

（3）若 5s 后检测状态正常时，压缩机控制回路接通，压缩机正常运行。

（4）若 5s 后将要启动压缩机或压缩机正在运行时检测到状态异常，振动过大指示灯 HL1、位移过大指示灯 HL2、温度过高指示灯 HL3、油压过低 HL4 相应点亮报警，压缩机停止运行，此时液压油泵会继续运行。

（5）压缩机出现异常情况处理结束后按下复位按钮 SB3，相应的报警指示灯熄灭，

润滑油泵电动机停止运行。

(6) 采集的轴振动、轴位移、轴承温度、液压油压力信号与天然气压缩机电动机安全联锁控制。

(7) 按下停止按钮 SB2 压缩机停止。

(8) PLC 实际接线图中复位按钮 SB3、停止按钮 SB2、电动机保护器 FM 取动断触点，启动按钮 SB1 取动合触点。

(9) 模拟量输入模块采用 EMAE04，振动变送器量程为 $0\sim100\mu m$，位移变送器量程为 $0\sim10mm/s$，温度变送器量程为 $0\sim100℃$，压力变送器量程为 $0\sim1.0MPa$。

(10) 设计用 PLC 比较指令、模拟量实现天然气压缩机电动机启停联锁梯形图程序。

(11) 根据控制要求绘制 PLC 控制电路接线图。

(二) 输入/输出设备及 I/O 元件配置分配表

输入/输出设备及 I/O 元件配置见表 74-1。

表 74-1　　　　　　　　　　　　输入/输出设备及 I/O 元件配置

输入设备			输出设备		
符号	地址	功能	符号	地址	功能
SB1	I0.0	启动按钮	HL1	Q0.0	振动过大报警灯
SB2	I0.1	停止按钮	HL2	Q0.1	位移过大报警灯
SB3	I0.2	复位按钮	HL3	Q0.2	温度过高报警灯
FM	I0.3	电动机保护器	HL4	Q0.3	液压油压力过低报警灯
SQ	AIW16	振动变送器	KM	Q0.4	液压油泵接触器
BQ	AIW18	位移变送器	YSJ	Q1.0	压缩机控制回路
BT	AIW20	温度变送器			
SP	AIW22	压力变送器			

二、程序及电路设计

(一) PLC 梯形图

压缩机振动、位移、温度、液压联锁保护控制电路 PLC 梯形图见图 74-1。

(二) PLC 接线详图

压缩机振动、位移、温度、液压联锁保护控制电路 PLC 接线图见图 74-2。

三、梯形图动作详解

闭合总电源开关 QS，主电路泵断路器 QF1。闭合 PLC 输入端断路器 QF2、闭合 PLC 输出继电器及电动机保护器控制电源断路器 QF3，PLC 初始化，I0.1～I0.3 信号指示灯亮。程序段 2 中 I0.1～I0.3 触点闭合。振动变送器、位移变送器、温度变送器、压力变送器转换成 4～20mA 信号到模拟量输入模块 EM AE04 的 AI0、AI1、AI2、AI3 通道。

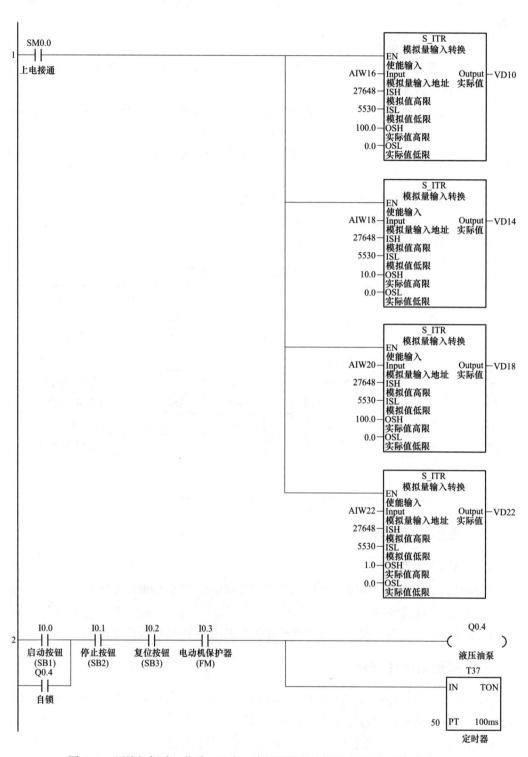

图 74-1 压缩机振动、位移、温度、液压联锁保护控制电路 PLC 梯形图（一）

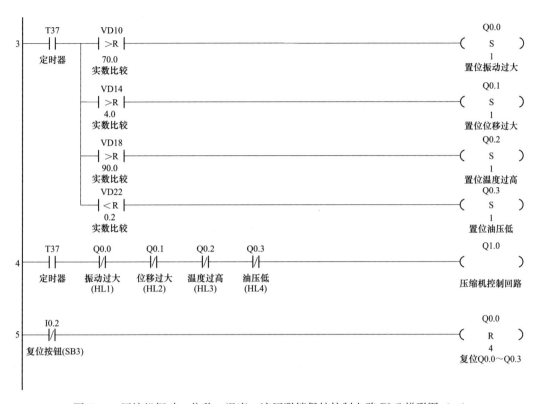

图 74-1　压缩机振动、位移、温度、液压联锁保护控制电路 PLC 梯形图（二）

程序段 1 中特殊辅助继电器 SM0.0 上电闭合，接通模拟量输入处理模块 S_ITR 的 EN 使能端，数据见表 74-2 模拟量输入表。

（一）控制过程

（1）液压油泵和压缩机正常运行。按下启动按钮 SB1，程序段 2 中 I0.0 触点闭合，能流经 I0.0→I0.1→I0.2→I0.3 至 Q0.4 和定时器 T37，同时 Q0.4 辅助触点闭合自锁，输出继电器 Q0.4 线圈得电，外部接触器 KM 线圈得电，KM 主触点闭合，液压油泵电动机 M 启动运行。同时定时器 T37 线圈得电，5s 后程序段 3、程序段 4 中 T37 触点闭合，当振动变送器检测到振动量不大于预设值 70μm、位移变送器检测到位移量不大于预设值 4.0mm/s、温度变送器检测到温度值不大于预设值 90℃时，程序段 3 中 VD10、VD14、VD18 中的数值分别和实数 70.0、4.0、90.0 比较，不大于比较值时输出继电器 Q0.0~Q0.2 失电，压力变送器检测到压力值不小于预设值 0.2MPa 时，程序段 3 中 VD22 中的数值和实数 0.2 比较，不小于比较值时 Q0.3 失电，程序段 4 中能流经 T37→Q0.0→Q0.1→Q0.2→Q0.3 至 Q1.0，输出继电器 Q1.0 线圈得电，压缩机控制回路 YSJ 接通压缩机运行。

（2）液压油泵和压缩机运行时异常情况。液压油泵和压缩机运行时，当振动变送器检测到振动量大于预设值 70μm、位移变送器检测到位移量大于预设值 4.0mm/s、温度变送器检测到温度值大于预设值 90℃时，程序段 3 中 VD10、VD14、VD18 中的数值分

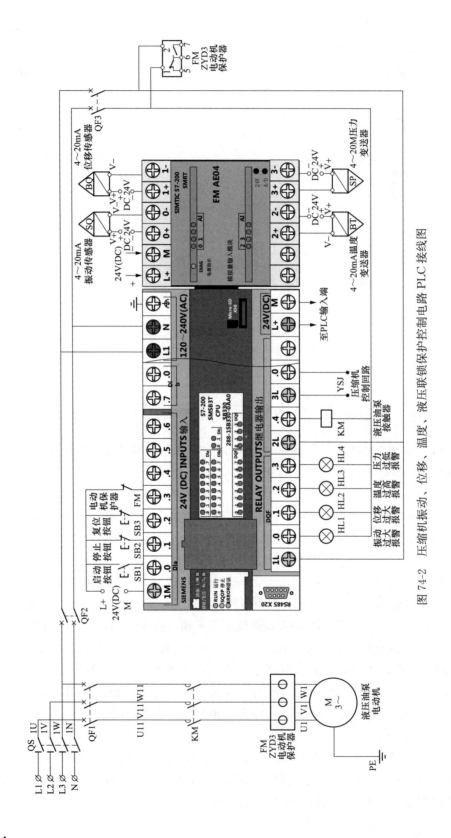

图 74-2 压缩机振动、位移、温度、液压联锁保护控制电路 PLC 接线图

表 74-2   模拟量输入表

转换变量通道 地址（Input）	输入量程上限 (ISH)	输入量程下限 (ISL)	输出转换量程 上限（OSH）	输出转换量程 下限（OSL）	数据存储地址 (Output)
AIW16	27648	5530	100.0	0.0	VD10
AIW18	27648	5530	10.0	0.0	VD14
AIW20	27648	5530	100.0	0.0	VD18
AIW22	27648	5530	1.0	0.0	VD22

别和实数 70.0、4.0、90.0 比较，大于比较值时任何一种异常情况输出继电器 Q0.0～Q0.2 相应得电，振动过大指示灯 HL1、位移过大指示灯 HL2、温度过高指示灯 HL3 相应点亮报警，压力变送器检测到压力值小于预设值 0.2MPa 时，程序段 3 中 VD22 中的数值和实数 0.2 比较，小于比较值时输出继电器 Q0.3 得电，油压过低 HL4 点亮报警。程序段 4 中相应的 Q0.0～Q0.3 触点断开压缩机停止运行，此时液压油泵会继续运行。

（3）异常情况处理后电路复位。压缩机出现异常情况处理后按下复位按钮 SB3，程序段 5 中 I0.2 触点闭合复位输出继电器 Q0.0～Q0.3，外部相应的报警指示灯熄灭，同时程序段 2 中 I0.2 触点断开输出继电器 Q0.4 失电，润滑油泵电动机停止运行。

（4）停止过程。按下停止按钮 SB2，程序段 2 中 I0.1 触点断开输出继电器 Q0.4 失电润滑油泵电动机停止运行，同时定时器 T37 失电程序段 3、程序段 4 中 T37 触点断开输出继电器 Q1.0 失电压缩机停止运行。

（二）保护原理

当电动机在运行时发生电动机断相、过载、堵转、三相不平衡等故障时，电动机保护器动断触点 FM（电动机 M 过载保护）断开，输入继电器 I0.3 信号指示灯熄灭，程序段 2 中 I0.3 触点断开输出继电器 Q0.4 失电润滑油泵电动机停止运行，同时定时器 T37 失电程序段 3、程序段 4 中 T37 触点断开输出继电器 Q1.0 失电压缩机停止运行。

第 75 例
模拟量控制调压模块烘干箱温度控制电路

一、设计要求及 I/O 元件配置分配

（一）PLC 程序设计要求

（1）手动、自动转换开关在自动状态下，根据烘干箱温度自动输出 0～10V 电压到固态调压模块控制端。

（2）手动、自动转换开关在手动状态下，输出 5V 电压到固态调压模块控制端。

（3）根据设定温度实现电加热自动、手动温度控制。

（4）模拟量输入模块采用 EMAE04，监测电加热和调压模块的温度，模拟量输出

模块采用 EMAQ02，控制调压模块的输出电压。

（5）设计用 PLC PID 指令控制电加热的梯形图程序。

（6）根据控制要求绘制 PLC 控制电路接线图。

（二）输入/输出设备及 I/O 元件配置分配表

输入/输出设备及 I/O 元件配置见表 75-1。

表 75-1　　　　　　　　　　　输入/输出设备及 I/O 元件配置

输入设备			输出设备		
符号	地址	功能	符号	地址	功能
SA	I0.0	手动、自动转换开关	HL1	Q0.0	自动指示灯
BT1	AIW16	电加热温度变送器	HL2	Q0.1	高限位报警指示灯
BT2	AIW18	调压模块温度变送器	HL3	Q0.2	低限位报警指示灯
			HL4	Q0.3	模拟量输入错误报警指示灯
			TY	Q0.4	调压模块散热风扇
			DC	AQW32	0～10V 输出

二、PID 回路组态及添加模拟量模块

打开 STEP 7-Micro/WIN SMET 软件新建项目 1，单击"工具"选项，找到"PID"单击后进入 PID 回路组态界面，勾选要组态回路 Lopo 0；单击"参数"选项，选择默认参数；单击"输入"选项，过程变量标定选择单级 20％偏移量，其他参数默认；单击"输出"选项，类型选择模拟量，其他参数默认；单击"报警"选项，勾选启用下限报警，标准化下限报警值选择 0.2，勾选启用上限报警，标准化上限报警值选择 0.9，勾选启用模拟量输入错误报警，模拟量输入模块位置选用 EM0；单击"代码"选项，勾选添加 PID 的手动控制；单击"存储器"选项，VB 地址选择 240；单击"组件"选项，选项中列举了组态由 4 个组件组成；单击"生成"选项，后单击"生成"，完成 PID 回路组态。

在新建项目中 1 左侧"主要"中双击 CPU Sxx，在系统块里单击 CPU 模块选择 CPU SR30，在 EM0 模块下选择 EMAE04（4AI），在 EM1 模块下选择 EMAQ02（2AQ），并确认。

单击 EM AE04(4AI)模块，在下面模拟量输入中选择通道 0，通道 0 类型选择电流，其他选项默认；单击 EMAQ02(2AQ)模块，在下面模拟量输出中选择通道 0，所有选项默认。

三、程序及电路设计

（一）PLC 梯形图

模拟量控制调压模块烘干箱温度控制电路 PLC 梯形图见图 75-1。

（二）PLC 接线详图

模拟量控制调压模块烘干箱温度控制电路 PLC 接线图见图 75-2。

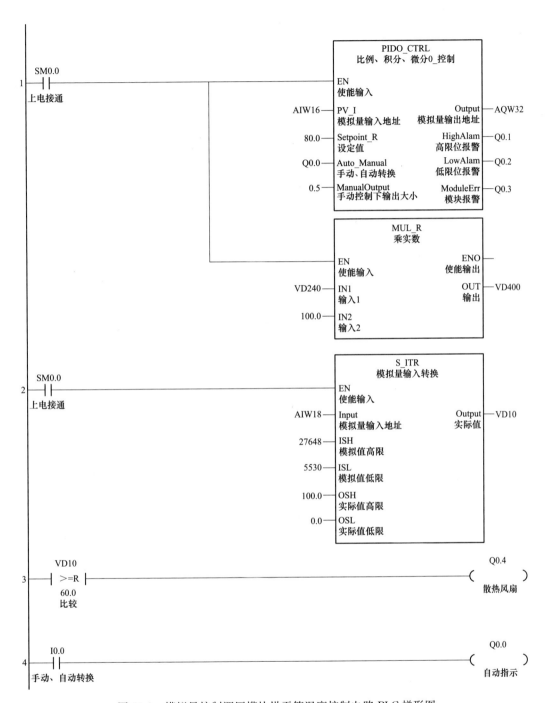

图 75-1 模拟量控制调压模块烘干箱温度控制电路 PLC 梯形图

四、梯形图动作详解

闭合电加热器主电源 QF1、闭合 PLC 输入端断路器 QF2。

程序段 1 中特殊辅助继电器 SM0.0 上电闭合，接通 PID0_CTRL 比例、积分、微

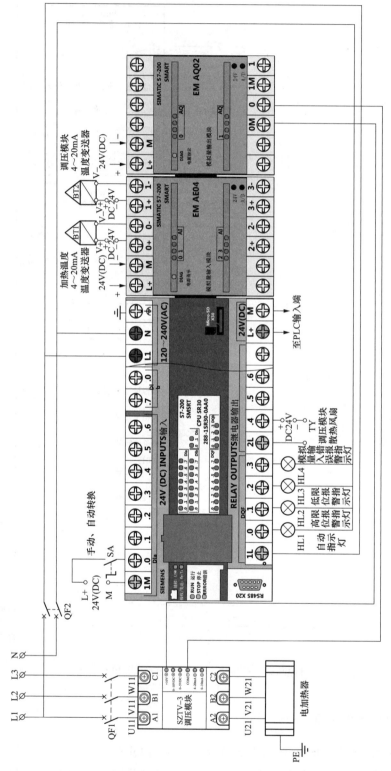

图 75-2　模拟量控制调压模块烘干箱温度控制电路 PLC 接线图

分 0_控制程序模块使能 EN 端。PV_1 模拟量输入地址 AIW16，Setpoint_R 输入烘干箱预设的温度值 80.0℃，Auto_Mnual 输入手动、自动转换条件 Q0.0，MnualOut 输入手动控制下输出大小值 0.5，Output 模拟量输出地址 AQW32，HighAlam 输入高限位报警 Q0.1，LOWAlam 输入低限位报警 Q0.2，ModuleErr 输入模块报警 Q0.3。

程序段 2 中特殊辅助继电器 SM0.0 上电闭合，接通 S_ITR 模拟量输入模块使能 EN 端。Input 模拟量输入地址输入 AIW18，ISH 模拟值高限输入 27648，ISL 模拟值低限输入 5530，OSH 实际值高限 100.0，OSL 实际值低限 0.0，Output 实际值输入 VD10。

0 号模拟量输入模块 EMAE04 的 AI1 通道输入经监测调压模块温度变送器转换成的 4～20mA 电流信号，并转换成相应的数据存储在 VD10 中，模拟量输入见表 75-2。

表 75-2   模拟量输入表

转换变量通道地址（Input）	输入量程上限（ISH）	输入量程下限（ISL）	输出转换量程上限（OSH）	输出转换量程下限（OSL）	数据存储地址（Output）
AIW18	27648	5530	100.0	0.0	VD10

（一）控制过程

1. 烘干箱加热

旋转外部转换开关 SA 到闭合状态，PLC 输入继电器 I0.0 信号指示灯亮，程序段 4 中 I0.0 触点闭合，能流经触点 I0.0 至 Q0.0。输出继电器 Q0.0 线圈得电，自动指示灯 HL1 点亮。

同时，程序段 1 中 PID 控制程序模块上的手动、自动转换 Q0.0 置 1，烘干箱自动加热。AIW16 模拟量输入端接通 0 号模拟量输入模块 EMAE04 的 AI0 通道，输入经加热温度变送器转换成的 4～20mA 电流信号，4～20mA 电流信号在 PLC 内部又转换成 5530～27648，烘干箱工作在自动加热状态。

AQW32 模拟量输出端接通 1 号模拟量输出模块 EMAQ02 的 AQ0 通道，模拟量输出模块对应的数字数据 0～27648 转换成 0～10V 电压信号，1 号模拟量输出模块 EMAQ2 的 AQ0 通道输出 0～10V 电压信号到调压模块的电压输入控制端，调压模块主电路输出 0～380V 电压到电加热器进行加热。

当加热温度变送器检测到电加热器温度升高时，AQ0 通道输出低于 10V 电压信号到调压模块的电压输入控制端，调压模块主电路输出降低后电压到电加热器进行加热。加热温度和模拟量输出控制电压成反比例控制恒温箱温度。

旋转外部转换开关 SA 到断开状态，PLC 输入继电器 I0.0 信号指示熄灭，程序段 4 中 I0.0 触点断开，输出继电器 Q0.0 线圈失电，自动指示灯 HL1 熄灭，同时，程序段 1 中 PID 控制程序模块上的手动、自动转换 Q0.0 置 0，由于 MnualOut 输入手动控制下输出大小值 0.5，因此在 1 号模拟量输出模块 EMAQ2 的 AQ0 通道输出 5V 电压信号到调压模块的电压输入控制端，调压模块主电路输出 190V 电压到电加热器进行手动加热。

2. 高、低限位及模块报警

在 PID 回路向导中报警回路设定标准化上限报警值 0.9，标准化下限报警值 0.2，当烘干箱内温度高于 90℃时，程序段 1 中 HighAlam 高限位报警 Q0.1 置 1，输出继电器 Q0.1 线圈得电，高限位报警指示灯 HL2 点亮报警；当烘干箱内温度低于 20℃时，LOWAlam 低限位报警 Q0.2 置 1，输出继电器 Q0.2 线圈得电，低限位报警指示灯 HL3 点亮报警；在 PID 回路向导中设定启用模拟量输入错误报警，模拟量输入模块安装位置选用 EM0。当硬件组态时模拟量输入模块未安装在 EM0 位置时，PLC 上电后程序段 1 中 ModuleErr 输入模块报警 Q0.3 置 1，输出继电器 Q0.3 线圈得电，模拟量输入错误报警指示灯 HL4 点亮报警。

3. 实时温度显示

在符号表→向导→PID0_SYM 中可以看出标准化过程变量存储的地址是 VD240，标准化过程变量是在 0.0～1.0 之间变化，因此在程序段 1 中将 VD240 的标准变化量乘以 100.0 存储在 VD400 中，在 PLC 的项目编辑器中监视程序状态，VD400 中显示实时温度值。

（二）保护原理

电加热器工作中，程序段 3 中 VD10 中数据和设定值 60.0 进行比较，当 VD10 中的数据大于或等于 60.0 时 Q0.4 置 1，输出继电器 Q0.4 线圈得电，调压模块散热风扇运行给模块散热。当加热器在运行中发生过载、短路等故障断路器 QF1 断开调压模块停止输出。

（三）PID 整定

在软件工具→PID 整定控制面板→PID（Loop 0）中可启用手动调节增益、积分、微分的计算值并更新。更新的整定值存储在数据块中，打开数据块→向导→PID0_DATA，打开数据块，并将数据块下载到 PLC 中。

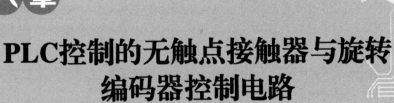

第八章

PLC控制的无触点接触器与旋转编码器控制电路

PLC 控制的无触点接触器与旋转编码器控制电路用途：

（1）无触点接触器。实际上就是固态继电器（SSR）是一种全电子电路组合的元件，与传统的电磁继电器相比，是一种没有机械，不含运动零部件的继电器，并且无火花、耐腐蚀，具有与电磁继电器本质上相同的功能。可由 PLC 直接输出信号控制无触点接触器工作，增加了 PLC 输出点的使用寿命，在粉尘较多和酸碱腐蚀性较大的场合应用，同时还应用在桥式起重机等大型设备上。

无触点正反转接触器外部控制信号输入时无须考虑时间时机问题，随时可以，外部控制信号无须做互锁，主要可用于自动攻丝机、车床控制、陶瓷生产线、化工生产线、行车控制等一切需要电动机频繁正反转的应用场合。

（2）旋转编码器。旋转编码器是用来测量转速并配合 PWM 技术可以实现快速调速的装置，光电式旋转编码器通过光电转换，可将输出轴的角位移、角速度等机械量转换成相应的电脉冲以数字量输出（REP）。

分为单路输出和双路输出两种。技术参数主要有每转脉冲数（几十个到几千个都有）和供电电压等。单路输出是指旋转编码器的输出是一组脉冲，而双路输出的旋转编码器输出两组 A/B 相位差 90°的脉冲，通过这两组脉冲不仅可以测量转速，还可以判断旋转的方向。

旋转编码器能够测量电动机转速，一般连接在电动机输出轴上，信号可以传递给变频器，如果应用增量型旋转编码器和安装上 PG 卡的变频器，可实现变频器速度闭环控制，使速度更接近于设定值。

旋转编码器也可以传递信号给 PLC 完成精确定位功能，主要用于对电动机转速控制要求比较高的场合，例如在物料分拣等控制电路中旋转编码器输出脉冲数值和 PLC 中设定的数值进行比较，PLC 控制变频器的启动与停止能精确地完成物料的分拣过程控制。

第 76 例

由无触点接触器和 PLC 控制的电动机正转运行控制电路

一、程序设计要求及 I/O 元件配置分配

（一）PLC 程序设计要求

（1）按下启动按钮 SB1 电动机 M 连续运行。

（2）按下停止按钮 SB2 电动机 M 停止运行。

（3）电动机发生过载等故障时，电动机保护器 FM 动作，电动机停止运行。

（4）PLC 控制电路接线图中的停止按钮 SB2，电动机综合保护器 FM 辅助触点均使用动断触点。

（5）电动机保护器 FM 工作电源由外部电路直接供电。

（6）根据上面的控制要求列出输入/输出分配表。

（7）根据控制要求，设计用 PLC 传送指令实现电动机正转运行梯形图程序。

（8）根据控制要求，绘制无触点接触器、24V 直流电源和 PLC 控制电路接线图。

（二）输入/输出设备及 I/O 元件配置分配表

输入/输出设备及 I/O 元件配置见表 76-1。

表 76-1　　　　　　　　　　　输入/输出设备及 I/O 元件配置表

输入设备			输出设备		
符号	地址	功能	符号	地址	功能
SB1	I0.0	启动按钮	SSR	Q0.0	无触点接触器
SB2	I0.1	停止按钮			
FM	I0.2	电动机保护器			

二、程序及电路设计

（一）PLC 梯形图

无触点接触器和 PLC 控制的电动机正转运行控制电路 PLC 梯形图见图 76-1。

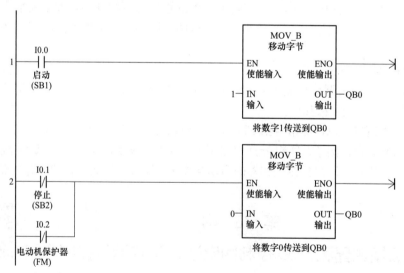

图 76-1　无触点接触器和 PLC 控制的电动机正转运行控制电路 PLC 梯形图

（二）PLC 接线详图

无触点接触器和 PLC 控制的电动机正转运行控制电路 PLC 接线图见图 76-2。

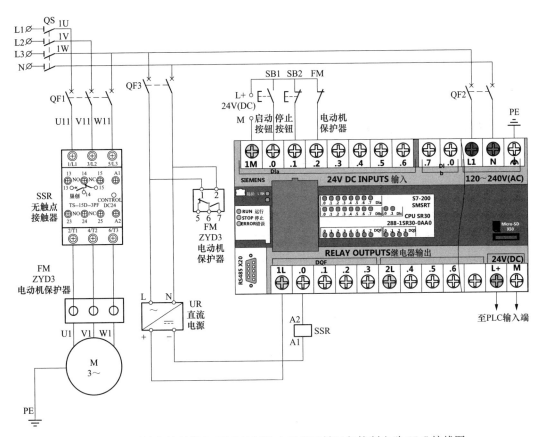

图 76-2 无触点接触器和 PLC 控制的电动机正转运行控制电路 PLC 接线图

三、梯形图动作详解

闭合总电源开关 QS，主电路电源断路器 QF1，PLC 控制电源断路器 QF2，直流电源断路器 QF3，由于 SB2、FM 触点处于闭合状态，PLC 输入继电器 I0.1、I0.2 信号指示灯点亮，程序段 2 中 I0.1、I0.2 触点断开。

（一）启动过程

按下启动按钮 SB1，程序段 1 中 I0.0 触点闭合，将十进制常数 1 传送到 QB0 中，输出继电器 Q0.0 得电，接通外部无触点接触器 SSR 控制端 24V 直流电源，无触点接触器 SSR 接通主电源电动机 M 连续运行。

（二）停止过程

按下停止按钮 SB2，程序段 2 中 I0.1 触点闭合，将十进制常数 0 传送到 QB0 中，输出继电器 Q0.0 失电，断开外部无触点接触器 SSR 控制端 24V 直流电源，无触点接触器 SSR 断开主电源电动机 M 停止运行。

（三）保护原理

当电动机 M 在运行中发生断相、过载、堵转、三相不平衡等故障时，输入继电器

I0.2（FM过载保护）动断触点断开，程序段2中I0.2触点闭合，将十进制常数0传送到QB0中，输出继电器Q0.0失电，断开外部无触点接触器SSR控制端24V直流电源，无触点接触器SSR断开主电源电动机M停止运行。

第 77 例
由无触点接触器和PLC控制的电动机正、反转运行控制电路

一、程序设计要求及I/O元件配置分配

（一）PLC程序设计要求

（1）按下启动按钮SB1电动机M正转运行。

（2）按下启动按钮SB2电动机M反转运行。

（3）按下停止按钮SB3电动机M停止运行。

（4）当电动机发生过载等故障时，电动机保护器FM动作，电动机停止运行。

（5）PLC控制电路接线图中的停止按钮SB3，电动机综合保护器FM辅助触点均使用动断触点。

（6）电动机保护器FM工作电源由外部电路直接供电。

（7）根据上面的控制要求列出输入/输出分配表。

（8）根据控制要求，设计用PLC传送指令和位组合元件实现电动机正反转运行控制电路的梯形图程序。

（9）根据控制要求，绘制无触点接触器、24V直流电源和PLC控制电路接线图。

（二）输入/输出设备及I/O元件配置分配表

输入/输出设备及I/O元件配置见表77-1。

表 77-1　　　　　　　　　　输入/输出设备及I/O元件配置表

输入设备			输出设备		
符号	地址	功能	符号	地址	功能
SB1	I0.0	正转启动按钮	SSR	Q0.0	无触点接触器
SB2	I0.1	反转启动按钮	SSR	Q0.1	无触点接触器
SB3	I0.2	停止按钮			
FM	I0.3	电动机保护器			

二、程序及电路设计

（一）PLC梯形图

无触点接触器和PLC控制的电动机正、反转运行控制电路PLC梯形图见图77-1。

（二）PLC接线详图

无接点接触器和PLC控制的电动机正、反转运行控制电路PLC接线图见图77-2。

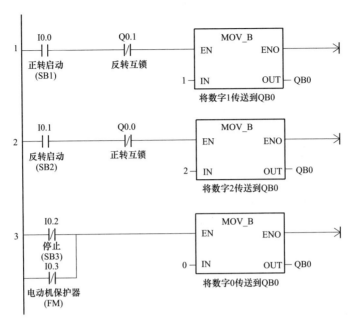

图 77-1 无触点接触器和 PLC 控制的电动机正、反转运行控制电路 PLC 梯形图

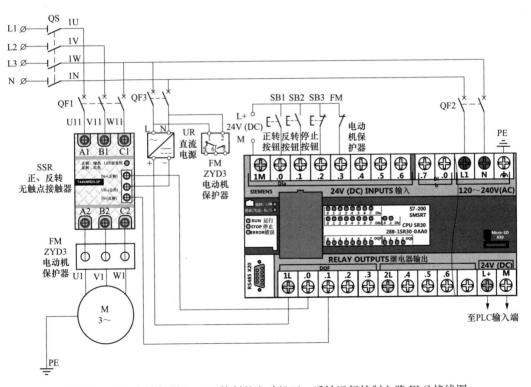

图 77-2 无触点接触器和 PLC 控制的电动机正、反转运行控制电路 PLC 接线图

三、梯形图动作详解

闭合总电源开关 QS，主电路电源断路器 QF1，PLC 控制电源断路器 QF2，直流电

295

源断路器 QF3，由于 SB3、FM 触点处于闭合状态，PLC 输入继电器 I0.2、I0.3 信号指示灯点亮，程序段 3 中 I0.2、I0.3 触点断开。

（一）正转启动过程

按下正转启动按钮 SB1，程序段 1 中 I0.0 触点闭合，能流经 I0.0→Q0.1 触点将十进制常数 1 传送到 QB0 中，输出继电器 Q0.0 得电，接通外部无触点接触器 SSR 正转控制端 24V 直流电源，无触点接触器 SSR 接通主电源电动机 M 连续正转运行，程序段 2 中 Q0.0 触点断开实现互锁。

（二）反转启动过程

电动机停止时，按下反转启动按钮 SB2，程序段 2 中 I0.1 触点闭合，能流经 I0.1→Q0.0 触点将十进制常数 2 传送到 QB0 中，输出继电器 Q0.1 得电，接通外部无触点接触器 SSR 反转控制端 24V 直流电源，无触点接触器 SSR 接通主电源电动机 M 连续反转运行，程序段 1 中 Q0.1 触点断开实现互锁。

（三）停止过程

按下停止按钮 SB3，程序段 3 中 I0.2 触点闭合，将十进制常数 0 传送到 QB0 中，输出继电器 Q0.0、Q0.1 失电，断开外部无触点接触器 SSR 控制端 24V 直流电源，无触点接触器 SSR 断开主电源电动机 M 停止运行。

（四）保护原理

当电动机 M 在运行中发生断相、过载、堵转、三相不平衡等故障时，输入继电器 I0.3（FM 过载保护）动断触点断开，程序段 3 中 I0.3 触点闭合，将 10 进制常数 0 传送到 QB0 中，输出继电器 Q0.0、Q0.1 失电，断开外部无触点接触器 SSR 控制端 24V 直流电源，无触点接触器 SSR 断开主电源电动机 M 停止运行。

第 78 例

由无触点接触器和 PLC 控制的三台电动机顺启逆停控制电路

一、程序设计要求及 I/O 元件配置分配

（一）PLC 程序设计要求

（1）按下启动按钮 SB1 电动机 M1 启动，延时 3s 后电动机 M2 启动，延时 3s 后电动机 M3 启动。

（2）按下停止按钮 SB2 电动机 M3 停止，延时 3s 后电动机 M2 停止，延时 3s 后电动机 M1 停止。

（3）当电动机发生过载等故障时，电动机保护器 FM1、FM2 或 FM3 动作，3 台电动机停止运行。

（4）PLC 控制电路接线图中的停止按钮 SB2，电动机综合保护器 FM1、FM2 及 FM3 辅助触点均使用动断触点。

（5）电动机保护器 FM1、FM2 及 FM3 工作电源由外部电路直接供电。

（6）根据上面的控制要求列出输入/输出分配表。

（7）根据控制要求，设计用 PLC 传送指令和位组合元件实现三台电动机顺启逆停控制电路梯形图程序。

（8）根据控制要求绘制无触点接触器、24V 直流电源和 PLC 控制电路接线图。

（二）输入/输出设备及 I/O 元件配置分配表

输入/输出设备及 I/O 元件配置见表 78-1。

表 78-1　　　　　　　　　　输入/输出设备及 I/O 元件配置表

输入设备			输出设备		
符号	地址	功能	符号	地址	功能
SB1	I0.0	启动按钮	SSR1	Q0.0	无触点接触器
SB2	I0.1	停止按钮	SSR2	Q0.1	无触点接触器
FM1	I0.2	电动机保护器	SSR3	Q0.2	无触点接触器
FM2	I0.3	电动机保护器			
FM3	I0.4	电动机保护器			

二、程序及电路设计

（一）PLC 梯形图

无触点接触器和 PLC 控制的三台电动机顺启逆停控制电路 PLC 梯形图见图 78-1。

（二）PLC 接线详图

无触点接触器和 PLC 控制的三台电动机顺启逆停控制电路 PLC 接线图见图 78-2。

三、梯形图动作详解

闭合总电源开关 QS，主电路电源断路器 QF1～QF3，PLC 控制电源断路器 QF4，直流电源断路器 QF5。由于 SB2、FM1～FM3 触点处于闭合状态，PLC 输入继电器 I0.1～I0.4 信号指示灯点亮，程序段 5 和程序段 8 中 I0.1～I0.4 触点断开。

（一）启动过程

按下启动按钮 SB1，程序段 1 中 I0.0 触点闭合，将 10 进制常数 1 传送到 QB0 中，输出继电器 Q0.0，得电，接通外部无触点接触器 SSR1 控制端 24V 直流电源，无触点接触器 SSR1 接通主电源，电动机 M1 连续运行。程序段 2 中 Q0.0 触点闭合，能流经 Q0.0→M0.0 触点接通 T37 和 T38 定时器。3s 后，程序段 3 中 T37 触点闭合，将 10 进制常数 3 传送到 QB0 中，输出继电器 Q0.0、Q0.1 得电，接通外部无触点接触器 SSR1、SSR2 控制端 24V 直流电源，无触点接触器 SSR1、SSR2 接通主电源电动机 M1 和 M2 连续运行。

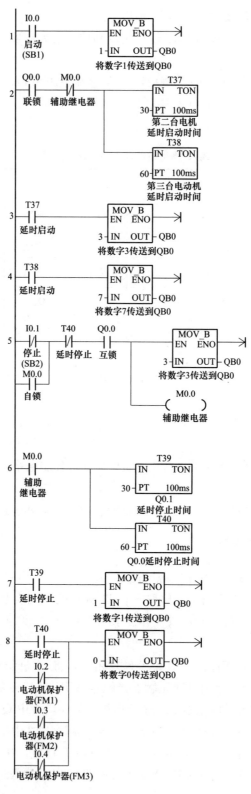

图 78-1　无触点接触器和 PLC 控制的三台电动机顺启逆停控制电路 PLC 梯形图

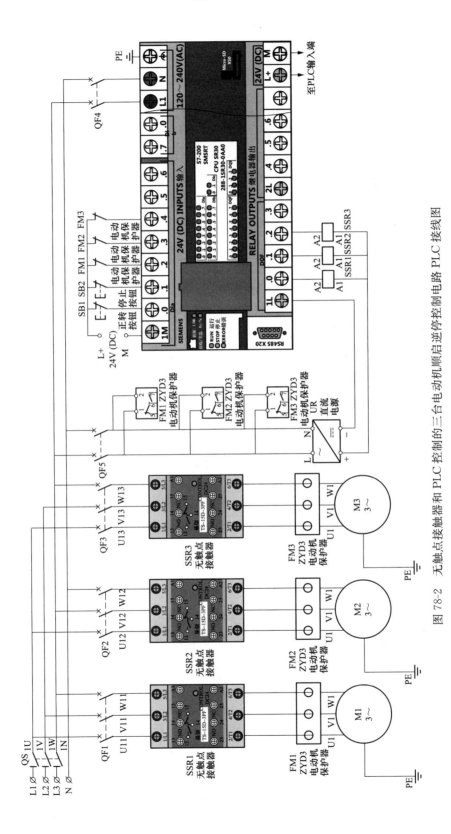

图 78-2　无触点接触器和 PLC 控制的三台电动机顺启逆停控制电路 PLC 接线图

6s 后，程序段 4 中 T38 触点闭合，将 10 进制常数 7 传送到 QB0 中输出继电器 Q0.0~Q0.2 得电，接通外部无触点接触器 SSR1~SSR3 控制端 24V 直流电源，无触点接触器 SSR1~SSR3 接通主电源，电动机 M1~M3 连续运行。

（二）停止过程

按下停止按钮 SB2，程序段 5 中 I0.1 触点闭合，能流经 QI0.1→T40→Q0.0 触点，将 10 进制常数 3 传送到 QB0 中，输出继电器 Q0.2 失电，断开外部无触点接触器 SSR3 控制端 24V 直流电源，无触点接触器 SSR3 断开主电源电动机 M3 停止运行。Q0.0 和 Q0.1 继电器继续得电吸合，接通外部无触点接触器 SSR1、SSR2 控制端 24V 直流电源，无触点接触器 SSR1、SSR2 接通主电源，电动机 M1 和 M2 连续运行。

同时，辅助继电器 M0.0 线圈得电，M0.0 触点闭合实现自锁，同时程序段 2 中 M0.0 触点断开，T37、T38 定时器线圈失电，程序段 6 中 M0.0 触点闭合，定时器 T39、T40 得电，3s 后程序段 7 中 T39 触点闭合，将 10 进制常数 1 传送到 QB0 中 Q0.1 继电器失电断开，断开无触点接触器 SSR2 控制端 24V 直流电源，无触点接触器 SSR2 断开主电源，电动机 M2 停止运行。

同时 Q0.0 继电器继续得电吸合，接通外部无触点接触器 SSR1 控制端 24V 直流电源，无触点接触器 SSR1 接通主电源电动机 M1 连续运行。6s 后，程序段 8 中 T40 触点闭合，将 10 进制常数 0 传送到 QB0 中，Q0.0 继电器失电断开，断开无触点接触器 SSR1 控制端 24V 直流电源，无触点接触器 SSR1 断开主电源电动机 M1 停止运行。同时程序段 5 中 T40 触点断开，辅助继电器 M0.0 失电。

（三）保护原理

当电动机 M 在运行中发生断相、过载、堵转、三相不平衡等故障时，输入继电器 I0.2、I0.3 或 I0.4（FM1、FM2 或 FM3 过载保护）动断触点断开，程序段 8 中 I0.2、I0.3 或 I0.4 触点闭合，将 10 进制常数 0 传送到 QB0 中，Q0.0~Q0.2 继电器失电断开，断开无触点接触器 SSR1~SSR3 控制端 24V 直流电源，无触点接触器 SSR1~SSR3 断开主电源，电动机 M1~M3 停止运行。

第 79 例
由 PLC 控制的绕线式电动机转子回路串电阻启动控制电路

一、程序设计要求及 I/O 元件配置分配

（一）PLC 程序设计要求

（1）按下启动按钮 SB1 电动机 M 启动一级低速运行，延时 1s 后二级低速运行，延时 2s 后三级中速运行，延时 3s 后电动机全压高速运行。

（2）按下停止按钮 SB2 电动机 M 停止运行。

（3）当电动机机发生过载等故障时，电动机保护器动作，电动机停止运行。

（4）PLC 控制电路接线图中的停止按钮 SB2，电动机综合保护器 FM 辅助触点均使

用动断触点。

（5）电动机保护器 FM 工作电源由外部电路直接供电。

（6）根据上面的控制要求列出输入/输出分配表。

（7）根据控制要求，设计用基本指令实现绕线式电动机串电阻启动控制电路梯形图程序。

（8）根据控制要求绘制无触点接触器、24V 直流电源和 PLC 控制电路接线图。

（二）输入/输出设备及 I/O 元件配置分配表

输入/输出设备及 I/O 元件配置见表 79-1。

表 79-1　　　　　　　　　　　　输入/输出设备及 I/O 元件配置表

输入设备			输出设备		
符号	地址	功能	符号	地址	功能
SB1	I0.0	启动按钮	SSR1	Q0.0	启动、一级低速无触点接触器
SB2	I0.1	停止按钮	SSR2	Q0.1	二级低速无触点接触器
FM	I0.2	电动机保护器	SSR3	Q0.2	三级中速无触点接触器
			SSR4	Q0.3	四级高速无触点接触器

二、程序及电路设计

（一）PLC 梯形图

PLC 控制的绕线式电动机转子回路串电阻启动控制电路 PLC 梯形图见图 79-1。

（二）PLC 接线详图

PLC 控制的绕线式电动机转子回路串电阻启动控制电路 PLC 接线图见图 79-2。

三、梯形图动作详解

闭合总电源开关 QS，主电路电源断路器 QF1，PLC 控制电源断路器 QF2，直流电源断路器 QF3。由于 SB2、FM、触点处于闭合状态，PLC 输入继电器 I0.1、I0.2 信号指示灯点亮，程序段 1 中 I0.1、I0.2 触点闭合。

（一）启动过程

按下启动按钮 SB1，程序段 1 中 I0.0 触点闭合，能流经 I0.0→I0.1→I0.2 至 Q0.0，同时 Q0.0 触点闭合自锁，输出继电器 Q0.0 线圈得电，接通外部无触点接触器 SSR1 控制端 24V 直流电源，绕线电动机主电源接通串接电阻 R_{s1}、R_{s2}、R_{s3} 一级低速连续运行。

程序段 2 中 Q0.0 触点闭合定时器 T37 得电延时 1s，1s 后能流经 Q0.0→T37 至 Q0.1，输出继电器 Q0.1 线圈得电，接通外部无触点接触器 SSR2 控制端 24V 直流电源，SSR2 接通短接电阻 R_{s1}，电动机二级低速连续运行。

Q0.1 触点闭合定时器 T38 得电延时 2s，2s 后能流经 Q0.0→T38 至 Q0.2，输出继电器 Q0.2 线圈得电，接通外部无触点接触器 SSR3 控制端 24V 直流电源，SSR3 短接

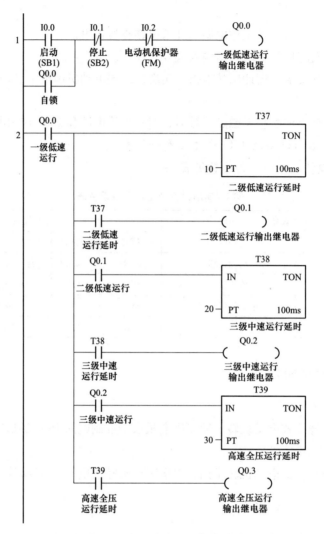

图 79-1　PLC 控制的绕线式电动机转子回路串电阻启动控制电路 PLC 梯形图

电阻 R_{s2} 电动机三级中速连续运行。

Q0.2 触点闭合定时器 T39 得电延时 3s，3s 后能流经 Q0.0→T39 至 Q0.3，输出继电器 Q0.3 线圈得电，接通外部无触点接触器 SSR4 控制端 24V 直流电源，SSR4 短接电阻 R_{s3} 电动机高速全压连续运行。

（二）停止过程

按下停止按钮 SB2，程序段 1 中 I0.1 触点断开，输出继电器 Q0.0 失电，断开外部无触点接触器 SSR1，绕线电动机主电源断开电动机停止运行。

保护原理

当电动机 M 在运行中发生断相、过载、堵转、三相不平衡等故障时，输入继电器 I0.2（FM 过载保护）动断触点断开，程序段 1 中 I0.2 触点断开，输出继电器 Q0.0 失电，断开外部无触点接触器 SSR1，绕线电动机主电源断开电动机停止运行。

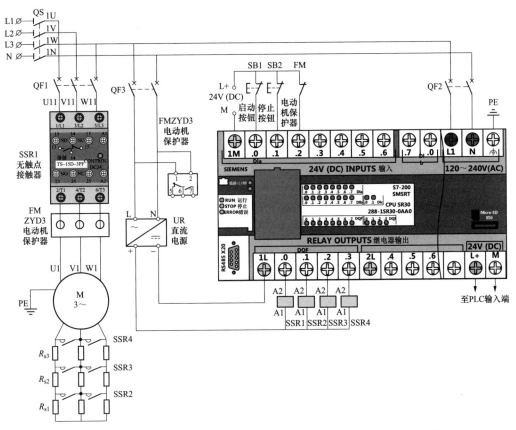

图 79-2 PLC 控制的绕线式电动机转子回路串电阻启动控制电路 PLC 接线图

第 80 例

由旋转编码器和 PLC 控制的物料分拣控制电路

一、物料分拣

物料分拣示意图见图 80-1。

（一）PLC 程序设计要求

（1）按下启动按钮 SB1 变频器上电。

（2）按下停止按钮 SB2 变频器断电。

（3）根据物料分拣示意图及控制要求，用欧姆龙 E6B2-CWZ6C 旋转编码器进行计数，完成物料分拣的过程。

（4）根据物料分拣示意图及控制要求列出输入/输出分配表。

（5）根据物料分拣示意图及控制要求，设计步进顺控指令实现物料分拣控制电路梯形图程序。

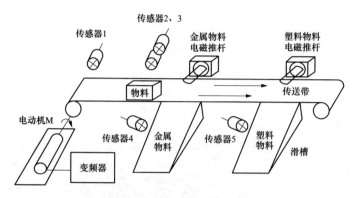

图 80-1　物料分拣示意图

（6）根据控制要求绘制用变频器、24V 直流电源和 PLC 控制电路接线图。

（二）输入/输出设备及 I/O 元件配置分配表

输入/输出设备及 I/O 元件配置见表 80-1。

表 80-1　　　　　　　　　　输入/输出设备及 I/O 元件配置表

输入设备			输出设备		
符号	地址	配置	符号	地址	配置
PG	I0.0	旋转编码器	KM	Q0.1	变频器上电接触器
SQ1	I0.3	进料口传感器	BQ	Q0.5	变频器启动
SQ2	I0.4	金属材料传感器	YA1	Q1.0	金属材料电磁推杆
SQ3	I0.5	塑料材料传感器	YA2	Q1.1	塑料材料电磁推杆
SQ4	I0.6	金属材料到位检测传感器			
SQ5	I0.7	塑料材料到位检测传感器			
SB1	I1.0	变频器断电按钮			
SB2	I1.1	变频器上电按钮			
RA-RC	I1.2	变频器故障跳闸			

二、程序及电路设计

（一）PLC 梯形图

（1）编码器（PG）初始化子程序 PLC 梯形图见图 80-2。

（2）主程序梯形图见图 80-3。

（二）PLC 接线详图

旋转编码器和 PLC 控制的物料分拣控制电路 PLC 接线图见图 80-4。

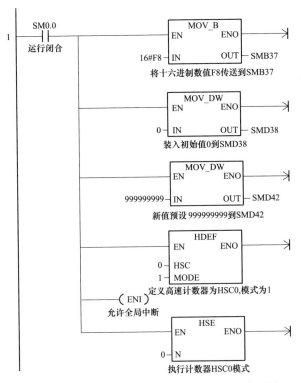

图 80-2 编码器（PG）初始化子程序 PLC 梯形图

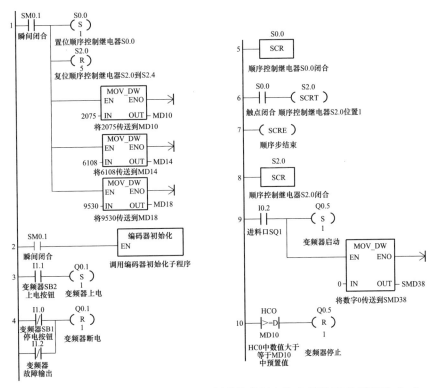

图 80-3 旋转编码器和 PLC 控制的物料分拣控制电路主程序 PLC 梯形图（一）

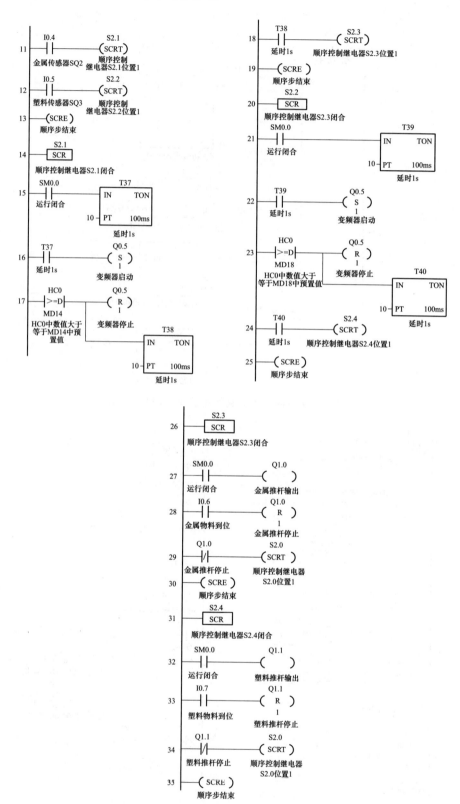

图 80-3　旋转编码器和 PLC 控制的物料分拣控制电路主程序 PLC 梯形图（二）

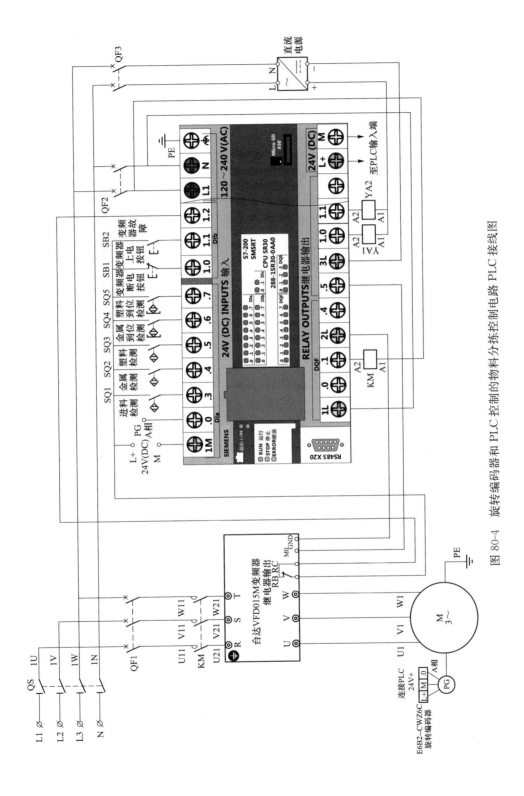

图 80-4 旋转编码器和 PLC 控制的物料分拣控制电路 PLC 接线图

三、梯形图动作详解

闭合总电源开关 QS，主电路电源断路器 QF1，PLC 控制电源断路器 QF2，直流电源断路器 QF3。由于 SB1、变频器故障输出继电器触点处于闭合状态，PLC 输入继电器 I1.0、I1.2 信号指示灯点亮，程序段 4 中 I1.0、I1.2 触点断开。PLC 输入继电器 I0.0 连接旋转编码器 A 相输出，I0.0 信号指示灯会断续亮灭。

（一）编码器（PG）初始化子程序

PLC 上电运行，SM0.0 闭合，将十六进制数值 F8 传送到 SMB37 字节中，允许计数、更新初始值、更新预设值、更新计数方向，计数方向为加计数。装入初始值 0 到 SMD38 中，新值预设 999999999 到 SMD42 中。定义高速计数器为 HSC0，模式为 1，允许全局中断，执行计数器 HSC0 模式。

（二）变频器上电、停电及变频启动过程

PLC 上电运行，程序段 1 中 SM0.1 瞬间闭合，置位顺序控制继电器 S0.0，复位顺序控制继电器 S2.0 到 S2.4。将 2075 传送到 MD10、6108 传送到 MD14、9530 传送到 MD18 寄存器。

PLC 上电运行，程序段 2 中 SM0.1 瞬间闭合调用编码器初始化子程序。

1. 变频器上电

按下变频器上电按钮 SB2，程序段 3 中 I1.1 触点闭合，输出继电器 Q0.1 线圈得电，接通外部接触器 KM 线圈电源，变频器接通主电源。

2. 变频器停电

按下变频器停电按钮 SB1，程序段 4 中 I1.0 触点闭合，输出继电器 Q0.1 线圈失电，断开外部接触器 KM 线圈电源，变频器断开主电源。

程序段 5 中顺序控制继电器 S0.0 闭合，程序段 6 中将顺序控制继电器 S2.0 位置 1，程序段 7 中顺序步结束。程序段 8 中顺序控制继电器 S2.0 闭合，当进料口 SQ1 检测到有物料时，程序段 9 中 I0.2 触点闭合，输出继电器 Q0.5 线圈得电，接通变频器 M0 端子和 COM 端子变频器启动，电动机带动传送带变频运行，传送带连接用于计数的旋转编码器旋转计数，同时将 0 传送到 SMD38 寄存器。

（三）物料检测、分拣及变频停止过程

物料在传送带上移动旋转编码器开始计数，程序段 10 中 HC0 中数值大于等于 MD10 中预置的值后输出继电器 Q0.5 线圈失电，电动机停止变频器运行，物料到达金属传感器和塑料传感器检测位置，金属物料传感器和塑料物料传感器同时对传送带上的物料进行检测，判断出是金属物料还是塑料物料。

1. 金属物料检测、分拣

当金属传感器 SQ2 检测到是金属物料时，程序段 11 中 I0.4 触点闭合，将顺序控制继电器 S2.1 位置 1，程序段 13 中顺序步结束。程序段 14 中顺序控制继电器 S2.1 闭合，程序段 15 中定时器 T37 延时 1s，程序段 16 中输出继电器 Q0.5 线圈得电，接通变频器 M0 端子和 COM 端子变频器启动，电动机带动传送带变频运行。程序段 17 中 HC0 中数值大于等于 MD14 中预置的值后，输出继电器 Q0.5 线圈失电电动机停止变频器运行，同时定时器 T38 延时 1s，程序段 18 中 T38 触点闭合，将顺序控制继电器 S2.3 位置 1，程序段 19 中顺序步结束。程序段 26 中顺序控制继电器 S2.3 闭合，程序段 27 中输出继电器 Q1.0 线圈得电，电磁推杆 YA1 动作将金属物料推到金属物料滑槽里，安装在金属物料滑槽上的传感器 SQ4 检测到有物料落下时，程序段 28 中金属物料到位传感器 I0.6 触点闭合，复位金属推杆输出继电器 Q1.0，Q1.0 线圈失电。程序段 29 中 Q1.0 触点闭合将顺序控制继电器 S2.0 位置 1，程序段 30 中顺序步结束。

2. 塑料物料检测、分拣

当塑料传感器 SQ3 检测到是塑料物料时，程序段 12 中 I0.5 触点闭合，将顺序控制继电器 S2.2 位置 1，程序段 20 中顺序控制继电器 S2.2 闭合，程序段 21 中定时器 T39 延时 1s 程序段 22 中输出继电器 Q0.5 线圈得电，接通变频器 M0 端子和 COM 端子变频器启动，电动机带动传送带变频运行。程序段 23 中 HC0 中数值大于等于 MD18 中预置的值后输出继电器 Q0.5 线圈失电，电动机停止变频器运行，同时定时器 T40 延时 1s 程序段 24 中 T40 触点闭合将顺序控制继电器 S2.4 位置 1，程序段 25 中顺序步结束。程序段 31 中顺序控制继电器 S2.4 闭合，程序段 32 中输出继电器 Q1.1 线圈得电，电磁推杆 YA2 动作将塑料物料推到塑料物料滑槽里，安装在塑料物料滑槽上的传感器 SQ5 检测到有物料落下时，程序段 33 中塑料物料到位传感器 I0.7 触点闭合，复位塑料推杆输出继电器 Q1.1，Q1.1 线圈失电。程序段 34 中 Q1.1 触点闭合顺序控制继电器 S2.0 位置 1，程序段 35 中顺序步结束。

（四）保护原理

当变频器故障时变频器继电器输出触点 RB-RC 断开，输入继电器 I1.2 动断触点断开，程序段 4 中 I1.2 触点闭合，输出继电器 Q0.1 失电，断开外部接触器 KM 线圈电源，变频器断开主电源电动机 M 停止运行。

第 81 例

由旋转编码器和 PLC 控制的电镀生产线控制电路

一、电镀生产线示意图

电镀生产线示意图见图 81-1。

（一）PLC 程序设计要求

（1）按下启动按钮 SB1 升降吊钩电动机 M1 启动运行。

（2）按下停止按钮 SB2 升降吊钩电动机 M1 停止运行。

（3）当电动机发生过载等故障时，电动机保护器 FM1 或 FM2 动作，两台电动机停止运行。

（4）PLC 控制电路接线图中的停止按钮 SB2，电动机综合保护器 FM1 及 FM2 辅助触点均使用动断触点。

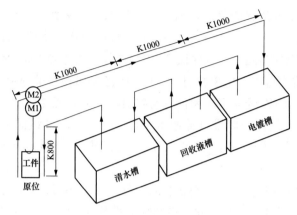

图 81-1　电镀生产线示意图

（5）电动机保护器 FM1 及 FM2 工作电源由外部电路直接供电。

（6）根据电镀生产线示意图及控制要求，用欧姆龙 E6B2-CWZ6C 旋转编码器进行计数，完成工件在电镀槽电镀、回收槽电镀液的回收及在清水槽清洗的过程。

（7）根据电镀生产线示意图及控制要求列出输入/输出分配表。

（8）根据电镀生产线示意图及控制要求，设计步进顺控指令实现电镀生产线控制电路梯形图程序。

（9）根据控制要求绘制用无触点接触器、24V 直流电源和 PLC 控制电路接线图。

（二）输入/输出设备及 I/O 元件配置分配表

输入/输出设备及 I/O 元件配置见表 81-1。

表 81-1　　　　　　　　　　输入/输出设备及 I/O 元件配置表

输入设备			输出设备		
符号	地址	功能	符号	地址	功能
PG1	I0.0	升降电动机连接旋转编码器	SSR1	Q0.2	升降电动机无触点接触器
PG2	I0.1	行车电动机连接旋转编码器	SSR1	Q0.3	升降电动机无触点接触器
SB1	I0.2	启动按钮	SSR2	Q0.0	行车电动机无触点接触器
SB2	I0.3	停止按钮	SSR2	Q0.1	行车电动机无触点接触器
FM1	I0.4	升降电动机保护器			
FM2	I0.5	行车电动机保护器			

二、程序及电路设计

（一）PLC 梯形图

（1）升降吊钩编码器（PG1）初始化子程序梯形图见图 81-2。

（2）左右行车编码器（PG2）初始化子程序梯形图见图 81-3。

（3）升降吊钩、左右行车编码器内部方向控制减计数（两机编码器减计数）子程序梯形图见图 81-4。

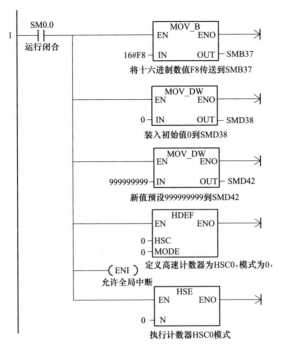

图 81-2　升降吊钩编码器（PGI）初始化子程序梯形图

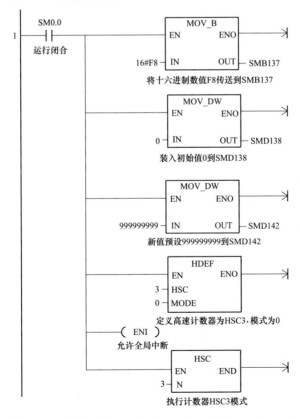

图 81-3　左右行车编码器（PG2）初始化子程序梯形图

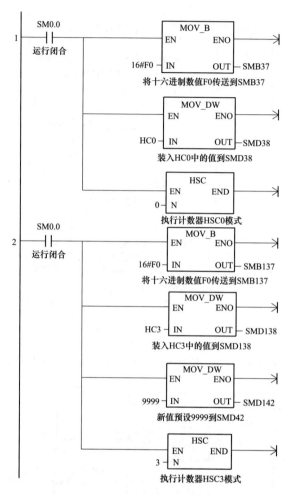

图 81-4 升降吊钩、左右行车编码器内部方向控制减计数
（两机编码器减计数）子程序梯形图

（4）升降吊钩编码器（PG1）内部方向控制加计数子程序梯形图见图 81-5。

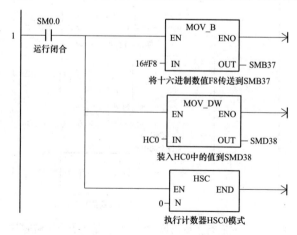

图 81-5 升降吊钩编码器（PGI）内部方向控制加计数子程序梯形图

（5）主程序梯形图如图 81-6 所示。

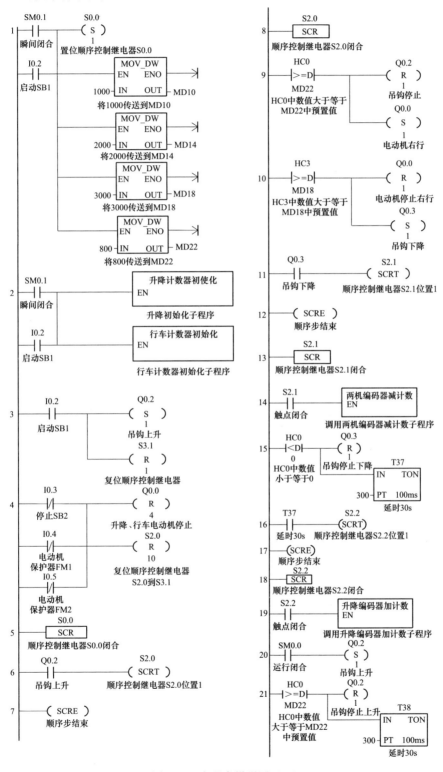

图 81-6　主程序梯形图（一）

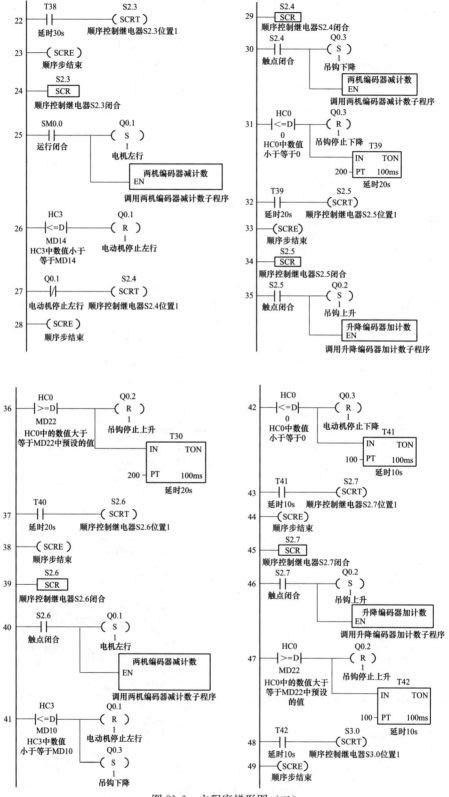

图 81-6 主程序梯形图（二）

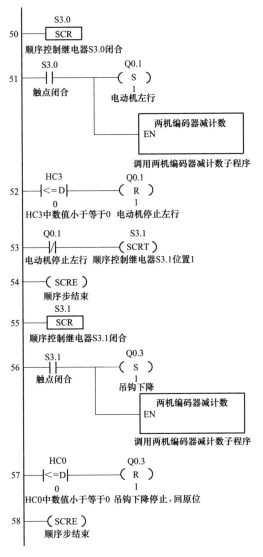

图 81-6　主程序梯形图（三）

（二）PLC 接线详图

旋转编码器和 PLC 控制的电镀生产线控制电路 PLC 接线图见图 81-7。

三、梯形图动作详解

闭合总电源开关 QS，主电路电源断路器 QF1，PLC 控制电源断路器 QF2，直流电源断路器 QF3。由于停止按钮 SB2、电动机保护器 FM1、FM2 触点处于闭合状态，PLC 输入继电器 I0.3、I0.4、I0.5 信号指示灯点亮，程序段 4 中 I0.3、I0.4、I0.5 中触点断开。PLC 输入继电器 I0.0、I0.1 连接旋转编码器 A 相输出，I0.0、I0.1 信号指示灯会断续亮灭。

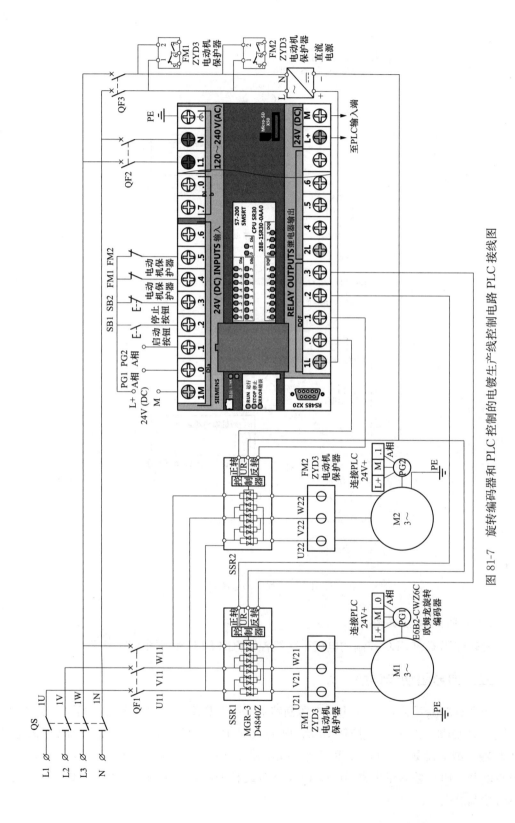

图81-7 旋转编码器和 PLC 控制的电镀生产线控制电路 PLC 接线图

（一）初始化赋值

1. 升降吊钩编码器（PG1）初始化子程序

PLC 上电运行，SM0.0 闭合，将十六进制数值 F8 传送到 SMB37 字节中，允许计数、更新初始值、更新预设值、更新计数方向，计数方向为加计数。装入初始值 0 到 SMD38 中，新值预设 999999999 到 SMD42 中。定义高速计数器为 HSC0，模式为 0，允许全局中断，执行计数器 HSC0 模式。

2. 左右行车编码器（PG2）初始化子程序

PLC 上电运行，SM0.0 闭合，将十六进制数值 F8 传送到 SMB137 字节中，允许计数、更新初始值、更新预设值、更新计数方向，计数方向为加计数。装入初始值 0 到 SMD138 中，新值预设 999999999 到 SMD142 中。定义高速计数器为 HSC3，模式为 0，允许全局中断，执行计数器 HSC3 模式。

3. 升降吊钩、左右行车编码器内部方向控制减计数子程序

PLC 上电运行，程序段 1 中 SM0.0 闭合，将十六进制数值 F0 传送到 SMB37 字节中，允许计数、更新初始值、更新预设值、更新计数方向，计数方向为减计数。装入初始值 HC0 中数值到 SMD38 中，定义高速计数器为 HSC0，模式为 0，执行计数器 HSC0 模式。PLC 上电运行，程序段 2 中 SM0.0 闭合，将十六进制数值 F0 传送到 SMB137 字节中，允许计数、更新初始值、更新预设值、更新计数方向，计数方向为减计数。装入初始值 HC3 中数值到 SMD138 中，定义高速计数器为 HSC3，模式为 3，执行计数器 HSC3 模式。

4. 升降吊钩编码器（PG1）内部方向控制加计数子程序

PLC 上电运行，SM0.0 闭合，将十六进制数值 F8 传送到 SMB37 字节中，允许计数、更新初始值、更新预设值、更新计数方向，计数方向为加计数。装入初始值 HC0 中数值到 SMD38 中，定义高速计数器为 HSC0，模式为 0，执行计数器 HSC0 模式。

（二）电镀生产线启动、停止过程

PLC 上电运行，程序段 1 中 SM0.1 瞬间闭合或者 I0.2 闭合，置位顺序控制继电器 S0.0，将 1000 传送到 MD10、2000 传送到 MD14、3000 传送到 MD18、800 传送到 MD22 寄存器。

PLC 上电运行，程序段 2 中 SM0.1 瞬间闭合或者 I0.2 闭合调用子程序"升降吊钩编码器（PG1）初始化子程序"和"左右行车编码器（PG2）初始化子程序"。

操作人员在原位将工件挂在升降电动机的吊钩上，按下启动按钮 SB1，程序段 3 中 I0.2 触点闭合，置位输出继电器 Q0.2，Q0.2 得电，接通外部无触点接触器 SSR1 的正转控制端，接通主电源升降电动机吊钩带动工件上升，同时复位顺序控制继电器 S3.1。电镀生产线按照 PLC 程序进行工件的电镀、回收及清洗过程。按下停止按钮 SB2，程序段 4 中 I0.3 触点闭合，复位 Q0.0 到 Q0.3，断开外部无触点接触器 SSR1 和 SSR2 的控制端，断开主电源升降电动机和行车电动机同时停止，复位顺序控制继电器 S2.0～S3.1。

（三）电镀生产线电镀过程

旋转编码器 PG1 经减速器连接到升降电动机 M1 上，旋转编码器 PG2 经减速器连接到行车电动机 M2 上，旋转编码器根据电动机的正转和反转状态输出脉冲到 PLC 的 I0.0 和 I0.1 的输入端进行计数。

1. 工件上升过程

程序段 5 中顺序控制继电器 S0.0 闭合，程序段 6 中 Q0.2 触点闭合，将顺序控制继电器 S2.0 位置 1，程序段 7 中顺序步结束。程序段 8 中顺序控制继电器 S2.0 闭合，程序段 9 中 HC0 中的数值大于等于 MD22 中预设的值后，输出继电器 Q0.2 线圈失电，断开外部无触点接触器 SSR1 正转控制端，断开主电源升降电动机吊钩停止上升。

2. 工件右行到电镀槽过程

程序段 9 中同时置位输出继电器 Q0.0，输出继电器 Q0.0 线圈得电，接通外部无触点接触器 SSR2 的正转控制端，接通主电源行车电动机右行。程序段 10 中 HC3 中的数值大于等于 MD18 中预设的值后，输出继电器 Q0.0 线圈失电，断开外部无触点接触器 SSR2 的正转控制端，断开主电源行车电动机停止右行，此时工件停在电镀槽上方。

3. 工件电镀过程

程序段 10 中同时置位输出继电器 Q0.3，输出继电器 Q0.3 线圈得电，接通外部无触点接触器 SSR1 的反转控制端，接通主电源升降电动机吊钩下降。程序段 11 中 Q0.3 触点闭合，将顺序控制继电器 S2.1 位置 1，程序段 12 中顺序步结束。程序段 13 中顺序控制继电器 S2.1 闭合，程序段 14 中调用"升降吊钩、左右行车编码器内部方向控制减计数子程序"。程序段 15 中吊钩下降吊钩编码器减计数，当 HC0 中数值小于等于 0 时，输出继电器 Q0.3 线圈失电，断开外部无触点接触器 SSR1 的反转控制端，断开主电源升降电动机停止下降，工件进入电镀槽中电镀，同时定时器 T37 线圈得电。

当工件在电镀槽中电镀 30s 后，程序段 16 中 T37 触点闭合，将顺序控制继电器 S2.2 位置 1，程序段 17 中顺序步结束。程序段 18 中顺序控制继电器 S2.2 闭合，程序段 19 中调用"升降吊钩编码器（PG1）内部方向控制加计数子程序"，程序段 20 中输出继电器 Q0.2 线圈得电，接通外部无触点接触器 SSR1 的正转控制端，接通主电源升降电动机吊钩带动工件上升，程序段 21 中当 HC0 中的数值大于等于 MD22 中预设的值后，输出继电器 Q0.2 线圈失电，断开外部无触点接触器 SSR1 正转控制端，断开主电源升降电动机吊钩停止上升。同时定时器 T38 线圈得电，工件在电镀槽上方停留 30s 让镀件表面电镀液流回到电镀槽中。

4. 工件左行到回收槽过程

当工件在电镀槽上方停留 30s 后，程序段 22 中 T38 触点闭合，将顺序控制继电器 S2.3 位置 1，程序段 23 中顺序步结束。程序段 24 中顺序控制继电器 S2.3 闭合，程序段 25 中输出继电器 Q0.1 线圈得电，接通外部无触点接触器 SSR2 的反转控制端，接通主电源行车电动机左行，同时调用"升降吊钩、左右行车编码器内部方向控制减计数子程序"，程序段 26 中行车电动机向左移动，行车编码器减计数，当 HC3 中数值小于等于 MD14 时输出继电器 Q0.1 线圈失电，断开外部无触点接触器 SSR2 的反转控制端，断开主电源行车电动机停止左行。

5. 工件下降到回收槽内过程

程序段 27 中 Q0.1 触点闭合，将顺序控制继电器 S2.4 位置 1，程序段 28 中顺序步结束。程序段 29 中顺序控制继电器 S2.4 闭合，程序段 30 中调用"升降吊钩、左右行车编码器内部方向控制减计数子程序"，同时输出继电器 Q0.3 线圈得电，接通外部无触点接触器 SSR1 的反转控制端，接通主电源升降电动机吊钩下降。程序段 31 中当 HC0 中数值小于等于 0 时，输出继电器 Q0.3 线圈失电，断开外部无触点接触器 SSR1 的反转控制端，断开主电源升降电动机停止下降，工件进入回收槽中，将工件带过来的电镀水回收，同时定时器 T39 线圈得电。

6. 工件上升到回收槽上过程

当工件在回收槽中停留 20s 后，程序段 32 中 T39 触点闭合，将顺序控制继电器 S2.5 位置 1，程序段 33 中顺序步结束。程序段 34 中顺序控制继电器 S2.5 闭合，程序段 35 中输出继电器 Q0.2 线圈得电，接通外部无触点接触器 SSR1 的正转控制端，接通主电源升降电动机吊钩带动工件上升，同时调用"升降吊钩编码器（PG1）内部方向控制加计数子程序"。程序段 36 中当 HC0 中的数值大于等于 MD22 中预设的值后，输出继电器 Q0.2 线圈失电，断开外部无触点接触器 SSR1 正转控制端，断开主电源升降电动机吊钩停止上升。同时定时器 T40 线圈得电，工件在电镀槽上方停留 20s 让镀件表面回收液流回到回收槽中。

7. 工件左行到清水槽过程

当工件在回收槽上方停留 20s 后，程序段 37 中定时器 T40 触点闭合，将顺序控制继电器 S2.6 位置 1，程序段 38 中顺序步结束。程序段 39 中顺序控制继电器 S2.6 闭合，程序段 40 中调用"升降吊钩、左右行车编码器内部方向控制减计数子程序"同时输出继电器 Q0.1 线圈得电，接通外部无触点接触器 SSR2 的反转控制端，接通主电源行车电动机左行，程序段 41 中当 HC3 中数值小于等于 MD10 时输出继电器 Q0.1 线圈失电，断开外部无触点接触器 SSR2 的反转控制端，断开主电源行车电动机停止左行。

8. 工件下降到清水槽内过程

程序段 41 中同时输出继电器 Q0.3 线圈得电，接通外部无触点接触器 SSR1 的反转控制端，接通主电源升降电动机吊钩下降。程序段 42 中当 HC0 中数值小于等于 0 时，输出继电器 Q0.3 线圈失电，断开外部无触点接触器 SSR1 的反转控制端，断开主电源升降电动机停止下降，工件进入清洗槽中清洗，同时定时器 T41 线圈得电。

9. 工件上升到清水槽上过程

当工件在清水槽中停留 10s 后，程序段 43 中 T41 触点闭合，将顺序控制继电器 S2.7 位置 1，程序段 44 中顺序步结束。程序段 45 中顺序控制继电器 S2.7 闭合，程序段 46 中输出继电器 Q0.2 线圈得电，接通外部无触点接触器 SSR1 的正转控制端，接通主电源升降电动机吊钩带动工件上升当，同时调用"升降吊钩编码器（PG1）内部方向控制加计数子程序"程序段 47 中当 HC0 中的数值大于等于 MD22 中预设的值后，输出继电器 Q0.2 线圈失电，断开外部无触点接触器 SSR1 的正转控制端，断开主电源升降电动机吊钩停止上升，同时定时器 T42 线圈得电，工件在清水槽上方停留 10s 让镀件表面清水流回到清水槽中。

10. 工件回原点过程

当工件在清水槽上方停留 10s 后程序段 48 中定时器 T42 触点闭合，将顺序控制继电器 S3.0 位置 1，程序段 49 中顺序步结束。程序段 50 中顺序控制继电器 S3.0 闭合，程序段 51 中调用"升降吊钩、左右行车编码器内部方向控制减计数子程序"，同时输出继电器 Q0.1 线圈得电，接通外部无触点接触器 SSR2 的反转控制端，接通主电源行车电动机左行，程序段 52 中当 HC3 中数值小于等于 0 时输出继电器 Q0.1 线圈失电，断开外部无触点接触器 SSR2 的反转控制端，断开主电源行车电动机停止左行。程序段 53 中 Q0.1 触点闭合回路，将顺序控制继电器 S3.1 位置 1，程序段 54 中顺序步结束。程序段 55 中顺序控制继电器 S3.1 闭合，程序段 56 中调用"升降吊钩、左右行车编码器内部方向控制减计数子程序"同时输出继电器 Q0.3 线圈得电，接通外部无触点接触器 SSR1 的反转控制端，接通主电源升降电动机吊钩下降，程序段 57 中当 HC0 中数值小于等于 0 时，输出继电器 Q0.3 线圈失电，断开外部无触点接触器 SSR1 的反转控制端，断开主电源升降电动机停止吊钩下降回到原位。程序段 58 中顺序步结束。

（四）保护原理

当升降电动机或行车电动机 M 在运行中发生断相、过载、堵转、三相不平衡等故障，输入继电器 I0.4 或 I0.5（FM1 或 FM2 过载保护）动断触点断开，程序段 4 中 I0.4 触点或 I0.5 触点闭合，复位 Q0.0～Q0.3，断开外部无触点接触器 SSR1 和 SSR2 的控制端，断开主电源升降电动机和行车电动机同时停止，复位顺序控制继电器 S2.0 到 S3.1。

第九章

PLC控制的变频器调速
综合应用控制电路

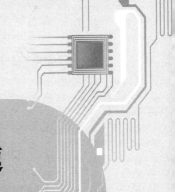

PLC 控制的变频器调速综合应用到电路用途：

（1）变频器控制技术。变频器是利用电力半导体器件的通断作用将频率固定的交流电（工频电源，三相或单相）变换成频率连续可调的交流电的电能控制装置，实现无级调速，称为变频调速器。其输出电压的波形为脉冲方波，且谐波成分较多，电压和频率同时按比例变化，不可分别调整，不符合交流电源的要求。原则上不能作供电电源的使用，一般仅用于三相异步电动机和同步电动机的调速。

变频器在改变电动机频率时，对电动机的电压进行协调控制，以维持电动机磁通的恒定。为此，用于交流电气传动中的变频器实际上是变压变频器。

变频控制与工频电源相比，驱动电动机时产生的损耗和电动机的温升、振动、噪声都有所增加，电动机效率下降，所以如果长时期运行在 50Hz 应将运行方式切换至工频。

（2）PLC 控制的变频器调速电路。本章主要包括 PLC 控制的变频器调速电动机正转、正/反转控制电路、多段速控制、PID 恒压供水控制电路、工变频转换电路。也可根据现场要求设计 PLC 控制变频器运行时间、加减速时间、正反转控制等功能实现变频器程序运行。

（3）开关量控制时 PLC 与变频器接线要点。

1）PLC 的输出端 COM1 要与变频器数字输入端公共端 COM 相连，PLC 的输出端 Y 端子与变频器的变频器数字输入端相连接。

2）PLC 输出端的强电必须与控制信号的弱电分开，如 PLC 的输出端 COM1 连接 220V 的接触器，COM2 连接变频器数字输入端公共端 COM 相连。

（4）PLC 与变频器三种连接方法。

1）PLC 的输出端子接变频器的多功能端子，变频器中设置多功能端子为可以得到多段频率选择、加减速选择、自保持选择、自由运行（旋转）指令、警报（异常）复位、外部报警、点动运转、频率设定选择、直流制动指令等功能。

2）通过 PLC 和变频器上的 RS485 通信接口，采用 PLC 编程通信控制。

3）通过 PLC 加数模（DA）转换模块，将 PLC 数字信号转换成电压（或电流视变频器设置而定）信号，输入到变频器的模拟量控制端子，控制变频器工作。

第 82 例

PLC 控制的变频器调速电动机正转控制电路

一、PLC 程序设计要求及 I/O 元件配置分配

（一）PLC 程序设计要求

（1）按下变频器上电按钮 SB1，接触器动作，变频器上电。

（2）按下变频器断电按钮 SB2，变频器停电。

（3）按下变频器启动按钮 SB3，变频器正转连续运行。

（4）按下变频器停止按钮 SB4，变频器停止运行。

（5）控制电路采用顺序启动逆序停止的设计要求，即先上电，再运行，先停止运行，再断电。

（6）当电动机或变频器故障时，PLC 程序复位。

（7）PLC 实际接线图中断电停止 SB2、停止按钮 SB4 均使用动断触点。

（8）变频器故障总输出端子使用动合触点。

（9）根据上面的控制要求，列出输入/输出分配表。

（10）根据控制要求，用 PLC 基本指令设计梯形图程序。

（11）根据控制要求，绘制 PLC 控制电路接线图。

（二）输入/输出设备及 I/O 元件配置分配表

输入/输出设备及 I/O 元件配置见表 82-1。

表 82-1 　　　　　　　　　　输入/输出设备及 I/O 元件配置表

输入设备			输出设备		
符号	地址	功能	符号	地址	功能
SB1	I0.0	变频上电按钮	KM	Q0.0	交流接触器
SB2	I0.1	变频断电按钮	FWD	Q0.4	正转运行指令端子
SB3	I0.2	启动按钮			
SB4	I0.3	停止按钮			
Ry	I0.4	总报警输出端子			

二、程序及电路设计

（一）PLC 梯形图

PLC 控制的变频器调速电动机正转控制电路 PLC 梯形图见图 82-1。

（二）PLC 接线详图

PLC 控制的变频器调速电动机正转控制电路 PLC 接线图见图 82-2。

（三）图中应用的变频器主要参数表

变频器相关端子及参数功能含义见表 82-2。

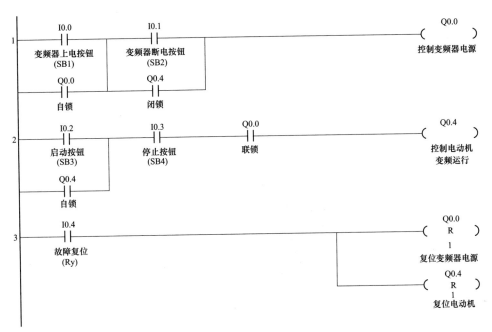

图 82-1　PLC 控制的变频器调速电动机正转控制电路 PLC 梯形图

表 82-2　　　　　　　　　　变频器相关端子及参数功能含义说明

序号	端子	功能	功能代码	设定数据	设定值含义说明
1		数据保护	F00	0	[0] 含义为可改变数据，改变 [F00] 的数据时，需要双键操作（STOP 键 ＋∧或∨键）； [0]：可改变数据，[1]：不可改变数据（数据保护）
2		数据初始化	H03	1	[1] 的含义为将功能代码的数据恢复到出厂时的设定值，在更改功能代码 [H03＝1] 的数据时，需要双键操作（STOP 键＋∧或∨键）
3	11 12 13	频率设定 1	F01	1	参数 [F01] 含义为选择频率设定的设定方法： [0]：通过操作面板∧或∨键进行频率设定； [1]：含义为模拟设定电压输入，按照外部发出的模拟输入电压指令值进行频率设定； [11] 端子：模拟输入信号公共端； [12] 端子：设定电压输入端子； [13] 端子：变电阻器电源
4	FWD CM	运行操作	F02	1	参数 [F02] 含义为选择运转指令的设定方法； [0]：由操作面板启停按钮控制运转命令； [1]：含义为由外部信号输入运行命令； [FWD] 端子：正转运行端子； [CM] 端子：数字输入公共端
5	30A 30B 30C	总警报输出	F36	0	[0] 含义为变频器检测到故障或异常时动作选择：当变频器检测到有故障或异常时 [30A-30C] 闭合、[30B-30C] 断开，变频器停止输出； [30A] 是动合触点；[30B] 是动断触点；[30C] 是公共端

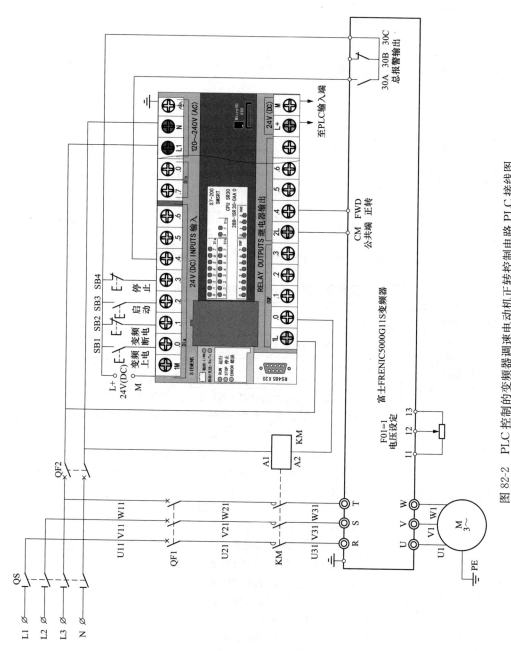

图 82-2　PLC 控制的变频器调速电动机正转控制电路 PLC 接线图

三、梯形图动作详解

闭合总电源开关 QS、主电路电源断路器 QF1、控制电源断路器 QF2，PLC 输入继电器 I0.1、I0.3 信号指示灯亮，程序段 1 和程序段 2 中 I0.1、I0.3 触点闭合。

（一）变频器上电

按下变频器上电按钮 SB1，程序段 1 中 I0.0 触点闭合，能流经 I0.0→I0.1 至 Q0.0，输出继电器 Q0.0 线圈得电，外部接触器 KM 线圈得电，KM 主触点闭合，变频器上电。同时程序段 1 中 Q0.0 辅助触点闭合自锁，程序段 2 中 Q0.0 触点闭合，为电动机运行做准备。

（二）设置变频器参数

变频器上电后，根据参数表设置变频器参数。

（三）变频器运行输出

按下电动机启动按钮 SB3，程序段 2 中 I0.2 触点闭合，能流经 I0.2→I0.3→Q0.0 至 Q0.4，同时 Q0.4 辅助触点闭合自锁，输出继电器 Q0.4 线圈得电，变频器端子 CM 与 FWD 接通，电动机 M 连续正转启动，同时，程序段 1 中 Q0.4 触点闭合，实现闭锁。

（四）停止过程

1. 停止运行

按下停止按钮 SB4，程序段 2 中 I0.3 触点断开，输出继电器 Q0.4 线圈失电，变频器端子 CM 与 FWD 断开，电动机减速停止。同时，程序段 1 和程序段 2 中 Q0.4 触点断开，解除闭锁及自锁。

2. 变频器停电

按下断电按钮 SB2，程序段 1 中 I0.1 触点断开，输出继电器 Q0.0 线圈失电，外部接触器 KM 线圈失电，KM 主触点断开，变频器断电。

四、保护原理

1. 故障停机

当变频器发生故障时，变频器上 30A-30C 端子接通，程序段 3 中 I0.4 触点闭合，接通复位指令，输出继电器 Q0.0、Q0.4 复位断开，变频器停止输出并断电。

2. 报警复位

当变频器故障报警后需重新启机时，先用变频器控制面板上的复位按钮［RESET］进行复位，然后再按变频器启动按钮重新启动变频器。

第 83 例

PLC 控制的变频调速电动机正、反转控制电路

一、PLC 程序设计要求及 I/O 元件配置分配

（一）PLC 程序设计要求

（1）按下变频器上电按钮 SB1，接触器动作，变频器上电。

（2）按下变频器断电按钮 SB2，变频器停电。

（3）按下正转启动按钮 SB3，变频器正转输出电动机正转运行，按下停止按钮 SB5，电动机停止运行。

（4）按下反转启动按钮 SB4，变频器反转输出电动机反转运行，按下停止按钮 SB5，电动机停止运行。

（5）控制电路采用顺序启动逆序停止的设计要求，即先上电，再运行。先停止运行，再断电，PLC 程序实现连锁。

（6）当电动机或变频器故障时，PLC 程序复位。

（7）PLC 实际接线图中断电停止按钮 SB2、停止按钮 SB5 均使用动断触点。

（8）根据上面的控制要求列出输入/输出分配表。

（9）根据控制要求，用 PLC 基本指令设计梯形图程序。

（10）根据控制要求，绘制 PLC 控制电路接线图。

（二）输入/输出设备及 I/O 元件配置分配表

输入/输出设备及 I/O 元件配置见表 83-1。

表 83-1　　　　　　　　　　　**输入/输出设备及 I/O 元件配置表**

输入设备			输出设备		
符号	地址	功能	符号	地址	功能
SB1	I0.0	变频上电按钮	KM	Q0.0	交流接触器
SB2	I0.1	变频断电按钮	FWD	Q0.4	正转运行指令端子
SB3	I0.2	正转启动按钮	REV	Q0.5	反转运行指令端子
SB4	I0.3	反转启动按钮			
SB5	I0.4	停止按钮			
Ry	I0.5	总报警输出端子			

二、程序及电路设计

（一）PLC 梯形图

PLC 控制的变频调速电动机正、反转控制电路 PLC 梯形图见图 83-1。

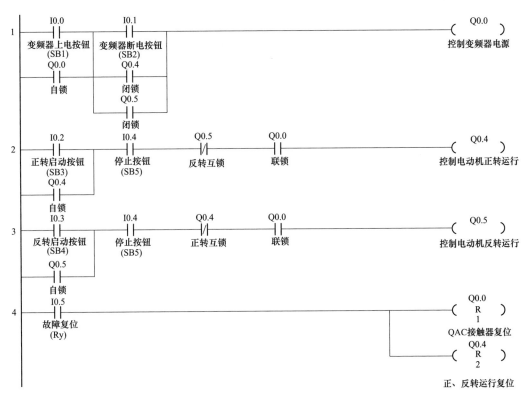

图 83-1　PLC 控制的变频调速电动机正反转控制电路 PLC 梯形图

（二）PLC 接线详图

PLC 控制的变频调速电动机正、反转控制电路 PLC 接线图见图 83-2。

（三）图中应用的变频器主要参数表

变频器相关端子及参数功能含义说明见表 83-2。

表 83-2　　　　　　　　　变频器相关端子及参数功能含义说明

序号	端子	功能	功能代码	设定数据	设定值含义说明
1		数据保护	F00	0	［0］含义为可改变数据。 改变［F00］的数据时，需要双键操作（STOP 键＋∧或∨键）； ［0］：可改变数据，［1］：不可改变数据（数据保护）
2		数据初始化	H03	1	［1］：含义为将功能代码的数据恢复到出厂时的设定值。在更改功能代码［H03＝1］的数据时，需要双键操作（STOP 键＋∧或∨键）
3	11 12 13	频率设定 1	F01	1	参数［F01］含义为选择频率设定的设定方法； ［0］：通过操作面板∧或∨键进行频率设定； ［1］：含义为模拟设定电压输入，按照外部发出的模拟输入电压指令值进行频率设定； ［11］端子：模拟输入信号公共端； ［12］端子：设定电压输入端子； ［13］端子：变电阻器电源

序号	端子	功能	功能代码	设定数据	设定值含义说明
4	CM; FWD/ REV	运行操作	F02	1	参数［F02］含义为选择运转指令的设定方法； ［0］：由操作面板启停按钮控制运转命令； ［1］含义为由外部信号输入运行命令； ［CM］端子：数字输入公共； ［FWD］端子：正转运行端子； ［REV］端子：反转运行端子； 端子 CM-FWD/REV 间闭合为正转/反转运行，断开为减速停止
5	30A 30B 30C	30Ry总警报输出	F36	0	［0］含义为变频器检测到故障或异常时动作选择。当变频器检测到有故障或异常时［30A-30C］闭合、［30B-30C］断开，变频器停止输出。 ［30A］是动合触点；［30B］是动断触点；［30C］是公共端

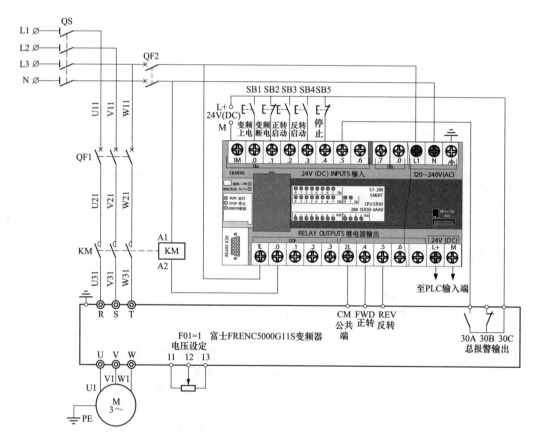

图 83-2　PLC 控制的变频调速电动机正反转控制电路 PLC 接线图

三、梯形图动作详解

闭合总电源开关 QS、主电路电源断路器 QF1、控制电源断路器 QF2，PLC 输入继电器 I0.1、I0.4 信号指示灯亮，程序段 1 到程序段 4 中 I0.1、I0.4 触点闭合。

（一）变频器上电

按下变频器上电按钮 SB1，程序段 1 中 I0.0 触点闭合，能流经 I0.0→I0.1 至 Q0.0，输出继电器 Q0.0 线圈得电，外部接触器 KM 线圈得电，KM 主触点闭合，变频器上电。同时程序段 1 中 Q0.0 触点闭合自锁，变频器始终保持上电状态。程序段 2 和程序段 3 中 Q0.0 触点闭合，为电动机运行做准备。

（二）设置变频器参数

变频器上电后，根据参数表设置变频器参数。

（三）变频器正转运行输出

1. 正转启动

按下正转启动按钮 SB3，程序段 2 中 I0.2 触点闭合，能流经 I0.2→I0.4→Q0.5→Q0.0 至 Q0.4，输出继电器 Q0.4 线圈得电，变频器端子 CM 与 FWD 接通，电动机 M 正转启动。同时程序段 2 中 Q0.4 触点闭合自锁，电动机 M 正转连续运行。同时，程序段 1 中 Q0.4 触点闭合，实现闭锁，程序段 3 中 Q0.4 触点断开实现与反转互锁。

2. 停止运行

按下停止按钮 SB5，程序段 2 中 I0.4 触点断开，输出继电器 Q0.4 线圈失电，变频器端子 CM 与 FWD 断开，电动机 M 减速停止。同时程序段 2 中 Q0.4 触点断开解除自锁，程序段 1 中 Q0.4 触点断开解除闭锁。程序段 3 中 Q0.4 触点断开解除反转互锁。

（四）变频器反转运行输出

1. 反转启动

按下反转启动按钮 SB4，程序段 3 中 I0.3 触点闭合，能流经 I0.3→I0.4→Q0.4→Q0.0 至 Q0.5，输出继电器 Q0.5 线圈得电，变频器端子 CM 与 REV 接通，电动机 M 反转启动。同时程序段 3 中 Q0.5 触点闭合自锁，电动机 M 反转连续运行。同时，程序段 1 中 Q0.5 触点闭合，实现闭锁，程序段 2 中 Q0.5 触点断开实现与正转互锁。

2. 停止运行

按下停止按钮 SB5，程序段 3 中 I0.4 触点断开，输出继电器 Q0.5 线圈失电，变频器端子 CM 与 REV 断开，电动机 M 减速停止。同时程序段 3 中 Q0.5 触点断开解除自锁，程序段 1 中 Q0.5 触点断开解除闭锁。程序段 2 中 Q0.5 触点断开解除正转互锁。

（五）变频器断电

在电动机停止运行状态下，按下变频器断电按钮 SB2，程序段 1 中 I0.1 触点断开，输出继电器 Q0.0 线圈失电，外部接触器 KM 线圈失电，KM 主触点断开，变频器断电。

四、保护原理

1. 故障停机

当变频器故障时，变频器上端子 30A-30C 接通，程序段 4 中 I0.5 触点闭合，接通复位指令，输出继电器 Q0.0、Q0.4、Q0.5 复位断开，变频器停止输出并停电。

2. 报警复位

当变频器故障报警后需重新启机时，先用变频器控制面板上的复位按钮［RESET］进行复位，然后再按变频器启动按钮重新启动变频器。

第 84 例

PLC及三只开关控制的七段变频调速控制电路

一、PLC程序设计要求及I/O元件配置分配

（一）PLC程序设计要求

（1）按下变频器上电按钮 SB1，接触器动作，变频器上电。

（2）按下变频器断电按钮 SB2，变频器停电。

（3）按下正转启动按钮 SB3，变频器正转输出电动机正转运行。

（4）按下变频器停止按钮 SB4，变频器停止运行。

（5）闭合开关 SA1，电动机按频率 1 运行。

（6）闭合开关 SA2，电动机按频率 2 运行。

（7）同时闭合开关 SA1、SA2，电动机按频率 3 运行。

（8）闭合开关 SA3，电动机按频率 4 运行。

（9）同时闭合开关 SA1、SA3，电动机按频率 5 运行。

（10）同时闭合开关 SA2、SA3，电动机按频率 6 运行。

（11）同时闭合开关 SA1、SA2、SA3，电动机按频率 7 运行。

（12）PLC实际接线图中断电停止按钮 SB2、停止按钮 SB4 均使用动断触点。

（13）变频器故障总输出端子使用动合触点。

（14）根据上面的控制要求，列出输入/输出分配表。

（15）根据控制要求，用 PLC 基本指令设计梯形图程序。

（16）根据控制要求，绘制 PLC 控制电路接线图。

（二）输入/输出设备及I/O元件配置分配表

输入/输出设备及I/O元件配置见表84-1。

表 84-1　　　　　　　　　　输入/输出设备及I/O元件配置

输入设备			输出设备		
符号	地址	功能	符号	地址	功能
SB1	I0.0	变频上电按钮	KM	Q0.0	交流接触器
SB2	I0.1	变频断电按钮	FWD	Q0.4	正转运行指令端子
SB3	I0.2	启动按钮	X1	Q0.5	变频器多段速输入开关1
SB4	I0.3	停止按钮	X2	Q0.6	变频器多段速输入开关2

续表

输入设备			输出设备		
符号	地址	功能	符号	地址	功能
SA1	I0.4	多段频率1	X3	Q0.7	变频器多段速输入开关3
SA2	I0.5	多段频率2			
SA3	I0.6	多段频率3			
Ry	I0.7	总报警输出端子			

二、程序及电路设计

(一) PLC梯形图

PLC及三只开关控制的七段变频调速控制电路PLC梯形图见图84-1。

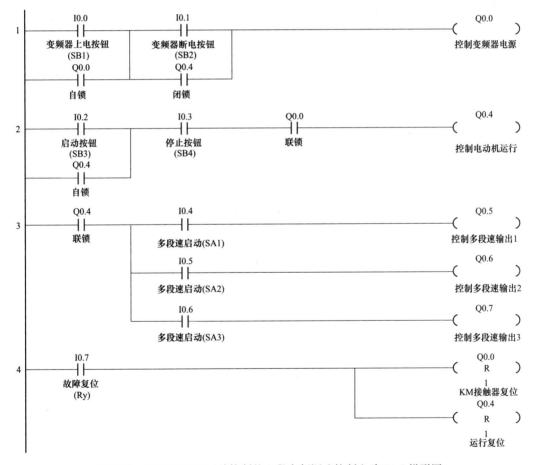

图84-1 PLC及三只开关控制的七段变频调速控制电路PLC梯形图

(二) PLC接线详图

PLC及三只开关控制的七段变频调速控制电路PLC接线图见图84-2。

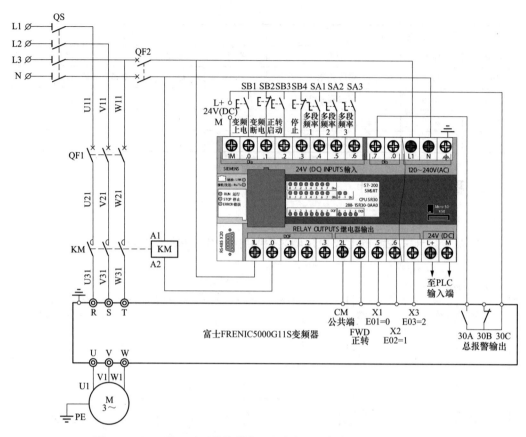

图 84-2　PLC 及三只开关控制的七段变频调速控制电路 PLC 接线图

（三）图中应用的变频器主要参数表

变频器相关端子及参数功能含义说明见表 84-2。

表 84-2　　　　　　　　　变频器相关端子及参数功能含义说明

序号	端子	功能	功能代码	设定数据	设定值含义说明
1		数据保护	F00	0	[0] 含义为可改变数据： 改变 [F00] 的数据时，需要双键操作（STOP 键＋∧ 或 ∨ 键）。 [0]：可改变数据，[1]：不可改变数据（数据保护）
2		数据初始化	H03	1	[1] 的含义为将功能代码的数据恢复到出厂时的设定值；在更改功能代码 [H03=1] 的数据时，需要双键操作（STOP 键＋∧ 或 ∨ 键）
3		频率设定 1	F01	0	0：由操作面板 ∧、∨ 键设定频率
4	FWD CM	运行操作	F02	1	参数 [F02] 含义为选择运转指令的设定方法； [0]：由操作面板启停按钮控制运转命令； [1] 的含义为由外部信号输入运行命令； [FWD] 端子：正转运行端子； [CM] 端子：数字输入公共端

序号	端子	功能	功能代码	设定数据	设定值含义说明
5		最高输出频率1	F03	50Hz	用来设定变频器的最大输出频率。它是频率设定的基础，也是加减速快慢的基础富士25.0～500.0Hz（富士G11S变频器）
6		加速时间1	F07	5s	加速时间设定为从0Hz开始到达最高输出频率的时间
7		减速时间1	F08	5s	减速时间设定为从最高输出频率到达0Hz为止的时间
8		启动频率	F23	0.5Hz	数据设定范围：0.0～60.0Hz设定变频器启动时的频率。V/f控制时，即使是0.0Hz，也会以0.1Hz动作
9		停止频率	F25	0.2Hz	数据设定范围：0.0～60.0Hz。V/f控制时，即使是0.0Hz，也会以0.1Hz动作
10	X1	多功能端子	E01	0	由外部触点输入信号选择C05～C19预设的多步频率。任意指定4个输入端子相应设定其功能数据为0、1、2、3，即可由它们的ON（闭合）/OFF（断开）组合选择多段频率。
11	X2	多功能端子	E02	1	X1端子设定为［0］：多段频率选择（0～1级）［SB2］；
12	X3	多功能端子	E03	2	X2端子设定为［1］：多段频率选择（0～3级）［SB4］； X3端子设定为［2］：多段频率选择（0～7级）［SS4］
13		多频率设定1	C05	10Hz	
14		多频率设定2	C06	15Hz	多段频率运行频率设置，用于多段频率及程序运行频率设置，通过［X1］、［X2］、［X3］的端子的ON/OFF，可以对多段频率1～7进行切换。 当端子都断开时变频器按设定方法F01设定的0.00～500.00Hz
15		多频率设定3	C07	20Hz	
16		多频率设定4	C08	25Hz	
17		多频率设定5	C09	30Hz	
18		多频率设定6	C10	35Hz	
19		多频率设定7	C11	40Hz	
20	30A 30B 30C	总警报输出	F36	0	［0］的含义为变频器检测到故障或异常时动作选择，当变频器检测到有故障或异常时［30A-30C］闭合、［30B-30C］断开，变频器停止输出。 ［30A］是动合触点；［30B］是动断触点；［30C］是公共端

三、梯形图动作详解

闭合总电源开关 QS、主电路电源断路器 QF1、控制电源断路器 QF2，PLC 输入继电器 I0.1、I0.3 信号指示灯亮，程序段 1 和程序段 2 中 I0.1、I0.3 触点闭合。

（一）变频器上电

按下变频器上电按钮 SB1，程序段 1 中 I0.0 触点闭合，能流经 I0.0→I0.1 至 Q0.0，输出继电器 Q0.0 线圈得电，外部接触器 KM 线圈得电，KM 主触点闭合，变频器上电。同时程序段 1 中 Q0.0 触点闭合自锁，变频器始终保持上电状态。程序段 2 中 Q0.0 触点闭合，为电动机运行做准备。

（二）设置变频器参数

变频器上电后，根据参数表设置变频器参数。

（三）变频器运行输出

按下正转启动按钮SB3，程序段2中I0.2触点闭合，能流经I0.2→I0.3→Q0.0至Q0.4，输出继电器Q0.4线圈得电，变频器端子CM与FWD接通，电动机M启动运行。同时，程序段1中Q0.4触点闭合，实现闭锁，程序段2中Q0.4触点闭合自锁，电动机从启动频率［F23＝0.5Hz］，经加速时间1［F07＝5s］加速至给定的频率设定值，变频器控制面板运行指示灯亮，显示信息为［RUN］，此时电动机按操作面板［∧］、［∨］键设定的频率连续运行。程序段3中Q0.4触点闭合，为电动机多段速运行做准备。

（四）七段速运行

七段速分配见表84-3。

表 84-3　　　　　　　　　　　　　　七段速分配表

端子	1～7 段速						
	1	2	3	4	5	6	7
X1	ON	OFF	ON	OFF	ON	OFF	ON
X2	OFF	ON	ON	OFF	OFF	ON	ON
X3	OFF	OFF	OFF	ON	ON	ON	ON

（1）多段速1。闭合开关SA1，程序段3中I0.4触点闭合，能流经Q0.4→I0.4至Q0.5，输出继电器Q0.5线圈得电，变频器端子X1与CM接通，电动机按频率1运行。

（2）多段速2。闭合开关SA2，程序段3中I0.5触点闭合，能流经Q0.4→I0.5至Q0.6，输出继电器Q0.6线圈得电，变频器端子X2与CM接通，电动机按频率2运行。

（3）多段速3。同时闭合开关SA1、SA2，程序段3中I0.4、I0.5触点闭合，能流经Q0.4→I0.4至Q0.5，输出继电器Q0.5线圈得电，变频器端子X1与CM接通，能流经Q0.4→I0.5至Q0.6，输出继电器Q0.6线圈得电，变频器端子X2与CM接通，电动机按频率3运行。

（4）多段速4。闭合开关SA3，程序段3中I0.6触点闭合，能流经Q0.4→I0.6至Q0.7，输出继电器Q0.7线圈得电，变频器端子X3与CM接通，电动机按频率4运行。

（5）多段速5。同时闭合开关SA1、SA3，程序段3中I0.4、I0.6触点闭合，能流经Q0.4→I0.4至Q0.5，输出继电器Q0.5线圈得电，变频器端子X1与CM接通，能流经Q0.4→I0.6至Q0.7，输出继电器Q0.7线圈得电，变频器端子X3与CM接通，电动机按频率5运行。

（6）多段速6。同时闭合开关SA2、SA3，程序段3中I0.5、I0.6触点闭合，能流经 Q0.4→I0.5 至 Q0.6，输出继电器 Q0.6 线圈得电，变频器端子 X2 与 CM 接通，能流经 Q0.4→I0.6 至 Q0.7，输出继电器 Q0.7 线圈得电，变频器端子 X3 与 CM 接通，电动机按频率 6 运行。

（7）多段速 7。同时闭合开关 SA1、SA2、SA3，程序段 3 中 I0.4～I0.6 触点闭合，能流经 Q0.4→I0.4 至 Q0.5，输出继电器 Q0.5 线圈得电，变频器端子 X1 与 CM 接通，能流经 Q0.4→I0.5 至 Q0.6，输出继电器 Q0.6 线圈得电，变频器端子 X2 与 CM 接通，能流经 Q0.4→I0.6 至 Q0.7，输出继电器 Q0.7 线圈得电，变频器端子 X3 与 CM 接通，电动机按频率 7 运行。

当端子都断开时，变频器按操作面板〔∧〕、〔∨〕键设定的频率继续运行。

（五）停止过程

1. 停止运行

按下停止按钮 SB4，程序段 2 中 I0.3 触点断开，输出继电器 Q0.4 线圈失电，变频器端子 CM 与 FWD 断开，电动机按照减速时间 1〔F08＝5s〕，减速至停止频率〔F25＝0.2Hz〕后，电动机停止运行。变频器控制面板运行指示灯熄灭，显示信息为 STOP，同时运行频率显示为给定的频率设定值。同时，程序段 1 到程序段 3 中 Q0.4 触点断开，解除闭锁及自锁。

2. 变频器断电

在电动机停止运行的状态下，按下变频器断电按钮 SB2，程序段 1 中 I0.1 触点断开，输出继电器 Q0.0 线圈失电，外部接触器 KM 线圈失电，KM 主触点断开，变频器断电。

四、保护原理

1. 故障停机

当变频器故障时，变频器上端子 30A-30C 接通，程序段 4 中 I0.7 触点闭合，接通复位指令，输出继电器 Q0.0、Q0.4 复位断开，变频器停止输出并停电。

2. 报警复位

当变频器故障报警后需重新启机时，先用变频器控制面板上的复位按钮 RESET 进行复位，然后再按变频器启动按钮重新启动变频器。

第 85 例

PLC 控制两台电动机工/变频转换控制电路

一、PLC 程序设计要求及 I/O 元件配置分配

（一）PLC 程序设计要求

（1）转换开关 SA 转至 1-1 位置，按下启动按钮 SB1，1 号电动机变频运行，按下

启动按钮 SB2，2 号电动机工频运行。

（2）转换开关 SA 转至 1-2 位置，按下启动按钮 SB2，2 号电动机变频运行，按下启动按钮 SB1，1 号电动机工频运行。

（3）转换开关 SA 转至 0 位置（中间空位），按下启动按钮 SB1，1 号电动机工频运行，按下启动按钮 SB2，2 号电动机工频运行。

（4）工频回路与变频回路实现机械联锁。

（5）按下停止按钮 SB3 或 SB4，电动机 M1 或 M2 停止运行。

（6）PLC 实际接线图中停止按钮 SB3、SB4、FM1、FM2 端子均取动断触点。

（7）变频器故障总输出端子使用动合触点。

（8）当电动机或变频器故障时，PLC 程序复位。

（9）根据上面的控制要求，列出输入/输出分配表。

（10）根据控制要求，用 PLC 基本指令设计梯形图程序。

（11）根据控制要求，绘制 PLC 控制电路接线图。

（二）输入/输出设备及 I/O 元件配置分配表

输入/输出设备及 I/O 元件配置见表 85-1。

表 85-1　　　　　　　　　　输入/输出设备及 I/O 元件配置

输入设备			输出设备		
符号	地址	功能	符号	地址	功能
SA1-1	I0.0	1 号电动机变频转换开关	FWD	Q0.0	变频器正转启动
SA1-2	I0.1	2 号电动机变频转换开关	KM1	Q0.4	1 号电动机变频接触器
SB1	I0.2	1 号电动机启动按钮	KM2	Q0.5	1 号电动机工频接触器
SB2	I0.3	2 号电动机启动按钮	KM3	Q0.6	2 号电动机变频接触器
SB3	I0.4	1 号电动机停止按钮	KM4	Q0.7	2 号电动机工频接触器
SB4	I0.5	2 号电动机停止按钮			
Ry	I0.6	总报警输出端子			
FM1	I0.7	1 号电动机保护器			
FM2	I1.0	2 号电动机保护器			

二、程序及电路设计

（一）PLC 梯形图

PLC 控制两台电动机工/变频转换 PLC 梯形图见图 85-1。

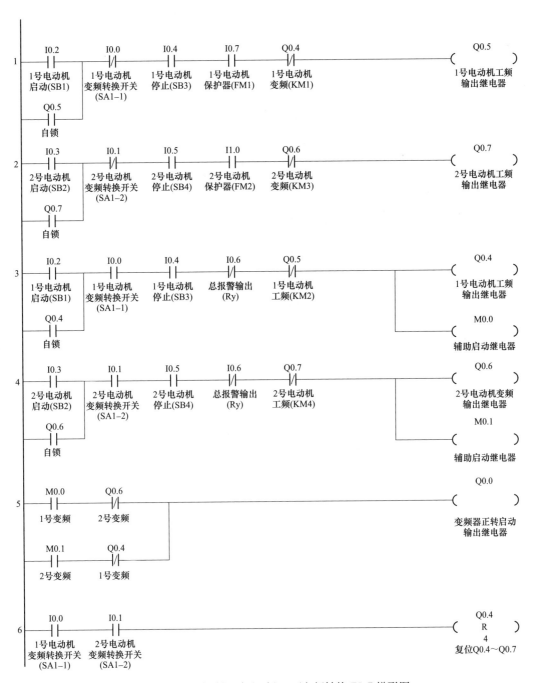

图 85-1 PLC控制两台电动机工/变频转换 PLC 梯形图

（二）PLC 接线详图

PLC 控制两台电动机工/变频转换 PLC 接线图见图 85-2。

（三）图中应用的变频器主要参数表

变频器相关端子及参数功能含义说明见表 85-2。

337

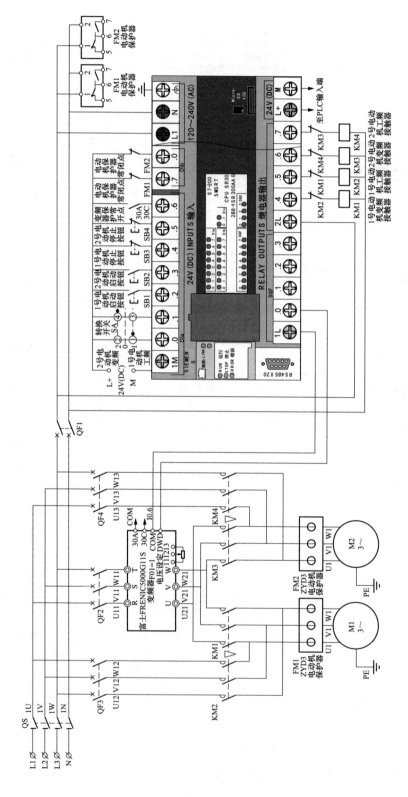

图 85-2 PLC控制两台电动机工/变频转换 PLC接线图

表 85-2 变频器相关端子及参数含义说明

序号	端子	功能	功能代码	设定数据	设定值含义说明
1		数据保护	F00	0	[0] 的含义为可改变数据，改变 [F00] 的数据时，需要双键操作（STOP 键＋∧ 或 ∨ 键）。 [0]：可改变数据，[1]：不可改变数据（数据保护）
2		数据初始化	H03	1	[1] 的含义为将功能代码的数据恢复到出厂时的设定值；在更改功能代码 [H03＝1] 的数据时，需要双键操作（STOP 键＋∧ 或 ∨ 键）
3	11 12 13	频率设定 1	F01	1	参数 [F01] 含义为选择频率设定的设定方法。 [0]：通过操作面板 [∧] 或 [∨] 键进行频率设定； [1]：含义为模拟设定电压输入，按照外部发出的模拟输入电压指令值进行频率设定； [11] 端子：模拟输入信号公共端； [12] 端子：设定电压输入端子； [13] 端子：变电阻器电源
4	FWD CM	运行操作	F02	1	参数 [F02] 含义为选择运转指令的设定方法。 [0]：由操作面板启停按钮控制运转命令； [1]：的含义为由外部信号输入运行命令； [FWD] 端子：正转运行端子； [CM] 端子：数字输入公共端
5	30A 30B 30C	总警报输出	F36	0	[0] 的含义为变频器检测到故障或异常时动作选择，当变频器检测到有故障或异常时 [30A-30C] 闭合、[30B-30C] 断开，变频器停止输出； [30A] 是动合触点；[30B] 是动断触点；[30C] 是公共端

三、梯形图动作详解

闭合总电源 QS，闭合主电路电源断路器 QF2～QF4，闭合控制电源断路器 QF1。PLC 输入继电器 I0.4、I0.5、I0.7、I1.0 信号指示灯亮，梯形图中 I0.4、I0.5、I0.7、I1.0 触点闭合。

（一）启动过程

1. 1 号电动机启动和停止

PLC 外接转换开关 SA 置于 0 位时，按下 SB1 启动按钮，程序段 1 中 I0.2 触点闭合，能流经触点 I0.2→I0.0→I0.4→I0.7→Q0.4 至 Q0.5，输出继电器 Q0.5 线圈得电，外部接触器 KM2 线圈得电，KM2 主触点闭合，1 号电动机工频运行，同时 Q0.5 触点闭合自锁，1 号电动机连续运行（2 号电动机可以实现工频运行）。程序段 3 中 Q0.5 触点断开，1 号工、变频程序互锁，防止短路。

PLC外接转换开关SA置于1-1位时,按下启动按钮SB1,程序段3中I0.2触点闭合,能流经触点 I0.2→I0.0→I0.4→I0.6→Q0.5至Q0.4和M0.0,输出继电器Q0.4线圈得电,外部接触器KM1线圈得电,KM1主触点闭合,1号电动机准备变频运行,同时Q0.4触点闭合自锁。程序段1中Q0.4触点断开,1号工、变频程序互锁,防止短路。同时程序段5中M0.0触点闭合能流经触点 M0.0→Q0.6至Q0.0,接通变频器COM和FWD端子,1号电动机变频运行(2号电动机可以实现工频运行)。

按下停止按钮SB3,程序段1和程序段3中I0.4触点断开,输出继电器Q0.5或Q0.4线圈失电,外部接触器KM2或KM1线圈失电,KM2或KM1主触点断开,1号电动机工频或变频状态下工作都停止运行。

2.2号电动机启动和停止

PLC外接转换开关SA置于0位时,按下启动按钮SB2,程序段2中I0.3触点闭合,能流经触点 I0.3→I0.1→I0.5→I1.0→Q0.6至Q0.7,输出继电器Q0.7线圈得电,外部接触器KM4线圈得电,KM4主触点闭合,2号电动机工频运行,同时Q0.7触点闭合自锁,2号电动机连续运行(1号电动机可以实现工频运行)。程序段4中Q0.7触点断开,2号工、变频程序互锁,防止短路。

PLC外接转换开关SA置于1-2位时,按下启动按钮SB2,程序段4中I0.3触点闭合,能流经触点 I0.3→I0.1→I0.5→I0.6→Q0.7至Q0.6和M0.1,输出继电器Q0.6线圈得电,外部接触器KM3线圈得电,KM3主触点闭合,2号电动机准备变频运行,同时Q0.6触点闭合自锁。程序段2中Q0.6触点断开,2号工、变频程序互锁,防止短路。同时程序段5中M0.1触点闭合能流经触点 M0.1→Q0.4至Q0.0,接通变频器COM和FWD端子,2号电动机变频运行(1号电动机可以实现工频运行)。

按下停止按钮SB4,程序段2和程序段4中I0.5触点断开,输出继电器Q0.7或Q0.6线圈失电,外部接触器KM4或KM3线圈失电,KM4或KM3主触点断开,2号电动机工频或变频状态下工作都停止运行。

(二)保护原理

电动机在工频运行中发生电动机断相、过载、堵转、三相不平衡等故障,PLC输入继电器I0.7或I1.0(M过载保护)动断触点断开,程序段1或程序段2中输入继电器I07或者I1.0动断触点断开,输出继电器Q0.5或Q0.7失电,断开外部接触器KM2或KM4线圈电源,电动机停止工频运行。

电动机在变频运行中发生变频器电子故障时,变频器端子30A和30C导通,PLC输入继电器I0.6触点闭合,程序段3或程序段4中I0.6触点断开,输出继电器Q0.4或Q0.6失电,断开外部接触器KM1或KM3线圈电源,电动机停止变频运行。

外部原因将转换开关SA1-1和SA1-2触点同时接通时,程序段6中I0.0和I0.1触点同时闭合复位输出继电器Q0.4~Q0.7,断开外部接触器KM1~KM4线圈电源防止主电路输出短路。

第 86 例
PLC 模拟变频器程序运行（简易 PLC 功能）功能控制电路

一、PLC 程序设计要求及 I/O 元件配置分配

（一）PLC 程序设计要求

（1）按下变频器上电按钮 SB1，接触器动作，变频器上电。

（2）按下变频器断电按钮 SB2，变频器断电。

（3）按下启动按钮 SB3，PLC 程序按功能时序图完成两段速正转运行，两段速反转运行，三段速正转运循环运行。

（4）按下停止按钮 SB4 变频器停止输出，电动机停止运行。

（5）当电动机或变频器故障时，PLC 程序复位。

（6）PLC 实际接线图中断电停止 SB2、停止按钮 SB4 均使用动断触点。

（7）变频器故障总输出端子使用动合触点。

（8）根据上面的控制要求，列出输入/输出分配表。

（9）根据控制要求，用 PLC 基本指令设计梯形图程序。

（10）根据控制要求，绘制 PLC 控制电路接线图。

（二）功能时序图

功能时序图见图 86-1。

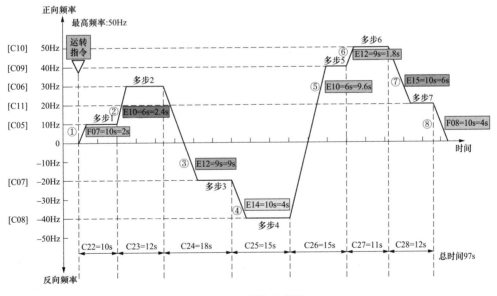

图 86-1　功能时序图

（三）输入/输出设备及 I/O 元件配置分配表

输入/输出设备及 I/O 元件配置见表 86-1。

表86-1　　　　　　　　　　　输入/输出设备及I/O元件配置表

输入设备			输出设备		
符号	地址	功能	符号	地址	功能
SB1	I0.0	变频上电按钮	KM	Q0.0	交流接触器
SB2	I0.1	变频断电按钮	FWD	Q0.4	正转运行指令端子
SB3	I0.2	启动按钮	REV	Q0.5	反转运行指令端子
SB4	I0.3	停止按钮	X1	Q0.6	2段加/减速时间选择开关
Ry	I0.4	总报警输出端子	X2	Q0.7	3段加/减速时间选择开关
			X3	Q1.0	多段速输入开关1
			X4	Q1.1	多段速输入开关2
			X5	Q1.2	多段速输入开关3

二、程序及电路设计

(一) PLC梯形图

PLC模拟变频器程序运行(简易PLC功能)功能控制电路PLC梯形图见图86-2。

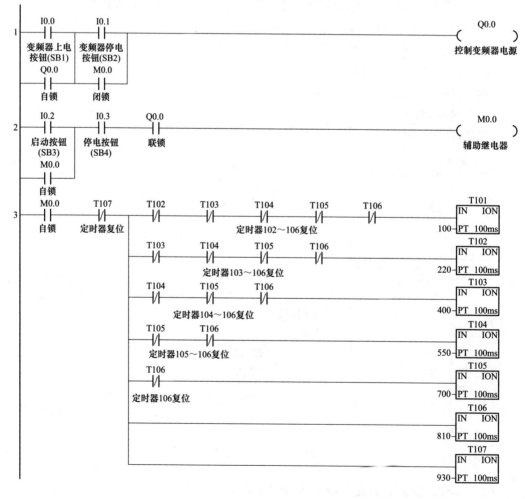

图86-2　PLC模拟变频器程序运行(简易PLC功能)功能控制电路PLC梯形图(一)

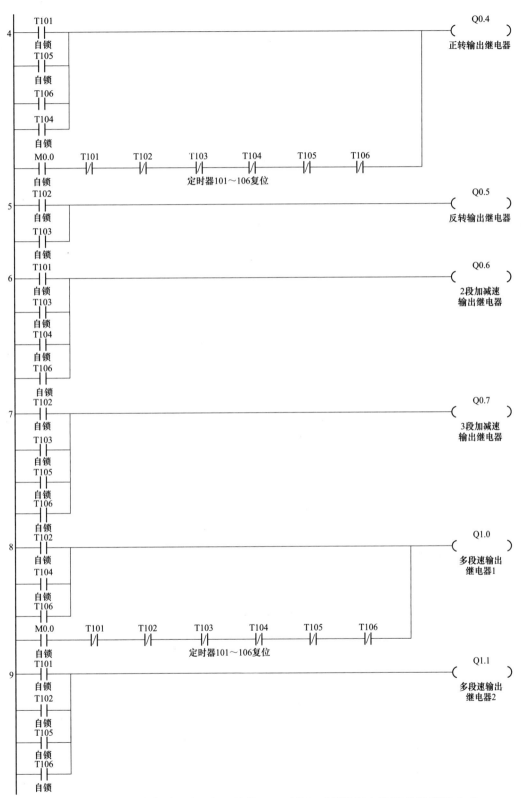

图 86-2 PLC 模拟变频器程序运行（简易 PLC 功能）功能控制电路 PLC 梯形图（二）

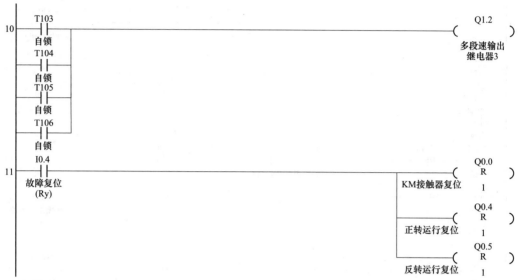

图 86-2　PLC 模拟变频器程序运行（简易 PLC 功能）功能控制电路 PLC 梯形图（三）

（二）PLC 接线详图

PLC 模拟变频器程序运行（简易 PLC 功能）功能控制电路 PLC 接线图见图 86-3。

（三）图中应用的变频器主要参数表

变频器相关端子及参数功能含义的详解见表 86-2。

表 86-2　　　　　　　　　　变频器相关端子及参数功能含义说明

序号	端子	功能	功能代码	设定值	设定值含义说明
1		数据保护	F00	0	［0］的含义为可改变数据： 改变［F00］的数据时，需要双键操作（STOP 键＋∧或∨键）。 ［0］：可改变数据，［1］：不可改变数据（数据保护）
2		数据初始化	H03	1	［1］的含义为将功能代码的数据恢复到出厂时的设定值：在更改功能代码［H03＝1］的数据时，需要双键操作（STOP 键＋∧或∨键）
3	CM： FWD/ REV	运行操作	F02	1	参数［F02］含义为选择运转指令的设定方法； ［0］：由操作面板启停按钮控制运转命令； ［1］：的含义为由外部信号输入运行命令； ［C M］端子：数字输入公共； ［FWD］端子：正转运行端子； ［REV］端子：反转运行端子； 端子 CM-FWD/REV 间闭合为正转/反转运行，断开为减速停止
4		最高输出频率 1	F03	50Hz	用来设定变频器的最大输出频率。它是频率设定的基础，也是加减速快慢的基础富士 25.0～500.0Hz（富士 G11S 变频器）

续表

序号	端子	功能	功能代码	设定值	设定值含义说明
5		加速时间 1	F07	10s	加速时间 1 时间为 10s
6		减速时间 1	F08	10s	减速时间 1 时间为 10s
7		加速时间 2	E10	6s	加速时间 2 时间为 6s
8		减速时间 2	E11	6s	减速时间 2 时间为 6s
9		加速时间 3	E12	9s	加速时间 3 时间为 9s
10		减速时间 3	E13	9s	减速时间 3 时间为 9s
11		加速时间 4	E14	10s	加速时间 4 时间为 10s
12		减速时间 4	E15	10s	减速时间 4 时间为 10s
13	X1	多功能端子选择 [RT1]	E01	4	由外部触点输入信号选择 E10～E15 预设的加/减速时间。指定 X1、X2 两个触点输入端子相应设定其功能数据为 4、5，即可由开关的 ON（闭合）/OFF（断开）组合选择加/减速时间，用二进制组合编码。
14	X2	多功能端子选择 [RT2]	E02	5	选择开关全部断开时为加/减速 1 [F07、F08]； [X1]：单独闭合选择开关为加/减速 2，[E10、E11]； [X2]：单独闭合选择开关为加/减速 3，[E12、E13]； [X1]、[X2] 同时闭合 2 段选择开关和 4 段选择开关为加/减速 4[E14、E15]
15	X3	多功能端子	E03	0	由外部触点输入信号选择 C05～C19 预设的多步频率。任意指定 4 个输入端子相应设定其功能数据为 0、1、2、3，即可由它们的 ON（闭合）/OFF（断开）组合选择多段频率；
16	X4	多功能端子	E04	1	[0]：多段频率选择（0～1 级）；
17	X5	多功能端子	E05	2	[1]：多段频率选择（0～3 级）； [2]：多段频率选择（0～7 级）
18		多频率设定 1	C05	10Hz	
19		多频率设定 2	C06	30Hz	
20		多频率设定 3	C07	20Hz	多段频率运行频率设置，用于多段频率及程序运行频率设置，通过 [X3]、[X4]、[X5] 的端子的 ON/OFF，可以对多段频率 1～7 进行切换
21		多频率设定 4	C08	40Hz	
22		多频率设定 5	C09	40Hz	
23		多频率设定 6	C10	50Hz	
24		多频率设定 7	C11	20Hz	
25	30A 30B 30C	总警报输出	F36	0	[0] 的含义为变频器检测到故障或异常时动作选择： 当变频器检测到有故障或异常时 [30A-30C] 闭合、[30B-30C] 断开，变频器停止输出； [30A] 是动合触点；[30B] 是动断触点；[30C] 是公共端

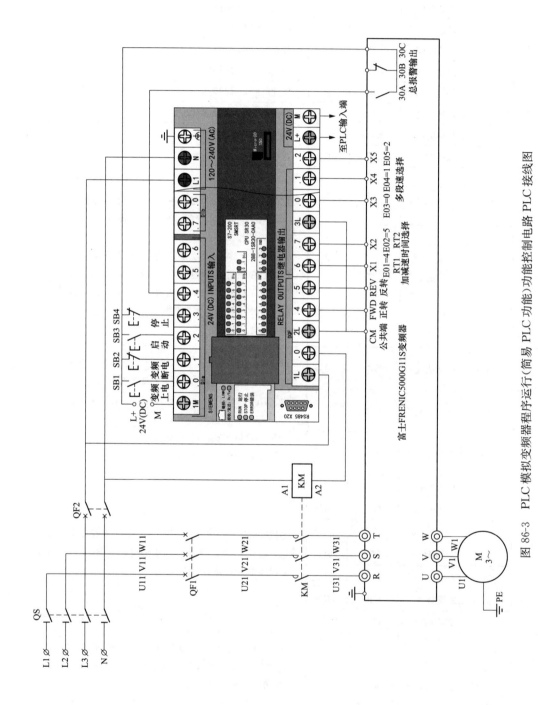

图86-3 PLC模拟变频器程序运行(简易PLC功能)功能控制电路PLC接线图

三、梯形图动作详解

闭合总电源开关 QS、主电路电源断路器 QF1、控制电源断路器 QF2，PLC 输入继电器 I0.1、I0.3 信号指示灯亮，程序段 1 中 I0.1 和程序段 2 中 I0.3 触点闭合。

（一）变频器的上电

按下变频器上电按钮 SB1，程序段 1 中 I0.0 触点闭合，能流经 I0.0→I0.1 至 Q0.0，输出继电器 Q0.0 线圈得电，外部接触器 KM 线圈得电，KM 主触点闭合，变频器得电。同时程序段 1 中 Q0.0 触点自锁，使变频器始终保持得电。程序段 2 中 Q0.0 触点闭合，为电动机运行做准备。

（二）设置变频器参数

变频器上电后，根据参数表设置变频器参数。

（三）变频器运行输出

1. 启动过程

按下启动按钮 SB3，程序段 2 中 I0.2 触点闭合，能流经 I0.2→I0.3→Q0.0 至 M0.0 辅助继电器 M0.0 线圈得电，同时程序段 2 中 M0.0 触点闭合自锁，同时程序段 1 中 M0.0 触点闭合，实现闭锁。同时程序段 3 中的 M0.0 触点闭合，能流经 M0.0→T107→T102→T103→T104→T105→T106 至 T101，接通定时器 T101，定时器 T101 开始定时；能流经 M0.0→T107→T103→T104→T105→T106 至 T102，接通定时器 T102，定时器 T102 开始定时；能流经 M0.0→T107→T104→T105→T106 至 T103，接通定时器 T103，定时器 T103 开始定时；能流经 M0.0→T107→T105→T106 至 T104，接通定时器 T104，定时器 T104 开始定时；能流经 M0.0→T107→T106 至 T105，接通定时器 T105，定时器 T105 开始定时；能流经 M0.0→T107 至 T106，接通定时器 T106，定时器 T106 开始定时；能流经 M0.0→T107 至 T107，接通定时器 T107，定时器 T107 开始定时。

（1）程序步 1（正转 1 段速）：程序段 4 中 M0.0 触点闭合，能流经 M0.0→T101→T102→T103→T104→T105→T106 至 Q0.4，输出继电器 Q0.4 线圈得电，变频器端子 CM 与 FWD 接通，程序段 8 中 M0.0 触点闭合能流经 M0.0→T101→T102→T103→T104→T105→T106 至 Q1.0，输出继电器 Q1.0 线圈得电，变频器端子 X3 与 CM 端子接通，变频器按加速时间 1、频率 1 正转输出，电动机正转运行。

（2）程序步 2（正转 2 段速）：10s 后程序段 4 和程序段 8 中定时器 T101 触点断开，输出继电器 Q0.4、Q1.0 失电，电动机停止频率 1 运行。同时程序段 4 中定时器 T101 触点闭合，能流经 T101 至 Q0.4，输出继电器 Q0.4 线圈得电，变频器端子 CM 与 FWD 接通，程序段 6 中定时器 T101 触点闭合，能流经 T101 至 Q0.6，变频器端子 X1 与 CM 接通，同时程序段 9 中定时器 T101 触点闭合，能流经 T101 至 Q1.1，输出继电器 Q1.0 线圈得电，变频器端子 X4 与 CM 接通，电动机按加速时间 2 段，频率 2 正转输出，电动机正转运行。

（3）程序步 3（反转 1 段速）：12s 后程序段 3 中定时器 T102 触点断开，定时器

T101 失电电动机停止频率 2 运行，同时程序段 5 中定时器 T102 触点闭合，能流经 T102 至 Q0.5，输出继电器 Q0.5 线圈得电，变频器端子 CM 与 REV 接通，程序段 7 中定时器 T102 触点闭合，能流经 T102 至 Q0.7，输出继电器 Q0.7 线圈得电，变频器端子 X2 与 CM 接通，程序段 8 中定时器 T102 触点闭合，能流经 T102 至 Q1.0，使变频器外接端子 X3 与 CM 接通，同时程序段 9 中的 T102 触点闭合，能流经 T102 至 Q1.1，输出继电器 Q.1.1 线圈得电，变频器端子 X4 与 CM 接通，电动机按加速时间 3 段，频率 3 运行反转输出，电动机反转运行。

（4）程序步 4（反转 2 段速）：18s 后程序段 3 中定时器 T103 触点断开，定时器 T101 失电、定时器 T102 失电电动机停止频率 3 运行。同时程序段 5 中定时器 T103 触点闭合，能流经 T103 至 Q0.5，输出继电器 Q0.5 线圈得电，变频器端子 CM 与 REV 接通，程序段 6 中定时器 T103 触点闭合，能流经 T103 至 Q0.6，输出继电器 Q0.6 线圈得电，变频器端子 X1 与 CM 端子接通，程序段 7 中定时器 T103 触点闭合，能流经 T103 至 Q0.7，输出继电器 Q0.7 线圈得电，变频器端子 X2 与 CM 接通，程序段 10 中定时器 T103 触点闭合，能流经 T103 至 Q1.2，输出继电器 Q1.2 线圈得电，变频器端子 X5 与 CM 接通，电动机按加速时间 4 段，频率 4 运行反转输出，电动机反转运行。

（5）程序步 5（正转 1 段速）：15s 后程序段 3 中定时器 T104 触点断开，定时器 T101 至 T103 失电电动机停止频率 4 运行。同时程序段 4 中定时器 T104 触点闭合，能流经 T104 至 Q0.4，输出继电器 Q0.4 线圈得电，变频器端子 CM 与 FWD 接通，程序段 6 中定时器 T104 触点闭合，能流经 T104 至 Q0.6，输出继电器 Q0.6 线圈得电，变频器端子 X1 与 CM 接通，同时程序段 8 中定时器 T104 触点闭合，能流经 T104 至 Q1.0，输出继电器 Q1.0 线圈得电，变频器端子 X3 与 CM 接通，程序段 10 中定时器 T104 触点闭合，能流经 T104 至 Q1.2，输出继电器 Q1.2 线圈得电，变频器端子 X5 与 CM 接通，电动机按加速时间 2 段，频率 5 正转输出，电动机正转运行。

（6）程序步 6（正转 2 段速）：15s 后程序段 3 中定时器 T105 触点断开，定时器 T101 至 T104 失电电动机停止频率 5 运行。同时程序段 4 中定时器 T105 触点闭合，能流经 T105 至 Q0.4，输出继电器 Q0.4 线圈得电，变频器端子 CM 与 FWD 接通，程序段 7 中定时器 T105 触点闭合，能流经 T105 至 Q0.7，输出继电器 Q0.7 线圈得电，变频器端子 X2 与 CM 接通，同时程序段 9 中定时器 T105 触点闭合，能流经 T105 至 Q1.1，输出继电器 Q1.1 线圈得电，变频器端子 X4 与 CM 端子接通，程序段 10 中定时器 T105 触点闭合，能流经 T105 至 Q1.2，输出继电器 Q1.2 线圈得电，变频器端子 X5 与 CM 端子接通，电动机按加速时间 3 段，频率 6 正转输出，电动机正转运行。

（7）程序步 7（正转 3 段速）：11s 后程序段 3 中定时器 T106 触点断开，定时器 T101 至 T105 失电电动机停止频率 6 运行。同时程序段 4 中定时器 T106 触点闭合，能流经 T106 至 Q0.4，输出继电器 Q0.4 线圈得电，变频器端子 CM 与 FWD 接通，程序段 6 中定时器 T106 触点闭合，能流经 T106 至 Q0.6，输出继电器 Q0.6 线圈得电，变频器端子 X1 与 CM 接通，程序段 7 中定时器 T106 触点闭合，能流经 T106 至 Q0.7，输出继电器 Q0.7 线圈得电，变频器端子 X2 与 CM 接通，同时程序段 8 中定时器 T106 触点闭合，能流经 T106 至 Q1.0，输出继电器 Q1.0 圈得电，变频器端子 X3 与 CM 接通，程序段 9 中定时器 T106 触点闭合，能流经 T106 至 Q1.1，输出继电器 Q1.1 线圈得电，变频器端子 X4 与 CM 接通，程序段 10 中定时器 T106 触点闭合，能流经 T106 至 Q1.2，输出继电器 Q1.2 线圈得电，变频器端子 X5 与 CM 接通，电动机按减速时间 4 段，频率 7 正转输出，电动机正转运行。

12s 后程序段 3 中定时器 T107 触点断开，定时器 T101～T107 失电复位，重新开始运行程序。

2. 停电过程

(1) 停止运行：按下停止按钮 SB4，程序段 2 中 I0.3 触点断开，辅助继电器 M0.0 线圈失电，程序段 3 中 M0.0 触点断开，定时器 T107 失电复位，定时器 T107 所有触点复位，变频器外接端子 FWD、REV 与 CM 间断开，电动机减速停止。同时程序段 1、程序段 2 中两个 M0.0 触点断开，解除联锁及自锁。

(2) 变频器停电：按下断电按钮 SB2，程序段 1 中 I0.1 触点断开，输出继电器 Q0.0 线圈失电，外部接触器 KM 线圈失电，KM 主触点断开，变频器停电。

(四) 七段速运行

七段速分配表见表 86-3。

表 86-3　　　　　　　　　　　　　　七段速分配表

端子名称	1～7多段速						
	多段速 1	多段速 2	多段速 3	多段速 4	多段速 5	多段速 6	多段速 7
X3	ON	OFF	ON	OFF	ON	OFF	ON
X4	OFF	ON	ON	OFF	OFF	ON	ON
X5	OFF	OFF	OFF	ON	ON	ON	ON

四、保护原理

1. 故障停机

当变频器故障报警时，30A～30C 闭合，程序段 11 中 I0.4 触点闭合，复位 Q0.0、Q0.4、Q0.5，输出继电器 Q0.0、Q0.4、Q0.5 线圈失电，变频器停止输出并停电，电动机停止运行。

2. 报警复位

当变频器故障报警后需重新启机时，先用变频器控制面板上的复位按钮 RESET 进行复位，然后再按变频器启动按钮重新启动变频器。

五、加减速时间选择端子分配表

加减速时间选择端子分配表见表 86-4。

表 86-4 加减速时间选择端子分配表

加减速时间种类	功能代码		加减速时间的切换要因		
	加速时间	减速时间	X1〔RT1〕	X2〔RT2〕	可以通过加减速选择〔RT1〕、〔RT2〕进行切换。（数据＝4、5）在没有分配时，加减速时间1（F07、F08）为有效
加减速时间 1	F07	F08	OFF	OFF	
加减速时间 2	E10	E11	ON	OFF	
加减速时间 3	E12	E13	OFF	ON	
加减速时间 4	E14	E15	ON	ON	

第十章

PLC实现ModBus RTU通信

PLC 实现 ModBus RTU 通信电路用途：

1. 基本概念

Modbus 是一种串行通信协议，是 Modicon 公司（现在的施耐德电气 Schneider Electric）于 1979 年为使用可编程逻辑控制器（PLC）通信而发表。Modbus 已经成为工业领域通信协议事实上的业界标准，并且现在是工业电子设备之间常用的连接方式。大多数 Modbus 设备通信通过串口 EIA-485 物理层进行。对于串行连接，存在两个变种，它们在数值数据表示和协议细节上略有不同。Modbus RTU 是一种紧凑的，采用二进制表示数据的方式，Modbus ASCII 是一种人类可读的，冗长的表示方式。这两个变种都使用串行通信（serial communication）方式。RTU 格式后续的命令/数据带有循环冗余校验的校验和，而 ASCII 格式采用纵向冗余校验的校验和。被配置为 RTU 变种的节点不会和设置为 ASCII 变种的节点通信，反之亦然。

2. MODBUS 显著特点

（1）标准、开放：用户可免费使用 MODBUS 协议，不涉及侵犯知识产权。

（2）应用广泛：凡 MODBUS 协议设备具有 RS-232/RS-485 接口的都可以实现与现场总线互连，如具有 MODBUS 协议的接口的变频器、电动机保护器、智能电表、各种变送器及仪表等。

（3）MODBUS 支持多类型电气接口，如 RS-232、RS-422、RS-485、RJ45 等。

（4）MODBUS 帧格式简单，易于传输，用户使用简单，厂家开发简单，只需要参考配套说明资料就可以完成配置，不需要复杂的编程，即可实现设备间的连接通信。

第 87 例

PLC 通过 ModBus 与温湿度传感器通信

一、PLC 程序设计要求

（1）PLC 通过 ModBus 与温湿度传感器通信。

（2）将温湿度转换为实数。

（3）根据控制要求，用 PLC 基本指令设计梯形图程序。

（4）根据控制要求，绘制 PLC 控制电路接线图。

二、程序及电路设计

（一）PLC 梯形图

PLC 通过 ModBus 与温湿度传感器通信梯形图见图 87-1。

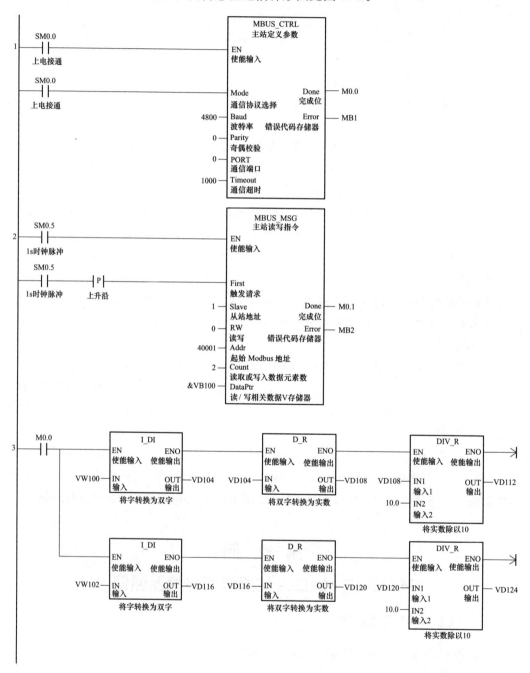

图 87-1　PLC 通过 ModBus 与温湿度传感器通信梯形图

（二）PLC 接线详图

PLC 通过 ModBus 与温湿度传感器通信电路接线图见图 87-2。

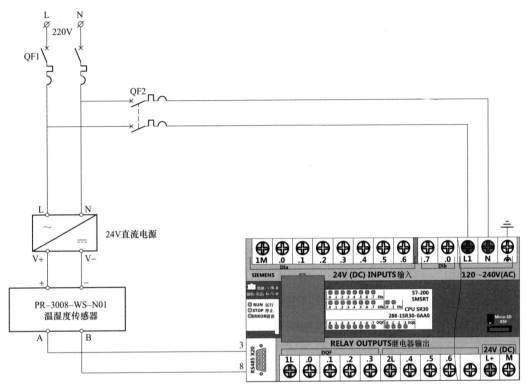

图 87-2　PLC 通过 ModBus 与温湿度传感器通信接线图

（三）图中应用的温湿度传感器基本参数及寄存器地址

（1）相关通信基本参数说明见表 87-1。

表 87-1　　　　　　　　　　　　　基本参数说明

编　码	8 位二进制
站地址	1
数据位	8 位
奇偶校验位	无
停止位	1 位
错误校验	CRC（冗余循环码）
波特率	2400、4800、9600bit/s 可设，出厂默认为 4800bit/s

（2）相关功代码能含义说明见表 87-2。

表 87-2　　　　　　　　　　　　　功能代码含义说明

寄存器地址	PLC 或组态地址	内容	操作
0000 H	40001	湿度	只读
0001 H	40002	温度	只读

三、操作步骤

(一) 硬件连接

1. 温湿度传感器

电源接口为宽电压电源输入 10~30V 均可。RS-485 信号线接线时注意 A/B 两条线不能接反，总线上多台设备间地址不能冲突，其端子说明见表 87-3。

表 87-3 温湿度传感器端子说明

端子号	说明
A	485-A
B	485-B
＋	电源正 [10~30V(DC)]
—	电源负
空	空脚

2. S7-200SMART

通过 CPU 串行端口在 S7-200 SMART CPU 和其他设备之间进行通信。每个 S7-200 SMART CPU 都提供集成的 RS-485 端口（端口 0）。标准 CPU 额外支持可选 CM01 信号板（SB）RS-232/RS-485 端口（端口 1）。必须在用户程序中执行通信协议。通信端口的 3 和 8 端子即为 RS-485 通信端子（3 为正，8 为负），可以通过这个接口进行 ModBus 通信。S7-200 SMART CPU 集成 RS-485 端口（端口 0）的引脚分配表见表 89-4。

表 87-4 S7-200 SMART CPU RS-485 端口引脚分配说明

引脚编号	连接器	信号	集成 RS485 端口（端口 0）
1		屏蔽	机壳接地
2		24V 回流	逻辑公共端
3		RS-485 信号 B	RS-485 信号 B
4	引脚9 引脚5	请求发送	RTS（TTL）
5		5V 回流	逻辑公共端
6		＋5V	＋5V 输出，100Ω 串联电阻
7	引脚6 引脚1	＋24V	＋24V 输出
8		RS-485 信号 A	RS-485 信号 A
9		不适用	程序员检测（输入）1
连接器外壳		屏蔽	机壳接地

(二) S7-200SMART PLC 指令库定义

1. MBUS_CTRL 指令各管脚定义

EN 管脚表示使能，一直为 ON。Mode 管脚表示模式：为 1 时，ModBus 通信协议；为 0 时选择 PPI 通信模式。Baud 管脚为通信波特率，本例为 4800。Parity 为校验（0＝无校验、1＝奇校验、2＝偶校验）。Port 管脚为端口。0＝端口 0，1＝端口 1。Timeout 为通信超时以 ms 为单位，允许设置的范围为 1~32767ms。Done 管脚则为初始化完成，初始化完成后此位自动置 1。Error 管脚为错误字节。

2. MBUS_MSG 指令各管脚定义

EN 管脚表示使能。同一时刻只能有一个读写功能使用。First 管脚表示触发请求。Slave 管脚表示从站地址。RW 管脚表示读写操作。0＝读，1＝写。Addr 管脚表示读写从站的数据地址。Count 管脚表示数据个数。DataPtr 数据缓冲区首地址（指针格式）。如果是读指令，读回的数据放在这个数据区中；如果是写指令，要写出的数据放在这个数据区中。Done 管脚表示读写功能完成位。Error 管脚表示读写功能错误代码。Done 位为 1 时才有效。

（三）S7-200SMART PLC 对通信端口进行通信协议定义

PLC 启动后，程序段 1 中的 SM0.0 接通，EN 管脚接通。MBUS_CTRL 指令开始使用，Mode 管脚接通定义通信端口为 ModBus 通信协议模式。通信波特率为 4800bit/s，这里填写 4800 是为了与温湿度传感器的波特率一致。校验方式为 0，也是和温湿度传感器一致。Timeout 为超时时间为 1000ms，可以根据需要自行设置。Done 管脚则为初始化完成，M0.0 自动置 1。如果初始化错误 MB1 则会接通。

（四）S7-200SMART PLC 读取温湿度传感器数值

（1）读取温湿度。PLC 的初始化工作完成后，程序段 2 中的 SM0.5 每秒接通一次，MBUS_MSG 指令生效，MBUS_MSG 指令开始向 1 号从站温、湿度传感器发出读请求，读取寄存器地址 0000（在 PLC 程序内十进制为 40001）开始的 2 个字，存储于 &VB100 开始的 2 个字内。完成后 M0.1 置 1。

（2）将读取到的数值转化为实数。PLC 的初始化工作完成后，程序段 3 中的 M0.0 置 1，通过 I-DI 转换功能，将 VW100 中的湿度数值及 VW102 中的温度数值转化为双字分配给 VD104 及 VD116 中，通过 DIV-R 将 VD104 及 VD116 的数值转化为实数，最后通过除法运算，将真实的温湿度数值保存至 VD112 及 VD124 中。状态表见表 87-5。

表 87-5　　　　　　　　　　　　　　　状态表

序号	地址	格式	当前值	新值
1	湿度值：VD112	有符号		
2	温度值：VD124	有符号		

第 88 例

PLC 通过 ModBus 与三相多功能电力仪表通信

一、PLC 程序设计要求

（1）PLC 通过 ModBus 与三相多功能电力仪表通信。

（2）读取三相电压值。

（3）根据控制要求，用 PLC 基本指令设计梯形图程序。

（4）根据控制要求，绘制 PLC 控制电路接线图。

二、程序及电路设计

(一）PLC 梯形图

PLC 通过 ModBus 与三相多功能电力仪表通信梯形图见图 88-1。

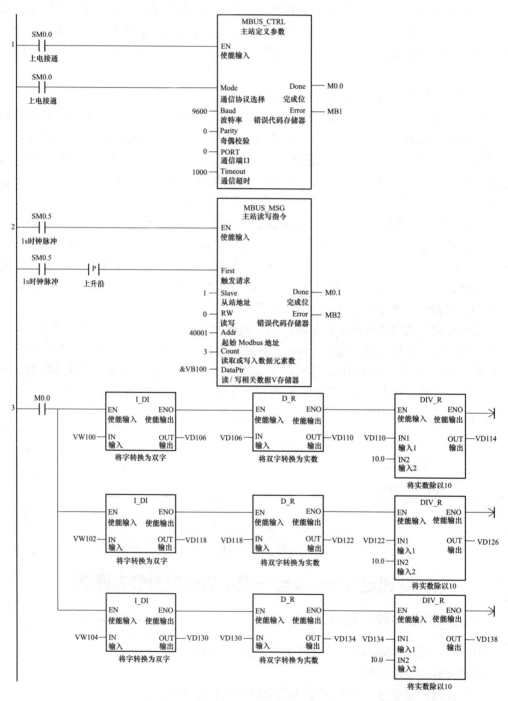

图 88-1　PLC 通过 ModBus 与三相多功能电力仪表通信梯形图

（二）PLC 接线详图

PLC 通过 ModBus 与三相多功能电力仪表通信接线图见图 88-2。

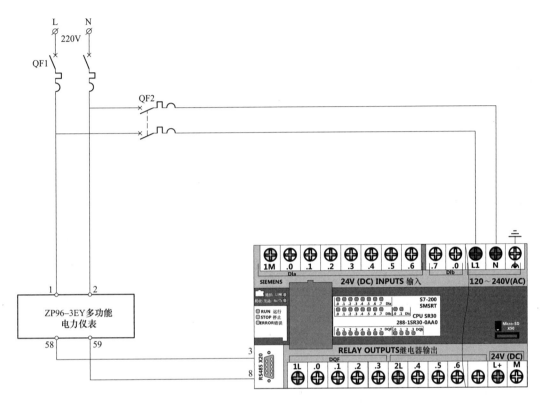

图 88-2　PLC 通过 ModBus 与多功能电力仪表通信接线图

（三）图中应用的多功能电力仪表器基本参数及寄存器地址

（1）相关通信基本参数说明见表 88-1。

表 88-1	基本参数说明
编码	8 位二进制
站地址	1
数据位	8 位
奇偶校验位	无
停止位	1 位
错误校验	CRC（冗余循环码）
波特率	1200～9600bit/s 可设，出厂默认为 9600bit/s

（2）ModBus 地址表含义说明见表 88-2。

表 88-2   地址表含义说明

寄存器地址	PLC 或组态地址	内容	操作
0X00	40001	A 相电压	只读
0X01	40002	B 相电压	只读
0X02	40003	C 相电压	只读
0X03	40004	A 相电流	只读
0X04	40005	B 相电流	只读
0X05	40006	C 相电流	只读
0X06	40007	零线电流	只读
0X07	40008	总有功功率	只读

注 本例读取了三相电压值，读取其他参数以此参考。

三、操作步骤

（一）硬件连接

1. 多功能电力仪表

电源接口为 220V 交流电。RS-485 信号线接线时注意 A/B 两条线不能接反，总线上多台设备间地址不能冲突，其端子的说明见表 88-3。

表 88-3   多功能电力仪表端子说明

端子号	说明	端子号	说明
1	L	58	A+
2	N	59	B−

2. S7-200 SMART

通过 CPU 串行端口在 S7-200 SMART CPU 和其他设备之间进行通信。每个 S7-200 SMART CPU 都提供集成的 RS-485 端口（端口 0）。标准 CPU 额外支持可选 CM01 信号板（SB）RS-232/RS-485 端口（端口 1）。必须在用户程序中执行通信协议。通信端口的 3 和 8 端子即为 RS-485 通信端子（3 为正，8 为负），可以通过这个接口进行 ModBus 通信。

S7-200 SMART CPU 集成 RS-485 端口（端口 0）的引脚分配说明见表 89-4。

表 88-4   **S7-200 SMART CPU RS-485 端口引脚分配说明**

引脚编号	连接器	信号	集成 RS-485 端口（端口 0）
1		屏蔽	机壳接地
2		24V 回流	逻辑公共端
3		RS-485 信号 B	RS-485 信号 B
4	引脚9 引脚5	请求发送	RTS（TTL）
5		5V 回流	逻辑公共端
6		+5V	+5V 输出，100Ω 串联电阻
7		+24V	+24V 输出
8	引脚6 引脚1	RS-485 信号 A	RS-485 信号 A
9		不适用	程序员检测（输入）1
连接器外壳		屏蔽	机壳接地

（二）S7-200SMART PLC 指令库定义

1. MBUS_CTRL 指令各管脚定义

EN 管脚表示使能，一直为 ON。Mode 管脚表示模式。为 1 时，ModBus 通信协议，为 0 时选择 PPI 通信模式。Baud 管脚为通信波特率，本例为 9600。Parity 为校验（0＝无校验、1＝奇校验、2＝偶校验）。Port 管脚为端口。0＝端口 0，1＝端口 1。Timeout 为通信超时以 ms 为单位，允许设置的范围为 1ms 到 32767ms。Done 管脚则为初始化完成，初始化完成后此位自动置 1。Error 管脚为错误字节。

2. MBUS_MSG 指令各管脚定义

EN 管脚表示使能。同一时刻只能有一个读写功能使用。First 管脚表示触发请求。Slave 管脚表示从站地址。RW 管脚表示读写操作。0＝读，1＝写。Addr 管脚表示读写从站的数据地址。Count 管脚表示数据个数。DataPtr 数据缓冲区首地址（指针格式）。如果是读指令，读回的数据放在这个数据区中；如果是写指令，要写出的数据放在这个数据区中。Done 管脚表示读写功能完成位。Error 管脚表示读写功能错误代码。Done 位为 1 时才有效。

（三）S7-200SMART PLC 对通信端口进行通信协议定义

PLC 启动后，程序段 1 中的 SM0.0 接通，EN 管脚接通。MBUS_CTRL 指令开始使用，Mode 管脚接通定义通信端口为 ModBus 通信协议模式。通信波特率为 9600bit/s，这里填写 9600 是为了与多功能电力仪表的波特率一致。校验方式为 0，也是和多功能电力仪表一致。Timeout 为超时时间为 1000ms，可以根据需要自行设置。Done 管脚则为初始化完成，M0.0 自动置 1。如果初始化错误 MB1 则会接通。

（四）S7-200SMART PLC 读取多功能电力仪表数值

1. 读取三相电压值

PLC 的初始化工作完成后，程序段 2 中的 SM0.5 每秒接通一次，MBUS_MSG 指令生效，MBUS_MSG 指令开始向 1 号从站多功能电力仪表发出读请求，读取寄存器地址 0000（在 PLC 程序内十进制为 40001）开始的 3 个字，存储于 &VB100 开始的 3 个字内。完成后 M0.1 置 1。

2. 将读取到的数值转化为实数

PLC 的初始化工作完成后，程序段 3 中的 M0.0 置 1，通过 I-DI 转换功能，将 VW100 中的 A 相电压值、VW102 中的 B 相电压值及 VW104 中的 C 相电压值，转化为双字分配给 VD106、VD118 及 VD130 中，通过 DIV-R 将 VD106、VD118 及 VD130 中的数值转化为实数，最后通过除法运算，说明书中标明通信值均除以 10，将真实的三相电压值保存至 VD114、VD126 及 VD138 中。状态表见表 88-5。

表 88-5		状态表		
序号	地址	格式	当前值	新值
1	A 相电压值：VD114	有符号		
2	B 相电压值：VD126	有符号		
3	C 相电压值：VD138	有符号		

第 89 例

PLC 通过 ModBus 与温湿度传感器及三相多功能电力仪表通信

一、PLC 程序设计要求

（1）PLC 通过 ModBus 与温湿度传感器及三相多功能电力仪表通信。

（2）读取温湿度及三相电压值。

（3）根据控制要求，用 PLC 主站协议指令设计梯形图程序。

（4）根据控制要求，绘制 PLC 控制电路接线图。

二、程序及电路设计

（一）PLC 梯形图

PLC 通过 ModBus 与温湿度传感器及三相多功能电力仪表通信梯形图见图 89-1。

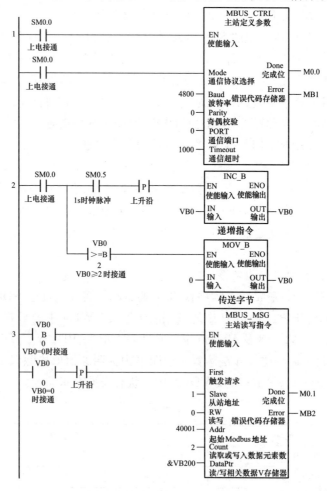

图 89-1　PLC 通过 ModBus 与温湿度传感器及三相多功能电力仪表通信梯形图（一）

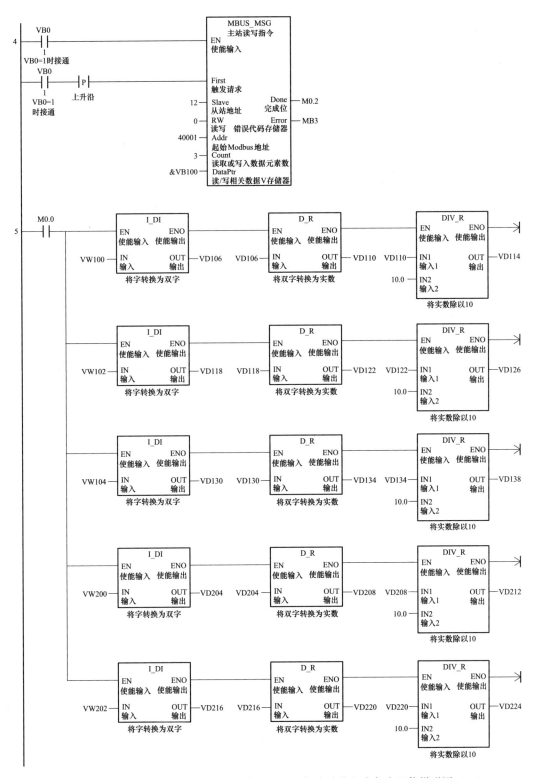

图 89-1 PLC 通过 ModBus 与温湿度传感器及三相多功能电力仪表通信梯形图（二）

（二）PLC接线详图

PLC与温湿度传感器及三相多功能电力仪表通信接线图见图89-2。

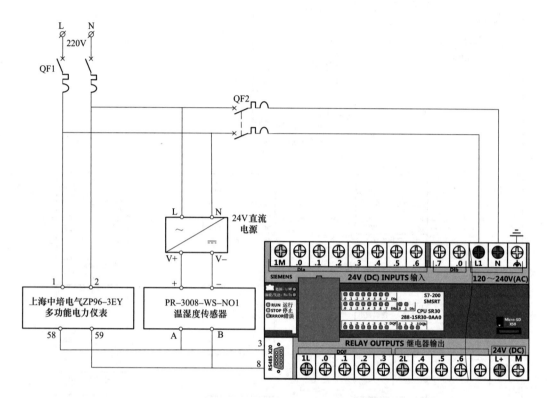

图89-2   PLC与温湿度传感器及三相多功能电力仪表通信接线图

（三）图中应用的温湿度传感器及多功能电力仪表基本参数及寄存器地址

（1）温湿度传感器基本参数说明见表89-1。

表89-1   基本参数说明

编　码	8位二进制
站地址	1
数据位	8位
奇偶校验位	无
停止位	1位
错误校验	CRC（冗余循环码）
波特率	2400、4800、9600bit/s可设，出厂默认为4800bit/s

（2）多功能电力仪表基本参数说明见表89-2。

表 89-2　　　　　　　　　　　　　　　　**基本参数说明**

编　码	8位二进制
站地址	12，出厂默认地址为 1（根据说明书设置）
数据位	8 位
奇偶校验位	无
停止位	1 位
错误校验	CRC（冗余循环码）
波特率	4800bit/s，出厂默认为 9600bit/s（根据说明书设置）

（3）温湿度传感器 ModBus 地址表含义说明见表 89-3。

表 89-3　　　　　　　　　　　　　　　　**地址表含义说明**

寄存器地址	PLC 或组态地址	内容	操作
0000H	40001	湿度	只读
0001H	40002	温度	只读

（4）多功能电力仪表 ModBus 地址表含义说明见表 89-4。

表 89-4　　　　　　　　　　　　　　　　**地址表含义说明**

寄存器地址	PLC 或组态地址	内容	操作
0X00	40001	A 相电压	只读
0X01	40002	B 相电压	只读
0X02	40003	C 相电压	只读
0X03	40004	A 相电流	只读
0X04	40005	B 相电流	只读
0X05	40006	C 相电流	只读
0X06	40007	零线电流	只读
0X07	40008	总有功功率	只读

注　本例读取了三相电压值，读取其他参数以此参考。

三、操作步骤

（一）硬件连接

1. 温湿度传感器

电源接口为宽电压电源输入 10～30V 均可。RS-485 信号线接线时注意 A/B 两条线不能接反，总线上多台设备间地址不能冲突，其端子说明见表 89-5。

2. 多功能电力仪表

电源接口为 220V 交流电，RS-485 信号线接线时注意 A/B 两条线不能接反，总线上多台设备间地址不能冲突，其端子说明见表 89-6。

表89-5 温湿度变送器端子说明

端子号	说明
A	485-A
B	485-B
+	电源正（DC 10～30V）
−	电源负
空	空脚

表89-6 多功能电力仪表端子说明

端子号	说明
1	L
2	N
58	A+
59	B−

3. S7-200SMART

通过 CPU 串行端口在 S7-200 SMART CPU 和其他设备之间进行通信。每个 S7-200 SMART CPU 都提供集成的 RS-485 端口（端口 0）。标准 CPU 额外支持可选 CM01 信号板（SB）RS-232/RS-485 端口（端口 1）。必须在用户程序中执行通信协议。通信端口的 3 和 8 端子即为 RS-485 通信端子（3 为正，8 为负），可以通过这个接口进行 Mod-Bus 通信。

S7-200 SMART CPU 集成 RS-485 端口（端口 0）的引脚分配说明见表 89-7。

表89-7　　　　　S7-200 SMART CPU RS-485 端口引脚分配说明

引脚编号	连接器	信号	集成 RS485 端口（端口 0）
1		屏蔽	机壳接地
2		24V 回流	逻辑公共端
3		RS-485 信号 B	RS-485 信号 B
4	引脚9　引脚5	请求发送	RTS(TTL)
5		5V 回流	逻辑公共端
6		+5V	+5V 输出，100Ω 串联电阻
7	引脚6　引脚1	+24V	+24V 输出
8		RS-485 信号 A	RS-485 信号 A
9		不适用	程序员检测（输入）1
连接器外壳		屏蔽	机壳接地

（二）S7-200SMART PLC 指令库定义

1. MBUS_CTRL 指令各管脚定义

EN 管脚表示使能，一直为 ON。Mode 管脚表示模式。为 1 时，ModBus 通信协议，为 0 时选择 PPI 通信模式。Baud 管脚为通信波特率，由于本例同时通信两台设备，因此波特率为 4800bit/s。Parity 为校验（0＝无校验、1＝奇校验、2＝偶校验）。Port 管脚为端口。0＝端口 0，1＝端口 1。Timeout 为通信超时以 ms 为单位，允许设置的范围为 1～32767ms。Done 管脚则为初始化完成，初始化完成后此位自动置 1。Error 管脚为错误字节。

2. MBUS_MSG 指令各管脚定义

EN 管脚表示使能。同一时刻只能有一个读写功能使用。First 管脚表示触发请求。Slave 管脚表示从站地址。RW 管脚表示读写操作。0＝读，1＝写。Addr 管脚表示读写从站的数据地址。Count 管脚表示数据个数。DataPtr 数据缓冲区首地址（指针格式）。如果是读指令，读回的数据放在这个数据区中；如果是写指令，要写出的数据放在这个数据区中。Done 管脚表示读写功能完成位。Error 管脚表示读写功能错误代码。Done 位为 1 时才有效。

（三）S7-200SMART PLC 对通信端口进行通信协议定义

PLC 启动后，程序段 1 中的 SM0.0 接通，EN 管脚接通。MBUS_CTRL 指令开始使用，Mode 管脚接通定义通信端口为 ModBus 通信协议模式。通信波特率为 4800bit/s，这里填写 4800 是为了与两台仪表的波特率一致。校验方式为 0，也是和两台仪表一致。Timeout 为超时时间为 1000ms，可以根据需要自行设置。Done 管脚则为初始化完成，M0.0 自动置 1。如果初始化错误 MB1 则会接通。

（四）S7-200SMART PLC 读取温湿度传感器及多功能电力仪表数值

1. 读取温湿度及电力仪表三相电压值

PLC 的初始化工作完成后，程序段 2 中的 SM0.0 置 1，通过 SM0.5 每秒接通一次，递增指令 INC_B 生效，每秒将 VB0 加 1 输出至 VB0，当 VB0 数值大于 2 时，将 0 传送至 VB0，这样 VB0 的数值就在 0 和 1 之间每秒变换一次。由于 MBUS_MSG 指令同一时间只能与一个从站通信，因此采用 VB0 数值的变化，实现了轮询功能。

程序段 3 中的 VB0 等于 0 时，MBUS_MSG 指令生效，MBUS_MSG 指令开始向 1 号从站温湿度传感器发出读请求，读取寄存器地址 0000（在 PLC 程序内十进制为 40001）开始的 2 个字，存储于 &VB200 开始的 2 个字内。完成后 M0.1 置 1。

程序段 4 中的 VB0 等于 1 时，MBUS_MSG 指令生效，MBUS_MSG 指令开始向 12 号从站多功能电力仪表发出读请求，读取寄存器地址 0000（在 PLC 程序内十进制为 40001）开始的 3 个字，存储于 &VB100 开始的 3 个字内。完成后 M0.2 置 1。

2. 将读取到的数值转化为实数

PLC 的初始化工作完成后，程序段 5 中的 M0.0 置 1，通过 I-DI 转换功能，将 VW100 中的 A 相电压值、VW102 中的 B 相电压值及 VW104 中的 C 相电压值，转化为双字分配给 VD106、VD118 及 VD130 中，通过 DIV-R 将 VD106、VD118 及 VD130 中的数值转化为实数，最后通过除法运算，说明书中标明通信值均除以 10，将真实的三相电压值保存至 VD114、VD126 及 VD138 中。将 VW200 中的湿度数值及 VW202 中的温度数值转化为双字分配给 VD204 及 VD216 中，通过 DIV-R 将 VD204 及 VD216 的数值转化为实数，最后通过除法运算，将真实的温湿度数值保存至 VD212 及 VD224 中。状态表见表 89-8。

表 89-8　　　　　　　　　　　　　　　　　状态表

序号	地址	格式	当前值	新值
1	A 相电压值：VD114	有符号		
2	B 相电压值：VD126	有符号		
3	C 相电压值：VD138	有符号		
4	湿度值：VD212	有符号		
5	温度值：VD224	有符号		

第 90 例

PLC 通过 ModBus 控制富士变频器运行

一、PLC 程序设计要求及 I/O 元件配置分配表

（一）PLC 程序设计要求

（1）PLC 通过 ModBus 控制富士变频器运行。

（2）按下正转启动按钮 SB1，变频器输出，电动机正转变频运行。

（3）按下反转启动按钮 SB2，变频器输出，电动机反转变频运行。

（4）按下停止按钮 SB3，变频器停止输出，电动机停止运行。

（5）在状态图表中可写入变频器运行频率。

（6）在状态图表中可读取变频器运行频率。

（7）根据上面的控制要求，列出输入/输出分配表。

（8）根据控制要求，用 PLC 主站协议指令设计梯形图程序。

（9）根据控制要求，绘制 PLC 控制电路接线图。

（二）输入/输出设备及 I/O 元件配置分配表

输入/输出设备及 I/O 元件配置见表 90-1。

表 90-1　　　　　　　　　输入/输出设备及 I/O 元件配置表

输入设备			输出设备		
符号	地址	功能	符号	地址	功能
SB1	I0.0	正转启动按钮			
SB2	I0.1	反转启动按钮			
SB3	I0.2	停止按钮			

二、程序及电路设计

（一）PLC 梯形图

PLC 通过 ModBus 控制富士变频器运行梯形图见图 90-1。

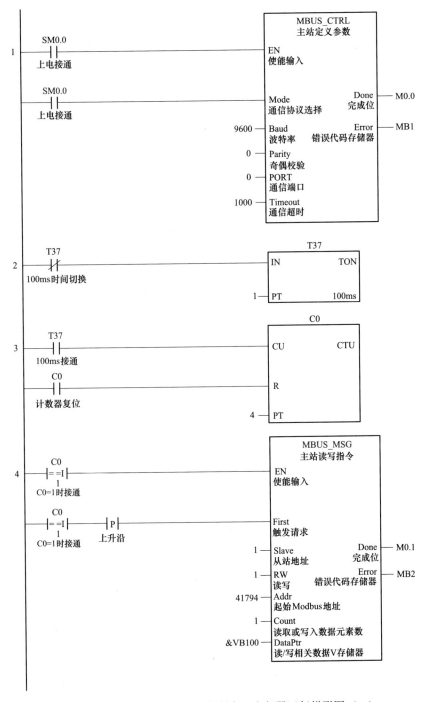

图 90-1　PLC 通过 ModBus 控制富士变频器运行梯形图（一）

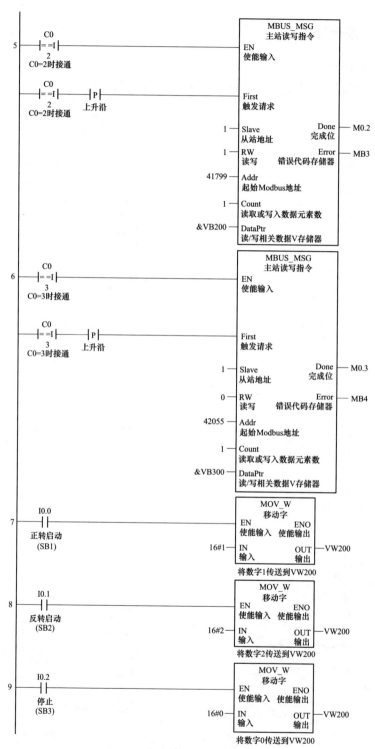

图 90-1　PLC 通过 ModBus 控制富士变频器运行梯形图（二）

（二）PLC 接线详图

PLC 通过 ModBus 控制富士变频器运行电路接线图见图 90-2。

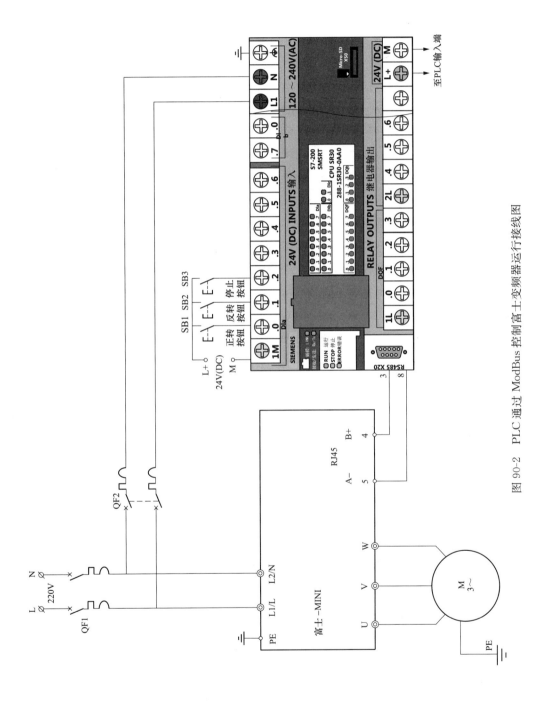

图 90-2 PLC 通过 ModBus 控制富士变频器运行接线图

（三）图中应用的变频器主要参数表

参数功能含义说明见表90-2。

表90-2　　　　　　　　　　　　变频器参数表含义说明

序号	参数	名称	设定值	设定值含义说明
1	y01	站地址	1	[00000] 的含义为从站地址为1
2	y02	发生错误时的运行选择	0	[0] 的含义为显示 RS-485 通信故障 er8，立即停止运行
3	y04	传输速度	2	[2] 的含义为传输速度为 9600bit/s
4	y10	协议选择	0	[0] 的含义为采用 ModBus RTU 协议
5	y99	动作选择	3	[3] 的含义为频率设定采用 RS-485 通信发出指令，运行指令采用 RS-485 通信发出指令
6	H30	链接功能	3	[3] 的含义为频率设定采用 RS-485 通信发出指令，运行指令采用 RS-485 通信发出指令

（四）图中应用的变频器功能代码、寄存器地址及代码换算表

相关功能含义说明见表90-3和表90-4。

表90-3　　　　　　　　　　　变频器功能代码及寄存器地址表

序号	功能代码	名称	功　　能
1	S01	频率指令	经由通信的频率指令，±20000 时为最高输出频率
2	S06	运转操作指令	经由通信的运转操作指令 [通用输入端子功能（X1～X5，XF（FWD），XR（REV）] 和通信专用 FWD，REV，RST
3	M06	实际输出频率	把最高输出频率作为基准值的输出频率

表90-4　　　　　　　　　　变频器功能代码组及代码换算表

序号	代码组	代码		名称	序号	代码组	代码		名称
1	F	0	00H	基本功能	8	M	8	08H	监视数据
2	E	1	01H	端子功能	9	J	9	0DH	应用程序功能
3	C	2	02H	控制功能	10	y	10	0EH	链接功能
4	P	3	03H	电动机参数	11	W	11	0FH	监视2
5	H	4	04H	高级功能	12	X	12	10H	报警1
6	S	7	07H	指令功能数据	13	Z	13	11H	报警2
7	o	6	06H	选配件功能					

【例90-1】　S01 在速度设定 1 中，写入 15Hz。（最高输出频是率 60Hz）根据以下的计算，写入值为 1388H。

$$15 \times \frac{20000}{60} = 5000\text{d} = 1388\text{H}$$

由表 90-3 可知，S01 是由 S+01 组成，查表 90-4，S 十六进制数字为 07，01 十六进制数字为 01，因此 S01 十六进制数字为 0701，转换为十进制为 1793。因为保持寄存器的首地址为 40001，所以 Addr 地址为 40001+1793＝41794。

【例 90-2】 S06（运行操作指令）＝FWD。

由表 90-3 可知，S06 是由 S+06 组成，查表 90-4，S 十六进制数字为 07，06 十六进制数字为 06，因此 S06 十六进制数字为 0706，转换为十进制为 1798。因为保持寄存器的首地址为 40001，所以 Addr 地址为 40001+1798＝41799。变频器运行寄存器表见表 90-5。

表 90-5 变频器运行寄存器表

15	14	13	12	11	10	9	8	7	6	5	4	3	2	1	0
RST	XR (REV)	XF (FWD)	0	0	0	0	0	0	X5	X4	X3	X2	X1	REV	FWD
报警复位	通用输入		未使用			通用输入								正、反转指令	

如果要使变频器正转运行，0000 0000 0000 001b＝01 H
如果要使变频器反转运行，0000 0000 0000 010b＝02 H
如果要使变频器停止运行，0000 0000 0000 000b＝00 H

【例 90-3】 M06：读出实际频率/实际速度值（PLC⇒变频器）见表 90-6。

表 90-6 读频率和应答发送、接收字节表

读出实际频率/实际速度值	01	03	08	06	00	01	67	EF
正常应答（变频器⇒PLC）	01	03	01	27	10	A3	B8	

速度检测值为 2710H，即为 10000d。因此根据以下的计算实际频率为 30Hz（最高输出频率为 60Hz）

$$1000 \times \frac{60}{2000} = 30(\text{Hz})$$

由表 90-3 可知，M06 是由 M+06 组成，查表 90-4，M 十六进制数字为 08，06 十六进制数字为 06，因此 M06 十六进制数字为 0806，转换为十进制为 2054。因为保持寄存器的首地址为 40001，所以 Addr 地址为 40001+2054＝42055。

三、操作步骤

（一）硬件连接

1. FRENIC-Mini 变频器

FRENIC-Mini 的 RS-485 通信卡（选配件）的 RS-485 通信端口以及 FRENiC-VP

主体的操作面板连接用 RS-485 通信端口是 RJ-45 连接器，其引脚的分配见表 90-7。

表 90-7   **FRENIC-Mini RS-485 通信卡引脚分配表**

引脚编号	信号名	内容	备　注
1，8	Vcc	操作面板用电源	5V
2，7	GND	基准电位	GND
3，6	NC	空端子	—
4	DX−	RS485 通信数据（−）	终端电阻 112Ω 内置
5	DX+	RS485 通信数据（+）	用开关×进行连接/断开的切换

2. S7-200SMART

通过 CPU 串行端口在 S7-200SMARTCPU 和其他设备之间进行通信。每个 S7-200SMART CPU 都提供集成的 RS-485 端口（端口 0）。标准 CPU 额外支持可选 CM01 信号板（SB）RS-232/RS-485 端口（端口 1）。必须在用户程序中执行通信协议。通信端口的 3 和 8 端子即为 RS-485 通信端子（3 为正，8 为负），可以通过这个接口进行 ModBus 通信。S7-200 SMART CPU 集成 RS-485 端口（端口 0）的引脚分配见表 90-8。

表 90-8   **S7-200 SMART CPU 集成 RS-485 端口（端口 0）的引脚分配表**

连接器	引脚编号	信号	集成 RS-485 端口（端口 0）
	1	屏蔽	机壳接地
	2	24V 回流	逻辑公共端
	3	RS-485 信号 B	RS-485 信号 B
引脚9　引脚5	4	请求发送	RTS(TTL)
	5	5V 回流	逻辑公共端
	6	+5V	+5V 输出，100Ω 串联电阻
引脚6　引脚1	7	+24V	+24V 输出
	8	RS-485 信号 A	RS-485 信号 A
	9	不适用	程序员检测（输入）1
	连接器外壳	屏蔽	机壳接地

（二）变频器参数设置

参照表 90-2 设置变频器参数，任何参数都可以通过参数号前加上"40001"的格式进行访问。如消耗功率 M10，PLC 访问为 40265 寄存器信息，就可以读出变频器的消耗功率值。

（三）S7-200SMART PLC 指令库定义

1. MBUS_CTRL 指令各管脚定义

EN 管脚表示使能输入，一直为 ON。Mode 通信协议选择。为 1 时，ModBus 通信协议，为 0 时选择 PPI 通信模式。Baud 管脚为通信波特率，本例为 9600，因此变频器的参数 y04=2。Parity 为奇偶校验（0=无校验、1=奇校验、2=偶校验）。Port 管脚为通信端口。0＝端口 0，1＝端口 1。Timeout 为通信超时以 ms 为单位，允许设置的范围为 1ms 到 32767ms。Done 管脚则为完成位，初始化完成后此位自动置 1，Error 管脚为错误代码存储器。

2. MBUS_MSG 指令各管脚定义

EN 管脚表示使能输入。同一时刻只能有一个读写功能使用。First 管脚表示触发请求。要使用沿触发。Slave 管脚表示从站地址。RW 管脚表示读写操作。0＝读，1＝写。Addr 管脚表示起始 ModBus 地址。Count 管脚表示读取或写入数据元素数。DataPtr 管脚表示读/写相关数据 V 存储器（指针格式）。如果是读指令，读回的数据放在这个数据区中；如果是写指令，要写出的数据放在这个数据区中。Done 管脚表示完成位。Error 管脚表示读写功能错误代码。Done 位为 1 时才有效。

（四）S7-200SMART PLC 对通信端口进行通信协议定义

PLC 启动后，程序段 1 中特殊辅助继电器 SM0.0 上电闭合，接通 MBUS_CTRL 主站定义参数 EN 管脚使能端。特殊辅助继电器 SM0.0 上电闭合，Mode 管脚接通定义通信端口为 ModBus 通信协议模式。通信波特率为 9.6kbit/s，这里填写 9600 是为了与变频器的波特率一致。校验方式为 0，也是和变频器设置一致。Timeout 为超时时间为 1000ms，可以根据需要自行设置。Done 管脚则为初始化完成，M0.0 自动置 1，如果初始化错误 MB1 则会接通。

（五）S7-200SMART PLC 对变频器相关参数的读写

1. 变频器频率给定

变频器的初始化工作完成后，程序段 2 中通过定时器指令以 100ms 的时间切换，程序段 3 中计数器指令，计数器 C0 的数值从 1～3 之间计数，使 MBUS_MSG 指令交替生效。程序段 4 中的 C0＝1 时，接通 MBUS_MSG 主站读写指令 EN 管脚及 FIRST 管脚。MBUS_MSG 指令生效，MBUS_MSG 指令开始将指针地址 &VB100 的数据，向寄存器地址 41794（变频器的频率给定）中写入，完成后 M0.1 置 1。

2. 控制变频器运行

程序段 5 中的 C0＝2 时，接通 MBUS_MSG 主站读写指令 EN 管脚及 FIRST 管脚。MBUS_MSG 指令生效，MBUS_MSG 指令将起始指针地址 &VB200 的数据，向寄存器地址 41799（变频器的启停控制）中写入，完成后 M0.2 置 1。

3. 读取变频器运行频率

程序段 6 中的 C0＝3 时，接通 MBUS_MSG 主站读写指令 EN 管脚及 FIRST 管脚。MBUS_MSG 指令生效。MBUS_MSG 指令开始读取寄存器地址 42055 开始的 1 个数据，并写入 PLC 指针 &VB300（即 VW300）开始的 1 个 V 存储区中，完成后 M0.3 置 1。

（六）PLC 启停控制

按下正转启动按钮 SB1，程序段 7 中 I0.0 触点闭合，能流经 I0.0 将 16#1 写入 VW200，变频器正转运行；按下反转启动按钮 SB2，程序段 8 中 I0.1 触点闭合，能流经 I0.1 将 16#2 写入 VW200，变频器反转运行；按下停止按钮 SB3，程序段 9 中 I0.2 触点闭合，能流经 I0.2 将 16#0 写入 VW200，变频器停止运行。

可以在 STEP 7 MicroWINSMART 的状态表（见表 90-9）中实现 PLC 控制变频器

的频率给定、数据查询等功能的监视和给定工作。

表 90-9　　　　　　　　　　　　状态表

序号	地址	格式	当前值	新值
1	设定频率：VW100	有符号		
2	启停控制：VW200	有符号		
3	运行频率：VW300	有符号		

注　这里各参数显示的数据值需要乘以相应的分辨率后，才是该参数的实际值。

第 91 例

PLC 通过 ModBus 控制英威腾变频器运行

一、PLC 程序设计要求及 I/O 元件配置

（一）PLC 程序设计要求

（1）PLC 通过 ModBus 控制英威腾变频器运行。

（2）按下正转启动按钮 SB1，变频器输出，电动机正转变频运行。

（3）按下停止按钮 SB2，变频器停止输出，电动机停止运行。

（4）按下急停按钮 SB3，变频器停止输出，电动机停止运行。

（5）在状态图表中可写入变频器运行频率。

（6）在状态图表中可读取变频器运行频率。

（7）在状态图表中可读取变频器母线电压。

（8）根据上面的控制要求，列出输入/输出分配表。

（9）根据控制要求，用 PLC 主站协议指令设计梯形图程序。

（10）根据控制要求，绘制 PLC 控制电路接线图。

（二）输入/输出设备及 I/O 元件配置分配表

输入/输出设备及 I/O 元件配置见表 91-1。

表 91-1　　　　　　　　　　输入/输出设备及 I/O 元件配置表

输入设备			输出设备		
符号	地址	功能	符号	地址	功能
SB1	I0.0	正转启动按钮			
SB2	I0.1	停止按钮			
SB3	I0.2	急停按钮			

二、程序及电路设计

（一）PLC 梯形图

PLC 通过 ModBus 控制英威腾变频器运行控制电路梯形图见图 91-1。

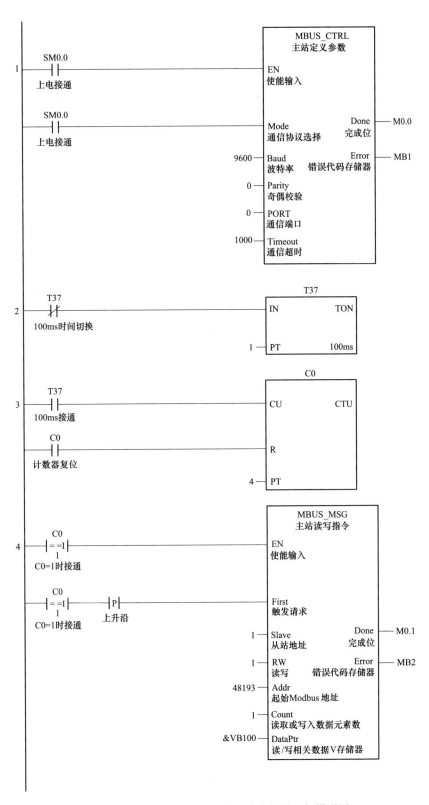

图 91-1　PLC 通过 ModBus 控制英威腾变频器运行梯形图（一）

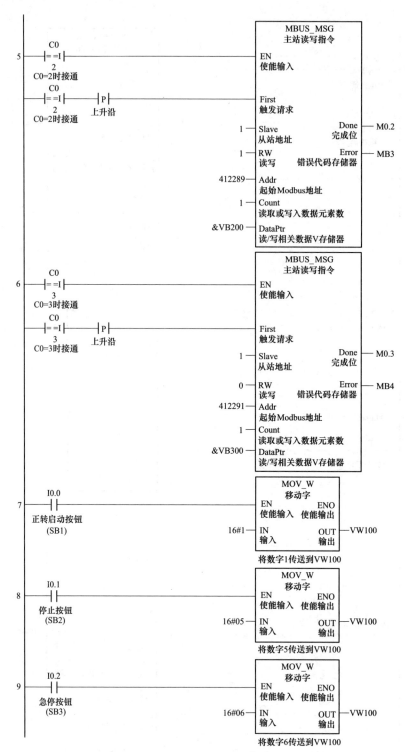

图 91-1　PLC 通过 ModBus 控制英威腾变频器运行梯形图（二）

（二）PLC 接线详图

PLC 通过 ModBus 控制富士变频器运行电路接线图见图 91-2。

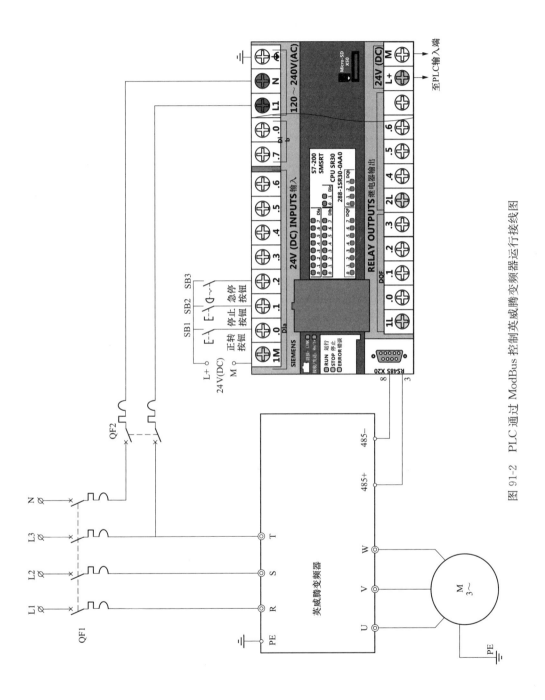

图 91-2 PLC 通过 ModBus 控制英威腾变频器运行接线图

（三）图中应用的变频器主要参数表

相关端子及参数功能含义说明见表91-2。

表91-2 变频器参数表含义说明

序号	参数	名称	设定值	设定值含义说明
1	P00.01	运行指令通道	2	[2]的含义为通信运行指令通道（"LOCAL/RE-MOT"灯点亮） 启停运行命令由上位机通过通信方式进行控制
2	P00.02	通信运行指令通道选择	0	[0]的含义为ModBus通信通道
3	P00.06	A频率指令选择	8	8：ModBus通信设定，指频率由ModBus通信来设定
4	P14.00	本机通信地址	1	[1]的含义为从站地址为1。本机通信地址在通信网络中具有唯一性，这是实现上位机与变频器点对点通信的基础
5	P14.01	通信波特率设置	3	[3]的含义为设定上位机与变频器之间的数据传输速率为9600bit/s
6	P14.02	数据位校验设置	0	[0]的含义为无校验

（四）图中应用的变频器功能代码及寄存器地址

相关功能代码含义说明见表91-3。

表91-3 功能代码含义说明

功能说明	地址定义	数据意义说明
通信控制命令	2000H	0001H：正转运行
		0002H：反转运行
		0003H：正转点动
		0004H：反转点动
		0005H：停机
		0006H：自由停机（紧急停机）
		0007H：故障复位
		0008：点动停止
设定运行频率	2001H	通信设定频率 $0\sim F_{max}$（单位：0.01Hz）
运行频率	3000H	$0\sim F_{max}$（单位：0.01Hz）
母线电压	3002H	$0.0\sim2000.0$V（单位：0.1V）

在实际的运用中，通信数据是用十六进制表示的，而十六进制无法表示小数点。比如50.12Hz，用十六进制无法表示，可以将50.12放大100倍变为整数（5012），这样就可以用十六进制的1394H（即十进制的5012）表示50.12了。将一个非整数乘以一个倍数得到一个整数，这个倍数称为现场总线比例值。

【例91-1】 2001H设定运行频率地址。

由表91-3可知，十六进制数字为2001，转换为十进制为8193。因为保持寄存器的首地址为 40001，所以 Addr 地址为 40001＋8193＝48194。

同理可由表 91-3 找到其他所需使用的地址。

【例 91-2】 3002H 母线电压地址。

由表 91-3 可知，十六进制数字为 3002，转换为十进制为 12290。因为保持寄存器的首地址为 40001 或 400001，所以 Addr 地址为 400001＋12290＝412291。

三、操作步骤

（一）硬件连接

1. 英威腾变频器

标准 RS-485 通信接口应使用双绞线或屏蔽线。

2. S7-200SMART

通过 CPU 串行端口在 S7-200 SMART CPU 和其他设备之间进行通信。每个 S7-200 SMART CPU 都提供集成的 RS-485 端口（端口 0）。标准 CPU 额外支持可选 CM01 信号板（SB）RS-232/RS-485 端口（端口 1）。必须在用户程序中执行通信协议。通信端口的 3 和 8 端子即为 RS-485 通信端子（3 为正，8 为负），可以通过这个接口进行 ModBus 通信。

S7-200 SMART CPU 集成 RS-485 端口（端口 0）的引脚分配表见表 91-4。

表 91-4　　　　　　　**S7-200 SMART CPU RS-485 端口引脚分配说明**

连接器	引脚编号	信号	集成 RS485 端口（端口 0）
	1	屏蔽	机壳接地
	2	24V 回流	逻辑公共端
	3	RS-485 信号 B	RS-485 信号 B
引脚9　引脚5	4	请求发送	RTS（TTL）
	5	5V 回流	逻辑公共端
	6	＋5V	＋5V 输出，100Ω 串联电阻
引脚6　引脚1	7	＋24V	＋24V 输出
	8	RS-485 信号 A	RS-485 信号 A
	9	不适用	程序员检测（输入）1
	连接器外壳	屏蔽	机壳接地

（二）变频器参数设置

参照表 91-2 设置变频器参数，任何参数都可以通过参数号前加上"40001"或"400001"的格式进行访问。

（三）S7-200SMART PLC 指令库定义

1. MBUS_CTRL 指令各管脚定义

EN 管脚表示使能，一直为 ON。Mode 管脚表示模式。为 1 时，ModBus 通信协议，为 0 时选择 PPI 通信模式。Baud 管脚为通信波特率，本例为 9600，因此变频器的参数 P14.01＝3。Parity 为校验（0＝无校验、1＝奇校验、2＝偶校验）。Port 管脚为端口。0＝

端口 0，1＝端口 1。Timeout 为通信超时以 ms 为单位，允许设置的范围为 1～32767ms。Done 管脚则为初始化完成，初始化完成后此位自动置 1。Error 管脚为错误字节。

2. MBUS_MSG 指令各管脚定义

EN 管脚表示使能。同一时刻只能有一个读写功能使用。First 管脚表示触发请求。要使用沿触发。Slave 管脚表示从站地址。RW 管脚表示读写操作。0＝读，1＝写。Addr 管脚表示读写从站的数据地址。Count 管脚表示数据个数。DataPtr 数据缓冲区首地址（指针格式）。如果是读指令，读回的数据放在这个数据区中；如何是写指令，要写出的数据放在这个数据区中。Done 管脚表示读写功能完成位。Error 管脚表示读写功能错误代码。Done 位为 1 时才有效。

（四）S7-200SMART PLC 对通信端口进行通信协议定义

PLC 启动后，程序段 1 中的 SM0.0 接通，EN 管脚接通。MBUS_CTRL 指令开始使用，Mode 管脚接通定义通信端口为 ModBus 通信协议模式。通信波特率为 9.6kbit/s，这里填写 9600 是为了与变频器的波特率一致。校验方式为 0，也是和变频器设置一致。Timeout 为超时时间为 1000ms，可以根据需要自行设置。Done 管脚则为初始化完成，M0.0 自动置 1。如果初始化错误 MB1 则会接通。

（五）S7-200SMART PLC 对变频器相关参数的读写

1. 变频器启停控制及频率给定

变频器的初始化工作完成后，程序段 2 中通过定时器指令以 100ms 的时间切换，程序段 3 中计数器指令，计数器 C0 的数值从 1～3 之间计数，使 MBUS_MSG 指令交替生效。程序段 4 中的 C0＝1 时，同时接通 MBUS_MSG 主站读写指令 EN 管脚及 FIRST 管脚。MBUS_MSG 指令生效，MBUS_MSG 指令将起始指针地址为 &VB100 的数据，向数据地址 48193 和 48194 中写入数据，VW100，VW102 分别对应启停控制和频率给定。完成后 M0.1 置 1。

2. 读取变频器运行频率

程序段 5 中的 C0＝2 时，同时接通 MBUS_MSG 主站读写指令 EN 管脚及 FIRST 管脚。MBUS_MSG 指令生效。MBUS_MSG 指令开始读取寄存器地址 412289 开始的 1 个数据，并写入 PLC 指针 &VB200（即 VW200）开始的 1 个 V 存储区中，完成后 M0.2 置 1。

3. 读取变频器母线电压

程序段 6 中的 C0＝3 时，同时接通 MBUS_MSG 主站读写指令 EN 管脚及 FIRST 管脚。MBUS_MSG 指令生效。MBUS_MSG 指令开始读取寄存器地址 412291 开始的 1 个数据，并写入 PLC 指针 &VB300（即 VW300）开始的 1 个 V 存储区中，完成后 M0.3 置 1。

PLC 在同一时间内只能完成读取或写入功能，而不能同时完成两项功能。

（六）S7-200SMART　PLC 启停控制

按下正转启动按钮 SB1，程序段 7 中 I0.0 触点闭合，能流经 I0.0 将 16♯1 写入 VW100，变频器正转运行；

按下停止按钮 SB2，程序段 8 中 I0.1 触点闭合，能流经 I0.1 将 16♯05 写入 VW100，变频器停止运行；

按下急停按钮 SB3，程序段 9 中 I0.2 触点闭合，能流经 I0.2 将 16♯06 写入 VW100，变频器自由停车。

可以在 STEP7 MicroWINSMART 的状态图表中实现 PLC 控制变频器的频率给定、数据查询等功能的监视和给定工作，状态表见表 91-5。

表 91-5　　　　　　　　　　　　　　　状态表

序号	地址	格式	当前值	新值
1	启停控制：VW100	有符号		
2	设定频率：VW102	有符号		
3	运行频率：VW200	有符号		
4	母线电压：VW300	有符号		

注　这里各参数显示的数据值需要乘以相应的分辨率后，才是该参数的实际值。

第 92 例
PLC 通过 ModBus 控制 ABB 变频器运行

一、PLC 程序设计要求及 I/O 元件配置分配

（一）PLC 程序设计要求

（1）PLC 通过 ModBus 控制 ABB 变频器运行。

（2）按下正转启动按钮 SB1，变频器输出，电动机正转变频运行。

（3）按下停止按钮 SB2，变频器停止输出，电动机停止运行。

（4）在状态图表中可写入变频器运行频率。

（5）在状态图表中可读取变频器运行频率。

（6）根据上面的控制要求，列出输入、输出分配表。

（7）根据控制要求，用 PLC 主站协议指令设计梯形图程序。

（8）根据控制要求，绘制 PLC 控制电路接线图。

（二）输入/输出设备及 I/O 元件配置分配表

输入/输出设备及 I/O 元件配置见表 92-1。

表 92-1　　　　　　　　　输入/输出设备及 I/O 元件配置表

输入设备			输出设备		
符号	地址	功能	符号	地址	功能
SB1	I0.0	启动按钮			
SB2	I0.1	停止按钮			

二、程序及电路设计

（一）PLC 梯形图

PLC 通过 ModBus 控制 ABB 变频器运行梯形图见图 92-1。

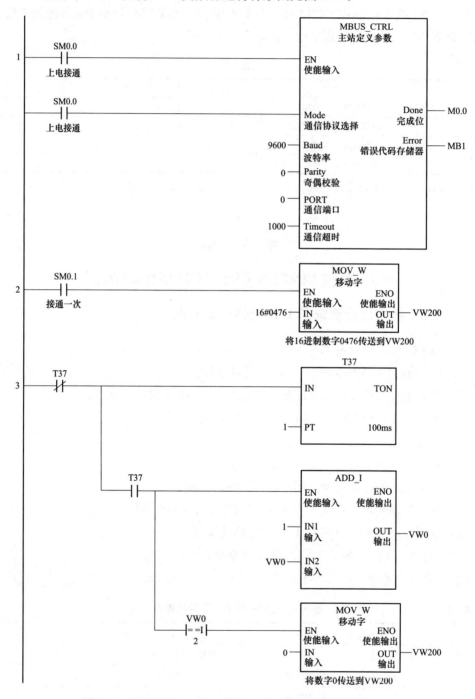

图 92-1　PLC 通过 ModBus 控制 ABB 变频器运行梯形图（一）

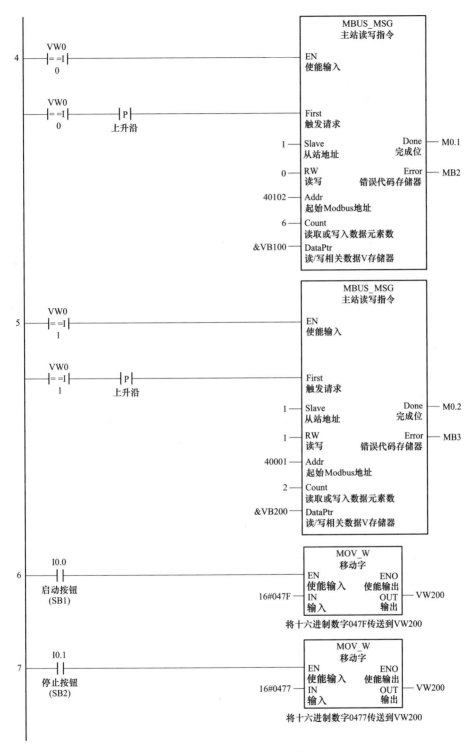

图 92-1　PLC 通过 ModBus 控制 ABB 变频器运行梯形图（二）

（二）PLC 接线详图

PLC 通过 ModBus 控制富士变频器运行电路接线图见图 92-2。

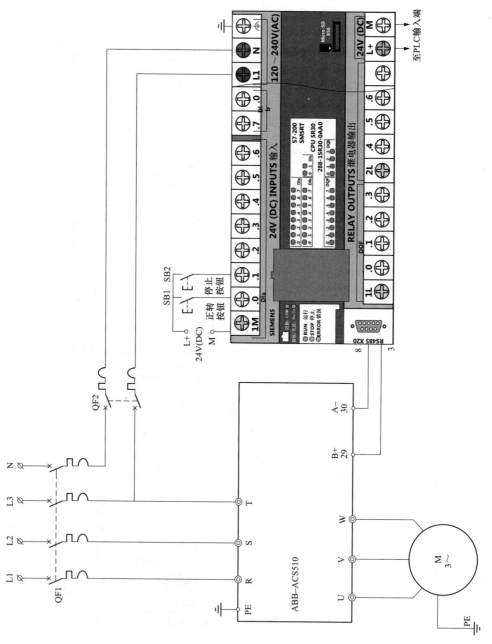

图 92-2　PLC 通过 ModBus 控制 ABB 变频器运行接线图

（三）图中应用的变频器主要参数表

相关参数功能含义说明见表 92-2。

表 92-2　　　　　　　　　　　变频器参数表含义说明

序号	功能	功能代码	设定数据	设定值含义说明
1	通信协议选择	9802	1	［1］的含义为标准 ModBus 工业通信系统。［0］：没有选择通信协议
2	站号	5302	1	［1］的含义为站地址为 1：　定义 R485 连接的站点地址
3	波特率	5303	9.6	［9.6］的含义为波特率选择为 9.6kbit/s
4	校验	5304	0	［0］的含义为校验方式为无效验一个停止位
5	控制类型	5305	0	［0］的含义为 ABB 传动简装版
6	外部 1 命令	1001	10	［10］的含义为由 ModBus 控制变频器启停
7	给定 1 选择	1102	0	［0］的含义为由 ModBus 控制变频器给定速度（0～20000 对应 0～50Hz）
8	给定值	1103	8	［8］的含义为给定值来自串行通信

（四）变频器所用寄存器地址说明

变频器寄存器地址见表 92-3。

表 92-3　　　　　　　　　　　变频器寄存器地址表

序号	地址	功能	范围	分辨率	备　注
1	0001	运行、停止			a. 初始化，即向 ModBus 寄存器 40001 中写入 1142（十六进制数为 0476）； b. 启动电动机，即向 ModBus 寄存器 40001 中写入 1151（十六进制数为 047F）； c. 停止电动机，即向 ModBus 寄存器 40001 中写入 1143（十六进制数为 0477）； d. 故障复位，即向 ModBus 寄存器 40001 中写入 1270（十六进制数为 04F6）
2	0002	频率给定	0～20000		传动的输入 0～50Hz 对应 0～20000
3	0102	速度	0～30000r/min	1r/min	寄存器地址
4	0103	输出频率	0.0～500Hz	0.1Hz	寄存器地址
5	0104	电流	0～2.0×I_n	0.1A	寄存器地址
6	0105	转矩	−200～200%	0.10%	寄存器地址
7	0106	功率	−2.0～2.0×P_{2n}	0.1kW	寄存器地址
8	0107	直流电压	0～2.5×V_{dn}	1V	寄存器地址

三、操作步骤

（一）硬件连接

1. ACS510 变频器

ACS510 变频器采用内置 RS-485 作为 ModBus 的物理接口，支持 ModBus RTU 的

传输模式，硬件上，变频器的 28-32 端子用于 RS-485 通信，使用屏蔽双绞线连接，方式如图 92-3 所示。为减小网络中的干扰，在网络两端用 120Ω 的电阻来作为 RS485 网络的终端电阻，使用 DIP 开关来连接或断开终端电阻。

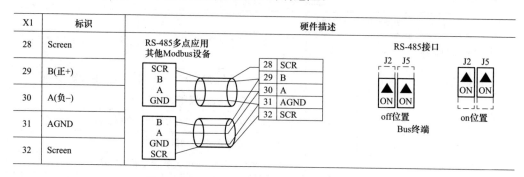

图 92-3　ACS510 变频器内置 RS-485 物理接口

2. S7-200SMART

通过 CPU 串行端口在 S7-200 SMART CPU 和其他设备之间进行通信。每个 S7-200 SMART CPU 都提供集成的 RS-485 端口（端口 0）。标准 CPU 额外支持可选 CM01 信号板（SB）RS-232/RS-485 端口（端口 1）。必须在用户程序中执行通信协议。通信端口的 3 和 8 端子即为 RS-485 通信端子（3 为正，8 为负），可以通过这个接口进行 ModBus 通信。

S7-200 SMART CPU 集成 RS-485 端口（端口 0）的引脚分配表见表 92-4。

表 92-4　　　　　　**S7-200 SMART CPU RS-485 端口引脚分配说明**

引脚编号	连接器	信号	集成 RS485 端口（端口 0）
1		屏蔽	机壳接地
2		24V 回流	逻辑公共端
3		RS-485 信号 B	RS-485 信号 B
4	引脚9　引脚5	请求发送	RTS（TTL）
5		5V 回流	逻辑公共端
6		+5V	+5V 输出，100Ω 串联电阻
7	引脚6　引脚1	+24V	+24V 输出
8		RS-485 信号 A	RS-485 信号 A
9		不适用	程序员检测（输入）1
连接器外壳		屏蔽	机壳接地

（二）变频器参数设置

参照表 92-2 设置变频器参数。

（三）S7-200SMART PLC 指令库定义

1. MBUS_CTRL 指令各管脚定义

EN 管脚表示使能，一直为 ON。Mode 管脚表示模式。为 1 时，ModBus 通信协议，为 0 时选择 PPI 通信模式。Baud 管脚为通信波特率，本例为 9600。Parity 为校验（0＝无校验、1＝奇校验、2＝偶校验）。Port 管脚为端口。0＝端口 0，1＝端口 1。Timeout 为通信超时以 ms 为单位，允许设置的范围为 1～32767ms。Done 管脚则为初始化完成，初始化完成后此位自动置 1。Error 管脚为错误字节。

2. MBUS_MSG 指令各管脚定义

EN 管脚表示使能。同一时刻只能有一个读写功能使用。First 管脚表示触发请求。Slave 管脚表示从站地址。RW 管脚表示读写操作。0＝读，1＝写。Addr 管脚表示读写从站的数据地址。Count 管脚表示数据个数。DataPtr 数据缓冲区首地址（指针格式）。如果是读指令，读回的数据放在这个数据区中；如果是写指令，要写出的数据放在这个数据区中。Done 管脚表示读写功能完成位。Error 管脚表示读写功能错误代码。Done位为 1 时才有效。

（四）S7-200SMART PLC 对通信端口进行通信协议定义

PLC 启动后，程序段 1 中的 SM0.0 接通，EN 管脚接通。MBUS_CTRL 指令开始使用，Mode 管脚接通定义通信端口为 ModBus 通信协议模式。通信波特率为 9600bit/s，这里填写 9600 是为了与变频器的波特率一致。校验方式为 0，也是和变频器一致。Timeout 为超时时间为 1000ms，可以根据需要自行设置。Done 管脚则为初始化完成，M0.0 自动置 1。如果初始化错误 MB1 则会接通。

（五）S7-200SMART PLC 对 ABB 变频器进行启停控制及读取运行数据

1. 变频器初始化

程序段 2 中的 SM0.1 首次扫描接通一次，将 16 进制的 0476 传送至 VB100 存储区，将 ABB 变频器进行初始化，未初始化的变频器，无法进行通信控制。

2. 通过定时器实现轮询控制

程序段 3 中定时器 T37 以 0.1s 频率进行通断，通过加整数指令、比较指令、传送指令使 VW0 中的数值从 0～1 之间变换。

3. 读取变频器参数

程序段 4 中 VW0 数值为 0 时，MBUS_MSG 指令生效，MBUS_MSG 指令开始读取寄存器地址 40102 开始的 6 个数据，并写入 PLC 指针 &VB100（即 VW100）开始的 6 个 V 存储区（VW100 至 VW110）中。应注意：PLC 在同一时间内只能完成读取或写入功能，而不能同时完成两项功能。

4. 变频器启停控制

程序段 5 中 VW0 数值为 1 时，MBUS_MSG 指令生效，MBUS_MSG 指令将起始指针地址为 &VB200 的数据，向数据地址 40001 中写入 2 个数据，VW200，VW202 分别对应启停控制和频率给定。完成后 M0.2 置 1。

按下启动按钮 SB1，程序段 6 中 I0.0 触点闭合，能流经 I0.0 将 16#047F 写入VW200，变频器启动运行；

按下停止按钮 SB2，程序段 7 中 I0.1 触点闭合，能流经 I0.1 将 16#0477 写入VW200，变频器停止运行。

5. PLC 对变频器给定频率

通过程序将 VW202 中的数值写给变频器，从而达到变频器频率的给定。由于0～50Hz 对应 0～20000 的整数，在 VW202 写入 10000。变频器设定频率就变为 25 Hz。

可以在 STEP 7 MicroWIN/SMART 的状态表中实现 PLC 控制变频器的频率给定、数据查询等功能的监视和给定工作了，状态表见表 92-5。

表 92-5   状态表

序号	地址	格式	当前值	新值
1	速度：VW100	有符号		
2	输出频率：VW102	有符号		
3	电流：VW104	有符号		
4	转矩：VW106	有符号		
5	功率：VW108	有符号		
6	直流母线电压：VW110	有符号		
7	给定频率：VW202	有符号		

注　这里各参数显示的数据值需要乘以相应的分辨率后，才是该参数的实际值。

第 93 例

PLC 通过 ModBus 控制三菱 F740 变频器运行

一、PLC 程序设计要求及 I/O 元件配置分配

（一）PLC 程序设计要求

（1）PLC 通过 ModBus 控制三菱变频器运行。

（2）按下正转启动按钮 SB1，变频器输出，电动机正转变频运行。

（3）按下反转启动按钮 SB2，变频器输出，电动机反转变频运行。

（4）按下停止按钮 SB3，变频器停止输出，电动机停止运行。

（5）在状态图表中可写入变频器运行频率。

（6）在状态图表中可读取变频器运行频率及输出电压。

（7）根据上面的控制要求，列出输入/输出分配表。

（8）根据控制要求，用 PLC 主站协议指令设计梯形图程序。

（9）根据控制要求，绘制 PLC 控制电路接线图。

（二）输入/输出设备及 I/O 元件配置分配表

输入/输出设备及 I/O 元件配置见表 93-1。

表 93-1   输入/输出设备及 I/O 元件配置表

输入设备			输出设备		
符号	地址	功能	符号	地址	功能
SB1	I0.0	正转启动按钮			
SB2	I0.1	反转启动按钮			
SB3	I0.2	停止按钮			

二、程序及电路设计

（一）PLC 梯形图

PLC 通过 ModBus 控制三菱 F740 变频器运行梯形图见图 93-1。

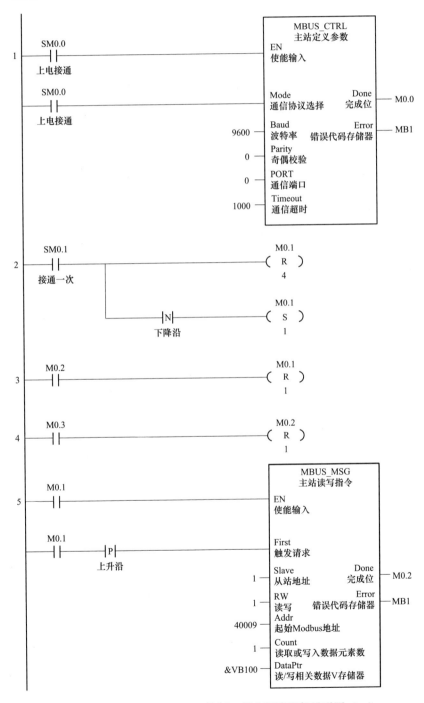

图 93-1 PLC 通过 ModBus 控制三菱变频器运行梯形图（一）

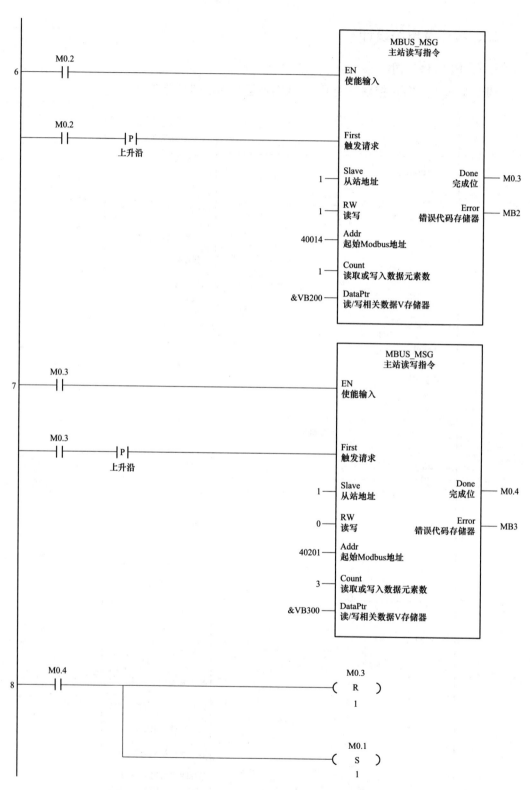

图 93-1　PLC 通过 ModBus 控制三菱变频器运行梯形图（二）

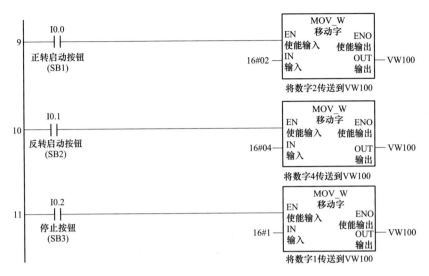

图 93-1　PLC 通过 ModBus 控制三菱变频器运行梯形图（三）

（二）PLC 接线详图

PLC 通过 ModBus 控制三菱变频器运行电路接线图见图 93-2。

（三）图中应用的变频器主要参数表

参数功能含义说明见表 93-2。

表 93-2　　　　　　　　　　　　　　变频器参数表含义说明

序号	参数	名称	设定值	设定值含义说明
1	Pr. 331	RS-485 通信站号	1	[1] 的含义为从站地址为 1
2	Pr. 332	RS-485 通信速度	96	[96] 的含义为传输速度为 9600bit/s
3	Pr. 334	RS-485 通信奇偶检查选择	0	[0] 的含义为无奇偶检查，停止位长 2 位
4	Pr. 335	RS-485 通信重试次数	9999	[9999] 的含义为不等于 "9999" 的情况下超过了重试次数，引发了通信错误，此时变频器将停止出，这个参数根据实际情况填写
5	Pr. 336	RS-485 通信校验时间间隔	9999	[9999] 的含义为将设定值设定为 "0.1～999.8s"，进行断线检测，设定值为 "9999" 时，不进行通信校验，这个参数根据实际情况填写
6	Pr. 338	通信运行指令权	0	[0] 的含义为运行指令权通信
7	Pr. 339	通信速度指令权	0	[0] 的含义速度指令权通信
8	Pr. 340	通信启动模式选择	2	[2] 的含义为在主机 RS-485 端子的通信运行时使用，变频器重新上电转为 NET 模式
9	Pr. 550	网络模式操作权选择	1	[1] 的含义 RS-485 端子有效
10	Pr. 549	协议选择	1	[1] 的含义 ModBus-RTU 协议
11	Pr. 79	操作模式选择	2	外部运行模式固定 可以切换外部和网络运行模式

注　Pr79 需最后设定。

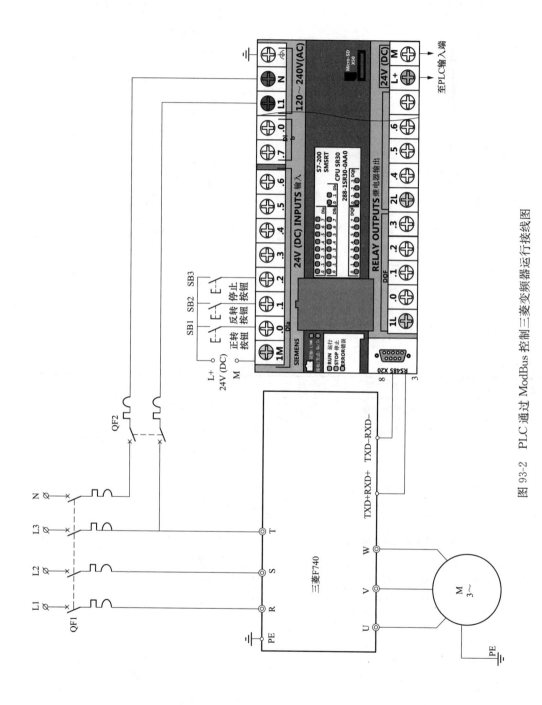

图 93-2　PLC通过 ModBus 控制三菱变频器运行接线图

（四）图中应用的寄存器地址及变频器状态、控制输入指令

变频器寄存器地址见表 93-3，变频器状态/控制输入命令见表 93-4。

表 93-3　　　　　　　　　　　　　　变频器寄存器地址表

序号	地址	功能	分辨率	备　注
1	40009	变频器状态/控制输入命令		（1）正转启动电动机，即向 ModBus 寄存器 40009 中写入十六进制数为 02。 （2）反转启动电动机，即向 ModBus 寄存器 40009 中写入十六进制数为 04。 （3）停止电动机，即向 ModBus 寄存器 40009 中写入 1
2	40014	频率设定	0.01Hz	寄存器地址
3	40201	输出频率	0.01Hz	寄存器地址
4	40202	输出电流	0.01A/0.1A	根据容量不同，55kW 以下为 0.01A，75kW 及以上 0.1A
5	40203	输出电压	0.1V	寄存器地址

表 93-4　　　　　　　　　　　　　　变频器状态/控制输入命令

位	定　义	
	控制输入指令	变频器状态
0	停止指令	RUN（变频器运行中）
1	正转指令	正转中
2	反转指令	反转中
3	RH（高速指令）	SU（频率到达）
4	RM（中速指令）	OL（过负载）
5	RL（低速指令）	IPF（瞬间停止）
6	JOG（点动运行）	FU（频率检测）
7	RT（第二功能选择）	ABC1（异常）
8	AU（电流输入选择）	ABC2（一）
9	CS（瞬间停止再启动选择）	0
10	MRS（输出停止）	0
11	STOP（启动自动保持）	0
12	RES（复位）	0
13	0	0
14	0	0
15	0	发生异常

【例 93-1】 例变频器启停控制。

参照表 93-4：如果要使变频器正转运行，0000 0000 0000 0010b＝02H；如果要使变频器反转运行，0000 0000 0000 0100b＝04H；如果要使变频器停止运行，0000 0000 0000 0001b＝1H。

三、操作步骤

（一）硬件连接

1. 三菱 F740 变频器

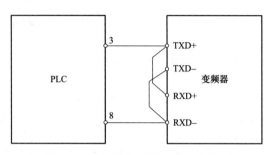

两线式时，RS-485 端子的收信端子和发信端子通过跨接布线可以实现 2 线式连接。PLC 与变频器 RS-485 接线图见图 93-3。

图 93-3　PLC 与变频器 RS485 接线图

2. S7-200SMART

通过 CPU 串行端口在 S7-200SMART CPU 和其他设备之间进行通信。每个 S7-200SMART CPU 都提供集成的 RS-485 端口（端口 0）。标准 CPU 额外支持可选 CM01 信号板（SB）RS-232/RS-485 端口（端口 1）。必须在用户程序中执行通信协议。通信端口的 3 和 8 端子即为 RS-485 通信端子（3 为正，8 为负），可以通过这个接口进行 ModBus 通信，见表 93-5。

表 93-5　　　　S7-200 SMART CPU 集成 RS-485 端口（端口 0）的引脚分配表

连接器	引脚编号	信号	集成 RS485 端口（端口 0）
	1	屏蔽	机壳接地
	2	24V 回流	逻辑公共端
	3	RS-485 信号 B	RS-485 信号 B
	4	请求发送	RTS（TTL）
引脚9　引脚5	5	5V 回流	逻辑公共端
	6	+5V	+5V 输出，100Ω 串联电阻
	7	+24V	+24V 输出
引脚6　引脚1	8	RS-485 信号 A	RS-485 信号 A
	9	不适用	程序员检测（输入）1
	连接器外壳	屏蔽	机壳接地

（二）变频器参数设置

参照表 93-2 设置变频器参数。

（三）S7-200SMART PLC 指令库定义

1. MBUS_CTRL 指令各管脚定义

EN 管脚表示使能输入，一直为 ON。Mode 通信协议选择。为 1 时，ModBus 通信协议，为 0 时选择 PPI 通信模式。Baud 管脚为通信波特率，本例为 9600。Parity 为奇偶校验（0=无校验、1=奇校验、2=偶校验）。Port 管脚为通信端口。0＝端口 0，1＝端口 1。Timeout 为通信超时以 ms 为单位，允许设置的范围为 1～32767ms。Done 管脚则为完成位，初始化完成后此位自动置 1，Error 管脚为错误代码存储器。

2. MBUS_MSG 指令各管脚定义

EN 管脚表示使能输入。同一时刻只能有一个读写功能使用。First 管脚表示触发请求。要使用沿触发。Slave 管脚表示从站地址。RW 管脚表示读写操作。0＝读，1＝写。Addr 管脚表示起始 ModBus 地址。Count 管脚表示读取或写入数据元素数。DataPtr 管脚表示读/写相关数据 V 存储器（指针格式）。如果是读指令，读回的数据放在这个数据区中；如果是写指令，要写出的数据放在这个数据区中。Done 管脚表示完成位。Error 管脚表示读写功能错误代码。Done 位为 1 时才有效。

（四）S7-200SMART PLC 对通信端口进行通信协议定义

PLC 启动后，程序段 1 中特殊辅助继电器 SM0.0 上电闭合，接通 MBUS_CTRL 主站定义参数 EN 管脚使能端。特殊辅助继电器 SM0.0 上电闭合，Mode 管脚接通定义通信端口为 ModBus 通信协议模式。通信波特率为 9.6kbit/s，这里填写 9600 是为了与变频器的波特率一致。校验方式为 0，也是和变频器设置一致。Timeout 为超时时间为 1000ms，可以根据需要自行设置。Done 管脚则为初始化完成，M0.0 自动置 1，如果初始化错误 MB1 则会接通。PLC 在同一时间内只能完成读取或写入功能，而不能同时完成两项功能

（五）S7-200SMART PLC 对变频器相关参数的读写

1. 利用完成位进行轮询

程序段 2 中在 PLC 扫描的第一个周期，将 M0.1～M0.4 复位后，利用下降沿指令将 M0.1 进行置位，这段程序的作用就是防止 PLC 上电运行时通信程序中断，无法实现轮询。程序段 3 和程序段 4 中实现了当前运行 MBUS_MSG 指令完成后，完成位 M0.1、M0.2 分别复位上一个 MBUS_MSG 指令触发端。程序段 8 中先复位 M0.3 后置位 M0.1，这几个程序块实现了完成位轮询的功能。

2. 控制变频器运行

程序段 5 中的 M0.1 接通时，同时接通 MBUS_MSG 主站读写指令 EN 管脚及 FIRST 管脚。MBUS_MSG 指令生效，MBUS_MSG 指令将起始指针地址 &VB100 的数据，向寄存器地址 40009（变频器的启停控制）中写入，完成后 M0.2 置 1。

3. 变频器频率给定

程序段 6 中 M0.2 接通时，同时接通 MBUS_MSG 主站读写指令 EN 管脚及 FIRST 管脚。MBUS_MSG 指令生效，MBUS_MSG 指令开始将指针地址 &VB200 的数据，向寄存器地址 40014（变频器的频率给定）中写入，完成后 M0.3 置 1。

4. 读取变频器运行频率

程序段 7 中的 M0.3 接通时，同时接通 MBUS_MSG 主站读写指令 EN 管脚及 FIRST 管脚。MBUS_MSG 指令生效。MBUS_MSG 指令开始读取寄存器地址 40201 开始的 3 个数据，并写入 PLC 指针 &VB300（即 VW300，VW302，VW304）开始的 3 个 V 存储区中，完成后 M0.4 置 1。

（六）PLC 启停控制

按下正转启动按钮 SB1，程序段 9 中 I0.0 触点闭合，能流经 I0.0 将 16♯02 写入

VW100，变频器正转运行；按下反转启动按钮SB2，程序段10中I0.1触点闭合，能流经I0.1将16#04写入VW100，变频器反转运行；按下停止按钮SB3，程序段11中I0.2触点闭合，能流经I0.2将16#1写入VW100，变频器停止运行。

可以在STEP 7 MicroWINSMART的状态图表中实现PLC控制变频器的频率给定、数据查询等功能的监视和给定工作，状态表见表93-6。

表93-6 **状态表**

序号	地址	格式	当前值	新值
1	启停控制：VW100	有符号		
2	设定频率：VW200	有符号		
3	输出频率：VW300	有符号		
4	输出电流：VW302	有符号		
5	输出电压：VW304	有符号		

注 这里各参数显示的数据值需要乘以相应的分辨率后，才是该参数的实际值。

第 94 例

PLC 通过 ModBus 控制台达变频器运行

一、PLC 程序设计要求及 I/O 元件配置分配

（一）PLC 程序设计要求

（1）PLC 通过 ModBus 控制台达变频器运行。

（2）按下正转启动按钮 SB1，变频器输出，电动机正转变频运行。

（3）按下反转启动按钮 SB2，变频器输出，电动机反转变频运行。

（4）按下停止按钮 SB3，变频器停止输出，电动机停止运行。

（5）在状态图表中可写入变频器运行频率。

（6）在状态图表中可读取变频器运行频率及输出电压。

（7）根据上面的控制要求，列出输入/输出分配表。

（8）根据控制要求，用 PLC 主站协议指令设计梯形图程序。

（9）根据控制要求，绘制 PLC 控制电路接线图。

（二）输入/输出设备及 I/O 元件配置分配表

输入/输出设备及 I/O 元件配置见表 94-1。

表 94-1 **输入/输出设备及 I/O 元件配置表**

输入设备			输出设备		
符号	地址	功能	符号	地址	功能
SB1	I0.0	正转启动按钮			
SB2	I0.1	反转启动按钮			
SB3	I0.2	停止按钮			

二、程序及电路设计

（一）PLC 梯形图

PLC 通过 ModBus 控制台达 VFD-M 变频器运行梯形图见图 94-1。

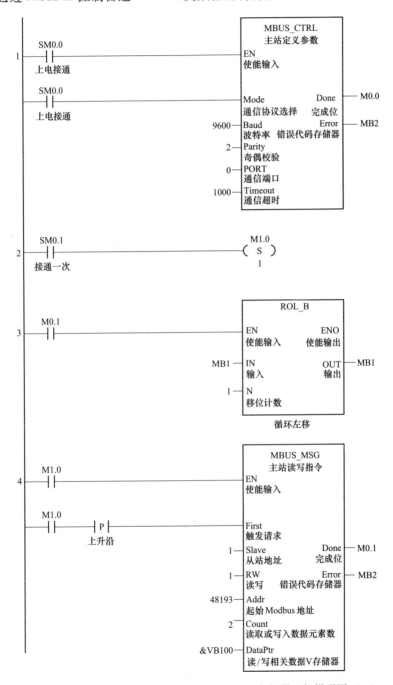

图 94-1 PLC 通过 ModBus 控制台达 VFD-M 变频器运行梯形图（一）

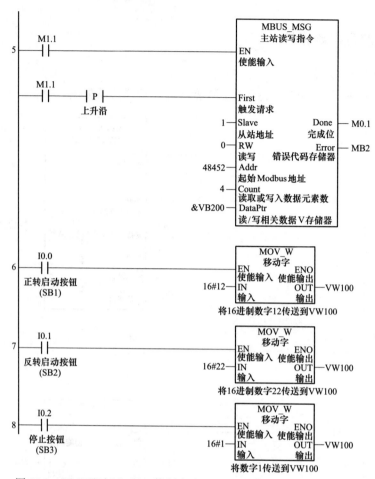

图 94-1　PLC 通过 ModBus 控制台达 VFD-M 变频器运行梯形图（二）

（二）PLC 接线详图

PLC 通过 ModBus 控制台达 VFD-M 变频器运行电路接线图见图 94-2。

（三）图中应用的变频器主要参数表

变频器参数含义说明见表 94-2。

表 94-2　　　　　　　　　　　　变频器参数含义说明

序号	参数	名称	设定值	设定值含义说明
1	P00	主频率输入来源设定	03	［03］的含义为主频率输入为通信输入
2	P01	运行指令选择	03	［03］的含义为运转指令为通信输入
3	P88	通信地址	1	［1］的含义为从站地址为 1
4	P89	通信传输速度	1	［1］的含义为传输速度为 9600bit/s
5	P90	传输错误处理	03	［03］的含义为不警告继续运转
6	P91	传输超时减除	0.0	［00］的含义为无超时检出
7	P92	通信数据格式	04	［04］的含义为 ModBus RTU 模式，数据格式＜8，E，1＞
8	P157	通信模式选择	01	［01］的含义为 ModBus 通信模式

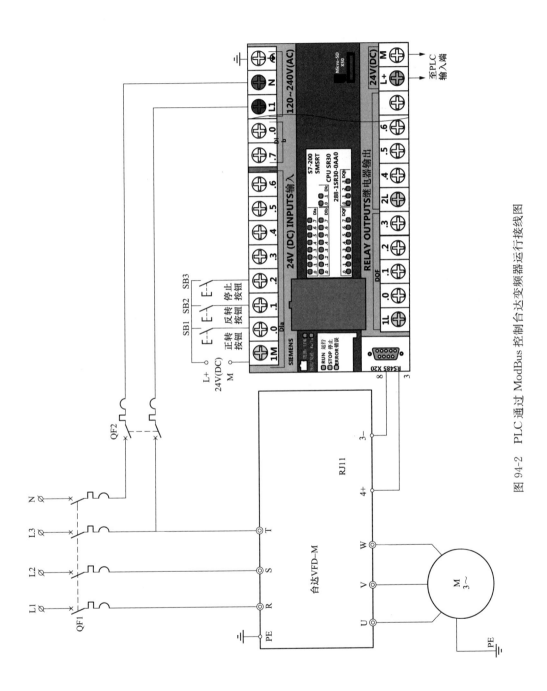

图 94-2 PLC 通过 ModBus 控制台达变频器运行接线图

（四）图中应用的变频器寄存器地址

变频器寄存器地址表见表94-3。

表94-3 变频器寄存器地址表

序号	地址	功能	分辨率	备 注
1	2000H	变频器控制输入命令		BIT 0-1：00 无功能；01 停止；10 启动；11 点动 BIT 4-5：00 无功能；01 正反向指令；10 反方向指令；11 改变方向指令
2	2001H	频率设定	0.01Hz	寄存器地址
3	2103H	输出频率	0.01Hz	寄存器地址
4	2104H	输出电流	0.1A	寄存器地址
5	2105H	直流电压	0.1V	寄存器地址
6	2106H	输出电压	0.1V	寄存器地址

【例94-1】 变频器启停控制。

变频器正转运行：二进制为 0000 0000 0001 0010 转换为十六进制为 12。

变频器反转运行：二进制为 0000 0000 0010 0010 转换为十六进制为 22。

变频器停止运行：二进制为 0000 0000 0000 0001 转换为十六进制为 1。

因此：

（1）正转启动电动机，即向 ModBus 寄存器 48193 中写入十六进制数为 12。

（2）反转启动电动机，即向 ModBus 寄存器 48193 中写入十六进制数为 22。

（3）停止电动机，即向 ModBus 寄存器 48193 中写入 1。

【例94-2】 变频器频率给定。

由表94-3可知，频率设定地址为十六进制数字为 2001，转换为十进制为 8193。因为保持寄存器的首地址为 40001，所以 addr 地址为 40001＋8193＝48194。将数字写入至 48193 寄存器中，就可以改变设定频率。

三、操作步骤

（一）硬件连接

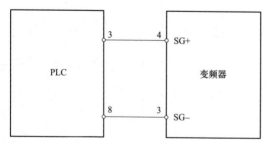

图94-3 PLC与变频器485接线图

1. 台达 VFD-M 变频器

VFD 系列变频器具有内置 RS-485 界面，两线式时，RS-485 端子的收信端子和发信端子通过跨接布线可以实现 2 线式连接，见图94-3。

2. S7-200SMART

通过 CPU 串行端口在 S7-200SMART CPU 和其他设备之间进行通信。每个 S7-200SMART CPU 都提供集成的 RS-485 端口（端口 0）。标准 CPU 额外支持可选

CM01 信号板（SB）RS-232/RS-485 端口（端口 1）。必须在用户程序中执行通信协议。通信端口的 3 和 8 端子即为 RS-485 通信端子（3 为正，8 为负），可以通过这个接口进行 ModBus 通信。S7-200SMART CPU 集成 RS-485 端口（端口 0）的引脚分配表见表94-4。

表 94-4　　　**S7-200 SMART CPU 集成 RS-485 端口（端口 0）的引脚分配表**

连接器	引脚编号	信号	集成 RS485 端口（端口 0）
	1	屏蔽	机壳接地
	2	24V 回流	逻辑公共端
	3	RS-485 信号 B	RS-485 信号 B
	4	请求发送	RTS（TTL）
引脚9　引脚5	5	5V 回流	逻辑公共端
引脚6　引脚1	6	+5V	+5V 输出，100Ω 串联电阻
	7	+24V	+24V 输出
	8	RS-485 信号 A	RS-485 信号 A
	9	不适用	程序员检测（输入）1
	连接器外壳	屏蔽	机壳接地

（二）变频器参数设置

参照表 94-2 设置变频器参数。

（三）S7-200SMART PLC 指令库定义

1. MBUS_CTRL 指令各管脚定义

EN 管脚表示使能输入，一直为 ON。Mode 通信协议选择。为 1 时，ModBus 通信协议，为 0 时选择 PPI 通信模式。Baud 管脚为通信波特率，本例为 9600。Parity 为奇偶校验（0＝无校验、1＝奇校验、2＝偶校验）本例为偶校验。Port 管脚为通信端口。0＝端口 0，1＝端口 1。Timeout 为通信超时以 ms 为单位，允许设置的范围为 1～32767ms。Done 管脚则为完成位，初始化完成后此位自动置 1，Error 管脚为错误代码存储器。

2. MBUS_MSG 指令各管脚定义

EN 管脚表示使能输入。同一时刻只能有一个读写功能使用。First 管脚表示触发请求。要使用沿触发。Slave 管脚表示从站地址。RW 管脚表示读写操作。0＝读，1＝写。Addr 管脚表示起始 ModBus 地址。Count 管脚表示读取或写入数据元素数。DataPtr 管脚表示读/写相关数据 V 存储器（指针格式）。如果是读指令，读回的数据放在这个数据区中；如果是写指令，要写出的数据放在这个数据区中。Done 管脚表示完成位。Error 管脚表示读写功能错误代码。Done 位为 1 时才有效。

（四）S7-200SMART PLC 对通信端口进行通信协议定义

PLC 启动后，程序段 1 中特殊辅助继电器 SM0.0 上电闭合，接通 MBUS_CTRL 主站定义参数 EN 管脚使能端。特殊辅助继电器 SM0.0 上电闭合，Mode 管脚接通定义通信端口为 ModBus 通信协议模式。通信波特率为 9.6kbit/s，这里填写 9600 是为了与变频器的波特率一致。校验方式为 0，也是和变频器设置一致。Timeout 为超时时间为 1000ms，可以根据需要自行设置。Done 管脚则为初始化完成，M0.0 自动置 1，如果初始化错误 MB1 则会接通。PLC 在同一时间内只能完成读取或写入功能，而不能同时完成两项功能

（五）S7-200SMART PLC 对变频器相关参数的读写

1. 利用循环左移字节指令进行轮询

程序段 2 中在 PLC 扫描的第一个周期，将 M1.0 进行置位。程序段 3 中使用字节循环左移指令完成位 M0.1 使能，每次使能在字节 0～7 中进行左移，空位补 0，最终使 M1.0～M1.7 轮流导通，因此 M1.0～M1.7 可作为 MBUS_MSG 的轮询触发信号。

2. 控制变频器运行

程序段 4 中的 M1.0 接通时，同时接通 MBUS_MSG 主站读写指令 EN 管脚及 FIRST 管脚。MBUS_MSG 指令生效，MBUS_MSG 指令将起始指针地址 &VB100（VW100、VW102）的两个字，向寄存器地址 48193、48194（变频器的启停控制和设定频率）中写入，完成后 M0.1 置 1。M0.1 置 1 后使循环左移指令使能，M1.0 置 0，M1.1 置 1。

3. 读取变频器运行频率

程序段 5 中的 M1.1 接通时，同时接通 MBUS_MSG 主站读写指令 EN 管脚及 FIRST 管脚。MBUS_MSG 指令生效。MBUS_MSG 指令开始读取寄存器地址 48452 开始的 4 个数据，并将 4 个字写入至 PLC 指针 &VB200（即 VW200，VW202，VW204、VW206）开始的 4 个 V 存储区中，完成后 M0.1 置 1。

（六）PLC 启停控制

按下正转启动按钮 SB1，程序段 6 中 I0.0 触点闭合，能流经 I0.0 将 16#12 写入 VW100，变频器正转运行；按下反转启动按钮 SB2，程序段 7 中 I0.1 触点闭合，能流经 I0.1 将 16#22 写入 VW100，变频器反转运行；按下停止按钮 SB3，程序段 8 中 I0.2 触点闭合，能流经 I0.2 将 16#1 写入 VW100，变频器停止运行。

可以在 STEP 7 MicroWINSMART 的状态图表中实现 PLC 控制变频器的频率给定、数据查询等功能的监视和给定工作，状态表见表 94-5。

表 94-5　　　　　　　　　　　　　状态表

序号	地址	格式	当前值	新值
1	启停控制：VW100	有符号		
2	设定频率：VW102	有符号		
3	输出频率：VW200	有符号		
4	输出电流：VW202	有符号		
5	直流电压：VW204	有符号		
6	输出电压：VW206	有符号		

注　表中各参数显示的数据值需要乘以相应的分辨率，才是该参数的实际值。

第十一章

PLC与触摸屏综合应用的编程

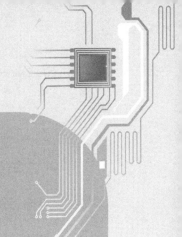

1. 电路用途

工业触摸屏，是通过触摸式工业显示器把人和机器连为一体的智能化界面。常和PLC连接在一起使用，控制工业现场的设备，如电动机的正反转运行控制、加热炉燃烧器的点火控制等。它是替代传统控制按钮和指示灯的智能化操作显示终端。可以在触摸屏上设置参数，显示数据，设备的工作状态，以及一些报警功能等自动化控制过程。更方便、快捷、表现力更强，并可简化为 PLC 的控制程序，功能强大的触摸屏创造了友好的人机界面。触摸屏作为一种特殊的计算机外设，它是目前最简单、方便、自然的一种人机交互方式。它赋予了多媒体以崭新的面貌，是极富吸引力的全新多媒体交互设备。本章节用到的触摸屏为昆仑通态 TCP7062TX。

2. 触摸屏编程软件简单使用

打开 MCGSE 组态环境软件，选择"文件"→"新建工程"→选择触摸屏型号为TCP7062TX，其他选项默认后确定。在选择"文件"→"工程另存为"选择保存的路径存储工程。在工作台上选择"设备窗口"双击鼠标左键打开"设备窗口"，在"设备管理"中双击鼠标左键打开"通用串口父设备"，在设备组态窗口里面添加了"通用串口父设备 0"。

在"设备管理"中双击鼠标左键打开"西门子_S7200PPI"，出现默认通信参数设置单击"是"确定，在设备组态窗口里面添加了"设备 0-〔西门子_S7200PPI〕"。在工作台上选择"用户窗口"单击鼠标左键单击"新建窗口"，在工作台上出现"窗口0"。双击鼠标左键打开"窗口 0"，出现"动画组态窗口 0"在里面可以组态画面。将USB通信电缆线连接电脑和触摸屏上 USB2 口，触摸屏接入 24V 直流电源。在 MCGSE组态环境软件中选择"工具"→"下载配置"，在"下载配置"菜单中选择项目有选择"连机运行"，"连接方式"选择"USB 通信"，单击"通信测试"返回信息框中显示通信测试正常后，单击"工程下载""确定"将当前的工程下载到触摸屏中，关闭"下载配置"单击"文件"→"保存窗口"保存新建工程窗口。

第 95 例

PLC 与触摸屏控制的电动机点动与连续运行控制电路

一、程序设计要求及配置分配

（一）PLC 程序、触摸屏组态设计要求

（1）在触摸屏动画组态窗口建立 SB1 点动、SB2 连续、SB3 停止按钮，并连接 PLC 对应的变量。

（2）按下触摸屏中 SB1 点动运行按钮，电动机 M 点动运行。

（3）按下触摸屏中 SB2 连续运行按钮，电动机 M 连续运行。

（4）按下触摸屏中 SB3 停止按钮，电动机 M 停止运行。

（5）电动机保护器 FM 辅助触点取动断触点。

（6）当电动机发生过载等故障时，电动机保护器 FM 动作，电动机停止运行。

（7）电动机保护器 FM 工作电源由外部控制电路电源直接供电。

（8）根据上面的控制要求列出 PLC 输入/输出分配表。

（9）根据控制要求，用 PLC 基本指令设计梯形图程序。

（10）根据控制要求，绘制 PLC 控制电路接线图。

（二）输入/输出设备及 I/O 元件配置分配表

输入/输出设备及 I/O 元件配置见表 95-1。

表 95-1　　　　　　　　　　输入/输出设备及 I/O 元件配置表

输入设备			输出设备		
符号	地址	配置	符号	地址	配置
SB1	M0.0	触摸屏点动运行按钮	KM	Q0.0	电动机接触器
SB2	M0.1	触摸屏连续运行按钮			
SB3	M0.2	触摸屏停止按钮			
FM	I0.0	电动机保护器			

二、PLC 程序、触摸屏画面组态及电路设计

（一）PLC 梯形图

PLC 控制的电动机点动与连续运行控制电路 PLC 梯形图见图 95-1。

（二）触摸屏画面组态

触摸屏画面见图 95-2。

打开窗口 0，在窗口 0 中组态画面。单击"工具箱"中"标签 A"在窗口 0 中拖拽

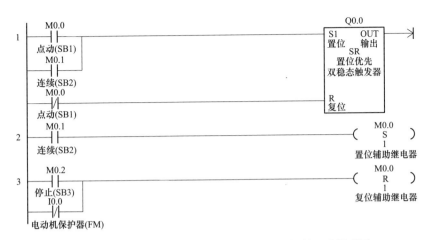

图 95-1　PLC 控制的电动机点动与连续运行控制电路梯形图

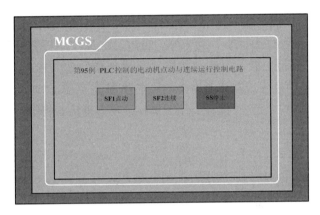

图 95-2　触摸屏组态画面

建立新的标签，双击新建标签，在标签动画组态属性设置中单击"扩展属性"，在文本内容中输入"第 95 例 PLC 控制的电动机点动与连续运行控制电路"在"属性设置"选择"字符颜色"为蓝色、选择"字体 Aa"为宋体、粗体、小三；选择"边线颜色"为没有边线，确定。

单击"工具箱"中"标准按钮"在窗口 0 中拖拽建立新按钮，如图 95-3 所示，双击新的按钮在"基本属性"中输入文本 SB1 点动，选择"字体 Aa"为宋体、粗体、小四，"背景颜色"选择绿色；选择"操作属性"中"抬起功能"勾选"数据对象操作值"按 1 松 0，单击"？"选择变量，单击"根据采集信息生成"，"通道类型"选择 M 寄存器，"通道地址"选择 0，"数据类型"选择通道的第 00 位，"读写类型"选择读写，确认。

鼠标右键拷贝 SB1 点动按钮粘贴一个按钮，双击粘贴的按钮在"基本属性"中输入文本为 SB2 连续，选择"字体 Aa"为宋体、粗体、小四，"背景颜色"选择绿色；选择"操作属性"中的"抬起功能"勾选"数据对象操作值"按 1 松 0，单击"？"选择变量，单击"根据采集信息生成"，"通道类型"选择 M 寄存器，"通道地址"选择 0，"数据类型"选择通道的第 01 位，"读写类型"选择读写，确认。

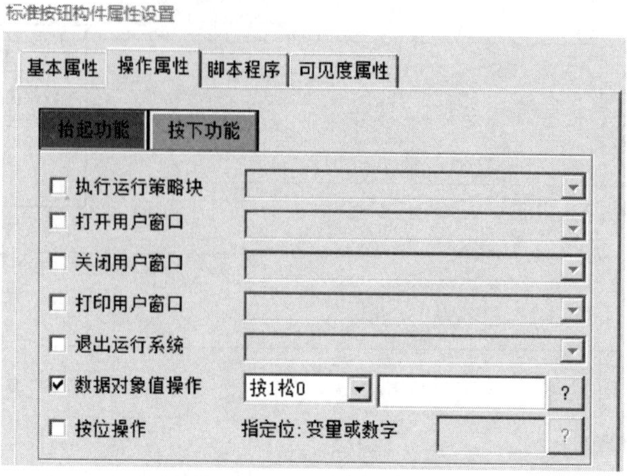

图 95-3　按钮属性界面

鼠标右键拷贝 SB1 点动按钮粘贴一个按钮，双击粘贴的按钮在"基本属性"中输入文本为 SB3 停止，选择"字体 Aa"为宋体、粗体、小四，"背景颜色"选择红色，选择"操作属性"中的"抬起功能"勾选"数据对象操作值"按 1 松 0，单击"?"选择变量，单击"根据采集信息生成"，"通道类型"选择 M 寄存器，"通道地址"选择 0，"数据类型"选择通道的第 02 位，"读写类型"选择读写，确认。将组态好的工程保存，并下载到触摸屏中。

（三）PLC 接线详图

PLC 控制的电动机点动与连续运行控制电路 PLC 接线图见图 95-4。

三、梯形图动作详解

闭合总电源 QS，闭合主电路电源断路器 QF1，闭合触摸屏、PLC、电动机保护器电源断路器 QF2。PLC 输入继电器 I0.0 信号指示灯亮，程序段 3 中 I0.0 触点断开。

（一）启动过程

1. 点动运行

按下触摸屏上点动按钮 SB1(M0.0)，程序段 1 中辅助继电器 M0.0 动合触点闭合触发置位优先双稳态触发器 Q0.0 置位输入端 S1，输出继电器 Q0.0 得电，接通外部接触器 KM 线圈电源，电动机运行。松开触摸屏上点动按钮 SB1(M0.0)，程序段 1 中辅助继电器 M0.0 动断触点复位触发置位优先双稳态触发器 Q0.0 复位输入端 R，输出继电器 Q0.0 失电，断开外部接触器 KM 线圈电源，电动机停止运行。

2. 连续运行

按下触摸屏上连续按钮 SB2(M0.1)，程序段 1 中辅助继电器 M0.1 动合触点闭合触发置位优先双稳态触发器 Q0.0 置位输入端 S1，输出继电器 Q0.0 得电，接通外部接触器 KM 线圈电源，电动机运行。同时程序段 2 中 M0.1 动合触点闭合，置位辅助继电器 M0.0，程序段 1 中 M0.0 动断触点断开。

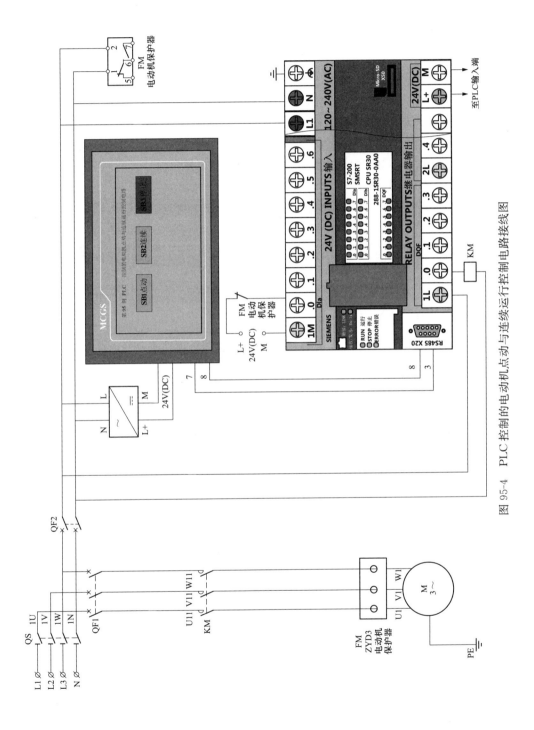

图 95-4 PLC 控制的电动机点动与连续运行控制电路接线图

（二）停止过程

按下触摸屏上停止按钮 SB3（M0.2），程序段 3 中辅助继电器 M0.2 动合触点闭合复位辅助继电器 M0.0，程序段 1 中辅助继电器 M0.0 动断触点复位触发置位优先双稳态触发器 Q0.0 复位输入端 R，输出继电器 Q0.0 失电，断开外部接触器 KM 线圈电源，电动机停止运行。

（三）保护原理

电动机在运行中发生电动机断相、过载、堵转、三相不平衡等故障，输入继电器 I0.0（M 过载保护）动断触点断开，程序段 3 中复位辅助继电器 M0.0，程序段 1 中辅助继电器 M0.0 动断触点复位触发置位优先双稳态触发器 Q0.0 复位输入端 R，输出继电器 Q0.0 失电，断开外部接触器 KM 线圈电源，电动机停止运行。

第 96 例

PLC 与触摸屏控制的电动机两地顺序启停控制电路

一、程序设计要求及配置分配

（一）PLC 程序、触摸屏组态设计要求

（1）在触摸屏动画组态窗口建立启动 SB1、停止 SB3、启动 SB2、停止按钮 SB4，并连接 PLC 对应的变量。

（2）在触摸屏动画组态窗口建立电动机 M1 和 M2 运行和停止指示灯，并连接 PLC 对应的变量。

（3）按下触摸屏中启动按钮 SB1 或者外部启动按钮 SB5，电动机 M1 运行，并且运行指示灯亮。

（4）第一台电动机启动后，按下触摸屏中启动按钮 SB2 或者外部启动按钮 SB6，电动机 M2 运行，并且运行指示灯亮。

（5）按下触摸屏中停止按钮 SB3 或者外部停止按钮 SB7，电动机 M1 停止运行，停止指示灯亮。

（6）第一台电动机停止后，按下触摸屏中停止按钮 SB4 或者外部停止按钮 SB8，电动机 M2 停止运行，停止指示灯亮。

（7）外部停止按钮 SB7、SB8 和电动机保护器 FM1、FM2 辅助触点均取动断触点。

（8）当电动机发生过载等故障时，电动机保护器 FM 动作，电动机停止运行。

（9）电动机保护器 FM 工作电源由外部控制电路电源直接供电。

（10）根据上面的控制要求列出 PLC 输入/输出分配表。

（11）根据控制要求，用 PLC 基本指令设计梯形图程序。

（12）根据控制要求，绘制 PLC 控制电路接线图。

（二）输入/输出设备及 I/O 元件配置分配表

输入/输出设备及 I/O 元件配置见表 96-1。

表 96-1　　　　　　　　　　　　输入/输出设备及 I/O 元件配置表

输入设备			输出设备		
符号	地址	功能	符号	地址	功能
SB1	M0.0	触屏启动按钮 1	KM1	Q0.0	第一台电动机接触器
SB2	M0.1	触屏启动按钮 2	KM2	Q0.1	第二台电动机接触器
SB3	M0.2	触屏停止按钮 1			
SB4	M0.3	触屏停止按钮 2			
SB5	I0.0	外部启动按钮 1			
SB6	I0.1	外部启动按钮 2			
SB7	I0.2	外部停止按钮 1			
SB8	I0.3	外部停止按钮 2			
FM1	I0.4	电动机保护器 1			
FM2	I0.5	电动机保护器 2			

二、PLC 程序、触摸屏画面组态及电路设计

(一) PLC 梯形图

PLC 与触摸屏控制的电动机两地顺启停控制电路 PLC 梯形图见图 96-1。

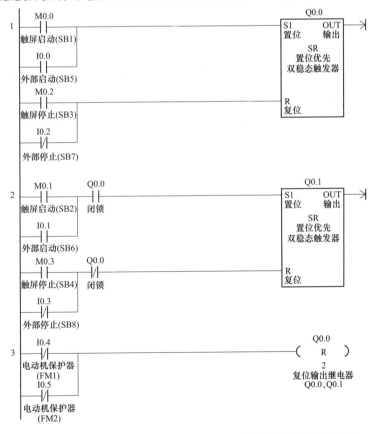

图 96-1　PLC 与触摸屏控制的电动机两地顺序启停控制电路梯形图

409

（二）触摸屏画面组态

触摸屏画面见图 96-2。

图 96-2　触摸屏组态画面

　　打开窗口 0，在窗口 0 中组态画面。单击"工具箱"中"标签 A"在窗口 0 中拖拽建立新的标签，双击新建标签，在标签动画组态属性设置中单击"扩展属性"，在文本内容中输入"第 96 例 PLC 控制的电动机两地顺序启停控制电路"在"属性设置"选择"字符颜色"为蓝色、选择"字体 Aa"为宋体、粗体、小三；选择"边线颜色"为没有边线，确定。

　　单击"工具箱"中"标准按钮"在窗口 0 中拖拽建立新的按钮，双击新的按钮在"基本属性"中输入文本 SB1 启动，选择"字体 Aa"为宋体、粗体、小四，"背景颜色"选择绿色；选择"操作属性"中的"抬起功能"，勾选"数据对象操作值"按 1 松 0，单击"？"选择变量，单击"根据采集信息生成"，"通道类型"选择 M 寄存器，"通道地址"选择 0，"数据类型"选择通道的第 00 位，"读写类型"选择读写，确认。

　　鼠标右键复制 SB1 启动按钮粘贴一个按钮，双击粘贴的按钮在"基本属性"中输入文本为 SB3 停止，选择"字体 Aa"为宋体、粗体、小四，"背景颜色"选择红色，选择"操作属性"中的"抬起功能"勾选"数据对象操作值"按 1 松 0，单击"？"选择变量，单击"根据采集信息生成"，"通道类型"选择 M 寄存器，"通道地址"选择 0，"数据类型"选择通道的第 02 位，"读写类型"选择读写，确认。

　　鼠标右键复制 SB1 启动按钮粘贴一个按钮，双击粘贴的按钮在"基本属性"中输入文本为 SB2 启动，选择"字体 Aa"为宋体、粗体、小四，"背景颜色"选择绿色，选择"操作属性"中的"抬起功能"勾选"数据对象操作值"按 1 松 0，单击"？"选择变量，单击"根据采集信息生成"，"通道类型"选择 M 寄存器，"通道地址"选择 0，"数据类型"选择通道的第 01 位，"读写类型"选择读写，确认。

　　鼠标右键复制 SB1 启动按钮粘贴一个按钮，双击粘贴的按钮在"基本属性"中输入文本为 SB4 停止，选择"字体 Aa"为宋体、粗体、小四，"背景颜色"选择红色，选择"操作属性"中的"抬起功能"勾选"数据对象操作值"按 1 松 0，单击"？"选择变量，单击"根据采集信息生成"，"通道类型"选择 M 寄存器，"通道地址"选择 0，"数据类型"选择通道的第 03 位,"读写类型"选择读写,确认。

在"工具箱"中单击"椭圆按钮"在启动按钮 SB1 下方拖拽出圆图案作为第一台电动机运行指示灯,双击圆图案,在"属性设置"中选择"边线颜色"为绿色"边线线型"选择最粗的线条。"静态属性"中填充颜色选择灰色,在"颜色动画连接"中勾选"填充颜色",在"填充颜色"设置中单击"?"选择变量,单击"根据采集信息生成","通道类型"选择 Q 寄存器,"通道地址"选择 0,"数据类型"选择通道的第 00 位,"读写类型"选择读写,在"填充颜色连接"中双击分段点 0 右侧对应颜色选择灰色,双击分段点 1 右侧对应颜色,选择绿色确认。

用同样的方法在启动按钮 SB2 下方组态第二台电动机的运行指示灯,在"填充颜色"设置中单击"?"选择变量,单击"根据采集信息生成","通道类型"选择 Q 寄存器,"通道地址"选择 0,"数据类型"选择通道的第 01 位,"读写类型"选择读写,确认。

在"工具箱"中单击"椭圆按钮"在停止按钮 SB3 下方拖拽出圆图案作为第一台电动机停止指示灯,双击圆图案,在"属性设置"中选择"边线颜色"为红色"边线线型"选择最粗的线条。"静态属性"中填充颜色选择灰色,在"颜色动画连接"中勾选"填充颜色",在"填充颜色"设置中单击"?"选择变量,单击"根据采集信息生成","通道类型"选择 Q 寄存器,"通道地址"选择 0,"数据类型"选择通道的第 00 位,"读写类型"选择读写,在"填充颜色连接"中双击分段点 0 右侧对应颜色选择红色,双击分段点 1 右侧对应颜色,选择灰色确认。

用同样的方法在停止按钮 SB4 下方组态第二台电动机的停止指示灯,在"填充颜色"设置中单击"?"选择变量,单击"根据采集信息生成","通道类型"选择 Q 寄存器,"通道地址"选择 0,"数据类型"选择通道的第 01 位,"读写类型"选择读写,确认。将组态好的工程保存,并下载到触摸屏中。

(三)PLC 接线详图

PLC 与触摸屏控制的电动机两地顺序启停控制电路 PLC 接线图见图 96-3。

三、梯形图动作详解

闭合总电源 QS,闭合主电路电源断路器 QF1、QF2,闭合触摸屏、PLC、电动机保护器电源断路器 QF3。PLC 输入继电器 I0.2～I0.5 信号指示灯亮,梯形图中 I0.2～I0.5 触点断开。

(一)启动过程

1. 第一台电动机启动

按下触摸屏上启动按钮 SB1(M0.0)或者外部启动按钮 SB5(I0.0),程序段 1 中辅助继电器 M0.0 动合触点或者输入继电器 I0.0 动合触点闭合,触发置位优先双稳态触发器 Q0.0 置位输入端 S1,输出继电器 Q0.0 得电,接通外部接触器 KM1 线圈电源,第一台电动机运行。同时触摸屏上第一台电动机运行指示灯变为全绿色,停止指示灯变为空心红色。同时程序段 2 中连接到置位优先双稳态触发器 Q0.1 的 S1 端 Q0.0 触点闭合,为第二台电动机启动做准备。连接到置位优先双稳态触发器 Q0.1 的 R 端 Q0.0 触点断开,为第二台电动机停止做准备。

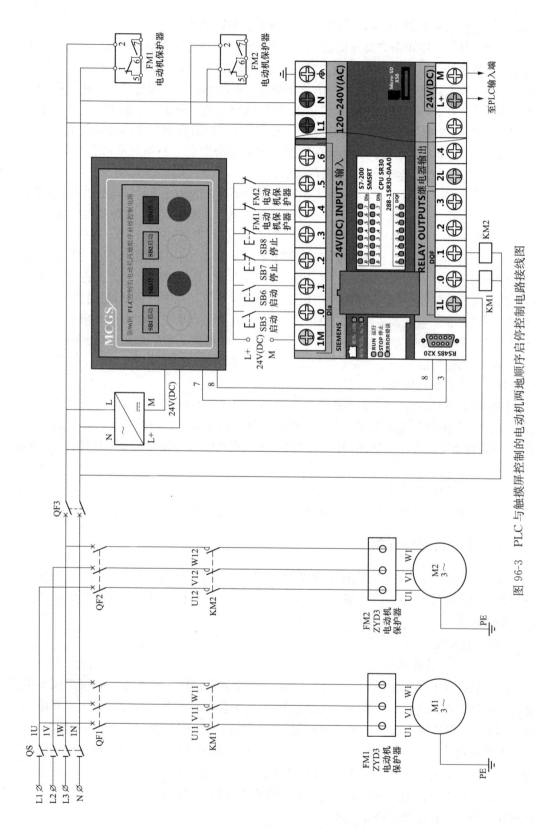

图 96-3　PLC 与触摸屏控制的电动机两地顺序启停控制电路接线图

2. 第二台电动机启动

按下触摸屏上启动按钮 SB2（M0.1）或者外部启动按钮 SB6（I0.1），程序段 2 中辅助继电器 M0.1 动合触点或者输入继电器 I0.1 动合触点闭合，能流经 Q0.0 动断触点触发置位优先双稳态触发器 Q0.1 置位输入端 S1，输出继电器 Q0.1 得电，接通外部接触器 KM2 线圈电源，第二台电动机运行。同时触摸屏上第二台电动机运行指示灯变为全绿色，停止指示灯变为空心红色。

（二）停止过程

1. 第一台电动机停止

按下触摸屏上停止按钮 SB3（M0.2）或者外部停止按钮 SB7（I0.2），程序段 1 中辅助继电器 M0.2 动合触点或者输入继电器 I0.2 动合触点闭合，触发置位优先双稳态触发器 Q0.0 复位输入端 R，输出继电器 Q0.0 失电，断开外部接触器 KM1 线圈电源，第一台电动机停止运行。同时触摸屏上第一台电动机运行指示灯变为空心绿色，停止指示灯变为全红色。同时程序段 2 中连接到置位优先双稳态触发器 Q0.1 的 S1 端 Q0.0 触点断开。连接到置位优先双稳态触发器 Q0.1 的 R 端 Q0.0 触点闭合，为第二台电动机停止做准备。

2. 第二台电动机停止

按下触摸屏上停止按钮 SB4（M0.3）或者外部停止按钮 SB8（I0.3），程序段 2 中辅助继电器 M0.3 动合触点或者输入继电器 I0.3 动合触点闭合，能流经 Q0.0 动断触点触发置位优先双稳态触发器 Q0.1 复位输入端 R，输出继电器 Q0.1 失电，断开外部接触器 KM2 线圈电源，第二台电动机停止运行。同时触摸屏上第二台电动机运行指示灯变为空心绿色，停止指示灯变为全红色。

（三）保护原理

电动机在运行中发生电动机断相、过载、堵转、三相不平衡等故障，输入继电器 I0.4（M1 过载保护）或 I0.5（M2 过载保护）动断触点断开，程序段 3 中 I0.4 或 I0.5 动断触点闭合，复位输出继电器 Q0.0、Q0.1，输出继电器 Q0.0、Q0.1 失电，断开外部接触器 KM1 和 KM2 线圈电源，两台电动机停止运行。

第 97 例

PLC 与触摸屏控制的电动机正、反转位置控制电路

一、程序设计要求及配置分配

（一）PLC 程序、触摸屏组态设计要求

（1）用 PLC 和触摸屏设计电动机正、反转位置控制自动往返小车。

（2）在触摸屏动画组态窗口建立正转启动 SB1、反转启动 SB2、停止按钮 SB3，并连接 PLC 对应的变量。

（3）在触摸屏动画组态窗口建立电动机 M 正转运行、反转运行和停止指示灯，并

连接 PLC 对应的变量。

（4）在触摸屏动画组态窗口建立正转启动延时时间和反转启动延时时间显示，并连接 PLC 对应的变量。

（5）按下触摸屏中正转启动按钮 SB1 电动机 M 运行小车右行，并且正转运行指示灯亮，碰到限位开关 SQ2 小车停止停止指示灯亮，延时 5s 后，小车左行。

（6）小车左行碰到限位开关 SQ1 小车停止，延时 5s 后小车右行，相应指示灯点亮或熄灭。

（7）按下触摸屏中反转启动 SB2 按钮电动机 M 运行小车左行，并且反转运行指示灯亮，碰到限位开关 SQ1 小车停止停止指示灯亮，延时 5s 后，小车右行。

（8）小车右行碰到限位开关 SQ2 小车停止，延时 5s 后小车左行，相应指示灯点亮或熄灭。

（9）小车在运行中可随时按下停止按钮 SB3 停在任意位置。

（10）电动机保护器 FM 辅助触点取动断触点。

（11）当电动机发生过载等故障时，电动机保护器 FM 动作，电动机停止运行。

（12）电动机保护器 FM 工作电源由外部控制电路电源直接供电。

（13）根据上面的控制要求列出 PLC 输入/输出分配表。

（14）根据控制要求，用 PLC 基本指令设计梯形图程序。

（15）根据控制要求，绘制 PLC 控制电路接线图。

（二）输入/输出设备及 I/O 元件配置分配表

输入/输出设备及 I/O 元件配置见表 97-1。

表 97-1　　　　　　　　　　输入/输出设备及 I/O 元件配置表

输入设备			输出设备		
符号	地址	功能	符号	地址	功能
SB1	M0.0	触摸屏正转启动按钮	KM1	Q0.0	电动机正转接触器
SB2	M0.1	触摸屏反转启动按钮	KM2	Q0.1	电动机反转接触器
SB3	M0.2	触摸屏停止按钮			
SQ1	I0.0	左限位开关			
SQ2	I0.1	右限位开关			
FM	I0.2	电动机保护器			

二、PLC 程序、触摸屏画面组态及电路设计

（一）PLC 梯形图

PLC 与触摸屏控制的电动机正、反转位置控制电路 PLC 梯形图见图 97-1。

（二）触摸屏画面组态

触摸屏画面见图 97-2。打开窗口 0，在窗口 0 中组态画面。参考 95 例组态过程，单击"工具箱"中"标签 A"在窗口 0 中拖拽建立新的标签，分别为"第 97 例 PLC 控制的电动机正/反转、位置控制电路""正转运行指示""反转运行指示""停止运行指示"

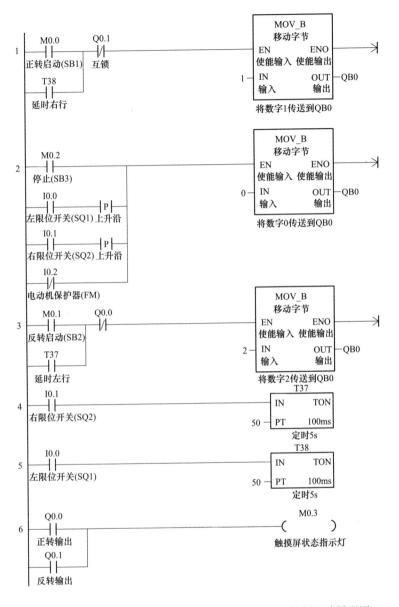

图 97-1 PLC与触摸屏控制的电动机正、反转位置控制电路梯形图

"正转启动延时时间"和"反转启动延时时间"。

参考 96 例组态过程,新建"SB1 正转启动""SB2 反转启动""SB3 停止"三只按钮,分别连接设备 0_读写 M000_0、设备 0_读写 M000_1、设备 0_读写 M000_2 变量;新建"正转运行指示灯""反转运行指示灯"和"停止运行指示灯",分别连接设备 0_读写 Q000_0、设备 0_读写 Q000_1、设备 0_读写 M000_3 变量。

在"正转启动延时时间"标签下新建标签,新建标签"属性设置"→"静态属性"中"填充颜色"为蓝色,"字符颜色"为红色,在"输入输出连接"中勾选"显示输出",单击"显示输出"属性设置中"?"选择变量,单击"根据采集信息生成","通道

图 97-2　触摸屏组态画面

类型"选择 T 寄存器，"通道地址"选择 38，"数据类型"选择 32 位无符号二进制，"读写类型"选择读写，"输出值类型"选择"数值量输出"，勾选"单位"输入"S"，"输出格式"勾选自然小数，确认。在"工作台"上双击"设备窗口"在"设备组态"窗口双击"设备 0—[西门子_S7200PPI]"在"设备编辑窗口"右侧找到通道名称为"读写 TDUB038"的变量，单击选中，单击"通道处理设置"单击处理方法中第 5 项工程转换，在工程转换例输入转换参数为"Imin=0，IMx=100，Vmin=0，VMx=10"确认。

用同样方法在"反转启动延时时间"标签下新建标签，其中"通道地址"改为 37，读写改为"读写 TDUB037"的变量，将组态好的工程保存，并下载到触摸屏中。

（三）PLC 接线详图

PLC 与触摸屏控制的电动机正、反转位置控制电路 PLC 接线图见图 97-3。

三、梯形图动作详解

闭合总电源 QS，闭合主电路电源断路器 QF1，闭合触摸屏、PLC、电动机保护器电源断路器 QF2。PLC 输入继电器 I0.2 信号指示灯亮，程序段 2 中 I0.2 触点断开。

（一）启动过程

1. 手动启动电动机正转

电动机在停止状态下，按下触摸屏上正转启动按钮 SB1（M0.0），程序段 1 中辅助继电器 M0.0 动合触点闭合能流经 Q0.1 动断触点将十进制数字 1 传送到 QB0 字节中，输出继电器 Q0.0 得电，接通外部接触器 KM1 线圈电源，电动机正转运行，小车向右行进，同时触摸屏上正转运行指示灯变为全绿色，停止指示灯变为空心红色。

2. 手动启动电动机反转

电动机在停止状态下，按下触摸屏上反转启动按钮 SB2（M0.1），程序段 3 中辅助继电器 M0.1 动合触点闭合能流经 Q0.0 动断触点将十进制数字 2 传送到 QB0 字节中，输出继电器 Q0.1 得电，接通外部接触器 KM2 线圈电源，电动机反转运行，小车向左行进，同时触摸屏上反转运行指示灯变为全绿色，停止指示灯变为空心红色。

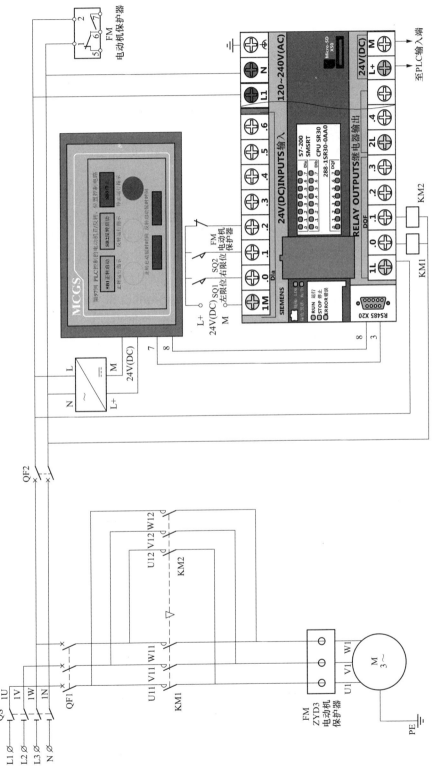

图97-3 PLC与触摸屏控制的电动机正、反转位置控制电路接线图

3. 位置控制电动机反转

小车在右侧碰到右限位开关 SQ2，程序段 2 中 I0.1 触点闭合，能流经 I0.1 触点上升沿触发一次，将十进制数字 0 传送到 QB0 字节中，输出继电器 Q0.0 失电，断开外部接触器 KM1 线圈电源，电动机停止正转运行小车停止右行，同时触摸屏上正转运行指示灯变为空心绿色，停止指示灯变全红色。程序段 4 中 I0.1 触点闭合，定时器 T37 得电定时 5s，触摸屏上反转启动延时时间从 0s 递增显示到 5s，5s 后程序段 3 中 T37 触点闭合，能流经 Q0.0 动断触点将十进制数字 2 传送到 QB0 字节中，输出继电器 Q0.1 得电，接通外部接触器 KM2 线圈电源，电动机反转运行，小车向左行进，同时触摸屏上反转运行指示灯变为全绿色，停止指示灯变为空心红色，同时触摸屏上反转启动延时时间显示为 0s。

4. 位置控制电动机正转

小车在左侧碰到左限位开关 SQ1，程序段 2 中 I0.0 触点闭合，能流经 I0.0 触点上升沿触发一次，将十进制数字 0 传送到 QB0 字节中，输出继电器 Q0.1 失电，断开外部接触器 KM2 线圈电源，电动机停止反转运行小车停止左行，同时触摸屏上反转运行指示灯变为空心绿色，停止指示灯变全红色。程序段 5 中 I0.0 触点闭合，定时器 T38 得电定时 5s，触摸屏上正转启动延时时间从 0s 递增显示到 5s，5s 后程序段中 T38 触点闭合，能流经 Q0.1 动断触点将十进制数字 1 传送到 QB0 字节中，输出继电器 Q0.0 得电，接通外部接触器 KM1 线圈电源，电动机正转运行，小车向右行进，同时触摸屏上正转运行指示灯变为全绿色，停止指示灯变为空心红色，同时触摸屏上正转启动延时时间显示为 0s。

（二）停止过程

小车运行在任何位置时按下触摸屏上停止按钮 SB3（M0.2），程序段 2 中辅助继电器 M0.2 动合触点闭合将十进制数字 0 传送到 QB0 字节中，输出继电器 Q0.0、Q0.1 失电，断开外部接触器 KM1、KM2 线圈电源，电动机小车停止运行，同时触摸屏上正转运行指示灯、反转运行指示灯变为空心绿色，程序段 6 中 Q0.0 或 Q0.1 触点闭合，辅助继电器 M0.3 得电，触摸屏上停止指示灯变为空心红色，Q0.0 或 Q0.1 触点断开，辅助继电器 M0.3 失电，触摸屏上停止指示灯变为全红色。

（三）保护原理

电动机在运行中发生电动机断相、过载、堵转、三相不平衡等故障，输入继电器 I0.2（M 过载保护）动断触点断开，程序段 2 中 I0.2 动断触点闭合，将十进制数字 0 传送到 QB0 字节中，输出继电器 Q0.0、Q0.1 失电，断开外部接触器 KM1、KM2 线圈电源，电动机小车停止运行，同时触摸屏上正转运行指示灯、反转运行指示灯变为空心绿色，触摸屏上停止指示灯变为全红色。

第 98 例

PLC 与触摸屏控制的电动机降压启动与电动机制动控制电路

一、程序设计要求及配置分配表

（一）PLC 程序、触摸屏组态设计要求

（1）在触摸屏动画组态窗口建立启动 SB1 按钮、停止按钮 SB2，并连接 PLC 对应

的变量。

（2）在触摸屏动画组态窗口建立电动机 M 降压启动、全压运行和电磁抱闸指示灯，并连接 PLC 对应的变量。

（3）在触摸屏动画组态窗口建立全压运行延时时间和设定延时时间显示，并连接 PLC 对应的变量。

（4）在触摸屏上触摸延时时间显示窗口，设定延时时间。

（5）按下触摸屏中启动按钮 SB1 电动机 M 降压启动，电磁抱闸松开，触摸屏上显示电动机全压运行延时时间；并且相应指示灯点亮。

（6）延时时间等于设定时间后，电动机全压运行并且相应指示灯点亮。

（7）按下触摸屏中停止按钮 SB2 电动机 M 停止运行，电磁抱闸制动相应指示灯点亮。

（8）电动机保护器 FM 辅助触点取动断触点。

（9）当电动机发生过载等故障时，电动机保护器 FM 动作，电动机停止运行。

（10）电动机保护器 FM 工作电源由外部控制电路电源直接供电。

（11）根据上面的控制要求列出 PLC 输入/输出分配表。

（12）根据控制要求，用 PLC 基本指令设计梯形图程序。

（13）根据控制要求，绘制 PLC 控制电路接线图。

（二）输入/输出设备及 I/O 元件配置分配表

输入/输出设备及 I/O 元件配置见表 98-1。

表 98-1   **输入/输出设备及 I/O 元件配置表**

输入设备			输出设备		
符号	地址	功能	符号	地址	功能
SB1	M0.0	触摸屏启动按钮	KM1	Q0.0	电动机降压启动接触器
SB2	M0.1	触摸屏停止按钮	KM2	Q0.1	电磁抱闸接触器
FM	I0.0	电动机保护器	KM3	Q0.2	电动机全压运行接触器

二、PLC 程序、触摸屏画面组态及电路设计

（一）PLC 梯形图

PLC 与触摸屏控制的电动机降压启动与电动机制动控制电路 PLC 梯形图见图 98-1。

（二）触摸屏画面组态

触摸屏画面见图 98-2。

打开窗口 0，在窗口 0 中组态画面。参考 97 例组态过程，单击"工具箱"中"标签 A"在窗口 0 中拖拽建立新的标签，分别为"第 98 例 PLC 控制的电动机降压启动与电动机制动控制电路""降压启动指示""全压运行指示""电磁抱闸指示""设定延时时间"和"全压运行延时时间"。

参考 97 例组态过程，新建"SB1 启动""SB2 停止"两只按钮，分别连接设备 0_读

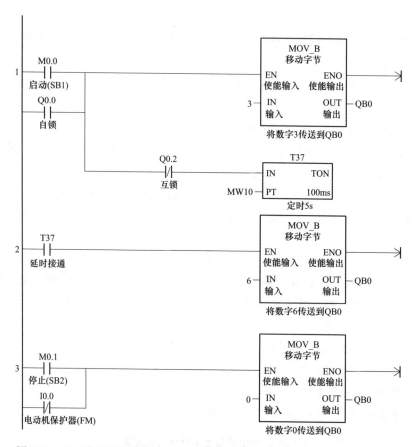

图 98-1　PLC 与触摸屏控制的电动机降压启动与电动机制动控制电路梯形图

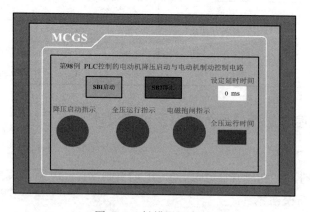

图 98-2　触摸屏组态画面

写 M000_0、设备 0_读写 M000_1 变量；新建"降压启动指示灯""全压运行指示灯"和"电磁抱闸指示灯"，分别连接设备 0_读写 Q000_0、设备 0_读写 Q000_2、设备 0_读写 Q000_1 变量。其中"降压启动指示灯""全压运行指示灯"和"电磁抱闸指示灯"，"属性设置"→"静态属性"中"填充颜色"为红色，"填充颜色"颜色连接分段点 0 右侧对应颜色选择红色，双击分段点 1 右侧对应颜色选择绿色。

在"全压运行延时时间"标签下新建标签，显示延时时间参考 97 例组态过程。在组态画面的工具箱中找"输入框 ab｜"在"设定延时时间"的标签下拖拽出输入框，在"输入框构件属性设置"→"操作属性"勾选使用单位并输入 ms，去掉勾选自然小数位，去掉勾选四舍五入，保留十进制选项，小数点位数为 0，最小值输入 0，最大值输入 500。单击"?"选择变量，单击"根据采集信息生成"，"通道类型"选择 M 寄存器，"通道地址"选择 10，"数据类型"16 位 无符号二进制，"读写类型"选择读写，确认。将组态好的工程保存，并下载到触摸屏中。

（三）PLC 接线详图

PLC 与触摸屏控制的电动机降压启动与电动机制动控制电路 PLC 接线图见图 98-3。

三、梯形图动作详解

闭合总电源 QS，闭合主电路电源断路器 QF1，闭合触摸屏、PLC、电动机保护器电源断路器 QF2。在 PLC 编程软件中双击"系统块"选项，单击"保存范围"在范围 0 中数据区选择 MW，偏移量 0，单元数目 10，确定并保存后将程序下载到 PLC 中，PLC 输入继电器 I0.0 信号指示灯亮，程序段 3 中 I0.0 触点断开。

（一）启动过程

1. 电动机降压启动

触控触摸屏"设定延时时间"标签下面输入框弹出输入数字键盘，输入 50 确认程序段 1 中定时器 T37 预设值为 50。按下触摸屏上启动按钮 SB1（M0.0），程序段 1 中辅助继电器 M0.0 动合触点闭合将十进制数字 3 传送到 QB0 字节中，输出继电器 Q0.0 得电，接通外部接触器 KM1 线圈电源，电动机降压启动，输出继电器 Q0.1 得电，接通外部接触器 KM2 线圈电源，电磁抱闸 YB 松开，同时触摸屏上降压启动指示灯和电磁抱闸指示灯变为绿色，全压运行指示灯继续保持为红色。程序段 1 中 Q0.0 触点闭合"能流"经 Q0.2 动断触点接通定时器 T37，同时触摸屏上"全压运行延时时间"从 0s 递增到 5s。

2. 电动机全压运行

程序段 2 中 5s 后定时器 T37 触点闭合，将十进制数字 6 传送到 QB0 字节中，输出继电器 Q0.1 得电，接通外部接触器 KM2 线圈电源，电磁抱闸 YB 松开，输出继电器 Q0.2 得电接通外部接触器 KM3 线圈电源，电动机全压运行，同时触摸屏上降压启动指示灯变为红色，电磁抱闸指示灯和全压运行指示灯变为绿色。同时触摸屏上"全压运行延时时间"显示 0s。

（二）停止过程

电动机在运行时，按下触摸屏上停止按钮 SB2（M0.1），程序段 3 中辅助继电器 M0.1 动合触点闭合将十进制数字 0 传送到 QB0 字节中，输出继电器 Q0.2 失电，断开外部接触器 KM3 线圈电源，电动机停止运行，同时输出继电器 Q0.1 失电，断开外部接触器 KM2 线圈电源，电磁抱闸 YB 制动。触摸屏上降压启动指示灯、全压运行指示灯和电磁抱闸示灯变为红色。

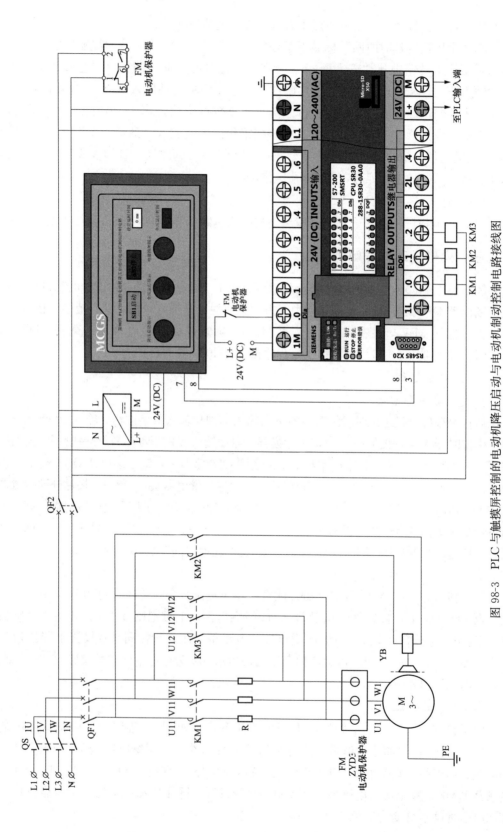

图98-3　PLC与触摸屏控制的电动机降压启动与电动机制动控制电路接线图

（三）保护原理

电动机在运行中发生电动机断相、过载、堵转、三相不平衡等故障，输入继电器 I0.0（M 过载保护）动断触点断开，程序段 3 中 I0.0 动断触点闭合，将十进制数字 0 传送到 QB0 字节中，输出继电器 Q0.2 失电，断开外部接触器 KM3 线圈电源，电动机停止运行，同时输出继电器 Q0.1 失电，断开外部接触器 KM2 线圈电源，电磁抱闸 YB 制动。触摸屏上降压启动指示灯、全压运行指示灯和电磁抱闸示灯变为红色。

第 99 例

PLC 与触摸屏控制的三速电动机控制电路

一、程序设计要求及配置分配

（一）PLC 程序、触摸屏组态设计要求

（1）在触摸屏动画组态窗口建立 SB1 启动按钮、SB2 启动按钮、SB3 启动按钮、SB4 停止按钮，并连接 PLC 对应的变量。

（2）在触摸屏动画组态窗口建立电动机 M 低速运行、中速运行和高速运行指示灯，并连接 PLC 对应的变量。

（3）在触摸屏动画组态窗口建立电动机 M 低速绕组过流、中速绕组过流、高速绕组过流指示灯，并连接 PLC 对应的变量。

（4）三速电动机启动运行时顺序为按下触摸屏中启动按钮 SB1 启动电动机低速运行，按下启动按钮 SB2 启动电动机中速运行，按下 SB3 电动机高速运行并且相应指示灯点亮。

（5）按下停止按钮 SB4 电动机停止运行，并且相应指示灯熄灭。

（6）电动机低速、中速、高速绕组过流时相应的指示灯点亮报警。

（7）电动机保护器 FM 辅助触点取动断触点。

（8）当电动机发生过载等故障时，电动机保护器 FM 动作，电动机停止运行。

（9）电动机保护器 FM 工作电源由外部控制电路电源直接供电。

（10）根据上面的控制要求列出 PLC 输入/输出分配表。

（11）根据控制要求，用 PLC 基本指令设计梯形图程序。

（12）根据控制要求，绘制 PLC 控制电路接线图。

（二）输入/输出设备及 I/O 元件配置分配表

输入/输出设备及 I/O 元件配置见表 99-1。

表 99-1 输入/输出设备及 I/O 元件配置表

输入设备			输出设备		
符号	地址	功能	符号	地址	功能
SB1	M0.1	触摸屏低速启动按钮	KM1	Q0.0	电动机低速运行接触器
SB2	M0.2	触摸屏中速启动按钮	KM2	Q0.1	电动机中速运行接触器
SB3	M0.3	触摸屏高速启动按钮	KM3	Q0.2	电动机高运行接触器
SB4	M0.4	触摸屏停止按钮	KM4	Q0.3	电动机高速运行封星接触器
FM1	I0.0	低速绕组电动机保护器			
FM2	I0.1	中速绕组电动机保护器			
FM3	I0.2	高速绕组电动机保护器			

二、PLC 程序、触摸屏画面组态及电路设计

（一）PLC 梯形图

PLC 与触摸屏控制的三速电动机控制电路 PLC 梯形图见图 99-1。

（二）触摸屏画面组态

触摸屏画面见图 99-2。

打开窗口 0，在窗口 0 中组态画面。参考 97 例组态过程，单击"工具箱"中"标签 A"在窗口 0 中拖拽建立新的标签，分别为"第 99 例 PLC 控制的三速电动机控制电路""低速运行指示""中速运行指示""高速运行指示""停止指示""低速绕组过流指示""中速绕组过流指示"和"高速绕组过流指示"。

参考 97 例组态过程，新建"SB1 启动""SB2 启动""SB3 启动"和"SB4 停止"四只按钮，分别连接设备 0_读写 M000_1、设备 0_读写 M000_2 变量、设备 0_读写 M000_3 变量、设备 0_读写 M000_4 变量；新建"低速运行指示灯""中速运行指示灯""高速运行指示灯""停止指示灯"和分别连接设备 0_读写 Q000_0、设备 0_读写 Q000_1、设备 0_读写 Q000_2 变量、设备 0_读写 M000_6 变量。其中"低速运行指示灯""停止指示灯""属性设置"→"静态属性"中"填充颜色"为红色，"填充颜色"颜色连接分段点 0 右侧对应颜色选择红色，双击分段点 1 右侧对应颜色选择绿色。"中速运行指示灯""属性设置"→"静态属性"中"填充颜色"为红色，"填充颜色"颜色连接分段点 0 右侧对应颜色选择红色，双击分段点 1 右侧对应颜色选择黄色。"高速运行指示灯""属性设置"→"静态属性"中"填充颜色"为红色，"特殊动画连接"中勾选闪烁效果，"填充颜色"颜色连接分段点 0 右侧对应颜色选择红色，双击分段点 1 右侧对应颜色选择绿色，"闪烁效果"里闪烁实现方式中选中用图元可见度变化实现闪烁，确认。

"低速绕组过流指示灯""中速绕组过流指示灯"和"高速绕组过流指示灯"，"属性设置"→"静态属性"中"填充颜色"为红色，"边线颜色"选择没有边线，"边线线型"选择最粗边线。勾选"填充颜色""边线颜色"，在"填充颜色"颜色连接分段点 0

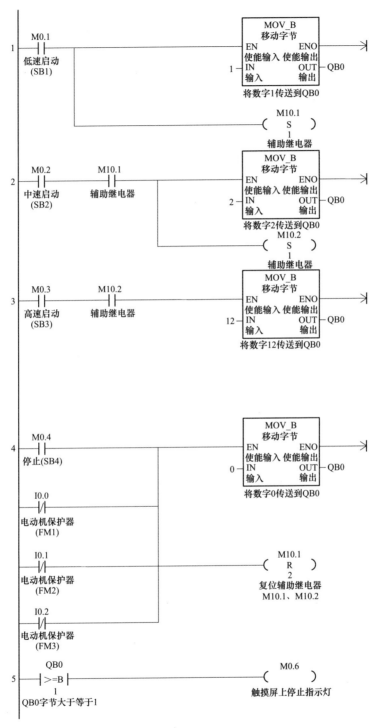

图 99-1　PLC 与触摸屏控制的三速电动机控制电路梯形图

右侧对应颜色选择红色,双击分段点 1 右侧对应颜色选择绿色。"边线颜色"分段点 0 右侧对应颜色选择绿色,双击分段点 1 右侧对应颜色选择红色。

图 99-2　触摸屏组态画面

其中"低速绕组过流指示灯""填充颜色"和"边线颜色"表达式选择设备 0_只读 I000_0；"中速绕组过流指示灯""填充颜色"和"边线颜色"表达式选择设备 0_只读 I000_1；"高速绕组过流指示灯""填充颜色"和"边线颜色"表达式选择设备 0_只读 I000_2；将组态好的工程保存，并下载到触摸屏中。

（三）PLC 接线详图

PLC 与触摸屏控制的三速电动机控制电路 PLC 接线图见图 99-3。

三、梯形图动作详解

闭合总电源 QS，闭合主电路电源断路器 QF1，闭合触摸屏、PLC、电动机保护器电源断路器 QF2。PLC 输入继电器 I0.0～I0.2 信号指示灯亮，程序段 4 中 I0.0～I0.2 触点断开。

（一）启动过程

1. 电动机低速运行

按下触摸屏上启动按钮 SB1（M0.1），程序段 1 中辅助继电器 M0.1 动合触点闭合将十进制数字 1 传送到 QB0 字节中，输出继电器 Q0.0 得电，接通外部接触器 KM1 线圈电源，电动机低速运行，同时置位辅助继电器 M10.1，触摸屏低速运行指示灯和停止指示灯变为绿色。

2. 电动机中速运行

按下触摸屏上启动按钮 SB2（M0.2），电动机低速运行停止，低速运行指示灯变红色，同时，程序段 2 中辅助继电器 M0.2 动合触点闭合"能流"经辅助继电器 M10.1 触点将十进制数字 2 传送到 QB0 字节中，输出继电器 Q0.1 得电，接通外部接触器 KM2 线圈电源，电动机中速运行，同时置位辅助继电器 M10.2，触摸屏中速运行指示灯变为黄色。

3. 电动机高速运行

按下触摸屏上启动按钮 SB3（M0.3）程序段 3 中辅助继电器 M0.3 动合触点闭合能流经辅助继电器 M10.2 触点将十进制数字 12 传送到 QB0 字节中，输出继电器 Q0.3 得

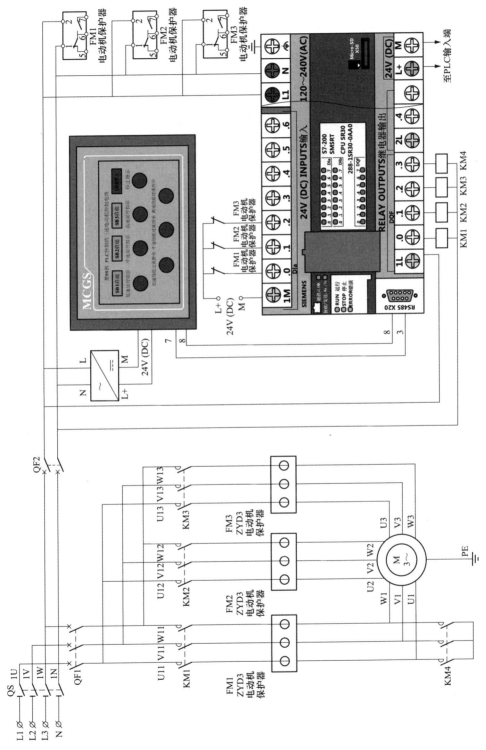

图 99-3 PLC 与触摸屏控制的三速电动机控制电路接线图

电,接通外部接触器 KM3 线圈电源,同时输出继电器 Q0.4 得电,接通外部接触器 KM4 线圈电源主触点短接封星,电动机高速运行,触摸屏高速运行指示灯变为绿色间断闪烁。

(二)停止过程

按下触摸屏上停止按钮 SB4 (M0.4),程序段 4 中辅助继电器 M0.4 动合触点闭合将十进制数字 0 传送到 QB0 字节中,输出继电器 Q0.0~Q0.3 失电,断开外部接触器 KM1~KM3 线圈电源,电动机停止运行,同时复位辅助继电器 M10.1 和 M10.2,触摸屏低、中、高速运行指示和停止指示灯变为红色。程序段 5 中字节比较,当 QB0 字节数值大于等于 1 时,辅助继电器 M0.6 得电触摸屏上停止指示灯变为绿色。

(三)保护原理

电动机在运行中发生电动机断相、过载、堵转、三相不平衡等故障,输入继电器 I0.0~I0.2 (M 过载保护) 动断触点断开,程序段 4 中输入继电器 I0.0~I0.2 动断触点闭合,将十进制数字 0 传送到 QB0 字节中,输出继电器 Q0.0~Q0.3 失电,断开外部接触器 KM1~KM3 线圈电源,电动机停止运行,同时复位辅助继电器 M10.1 和 M10.2,触摸屏低、中、高速运行指示和停止指示灯变为红色。同时相应的绕组过流指示灯变为红色指示灯报警。

第 100 例

PLC、触摸屏、变频器控制的电动机工/变频控制电路

一、设计要求及 I/O 元件配置分配

(一)PLC 程序设计要求

(1)转换开关置于 0 位,按下启动按钮 SB1,1 号电动机工频运行,按下 SB2,1 号电动机停止运行。

(2)转换开关置于 0 位,按下启动按钮 SB3,2 号电动机工频运行,按下 SB4,2 号电动机停止运行。

(3)转换开关置于 1 位,按下启动按钮 SB1,1 号电动机变频运行,按下 SB2,1 号电动机停止运行。

(4)转换开关置于 1 位,按下启动按钮 SB3,2 号电动机工频运行,按下 SB4,2 号电动机停止运行。

(5)转换开关置于 2 位,按下启动按钮 SB3,2 号电动机变频运行,按下 SB4,2 号电动机停止运行。

(6)转换开关置于 2 位,按下启动按钮 SB1,1 号电动机工频运行,按下 SB2,1 号电动机停止运行。

(7)在触摸屏上显示 1 号和 2 号电动机的运行时间(断电累加时间)。

（8）在触摸屏上显示运行压力和频率。

（9）模拟量输入模块采用EMAE04。

（10）变频器故障总输出端子使用动合触点。

（11）电动机保护器FM辅助触点取动断触点。

（12）当电动机工频运行时发生过载等故障时，电动机保护器FM动作，电动机停止运行。

（13）电动机保护器FM工作电源由外部控制电路电源直接供电。

（14）根据上面的控制要求列出PLC输入/输出分配表。

（15）根据控制要求，用PLC基本指令设计梯形图程序。

（16）根据控制要求，绘制PLC控制电路接线图。

（二）输入/输出设备及I/O元件配置分配表

输入/输出设备及I/O元件配置见表100-1。

表100-1　　　　　　　　　　输入/输出设备及I/O元件配置

输入设备			输出设备		
符号	地址	功能	符号	地址	功能
SA1		0位1号、2号工频	KM1	Q0.0	1号电动机工频接触器
SA1-1	I0.0	1号变频2号工频	KM2	Q0.1	2号电动机工频接触器
SA1-2	I0.1	2号变频1号工频	KM3	Q0.2	1号电动机变频接触器
FM1	I0.2	1号电动机保护器	KM4	Q0.3	2号电动机变频接触器
FM2	I0.3	2号电动机保护器	FWD	Q0.4	变频运行指令端子
Ry	I0.4	总报警输出端子			
SB1	M0.0	触摸屏1号电动机启动			
SB2	M0.1	触摸屏1号电动机停止			
SB3	M0.2	触摸屏2号电动机启动			
SB4	M0.3	触摸屏2号电动机停止			
PT	AI0	运行压力			
Hz	AI1	运行频率			

二、PLC程序、触摸屏画面组态、变频器主要参数及电路设计

（一）PLC梯形图

PLC、触控屏、变频器控制的电动机工/变频控制电路PLC梯形图见图100-1。

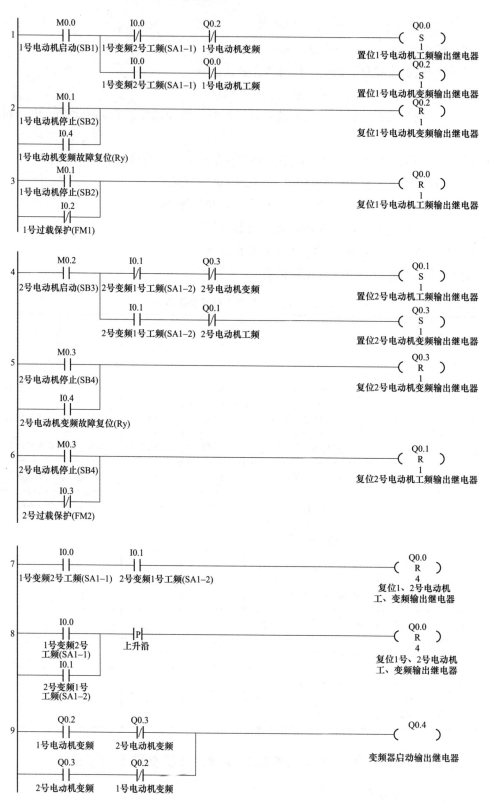

图 100-1 PLC、触摸屏、变频器控制的电动机工/变频控制电路 PLC 梯形图（一）

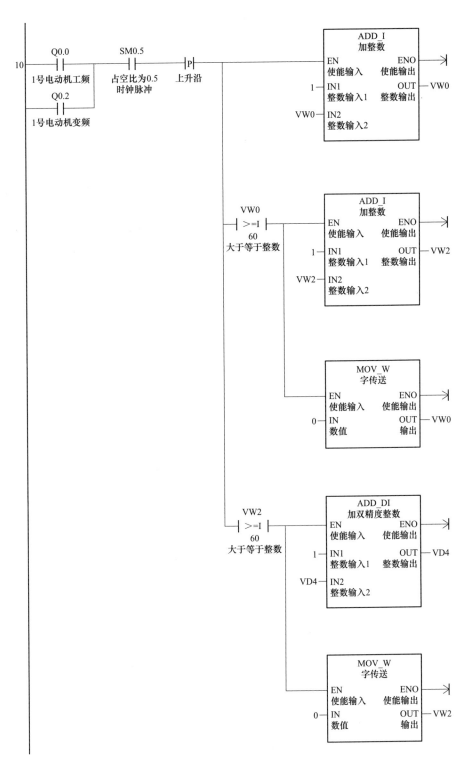

图 100-1　PLC、触摸屏、变频器控制的电动机工/变频控制电路 PLC 梯形图（二）

431

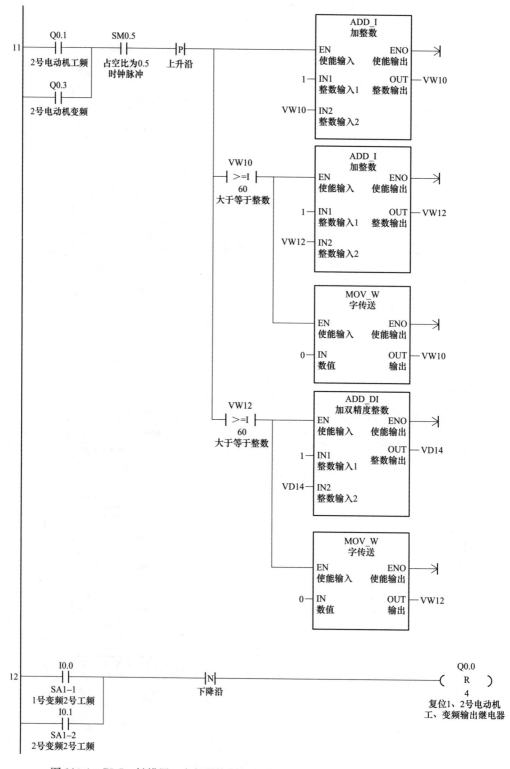

图 100-1　PLC、触摸屏、变频器控制的电动机工/变频控制电路 PLC 梯形图（三）

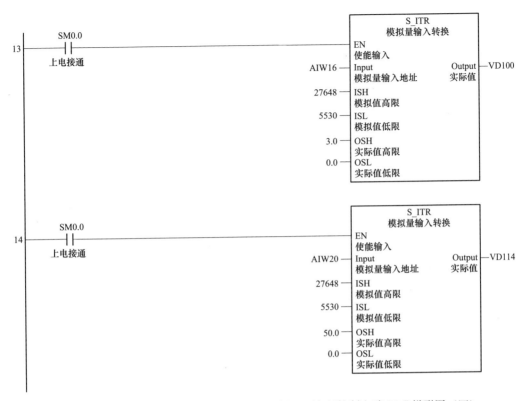

图 100-1 PLC、触摸屏、变频器控制的电动机工/变频控制电路 PLC 梯形图（四）

（二）触摸屏画面组态

触摸屏画面见图 100-2。

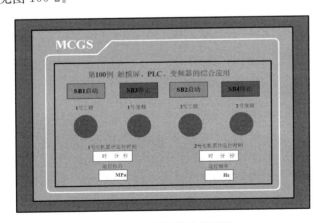

图 100-2 触摸屏组态画面

打开窗口 0，在窗口 0 中组态画面。参考 95～99 例组态过程，按照图 100-2 单击"工具箱"中"标签 A"在窗口 0 中拖拽建立新的标签，分别为"第 100 例触摸屏、PLC、变频器的综合应用"等标签和图形符号。触摸屏中应用到的寄存器地址参考 PLC 程序中的地址，将组态好的工程保存，并下载到触摸屏中。

（三）图中应用的变频器主要参数表

相关端子及参数功能含义的详解见表100-2。

表 100-2 变频器相关端子及参数含义说明

序号	端子	功能	功能代码	设定数据	设定值含义说明
1		恢复出厂设置	P1000	22	所有功能参数恢复为出厂设定值
2	FWD COM	运行命令	P100	1	[0]：键盘运行；[1]：端子运行
3		频率设定	P101	0	[0]：数字键盘； [1]：端子 V2(I2)； [3]：端子 VF(IF)
4	TA2 TC2	继电器2输出选择	P0309	16	[15]：电动机过载预报警； [16]：电子过载预报警； [17]：故障自动复位时； [18]：欠电压
5	FM GND	模拟表输出	P330	1	[0]：无模拟表输出； [1]：频率输出（最大电压频率对应10V）； [3]：频率电流（200%对应10V）

（四）PLC接线详图

PLC、触摸屏、变频器控制的电动机工/变频控制电路PLC接线图见图100-3。

三、梯形图动作详解

闭合总电源QS，闭合主电路电源断路器QF1～QF3，闭合触摸屏、PLC、电动机保护器电源断路器QF4。PLC输入继电器I0.2、I0.3信号指示灯亮，程序段3和程序段6中I0.2、I0.3触点断开。

（一）启动过程

1. 1号电动机启动和停止

PLC外接转换开关SA置于0位时，按下触摸屏上启动按钮SB1（M0.0），程序段1中辅助继电器M0.0动合触点闭合，能流经触点M0.0→I0.0→Q0.2置位Q0.0，输出继电器Q0.0线圈得电，外部接触器KM1线圈得电，KM1主触点闭合，1号电动机工频运行（2号电动机可以实现工频运行）。程序段1中Q0.0触点断开，1号工、变频程序互锁，防止短路。

PLC外接转换开关SA置于1-1位时，按下触摸屏上启动按钮SB1（M0.0），程序段1中辅助继电器M0.0动合触点闭合，能流经触点M0.0→I0.0→Q0.0置位Q0.2，输出继电器Q0.2线圈得电，外部接触器KM3线圈得电，KM3主触点闭合，1号电动机准备变频运行。程序段1中Q0.2触点断开，1号工、变频程序互锁，防止短路。同时程序段9中Q0.2触点闭合能流经触点Q0.2→Q0.3至Q0.4，接通变频器COM和FWD端子，1号电动机变频运行（2号电动机可以实现工频运行）。

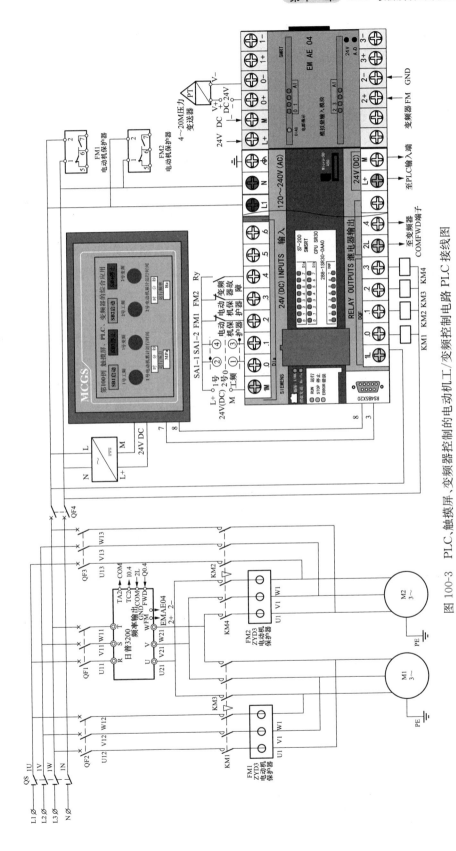

图 100-3 PLC、触摸屏、变频器控制的电动机工/变频控制电路 PLC 接线图

按下触摸屏上停止按钮SB2（M0.1），程序段2和程序段3中辅助继电器M0.1动合触点闭合，能流经触点M0.1复位Q0.2和Q0.0，输出继电器Q0.2、Q0.0线圈失电，外部接触器KM3、KM1线圈失电，KM3、KM1主触点断开，1号电动机工频或变频状态下工作都停止运行。

2. 2号电动机启动和停止

PLC外接转换开关SA置于0位时，按下触摸屏上启动按钮SB3（M0.2），程序段4中辅助继电器M0.2动合触点闭合，能流经触点M0.2→I0.1→Q0.3置位Q0.1，输出继电器Q0.1线圈得电，外部接触器KM2线圈得电，KM2主触点闭合，2号电动机工频运行（1号电动机可以实现工频运行）。程序段4中Q0.1触点断开，2号工、变频程序互锁，防止短路。

PLC外接转换开关SA置于1-2位时，按下触摸屏上启动按钮SB3（M0.2），程序段4中辅助继电器M0.2动合触点闭合，能流经触点M0.2→I0.1→Q0.1置位Q0.3，输出继电器Q0.3线圈得电，外部接触器KM4线圈得电，KM4主触点闭合，2号电动机准备变频运行。程序段4中Q0.3触点断开，2号工、变频程序互锁，防止短路。同时程序段9中Q0.3触点闭合能流经触点Q0.3→Q0.2置Q0.4，接通变频器COM和FWD端子，2号电动机变频运行（1号电动机可以实现工频运行）。

按下触摸屏上停止按钮SB4（M0.3），程序段5和程序段6中辅助继电器M0.3动合触点闭合，能流经触点M0.3复位Q0.3和Q0.1，输出继电器Q0.4、Q0.2线圈失电，外部接触器KM4、KM2线圈失电，KM4、KM2主触点断开，2号电动机工频或变频状态下工作都停止运行。

3. 1号电动机累计运行时间

1号电动机工作在变频或工频状态，程序段10中Q0.0或Q0.2触点闭合，能流经触点Q0.0或Q0.2导通。SM0.5特殊辅助继电器，占空比为0.5时钟脉冲，经上升沿P组成1s时间间隔到ADD_I加整数块中，IN1引脚输入1，IN2引脚输入VW0地址，即每秒IN1的数值1和IN2中的数值相加，运算结果又存储在VW0中，即VW0中存储的是当前1号电动机累计运行的时间。

当VW0中的数值大于等于60后，又执行第二个ADD_I加整数块程序，IN1引脚输入1，IN2引脚输入VW2地址，即每分钟IN1的数值1和IN2中的数值相加，运算结果又存储在VW2中，即VW2中存储的是当前1号电动机累计运行多少分钟，同时执行MOV_W字传送指令，将数字0传送到VW0中，重新记录电动机运行时间。

当VW2中的数值大于等于60后，又执行ADD_DI加双精度整数块程序，IN1引脚输入1，IN2引脚输入VD4地址，即每小时IN1的数值1和IN2中的数值相加，运算结果又存储在VD4中，即VD4中存储的是当前1号电动机累计运行多少小时，同时执行MOV_W字传送指令，将数字0传送到VW2中，重新记录电动机运行多少分钟。

4. 2号电动机累计运行时间

2号电动机工作在变频或工频状态，累计运行时间程序段11中参考1号电动机累计运行时间动作详解。

5. 压力采集

压力变送器转换成 4～20mA 信号到模拟量输入模块 EM AE04 的 AI0 通道。程序段 13 中特殊辅助继电器 SM0.0 上电闭合，接通模拟量输入处理模块 S_ITR 的 EN 使能端，AIW16 模拟量输入地址，27648 模拟值高限，5530 模拟值低限，3.0 实际值高限即压力变送器的最高量程，0.0 实际值低限即压力变送器的最低量程，VD100 实际值输出即在触摸屏上显示的压力值。

6. 频率采集

变频器 FM 和 GND 端子输出 0～10V 电压信号连接到模拟量输入模块 EM AE04 的 AI2 通道。程序段 14 中特殊辅助继电器 SM0.0 上电闭合，接通模拟量输入处理模块 S_ITR 的 EN 使能端，AIW20 模拟量输入地址，27648 模拟值高限，5530 模拟值低限，50.0 实际值高限即变频器的最高频率，0.0 实际值低限即变频器的最低频率，VD114 实际值输出即在触摸屏上显示的频率值。

（二）保护原理

电动机在工频运行中发生电动机断相、过载、堵转、三相不平衡等故障，PLC 输入继电器 I0.2 或 I0.3（M 过载保护）动断触点断开，程序段 3 或程序段 6 中输入继电器 I0.2 或者 I0.3 常闭触点闭合，复位 Q0.0 或 Q0.1，输出继电器 Q0.0 或 Q0.1 失电，断开外部接触器 KM1 或 KM2 线圈电源，电动机停止工频运行。

电动机在变频运行中发生变频器电子故障时，变频器端子 TA2 和 TC2 导通，PLC 输入继电器 I0.4 触点闭合，程序段 2 或程序段 5 中 I0.4 触点闭合，复位 Q0.2 或 Q0.3，输出继电器 Q0.2 或 Q0.3 失电，断开外部接触器 KM3 或 KM4 线圈电源，电动机停止变频运行。

外部原因将转换开关 SA1-1 和 SA1-2 触点同时接通时，程序段 7 中 I0.0 和 I0.1 触点同时闭合复位输出继电器 Q0.0～Q0.3，断开外部接触器 KM1～KM4 线圈电源防止主电路输出短路。

1 号和 2 号电动机在工频状态工作，在不按停止按钮停止运行的电动机时，转换开关 SA 由 0 位转换至 SA1-1 位或 SA1-2 位时，程序段 8 中 I0.0 或 I0.1 触点闭合，上升沿接通一次，复位输出继电器 Q0.0～Q0.3，断开外部接触器 KM1～KM4 线圈电源防止主电路输出短路。

1 号或 2 号电动机在变频状态工作，在不按停止按钮停止运行的电动机时，转换开关 SA 由 SA1-1 位或 SA1-2 位转换至 0 位时，程序段 12 中 I0.0 或 I0.1 触点闭合，下降沿接通一次，复位输出继电器 Q0.0～Q0.3，断开外部接触器 KM1～KM4 线圈电源防止主电路输出短路。

参 考 文 献

[1] 于宝水，姜平．变频器典型应用电路100例．北京：中国电力出版社，2017．

[2] 于宝水，姜平．图表详解变频器典型应用100例．北京：机械工业出版社，2018．

[3] 于宝水，姜平．田庆书．机采井常用电路图集及故障解析．北京：石油工业出版社，2019．

[4] 于宝水．三菱PLC典型应用实例100例．北京：中国电力出版社，2020．

[5] 于宝水．变频器典型应用100例（第二版）．北京：中国电力出版社，2022．